W0268884

INSTAND-Schriftenreihe Band 3

Institut für Standardisierung und Dokumentation
im Medizinischen Laboratorium e. V. (INSTAND)
Düsseldorf

Zielwert, Sollwert Zielbereiche

in der Laboratoriumsmedizin

Herausgegeben von R. Merten

Unter Mitarbeit von K.-G. von Boroviczény,
H. J. Jesdinsky und A. von Klein-Wisenberg

Mit 47 Abbildungen und 57 Tabellen

Springer-Verlag
Berlin Heidelberg New York Tokyo 1984

Reihenherausgeber
INSTAND, Institut für Standardisierung und Dokumentation
im Medizinischen Laboratorium e.V.
Johannes-Weyer-Straße 1, 4000 Düsseldorf 1

Bandherausgeber
Prof. Dr. Richard Merten
INSTAND, Institut für Standardisierung und Dokumentation im
Medizinischen Laboratorium e. V., Abteilung Dokumentation,
Johannes Weyer Straße 1, 4000 Düsseldorf 1

CIP-Kurztitelaufnahme der Deutschen Bibliothek
Zielwert, Sollwert, Zielbereiche in der Laboratoriumsmedizin/hrsg. von R. Merten.
Unter Mitarb. von H. J. Jesdinski ... – Berlin; Heidelberg; New York; Tokyo: Springer,
1984. INSTAND-Schriftenreihe; Bd. 3)

ISBN-13: 978-3-642-69758-6   e-ISBN-13: 978-3-642-69757-9
DOI: 10.1007/978-3-642-69757-9

NE: Merten, Richard [Hrsg.]; Institut für Standardisierung und Dokumentation im
Medizinischen Laboratorium: INSTAND-Schriftenreihe

Vorwort

Das Institut für Standardisierung und Dokumentation im medizinischen
Laboratorium e.V. (INSTAND) setzt sich im Rahmen seiner satzungsge-
mäßen Aufgaben für die Verbesserung der Analysenqualität ein. Der
Festlegung von Zielwerten für Kontrollproben kommt in der internen und
externen Qualitätskontrolle besondere Bedeutung zu. INSTAND hat von
jeher in speziellen Tagungen und Symposien die Entwicklung auf diesem
Gebiet gefördert. Dieser Tradition entspricht auch der vorliegende
Band. Er enthält Vorträge und Diskussionen mehrerer Symposien aus den
Jahren 1978 und 1979, sowie die Ergebnisse von Besprechungen mit
Referenzlaboratorien und einer Kleinkonferenz 1982. Dementsprechend
sind die meisten Beiträge auf den neuesten Stand gebracht.

Die inhaltliche Gliederung dieses Bandes entspricht nicht genau der
Abfolge der Themen in den Programmen der Veranstaltungen, vielmehr
wird eine Systematik angestrebt, die der heutigen Sicht der Probleme
gerecht wird.

Der Abschnitt I vermittelt Grundlagen. Das 1. Kapitel stellt das
Instrumentarium zusammen, das im weiteren gehandhabt wird: Begriffe
und einfache Verfahren der Statistik. Frühzeitig fällt sodann der
Blick auf das Anwendungsgebiet, in dem sich die Maßnahmen der Qualitätskontrolle zu bewähren haben, die klinische Diagnostik und die
Zusammenarbeit zwischen Laborarzt und Kliniker. Auf das Kapitel 2, das
den Einfluß der Geräte und Besonderheiten bei der Erythrozytenzählung
behandelt, folgen im Kapitel 3 Beiträge zur Qualität der Kontrollproben. Das Wort haben zunächst die Probenhersteller. Hier erfährt man
über die abschließenden Kontrollmaßnahmen der Chargen, aber auch über
die wichtige Fertigungsüberwachung während der Produktion. Schließlich
berichten Ringversuchsleiter über ihre Forderungen und Prüfungen an
Kontrollproben.

Der Abschnitt II behandelt die Bestimmung des Zielwerts und die
Verwendung des Zielwerts bzw. Zielbereichs in der externen Qualitätskontrolle. Neben den statistischen Überlegungen in Kapitel 4
stehen die Anwendungen in verschiedenen Gebieten der Laboratoriumsdiagnostik. Kapitel 5 beleuchtet die Zielwertermittlung aus der Sicht
des Ringversuchsleiters und des Probenherstellers. Im letzten Kapitel
dieses Abschnitts finden sich Überlegungen zur Beurteilung der
Ringversuchsteilnehmer.

Der Ringversuchsdurchführung in einigen anderen Ländern und anderen
Maßnahmen der externen Qaulitätskontrolle geht der Abschnitt III nach.
Neben der Praxis der Ringversuche in den USA, Österreich, Ungarn und
Polen (Kapitel 7) ist in Kapitel 8 das Labor-Inspektions- und An-
erkennungsprogramm, das auf freiwilliger Basis zahlreiche Laboratorien
in den USA umfaßt, ausführlich dargestellt.

Die beiden letzten Abschnitte nehmen sich nur vor, Schlaglichter auf
den behandelten Gegenstand zu werfen. Abschnitt IV berührt Fragen der
internen Qualitätskontrolle, wobei die Richtlinien der Bundesärztekammer diskutiert werden. Abschnitt V untersucht abschließend künftige
Tendenzen der Zielwertermittlung auf Modisches und Bleibendes.

Das vorliegende Werk kann seiner Entstehungsgeschichte nach keine
Vollständigkeit in der Darstellung erreichen. Seine Stärke liegt in
einer offenen und praxisnahen Erörterung von Alltagsproblemen der
Qualitätskontrolle, die ständige Bemühungen und Aufmerksamkeit aller
Beteiligten verlangen. Um die Meinungsvielfalt, auch die gelegentlich
kontroversen Ausführungen - diese beziehen sich glücklicherweise nicht
auf Wesentliches - darzustellen, sind auch Diskussionsbemerkungen in
ihren wesentlichen Teilen veröffentlicht worden.

Mein besonderer Dank gilt den Herausgebern und Mitarbeitern dieses
Bandes, die in bewundernswerter Geduld die Manuskripte gesammelt, mit
Sachkompetenz gesichtet und redigiert haben. Der Ehrenpräsident
unseres Instituts und derzeitiger Leiter der Abteilung für Dokumentation, Prof. Dr. Richard Merten, ist auf Grund seines beruflichen
Werdegangs besonders qualifiziert, als Herausgeber zu wirken. Er hat
langjährige Erfahrungen in der klinischen Forschung und in der Leitung
von Laboratorien, an Universitätskliniken ebenso wie als niedergelassener Laborarzt.

Weiterhin gilt mein besonderer Dank Herrn Dr. Karl-Georg
v. Boroviczény für seine Initiativen in der Vorbereitung und Durchführung der Symposien in Berlin und Freiburg, Herrn Prof. Dr. Hans
Joachim Jesdinsky und Herrn Dr. Albert v. Klein-Wisenberg für die
Vorbereitung der Kleinkonferenz in Freiburg und Rat in allen statistischen Fragen.

Mein Dank gilt auch allen Autoren und Diskussionsteilnehmern. Sie
haben alle dazu beigetragen, daß der interessierte Leser einen guten

Einblick in die Zielwertermittlung und die damit verbundenen Fragen
der Beschaffenheit der Kontrollproben und der Vielfalt in Gebrauch
befindlicher Methoden, Reagenzien und Geräte erhalten wird.

Prof. Dr. H. Reinauer
- Vorsitzender von INSTAND -

Herausgeber und Mitarbeiter danken den Kollegen , die mit ihnen als
Vorsitzende tätig geworden sind (Borner,Berlin; Hoffmeister, Berlin;
Jung,Mannheim; Reinauer, Düsseldorf und Rösler-Englhardt, Berlin)
für die Leitung der Sitzungen, den Vortragenden für ihre Bereitschaft,
ihre Manuskripte auf den heutigen Stand zu bringen, sowie den Diskus-
sionsrednern, insbesondere aber Herrn Prof. Jesdinsky für die Hilfe
und Beurteilung bei der Zusammenstellung der Themen und die Durch -
sicht der Beiträge.

Unser Dank gilt auch den Sponsoren der beiden Symposia (Boehringer,
Mannheim; Coulter Electronics, Krefeld; Gödecke, Freiburg Merz &
Dade, München und Technicon, Bad Vilbel) für ihre großzügige Unterstützung, der Firma Photosatz W.Kreitz für die Reproarbeiten, sowie
dem Springer-Verlag, der das Erscheinen dieses Bandes ermöglicht
hat.

Prof. Dr. med. R. Merten

K.-G. v. BOROVICZENY (Berlin) und R. MERTEN
Einleitung

Der vorliegende Band enthält die 1983 überarbeiteten Vorträge und
Diskussionen der beiden 1978 in Düsseldorf und 1979 in Berlin abgehal-
tenen INSTAND-Symposia und mehrerer Konferenzen, die mit den Leitern
von Referenzlaboratorien und den Herstellern von Kontrollproben in
den lezten Jahren stattgefunden haben.

Bei allen Veranstaltungen ist zum Problemkreis **"Zielwert und Sollwert"**, im Besonderen zur Definition der Begriffe und zu experimentellen, statistischen bis hin zu juristischen Problemen diskutiert worden. Zahlreiche Experten des In- und Auslandes haben daran teilgenommen.

Bei allen Symposia und Kleinkonferenzen, aber auch in den Diskussionen
in anderen Gremien, ist immer wieder festgestellt worden, daß bei den
Begriffen Zielwert und Sollwert eine gewisse Verwirrung besteht.

Wir setzen uns daher an dieser Stelle etwas ausführlicher mit diesen
Begriffen auseinander. Die dabei verwendeten Zitate sind, wenn nicht
anders vermerkt, der überarbeiteten Jubiläumsausgabe des Brockhaus
1908 entnommen worden und stehen mit den Begriffen und Definitionen im
Reallexikon der Medizin und ihrer Grenzgebiete (1967 - 1977) sowie der
Normen DIN 1319 und 55 350 im Einklang. Es ist dabei notwendig gewesen, auf einige Grundbegriffe einzugehen.

Der **Wert** hat "die Bedeutung, die man einem Gegenstand auf Grund einer
Schätzung beilegt". In der Laboratoriumsmedizin und anderen Naturwis-
senschaften wird - im Gegensatz zur Wirtschaftswissenschaft - unter
Wert (Meßwert, Sollwert, Zielwert usw.) eine "allgemeine Bezeichnung
für alles, was durch Messung oder Schätzung miteinander verglichen
werden kann" verstanden. "Der Vergleich räumlicher oder zeitlicher
Größen heißt 'messen', die bei der Messung zugrundegelegte Größe heißt
'Maß' derselben. Gewöhnlich versteht man unter Größe die extensive
Größe oder Ausdehnung. Von ihr unterscheidet man die intensive Größe,
d.h. diejenige, die den Grad einer Wirkung bezeichnet, z.B. Temperatur, Helligkeit, Stromstärke usw.. Diese intensiven Größen lassen
sich auf die Einheit der Ausdehnung sowie der Masse und Zeit zurück-
führen".

In der Laboratoriumsmedizin ist es außerdem wichtig, zwischen Meßwerten und Zielwerten zu unterscheiden. Heute unterscheidet man **intensive** und **extensive Eigenschaften:**"Intensive Eigenschaften beschreiben die spezifischen Eigenschaften eines Stoffes in einem gegebenen Zustand; sie sind unabhängig von der Menge des betreffenden Stoffes. Beispiel: Temperatur, Dichte, Konzentration. Extensive Eigenschaften nehmen mit zunehmender Menge des betreffenen Stoffes zu. Beispiel: Länge, Masse, Volumen, Partikelzahl (INSTAND-Schriftenreihe Band 2, p.25).

Das **"Ziel"** ist ein Gegenstand, eine Fläche oder, im idealen Fall, ein Punkt, der zu treffen ist, oder eine Linie, die zu erreichen ist. Im übertragenen Sinn ist das Ziel auch ein Ergebnis, das zu erreichen ist.

Der **Zielwert** ist nicht der unbekannte **"wahre Wert"**, sondern eine, möglicherweise mit einer systematischen Abweichung, in jedem Fall mit einer zufälligen Abweichung behaftete Schätzung des wahren Wertes. Der Zielwert kann mit einer Sonderringstudie (Zielwertermittlung) in Laboratorien, die besondere Bedingungen erfüllen, unter vorgeschriebenen experimentellen Bedingungen gewonnen werden.

> Der **Zielwert** ist die Ausprägung einer Meß- oder Zählgröße, die als Ergebnis einer Analyse unter definierten experimentellen Bedingungen zu erreichen ist, eine Schätzung des wahren Wertes.

Sollen ist "an sich der Ausdruck des Gebotes überhaupt... Ein hypothetisches (d.h. bedingtes) Sollen ist dasjenige, welches bloß vorschreibt, so zu handeln, wovon man bestimmte Folgen erreichen oder vermeiden will".

> Der **Sollwert** ist eine vorgegebene Meß- und Zählgröße.

Sollwerte kommen in der Laboratoriumsmedizin z.B. in Analysenvorschriften als vorgeschriebene Werte für Temperatur, Konzentration usw. vor. Sollwerte sind z.B. die 9g NaCl/l für die Konzentration der physiologischen Kochsalzlösung oder z.B. die 25 °C oder auch 30 °C oder 37 °C als Reaktionstemperatur bei Enzymaktivitätsbestimmungen. Sollwerte sind also zur Erfüllung praktischer Anforderungen vorgegeben. Der Begriff "Sollwert" (desired value, valeur de consigne) ist in der Norm DIN 55 350, Teil 12 Nr. 2.2 (Juli 1978) wie folgt definiert:

Sollwert ist der "Wert einer Größe, von dem der Istwert dieser Größe so wenig wie möglich abweichen soll"

"Sollwert und Nennwert können zusammenfallen"

Wir haben es für notwendig gehalten, diese Definitionen hier besonders zu zitieren, und wollen damit darlegen, warum man den "Sollwert" vom "Zielwert" unterscheiden muß. Der Sprachgebrauch im Laboralltag wird sich entsprechend wandeln müssen.

INHALTSVERZEICHNIS

TEILNEHMERVERZEICHNIS

Abel,J.   4150 Krefeld, Coulter Electronics GmbH
Ausländer,Dr.W.   1000 Berlin 20, Nervenklinik Spandau,
                                      Zentrallabor

Baumgarten,Dr.D.   1000 Berlin 10, Eichdirektion
Beer,Dr.H.-J.   8000 München 2, Travenol GmbH
Beeser,Prof.Dr.H.   7800 Freiburg, Inst. f. Transfusions-
                                      medizin, Univ.Klin.

Behnisch,Dr.H.D.   1000 Berlin 31, St. Gertrauden Krhs.,
                                      Zentrallabor

Benozzi,A.   8122 Penzberg, Boehringer Mannheim GmbH
Bergner,Dr.D.   8500 Erlangen, Zentrallabor des Univ.
                                      Krhs.

Born,A.   2000 Hamburg, TOA Medica, Hamburg
Borner,Prof.Dr.K.   1000 Berlin 45, Klinikum Steglitz,
                                      Zentrallabor

Boroviczény,Dr.K.G.v.   1000 Berlin 20, Krhs. Spandau,
                                      Zentrallabor-Nord

Bosslet,Dr.F.   6800 Mannheim 31, Boehringer Mannheim
                                      GmbH

Brettschneider,Dr.H.   8122 Penzberg, Boehringer Mannheim GmbH
Buhlert-Kowitz,F.   6230 Frankfurt 80, Hoechst AG
Buschmann,D.   6000 Frankfurt, Miles GmbH Sparte Ames
Carl,Dr.B.   1000 Berlin 37, Dr. Bruno Lange GmbH
+Centner,Dr.F.-R.   5500 Trier
Copeland B.E.,MD   USA Cincinnati, Ohio 45220, Veterans
                                      Hospital, Central Laboratory

Coster,Dr. J.F.   NL Bilthoven, Rijks-Institut voor de
                                      Volksgezondheid

Dacy,W.   1000 Berlin 10, LME, Eichdirektion
Dahl,Dr.J.vom   3100 Celle 1, Allg. Krhs., Zentrallabor
Diergard,P.   7889 Grenzach-Wyhlen, Deutsche Hoffmann-
                                      La Roche AG

Drescher,Dr.K.-H.   CH-3186 Düdingen
Dunkel,Dr.D.   6800 Mannheim 31, Boehringer GmbH
Eisenwiener,Dr.H.-G.   CH-4002 Basel, Hoffmann-La Roche AG
Eßer,Dr.F.   1000 Berlin 37, Dr. Bruno Lange GmbH
Feldmann,R.   6000 Frankfurt 97, Kassenärztliche
                                      Vereinigung Hessen

Fischer,Dr.J., Dipl.-Chem. 8034 Germering

Foft, J.W., MD   USA Birmingham, AL 35234
Fonseca-Wollheim,Dr.Fr.da   1000 Berlin 37,Behring Krhs.,Zentrallabor
Franke,K.   2000 Hamburg 1, Olympus Optical Co.
Führ,Dr.J.   2000 Hamburg 62
Gabl,o.Prof.Dr.F.   A-1097 Wien, Inst. f. Klin. Chem. u.
                                 Labordiagnostik
Gauper, Dr.F.   6900 Heidelberg, Becton & Dickinson GmbH
+Gilbert, R.K.,MD   USA Waterbury/TO 0672
Gilhuus-Moe,Dr.C.C.   N Oslo 4, Norway, Nyegaard & Co.
Glocke,M.   6800 Mannheim 31, Boehringer Mannheim
                                 GmbH
Gögge,W.   6550 Bad Kreuznach
Habermann,Dr.R.   1000 Berlin 41, Landesmedizinalunter-
                                 suchungsamt
Haker,I.   5309 Bonn-Meckenheim,
                                 Flow-Laboratories GmbH
Hajdú,Dr.P.   6230 Frankfurt 80, Hoechst AG
Hansert,Dr.E.   8000 München, MPI Max-Planck-Institut für
                                 Psychiatrie
Harnoth,Chr.   1000 Berlin 20, Krhs. Spandau,
                                 Zentrallabor-Nord
Hauck,Dr.W.   7500 Karlsruhe
Hausmann,Dipl.Ing.F.H.   7082 Oberkochen, Carl Zeiss
Heer,W.   6000 Frankfurt, Kassenärztliche Vereini-
                                 gung Hessen
Heller,Dr.S.   1000 Berlin 21, Krhs. Moabit,
                                 Zentrallabor
Hendry,Dr.P.I.A.   AUS-2300 New Castle, NSW
Hengst,o.Prof.M.(em)   1000 Berlin 12, Pädagogische Hochschule
Hieke,Dr.H.   1000 Berlin 10, Physikalisch-Technische
                                 Bundesanstalt
Hock,W.   7440 Nürtingen
Hoffmann,K.   1000 Berlin 10, Physikalisch-Technische
                                 Bundesanstalt
Hoffmeister,Prof.Dr.H.   1000 Berlin 33, Inst. f. Sozialmedizin
                                 Bundesgesundheitsamt
Jesdinsky,o.Prof.Dr. H.J. 4000 Düsseldorf 1, Inst. Med. Statistik
                                 u.Biomathematik d. Univ.
Jessen,Dipl.Phys.K.   1000 Berlin 10, Physikalisch-Technische
                                 Bundesanstalt
Josef, D.   CH-3186 Düdingen, Merz & Dade GmbH

Jung,Dr.H.   6800 Mannheim 31 Boehringer Mannheim GmbH
Kaehler,Prof.Dr.H.   1000 Berlin 47, Krhs. Neukölln,
                                       Zentrallabor
Kissling,F.   4600 Dortmund
Klein,Dr.F.J.   2000 Hamburg
Klein-Wisenberg,Dr.A.v.   7800 Freiburg, Med. Univ. Klinik
Kloß,Dr.G.   8700 Würzburg
Koepe,Dr.F.   5000 Köln 90, Eichdirektion
Krause,Dr.W.   1000 Berlin 44
Krawczynski,   PL-02-097 Warschau, Lehrstuhl für
    o.Prof.Dr.M.J.   Labordiagnostik
Kraft,Dr.B.V.   6350 Bad Nauheim, Du Pont de Nemours GmbH
Kropp,Ing.Grad.,E.   1000 Berlin 30, DIN Deutsches Institut
                                       für Normung
Kueffer,H.   CH-4900 Langenthal, Greiner & Söhne C.A.
Kühne,D.   6900 Heidelberg 1, Dr. Molter GmbH
Lachemann,Dr.K.   6980 Weinheim 1, Rudolf Brand GmbH
Lampert,Dipl.Chem.Dr.A.   CH-3186 Düdingen, Merz & Dade GmbH
Lange,Dipl.Chem.R.   1000 Berlin 37, Dr. Bruno Lange GmbH
Lang,Dr.V.M.   6900 Heidelberg 23, Immunodiagnostik
Liebegall,A.   1000 Berlin 10, Landeseichdirektion LME
Lull,Dr.H.-H.   2800 Bremen 1
Ludwig,Dr.U.   7530 Pforzheim
Matthes,Dr.M.   7800 Merzhausen
Merten,Prof.Dr.R.   4000 Düsseldorf 1, INSTAND
Miltény,o.Prof.Dr.M.   H-1083 Budapest, 1. Paediatrische Klinik
Mondorf,Prof.Dr.W.   6000 Frankfurt 70, Univ. Poliklinik
Müller,Prof.Dr.M.M.   A-1090 Wien, Klin. Chemie, II. Chir. Univ.
                                       Klinik
Müller-Wiegand,Dr.B.   3550 Marburg/Lahn 1, Behringwerke AG
Naegele,Dr.W.   6057 Dietzenbach 2, Byk-Mallinckrodt
Nennstiel,Dr.H.-J.   7530 Pforzheim
+Neumann,K., Dipl.Chem.   6100 Darmstadt 1, E. Merck AG
Neumann,R.   7073 Lorch/Württ. Colora Meßtechnik GmbH
Nies,Dr.D.   4650 Gelsenkirchen, Hygieneinstitut
+Orth,Dr.G.-W.   6300 Gießen 1
Osburg,Dr.K.   2100 Hamburg-Harburg, Allgem. Krhs.
                                       Harburg, Zentrallabor
Pangritz,Dr.H.   1000 Berlin 30, GSD, Gesellschaft für
                                       Systemforschung und Dienstleistungen
                                       im Gesundheitswesen

Passing, Dr.H.	6230	Frankfurt 80, Hoechst AG
Peters,H.J.	USA	Columbus/GA 31995, St. Francis Hospital
Piel,M.	6700	Ludwigshafen
Raisig,Dr.S	6800	Mannheim
Rappoport,A.E.MD	USA	Vero Beach. FL/CA 32960
Rausch-Stromann, Prof.Dr.J.-G.	4920	Lemgo, Krankenanstalten, Zentrallabor
Rehner,H.	8132	Tutzing, Boehringer Mannheim GmbH
Reinauer,o.Prof.Dr.H.	4000	Düsseldorf 1, Diabetesforschungs-institut d. Univ.
Richter,H.	6350	Bad Nauheim 1,DuPont de Nemours GmbH
Richling,G.	6903	Neckargemünd, Ortho Diagnostic Systems GmbH
Röschlau, Dr.P.	8132	Tutzing, Boehringer Mannheim GmbH
Röcker,PD.Dr.L	1000	Berlin 33
Röhle,Dr.G.	5300	Bonn, Inst.f.Klin.Chem.d.Univ.
Rösler-Englhard,Prof.Dr.A.	1000	Berlin 65, Rudolf Virchow Krhs., Zentrallabor
Rohdewald,W.	2300	Kiel
Röschlau,Dipl.Chem.Dr.P.	8132	Tutzing, Boehringer Mannheim GmbH
Rotzler, Dr.A.	6900	Heidelberg 1
Sasse,Dr.U.	2800	Bremen, St.Josef Stift, Zentrallabor
Seeger,Dr.H.	6368	Bad Vilbel, Technicon GmbH
Seydlitz, Dr.V.	8000	München
Sippach,Dr.R.	8040	Unterschleißheim, ASID Bonz & Sohn
Söker,M.	4600	Dortmund, Städt. Krankenhaus Zentrallabor
Sokolowsky,Dr.G.	2000	Hamburg 19, Immuno Biological Lab.
Spaethe,Dr.R.	8000	München 50, Merz & Dade, GmbH
Specht,Dr.W.	6368	Bad Vilbel, Technicon GmbH
Schindler,Dr.F.X.	6100	Darmstadt 1, E. Merck AG
Schlitzer,Dr.D.	6368	Bad Vilbel, Technicon GmbH
Schmidtmann,Prof.Dr.W.	5300	Bonn-Venusberg, Med.Univ.Klinik, Zentrallabor
Schmitt,Dr.H.	6368	Bad Vilbel, Technicon GmbH
Schmolke,Dr.B.	1000	Berlin 30
Schoff,Dr.F.H.	7440	Nürtingen, api biomérieux GmbH
Schütz,Dr.W.	1000	Berlin 41, Augusta Viktoria Krhs., Zentrallabor
Schumann,V.	4000	Düsseldorf / Heidelberg

Schwabl,Dr.H.D.   A-1040 Wien
Schwarzkopf,Dr.H.   7320 Göppingen, Kreiskrhs., Zentrallabor
Stinshoff,Dr.K.   CH-1200 Genf, Du Pont De Nemours Int.
Stoffels,Dr.D.   4100 Duisburg
Stolle,Dr.D.   4000 Düsseldorf
Storz,Dr.G.   6200 Wiesbaden
+Tausch,Dipl.Chem.Dr.W.   7082 Oberkochen, Carl Zeiss
Thefeld,Prof.Dr.W.   1000 Berlin 33, BGA, Bundesgesundheitsamt
Thom,Prof.Dr.G.   1000 Berlin 19, Klinikum Charlottenburg
                                      der Freien Universität
Thun,Dr.W.v.   7800 Freiburg, Gödecke AG
Ulrich,E.-G.   6900 Heidelberg 1, Dr. Molter GmbH
Vavra,Z.   CH-3186 Düdingen, Merz & Dade GmbH
Veltrup,M.   8000 München 50, AHS Deutschland
Viollier,Dr.M.A.   CH-4002 Basel
Völkert,Dr.E.   6800 Mannheim 31 Boehringer Mannheim GmbH
Voigt,PD.Dr.U.   5300 Bonn, Univ.Inst.f.Med.Statistik
Vorlaender,Prof.Dr.K.-O.   1000 Berlin 30
Voss,Dr.L.V.de   B-9000 Gent
Voss,Dr.G.   2350 Neumünster, Friedrich-Albert-Krhs.
Weber,Dr.A.   4100 Duisburg
Weyer,Dr.F.G.   3000 Hannover 1
Wilrich,o.Prof.Dr.P.Th.   1000 Berlin 33, Inst. quant. Ökonomik u.
                                      Statistik der Freien Universität
Winkelmann,K.-P.   1000 Berlin 10, Landeseichdirektion LME
Witt,Dr.P.   7800 Freiburg, Gödecke AG
Wittmann,Dr.W.   6100 Darmstadt 1, E. Merck AG
Wolf,I.   1000 Berlin 20, Krhs. Spandau,
                                      Zentrallabor-Nord
Wundschock,Dr.M.   1000 Berlin 39, Krhs. Zehlendorf, Bereich
                                      Heckeshorn, Zentrallabor

I GRUNDLAGEN

1 Statistik und Relevanz

1.1 M. HENGST, (BERLIN):
STATISTIK: BEGRIFFE, BENENNUNGEN, DEFINITIONEN

1. Vorbemerkungen: Jede empirische Untersuchung geht von Wahrnehmungen der Realität aus, die zunächst sprachlich durch Begriffe geistig verfügbar gemacht werden müssen, bevor man die zwischen ihnen herrschenden Relationen zahlenmäßig oder graphisch erfassen kann. Je sorgfältiger die Wahrnehmungen gewortet, je bestimmter die Begriffe gefaßt werden, desto präziser lassen sich die Probleme formulieren und statistisch bearbeiten. Sorgfältige Planung von Beobachtungsreihen ist die Voraussetzung einer korrekten statistischen Auswertung, die stets deutliche Definitionen, klare Fragestellungen und logische Konsequenz verlangt.

2. Voraussetzungen: Um die Bedeutung hämatologischer und klinisch-chemischer Laboratoriumswerte für eine allfällige Diagnose beurteilen zu können, muß der Kliniker zunächst zwischen "Merkmalsstreuung" und "Meßwertstreuung" unterscheiden (Hengst 1967).

2.1 <u>Merkmalsstreuung</u> nennt man

2.1.1 die <u>interindividuelle Variation</u> der Werte eines bestimmten physiologischen (oder pathologischen) Merkmals, das an verschiedenen, aber gleichartigen Individuen beobachtet wird, und

2.1.2 die <u>intraindividuelle Variation</u> eines Merkmalwertes, der am gleichen Individuum, aber zu verschiedenen Zeiten gemessen wird.

2.2 <u>Meßwertstreuung</u> nennt man die <u>Variation der Meßwerte</u> eines bestimmten Merkmals, das an ein und derselben Probe unter konstanten Bedingungen gemessen wird.

Diese Definitionen setzen implizit die Existenz eines "wahren Wertes" des interessierenden Merkmals und die Kenntnis eines "vollständigen Analysenverfahrens", das "reproduzierbar" ist, voraus.

2

2.3 <u>"Wahren Wert"</u> nennt man den tatsächlichen Wert µ eines definierten
Merkmals im Augenblick der Beobachtung. Obgleich der "wahre Wert" als
gedankliche Abstraktion im allgemeinen nicht exakt bestimmbar ist,
wird dieser Begriff benötigt, um die mit Messungen zusammenhängenden
Probleme überhaupt formulieren zu können.

<u>Vollständiges Analysenverfahren</u> nennt man eine Beobachtungsmethode,
für die eine detaillierte Arbeitsvorschrift existiert, die in allen
Einzelheiten Aufgabe, Apparatur, Reagenzien, äußere Bedingungen,
Arbeitsweise, Auswertung und Kalibrierung festlegt (Kaiser 1973). Ein
Analysenverfahren heißt <u>reproduzierbar</u> (Hengst 1967), wenn
    o die Arbeitsvorschrift <u>mehrfach</u> - theoretisch sogar unbegrenzt
oft - realisierbar ist,
    o die einzelnen Meßergebnisse dabei <u>zufällig</u> aufeinander folgen,
insbesondere also weder <u>Trend</u> noch <u>Periodizität</u> aufweisen und
    o einem <u>stabilen Verteilungsgesetz</u> gehorchen.

Ergebnisse eines "reproduzierbaren" Analysenverfahrens sind im Sinne
der Statistik unabhängige <u>Realisationen einer "Zufallsgröße"</u>. Ob eine
Beobachtungsmethode tatsächlich "reproduzierbar" ist, muß jeweils mit
statistischen Methoden geprüft werden, wobei jedoch jede, auch noch so
umfangreiche Meßserie nur eine "Stichprobe" aus einer "Grundgesamtheit" ist.

<u>Grundgesamtheit</u> nennt man die hypothetische, unbegrenzt gedachte
Gesamtheit der möglichen Meßergebnisse bei unbeschränkter Wiederholung
der Analyse ein und derselben Probe. Jede konkrete Beobachtungsreihe
ist lediglich ein Teil dieser Grundgesamtheit und heißt "Stichprobe".
Die von einem reproduzierbaren Analysenverfahren geforderte "Stabilität" bedeutet, daß insbesondere <u>Lage</u> und <u>Streuung</u> konkreter Stichpro-
benergebnisse aus derselben Grundgesamtheit nur zufällig variieren.

3. Statistische Charakteristika von Meßwertverteilungen

3.1 <u>Gestalt:</u> Welches Verteilungsgesetz einem bestimmten Analysenverfahren zugrundeliegt, läßt sich im allgemeinen nicht theoretisch
voraussagen. <u>Keineswegs</u> darf man unbesehen eine <u>Normalverteilung</u> der
Meßdaten voraussetzen! Bei alternativen Merkmalen, z.B. Baso-
phile/Nichtbasophile, bei denen die eine Alternative nur mit kleiner
Wahrscheinlichkeit auftritt, verbietet sich die Annahme einer Normalverteilung schon aus theoretischen Überlegungen.

Zahlreiche Analysenverfahren liefern jedoch bei Beachtung der Arbeitsvorschrift annähernd normale, zumindest symmetrische Verteilungen der Meßwerte. Läßt sich ein lege artis gefundenes Datenkollektiv nicht durch ein bekanntes und theoretisch beherrschtes Verteilungsgesetz beschreiben, müssen für die statistische Auswertung entweder Daten durch eine geeignete Transformation "normalisiert", oder aber verteilungsunabhängige Verfahren herangezogen werden, die kein spezielles Verteilungsgesetz voraussetzen. Mehrgipflige Datenkollektive dagegen deuten auf Störeinflüsse hin und erlauben ohne sorgfältige Analyse keine korrekten statistischen Aussagen.

3.2 <u>Lage</u>: Als Kenngröße der Lage (Position) einer Stichprobe vom Umfang n wählt man zweckmäßig den arithmetischen Mittelwert $\bar{x}$, d.h. die durch die Anzahl der Messungen dividierte Summe der Meßdaten x_i :

$$\bar{x} = \frac{1}{n} \bullet (x_1 + x_2 + \ldots + x_n) = \frac{\sum_i x_i}{n}$$

$\bar{x}$ ist die Abszisse des Schwerpunktes der empirischen Verteilung, um den die Einzelwerte der Stichprobe streuen, und zugleich - unabhängig vom Verteilungsgesetz der Meßwerte - ein erwartungstreuer Schätzwert des "Erwartungswertes" E(X) der Zufallsgröße, falls ein solcher überhaupt existiert. $\bar{x}$ schätzt den Erwartungswert E(X) um so genauer, je umfangreicher die Stichprobe ist.
Das Quadrat der Differenz $x_i-\bar{x}$ zwischen Einzelwert x_i und Mittelwert $\bar{x}$, d.h. den Ausdruck $(x_i-\bar{x})^2$ nennt man Abweichungsquadrat und die Summe der einzelnen Abweichungsquadrate kurz Quadratsumme QS $=\sum(x_i-\bar{x})^2$. Man benötigt sie für die Berechnung der "Varianz" und bei der "Varianzanalyse".

3.3 <u>Streuung</u>: Die Streuung der Einzelwerte um das arithmetische Mittel einer Verteilung "mißt" man mit der durch n-1 geteilten Summe der Abweichungsquadrate, der empirischen Varianz s^2:

$$s^2 = \frac{\sum(x_i-\bar{x})^2}{n-1}$$

bzw. durch die Standardabweichung $s = +\sqrt{s^2}$, d.h. der positiven Quadratwurzel aus der Varianz. s^2 ist - unabhängig vom Verteilungsgesetz - ein erwartungstreuer Schätzwert der Varianz der Grundgesamtheit.

3.4 <u>Rechengenauigkeit</u>: Ergebnisse hämatologischer und klinisch-chemischer Beobachtungen werden im allgemeinen für die klinische Praxis gerundet. Für die Berechnung statistischer Kennzahlen, die das eigentliche Analysenverfahren charakterisieren sollen, muß man jedoch von den ungerundeten, korrekt abgelesenen oder ausgedruckten Daten ausgehen, da man sonst nicht die Genauigkeit der Methode, sondern die Genauigkeit der Überlagerung von Analysen- und Rundungsfehlern beurteilt! So berechne man z.B. Mittelwert und Streuung (Varianz) aus den Daten der Urliste und nicht aus den klassenweise zusammengefaßten Analysenwerten einer Häufigkeitsverteilung. An der Praxis, die Werte nach der Rechnung auf eine diagnostisch-klinisch vertretbare Genauigkeit zu runden, ändern diese Überlegungen natürlich nichts. Man soll lediglich nachträglich und nicht vor der statistischen Auswertung runden, da sonst die hohe Empfindlichkeit der statistischen Methode verloren geht.

3.5 <u>Bedeutung von Mittelwert und Varianz</u>: Mittelwert $\bar{x}$ und Stichprobenvarianz s^2 erlauben bei Zufallsgrößen, für die Erwartungswert und Varianz existieren, unabhängig von der speziellen Verteilungsform die Abschätzung von Bereichen, in denen ein vorgegebener Anteil der Beobachtungsdaten liegt. Darum läßt sich auch mit Hilfe dieser beiden Kenngrößen der Begriff "Genauigkeit" eines Analysenverfahrens bzw. seiner Meßergebnisse zahlenmäßig fassen und jeweils kritisch beurteilen.

4. Genauigkeit, Richtigkeit, Präzision:

4.1 <u>Genauigkeit</u> (Akribie, E: accuracy) bezeichnet - als Oberbegriff - die Übereinstimmung von "Meßergebnis" und "wahrem Wert" des untersuchten Materials (Internationaler Standard ISO 3534, DIN 055 350). Ein Analysenverfahren arbeitet umso "genauer", je weniger der Mittelwert einer Meßserie vom "wahren Wert" abweicht, und je enger sich die Einzelwerte um ihren Mittelwert scharen. Man muß also bei der "Genauigkeit" einer Messung zwei Komponenten unterscheiden, die man mit "Richtigkeit" und "Präzision" bezeichnet. Wegen der umgangssprachlichen Vieldeutigkeit der Worte "Genauigkeit" und "Richtigkeit" erscheint es zweckmäßig, auch sie durch Fremdwörter als termini technici hervorzuheben und den Oberbegriff "Genauigkeit" mit "Akribie" und "Richtigkeit" mit "Akkuranz" zu benennnen.

4.2 <u>Richtigkeit</u> (Akkuranz, E: accuracy of the mean) bezeichnet den Grad der Übereinstimmung des Erwartungswertes $E(x)$ der Meßergebnisse mit dem "wahren" Merkmalswert μ. Ist $E(X) - \mu$ ungleich null, so spricht man von einer "systematischen Meßabweichung" (früher "systematischer Fehler"). Da der Erwartungswert $E(X)$ ebenso wie der wahre Wert μ unbekannt sind und im allgemeinen auch nicht exakt bestimmt werden können, läßt sich die "Richtigkeit" nur an Hand der Differenz $\bar{x} - x_r$ beurteilen, worin x_r ein unter besonders sorgfältig kontrollierten Bedingungen gewonnener Meßwert des wahren Wertes μ bedeutet. x_r nennt man (konventionell) "richtiger Wert". Ob die Differenz $\bar{x} - x_r$ signifikant von Null verschieden ist, muß mit Hilfe der "Präzision" des Analysenverfahrens geprüft werden.

4.3 <u>Präzision</u> (E: precision) bezeichnet den Grad der Übereinstimmung der Meßergebnisse eines wohldefinierten (Kaiser 1973) Analysenverfahrens, das unter vorgegebenen gleichbleibenden Bedingungen mehrmals wiederholt wird (ISO 35 34).
Es ist also unbedingt notwendig, jeweils genau die Bedingungen anzugeben, unter denen die Präzision bestimmt wird. Je enger sich die einzelnen Meßwerte um ihren Mittelwert scharen, d.h. je geringer ihre "Streuung" ist, um so "präziser" arbeitet das Analysenverfahren. Daher hat man auch das Streuungsmaß "Varianz" bzw. die "Standardabweichung" als "Präzisionsmaß" gewählt, obwohl "Varianz" bzw. Standardabweichung eigentlich den "Kehrwert" der Präzision messen, da diese offenbar um so größer ist, je kleiner die Streuung wird. Somit bedeutet "Präzisionskontrolle" nichts anderes als Kontrolle der Varianz bzw. der Standardabweichung.

4.4 Die <u>"Qualitätssicherung"</u> hämatologischer und klinisch-chemischer Analysen muß sowohl die "Akkuranz" wie auch die "Präzision" eines Verfahrens laufend kontrollieren, wobei sich die Stabilität der "Akkuranz" eigentlich nur am Verhalten von "Mittelwerten", nicht aber von "Einzelwerten" beurteilen läßt.

4.5 <u>Toleranzgrenzen</u> sind aus klinischen und juristischen Gründen vorgegebene Grenzwerte für "Akkuranz" und "Präzision", mit denen die Brauchbarkeit eines Analysenverfahrens für klinisch-diagnostische Zwecke beurteilt wird. Die Einhaltung solcher Toleranzgrenzen bedeutet aber noch nicht, daß ein Analysenverfahren "richtig" und "präzis" arbeitet.

5. Wiederhol- und Vergleichsbedingungen

5.1 <u>Wiederholbedingungen</u> verlangen, daß die Messungen nach demselben Verfahren an identischem (zumindest gleichem) Prüfmaterial, vom selben Untersucher, mit demselben Gerät, den gleichen Hilfsmaterialien, im gleichen Labor, innerhalb einer "kurzen Zeitspanne" durchgeführt werden sollen (ISO 5725). Wiederholbedingungen nach DIN 1319 (Abschn.4.5.1) verlangen ausdrücklich, daß der Meßwert nacheinander "unter gleichen Arbeitsbedingungen" bestimmt wird. DIN/ISO 5725 (Abschn.3.1) fordert - noch deutlicher - eine "kurze Zeitspanne", in der gemessen werden soll. Diese Bedingung ist offenbar <u>nicht erfüllt</u>, wenn an nacheinanderfolgenden Tagen gemessen wird. "Von Tag-zu-Tag"-Messungen erfolgen also nicht unter Wiederholbedingungen, da die Arbeitsbedingungen wegen der vielfältigen, im einzelnen weder überschau- noch beeinflußbaren Umwelteinflüsse von Tag zu Tag wechseln können. Wiederholbedingungen verlangen keinen besonderen Aufwand, sondern lediglich die korrekte Beachtung der jeweiligen Analysenvorschriften, was als selbstverständliche Sorgfaltspflicht des Untersuchers vorausgesetzt werden darf. Das gilt für "Definitiv"- und "Referenzmethoden" ebenso wie für "Routinemethoden" (Brown 1975).

5.1.1 <u>Wiederholvarianz</u> ist die aus Mehrfachbestimmungen unter Wiederholbedingungen gewonnene Varianz. Sie entspricht der "short time variation", wie sie von SIEST et al. (1975) definiert wird.

5.1.2 <u>Wiederholstandardabweichung</u> ist die unter Wiederholbedingungen gewonnene Standardabweichung eines Prüfverfahrens. Sie mißt gewissermaßen die unvermeidliche Zufallsvariation der Meßdaten.

5.1.3 <u>Wiederholbarkeit</u> (E: repeatability) nennt man den Betrag, der vom Absolutwert der Differenz zweier unter Wiederholbedingungen gewonnenen Einzelwerte mit einer vorgegebenen Wahrscheinlichkeit nicht überschritten wird (ISO 5725).

5.2 <u>Vergleichsbedingungen</u> bedeuten, daß die Messungen einer Größe zwar mit derselben Methode an gleichartigen Proben, aber in verschiedenen Laboratorien, von verschiedenen Untersuchern, an verschiedenen Geräten usw. durchgeführt werden (ISO 5725).

5.2.1 <u>Vergleichbarkeit</u> (E: reproducibility): ist der Betrag, der vom Absolutwert der Differenz zweier unter Vergleichsbedingungen gewonenenen Einzelergebnisse mit einer vorgegebenen Wahrscheinlichkeit nicht überschritten wird (ISO 5725).

6. Meßgröße, Meßergebnis, Meßwert, Zielwert, Sollwert, Kalibrierung, Normal

6.1 <u>Meßgröße</u> ist das zu messende physiologische Merkmal, z.B. die Hämoglobinkonzentration, Anzahl der Leukozyten pro ml u.a.
(DIN 1319, Tl. 1)

6.2 <u>Zielgröße</u> ist lediglich eine andere Bezeichnung der Meßgröße (Kaiser 1973). Ihr als

6.3 <u>Zielwert</u> bezeichneter Wert ist nichts anderes als der "wahre Wert" der Meßgröße!

6.4 <u>Meßergebnis</u> ist der durch das Analysenverfahren gefundene Wert der Meßgröße. Es wird im allgemeinen aus mehreren "Meßwerten" mit Hilfe einer vorgegebenen eindeutigen Beziehung (Analysenfunktion) erhalten (DIN 1319, Tl. 1).

6.5 <u>Meßwert</u> ist der Wert einer unmittelbar zu ermittelnden Meßgröße (Kaiser 1973, DIN 1319, Tl. 1)

6.6 <u>Sollwert</u> ist ein vorgegebener Wert, der willkürlich von Menschen eingestellt wird, also eine konstante Führungsgröße (z.B. die in der Analysenvorschrift vorgeschriebenen Werte für Temperatur, Druck, Dauer, pH-Zahl usw., die beim Kalibrieren bzw. Justieren eines Gerätes einzuhalten oder einzustellen sind). Dagegen ist der zu messende "wahre Wert" z.B. einer Kontrollprobe kein Sollwert, da "Messen" kein "Regeln" oder "Steuern" ist (Klaus 1965, Biometr. Wörterbuch 1969).

6.7 <u>Fiktivwert</u> nennt man einen Wert, der unter Voraussetzungen gewonnen ist, die als erfüllt angenommen werden, obwohl man darüber nichts aussagen kann.

6.8 <u>Kalibrierung</u> (früher auch "Eichung", eine Bezeichnung, die inzwischen nur für die amtliche Eichung verwendet werden darf) eines Analysenverfahrens nennt man die Bestimmung des quantitativen Zusam-

menhangs zwischen dem "richtigen" Wert eines Standards oder "Normals"
und den Meßwerten, also die Aufstellung einer "Bezugskurve" (früher
"Eichkurve"). Nach der Art des Standards oder Normals unterscheidet
man u.a.:
Kalibrierung mit synthetisierten Standardlösungen
Kalibrierung mit analysierten Standardlösungen
Kalibrierung durch differentielle Zugaben.

6.9 Normal (Standard) bezeichnet man die Einrichtung zur Darstellung,
Verkörperung, Bewahrung oder Reproduktion der Einheit einer Meßgröße.
Man unterscheidet zweckmäßig
Hauptnormal: Normal mit höchstem Genauigkeitsgrad (z.B. die Normale
der Physikalisch-Technischen-Bundesanstalt)
Bezugsnormal: Normal mit einem Genauigkeitsgrad, der zwischen dem
eines Hauptnormals und dem eines Gebrauchsnormals liegt. Je nach
Aufgabenstellung gibt es zwischen dem Hauptnormal und einem Gebrauchs-
normal eine oder mehrere Stufen von Bezugsnormalen
Gebrauchsnormal: Normal für das Kalibrieren von Analysenverfahren,
oder für das Kalibrieren und Justieren von Meßgeräten, die im Routinebetrieb verwendet werden.

1.2 ARTHUR E. RAPPOPORT, (VERO BEACH, FLORIDA, U.S.A.):
KLINISCHE RELEVANZ VON LABORATORIUMSERGEBNISSEN —
DER PATHOLOGE (LABORARZT) ALS KONSILIARIUS

In diesem Vortrag wird die bemerkenswerte Entwicklung und Ausweitung von Laboruntersuchungsprogrammen beschrieben, bei denen eine Qualitätssicherung im ärztlichen Laboratorium durchgeführt wird. Diese hat zu dem derzeitigen hohen Niveau an Präzision und Richtigkeit der Laborwerte geführt.

Externe Qualitätssicherungsprogramme (Ringversuche), die durch nationale wissenschaftliche Gesellschaften der Laboratoriumsmedizin, Pathologie oder verwandter wissenschaftlicher Gebiete und durch die meisten Staaten mit einem modernen Gesundheitswesen gefördert werden, haben die Ärzte als Untersuchungsanforderer und Anwender von der Notwendigkeit der analytischen Genauigkeit, die im klinischen Laboratorium erreicht werden kann, überzeugt.

Die Einführung der internen Qualitätssicherung schließt
- die Anwendung hochtechnisierter, zuverlässiger elektronisch überwachter mechanisierter Analysatoren,
- den Einsatz zugelassener Standards und Kontrollseren,
- die statistische Analyse der Resultate,
- cine korrekte Patienten- und Probenidentifikation während jedes einzelnen Untersuchungsvorganges,
- eine Elimination des menschlichen Rechenfehlers,
- eine fortlaufende ärztliche Überwachung und
- eine Reihe weiterer wichtiger Maßnahmen als Einzelbeiträge zur Erhaltung der Vollständigkeit einer Laboratoriumsuntersuchung ein.

In den frühen sechziger Jahren sind eine Fülle von Laboratoriumsda-
ten, die durch große Multikanalanalysatoren erstellt worden sind,
auf den ärztlichen Laborspezialisten und den praktizierenden Arzt zu-
gekommen. Glücklicherweise ist dieses Problem bereits im gleichen
Jahrzehnt und seither durch den Einsatz der Computertechnologie kontinuierlich zunehmend im Laboratorium unter Kontrolle gekommen. Computer, oft on-line an Analysatoren angeschlossen, haben geholfen,
menschliche Fehler zu eliminieren und gleichzeitig eine fortlaufende roboterähnliche Kontrolle über den gesamten Testprozeß am Arbeitsplatz auszuüben. Als Ergebnis können Laboratoriumsergebnisse in einer bisher nicht erreichbaren Geschwindigkeit und mit einem Genauigkeitsgrad erstellt werden, der nicht durch andere Maßnahmen erreicht
werden kann. Aber auch einige weitere wesentliche Vorteile sollen
hier diskutiert werden, die durch den intelligenten Einsatz von Com-
putern dem Patienten, seinem behandelnden Arzt und dem Laborarzt zu-
fließen.

Die Einrichtungen der klinischen Pathologie als ein Teil der gesamten klinischen Einrichtungen, die sich mit Laboranalysen von Patienten und Problemen der Vorsorge wie Diagnostik von Erkrankungen be-
schäftigen, sollen dem Kliniker Anleitungen zum geeigneten Einsatz
dieser Dienste zur Verfügung stellen. Sie müssen ein System bilden,
das geeignet ist, Hinweise zur Ermittlung und Interpretation der Ergebnisse mit Rücksicht auf die Dringlichkeit des klinischen Problems
zu geben. Ein solch umfassender Dienst erstreckt sich nicht nur auf
die beratenden, interpretierenden und analytischen Aspekte der Pathologie, sondern auch auf die Organisation des gesamten Vorganges der
Probengewinnung bis zur Berichterstattung an den behandelnden Arzt.
Dieser Dienst sollte die Autopsie für im Krankenhaus und auch für
während der Pflege durch einen praktischen Arzt verstorbene Patienten einschließen und so organisiert sein, daß durch die in einem solchen Dienst Tätigen auch Forschungen durchgeführt, wie auch jenen,
die Forschung in anderen Einrichtungen des National Health Service
(NHS) betreiben, hierfür Hilfsleistungen gegeben werden können.

Eine solche Abteilung ist eine Verwaltungseinheit mit einem einzigen
Leiter, der normalerweise ein klinischer und/oder anatomischer Pathologe (Consultant Pathologist) ist, der aber auch ein nicht ärztli-
cher Wissenschaftler von äquivalentem Status sein kann.
Ein Abteilungsleiter kann für einen der folgenden fünf Hauptbereiche
verantwortlich sein:

"Chemische Pathologie, Hämatologie, Histopathologie, Immunologie und medizinische Mikrobiologie." (Diese treffende Definition der Laboratoriumsmedizin, wie sie für Einrichtungen der Pathologie in Nord Amerika, Großbritannien und den Commonwealth-Ländern Anwendung findet, ist zusammenfassend in einer Veröffentlichung des Royal College of Pathologists, London, dargelegt worden.)

In einem solchen Konzept sind alle Aktivitäten des Laboratoriums in einer einzigen organisatorischen Einheit zusammengefaßt, in der alle Ergebnisse, die in den verschiedenen Disziplinen ermittelt werden, gesammelt und in eine zentralorganisierte Patientendatei aufgenommen werden.
Diese werden täglich von einem Arzt, der sowohl in anatomischer als auch in klinischer Pathologie ausgebildet und als Facharzt anerkannt ist, überwacht. Als Ergebnis dieser kollegialen Zusammenarbeit entwickelt sich ein "Team- Work", in dem die behandelnden Ärzte und ihre Kollegen in der Laboratoriumsmedizin eine konsiliarische Rücksprache hinsichtlich Testauswahl, Interpretation der Ergebnisse, Einfügung klinischer Zeichen und Symptome sowie auch klinischer Untersuchungsergebnisse, die durch die Erkrankung, Auswirkungen von Medikamenten oder anderer Therapie auf das Befinden des Patienten bedingt sind, vornehmen. Die Vorteile einer solchen Zusammenarbeit für eine umfassende ärztliche Behandlung und Pflege des Patienten liegen auf der Hand. Auf Grund des zunehmenden "know-how", das die Pathologen durch die Einbeziehung verwaltungstechnischer, organisatorischer und datenverarbeitender Techniken erreicht haben, sind die Aktivitäten unterschiedlicher und weit verteilter Laboratorien in einer wirksamen, engverbundenen und gutübersehbaren Einheit zusammengefaßt worden. So ist es möglich geworden, zum Beispiel in der präanalytischen Phase
- die Probensammlung für alle Bereiche des Laboratoriums durch die Aufstellung eines Phlebotomie-Teams zu zentralisieren,
- eine zentralisierte Patientendatei im Laborcomputer einzurichten, in der die Ergebnisse aller Abteilungen für alle Patienten in einem einzigen Archiv gesammelt werden und
- alle mit den im gesamten Laboratorium in Verbindung stehenden Maßnahmen zu standardisieren, was von den Ärzten und dem Pflegepersonal insgesamt verstanden und akzeptiert worden ist.

Vor Einführung der Datenverarbeitung sind die Ergebnisse häufig unregelmäßig und zufällig auf von den verschiedenen Laborbereichen erstellten Einzelblattberichten aufgezeichnet worden. Sie sind zu verschiedenen Zeiten auf den Pflegestationen angekommen und dem klinischen Protokoll wiederum als Einzelblatt in einer unzuverlässigen und unorganisierten Form beigefügt worden, ohne ein logisches, wissenschaftliches oder chronologisches System zu berücksichtigen. Eine sorgsame Prüfung solcher unorganisierten Berichterstattungen durch den Arzt ist schwierig, zeitraubend und läßt auf Grund des reinen Volumens von Formularen und Resultaten, die in einer so chaotischen Form vorgelegt werden, häufig wertvolle Daten übersehen.

Frühere persönliche Erfahrungen mit der Europäischen Medizin (1932) haben eine "Zersplitterung" und außergewöhnliche Spezialisierung der Krankenhauslaboratorien gezeigt, in denen klinische Chemie, Hämatologie, Pathologie und Mikrobiologie oft ohne Bezug zueinander und ohne Verbindung mit den anderen Breichen gearbeitet haben, wobei das Laboratorium gewöhnlich vom Chefarzt der Abteilung für Innere Medizin geleitet worden ist.

In den darauffolgenden Jahren und besonders während des letzten Jahrzehnts haben wir eine Entwicklung von Laboratorien beobachten können, in denen der Pathologe (Laborarzt) in wachsendem Maße leistungsstärker geworden ist und sich als Experte auf vielen Gebieten der Laboratoriumsmedizin qualifiziert hat. Dies resultiert aus einer intensiven und überwachten Ausbildung wie auch kontinuierlichen Weiterbildung auf fast allen Laborgebieten. In den Vereinigten Staaten haben sich die klinische Pathologie und die anatomische Pathologie in einer multi-disziplinären Einheit "unter einem Dach" zusammengeschlossen, in denen die einzelnen Abteilungen der ständigen kritischen Kontrolle und Leitung eines ärztlich-orientierten Uberwachungspersonals unterstehen. Ein Spezialist auf dem Gebiet der Laboratoriumsmedizin, der klinische Pathologe (Clinical Pathologist), kann sein Fachgebiet als Konsiliarius ausüben und zusätzlich technische, administrative, und verwaltungstechnische Kenntnisse und Erfahrungen anwenden. In Mitteleuropa und Skandinavien wird zunehmend eine ähnliche Struktur beobachtet, wobei allerdings die anatomische Pathologie ausgeschlossen ist.

Bedingt durch diese persönlichen Erkenntnisse und Konzepte haben wir schon 1963 begonnen, mit Hilfe der Datenverarbeitung Laborergebnisse zu einem Patientenbericht aufzubauen. Schon 1964 bei der jährlichen Tagung des College of American Pathologists (CAP) ist während des "Computer Assisted Pathology Symposium" der unseres Erachtens erste "Kumulative Laborbericht" - Cumulative Laboratory Report (CLR) - präsentiert worden.

In Zusammenarbeit mit IBM als Berater für Laborinformationssysteme (LIS) ist von uns eine spezialisierte Datenaquisitionsanlage geschaffen worden, die off-line mit einem Computer der zweiten Generation (IBM 1440) verbunden worden ist. Dadurch ist es möglich geworden, alle Laborergebnisse eines jeden Patienten in einer Computer-Kartei zusammenzufassen und die Laborberichte nach gewissen Prinzipien ausdrucken zu lassen.

1. Alle Vorgänge und Testergebnisse werden innerhalb eines jeden Laborbereiches vertikal entsprechend ihrer klinischen Relevanz dargestellt; beispielsweise werden in der Chemie alle Elektrolyte, Herz-Enzyme, Leber- oder Nierenanalysenergebnisse in Gruppen aufgeführt. Ergebnisse medizinisch zusammengehörender Tests, z.B. der Eisenwert, wird in enger Beziehung mit dem Hämoglobinwert ausgedruckt.

2. Die Ergebnisse von Wiederholungtests werden chronologisch horizontal über das Blatt ausgedruckt, so daß Variationen von Tag zu Tag leicht beobachtet und Trends erkennbar werden.

3. Alle Laborergebnisse eines bestimmten Datums können vom Arzt in einer einzigen Spalte gefunden werden.

4. Die Ergebnisse, die außerhalb des Normbereichs liegen, sind mit einem Sternchen "(*)" oder mit dem Zeichen "(#)" versehen. Die Zeit der Untersuchung oder der Probenentnahme außerhalb der Routinezeit wird automatisch mit einer internationalen Zeitangabe versehen.

5. Seit der CLR von der Zentraleinheit des Krankenhauses gedruckt wird, ist es möglich, eine Verdachtsdiagnose bei Aufnahme des Patienten zusammen mit dem Namen des Arztes ausdrucken zu lassen.

6. Der CLR ermöglicht eine freie Texteingabe. Untersuchungsergebnisse, Bewertungen und Diagnosen auf dem Gebiet der pathologischen Anatomie (chirurgische Pathologie, Cytologie, Knochenmarksuntersuchungen, aber auch Mikrobiologie und Immunologie) werden in freiem Text auf dem unteren Bereich der Seite ausgedruckt, so daß sie nicht bei den vertikal ausgedruckten numerischen oder kurzen alpha-numerischen

Laborergebnissen stören. Normalbereiche werden neben den Testbezeich-
nungen ausgedruckt und genügend Platz auf der Seite gelassen, um die
Laborergebnisse einer Woche in sieben Parallelspalten auszudrucken.
Da diese sieben Tage für ungefähr 80% bis 85% der Krankenhausaufnah-
men ausreichen, können die meisten Labordaten auf ein bis zwei Seiten aufgeführt werden. Dieses Grundprinzip kumulativer (Trend-)Be-
richte ist in den letzten Jahrzehnten fortentwickelt worden und hat
dann zur Entwicklung eines Programms geführt, das als Program Assisted Laboratory Medicine (PALM) bezeichnet wird (Abb. 1).

Wir halten am Prinzip des Ausdrucks der Untersuchungsergebnisse gefolgt vom Normbereich in vertikaler Ausdrucksweise und an der chrono-
logischen Folge von Wiederholungstests in horizontaler Ausdrucksweise fest. Die Sequenz aller möglichen Untersuchungen in unserem Laboratorium ist genau festgelegt worden, so daß die Methoden in spezifischen Gruppen (Profilen) aufgeführt werden, entsprechend ihren klinischen Syndromen (Diabetes-, Schilddrüsenerkrankungen), physiologischen Beziehungen (Elektrolyte) oder systembezogenen Ergebnissen (z.
B. Organe/anatomische Gegebenheiten (Herz-Kreislauf/ Hochdruck).

P A L M

PROBLEM ASSISTED LABORATORY MEDICINE

Major Categories of Problems

ADMISSION STUDIES

HEMATOLOGY

COAGULATION

IMMUNOHEMATOLOGY

KIDNEY FUNCTION

ELECTROLYTES-ACID-BASE

CARDIOVASCULAR-HYPERTENSION

GASTROENTEROLOGY

LIVER FUNCTION

ENDOCRINE-METABOLIC

IMMUNOLOGY-SEROLOGY

CSF-NEUROLOGY

MICROBIOLOGY

IMMUNOMICROBIOLOGY

PHARMACOLOGY

ANATOMIC PATHOLOGY

PALM

Problem Assisted Laboratory Medicine

9431 CARDIOVASCULAR-HYPERTENSION PROFILE

Code	Test
5711	SGOT
5584	CREAT PHOS KIN
6106	CPK ISOENZYMES
5630	LDH
5649	LDH ISOENZYMES
6238	CHOLESTEROL
6270	TRIGLYCERIDE
4960	LIPID PHENOTYPE
4766	DIGOXIN
5525	DIGITOXIN
6564	QUINIDINE
6017	PRONESTYL-PROCAINAMIDE
5274	CATECHOL
4758	METANEPHRINE
9709	VMA
6033	5-HIAA
7919	ALDOSTERONE
6505	BLOOD GAS CARDIAC CATH
5606	HYDROX BUT DH
6262	LIPOPROTEIN PATTERN
0787	HDL - HI DENSITY LIPOPROTEIN
0779	LDL - LO DENSITY LIPOPROTEIN
6084	RENIN RANDOM
5207	RENIN FASTING
5436	RENIN POSTURAL
5444	RENIN RENAL CATH
0701	MYOGLOBIN-URINE
0728	ANTI-MYOCARDIUM

Abb. 1: Liste der verschiedenen PALM-Profile und der Untersuchungen,
die in der Herzkreis/Hypertension - Gruppe zusammengefasst sind

Abb. 2 zeigt ein typisches PALM des CLR. Es soll deutlich werden, daß eine Überprüfung der täglichen Ergebnisse und Folgeuntersuchungen im CLR durch den behandelnden Arzt vereinfacht und beschleunigt wird. Signifikante Veränderungen oder Abnormalitäten werden in Hinsicht auf die Diagnose hervorgehoben, so daß sie nicht zu übersehen sind. Die Verbindung zwischen gleichartigen oder assoziierten Untersuchungen, ohne Rücksicht, in welchem Laborbereich diese durchgeführt worden sind, sind damit leicht vergleichbar, einfügbar und aus

```
                     THE YOUNGSTOWN HOSPITAL ASSOCIATION
                 NORTH UNIT PATIENT CUMULATIVE REPORT    DATE 09/13/78

   MYLES C            8878404   AGE 59 M   ADM DATE 09/07/78      PROV DIAG-R/G M I
   NORTH WEST    1109-A                                                             *-HIGH #-LOW
   MCGOWEN C H MD
```

		THURSDAY 09/07/78	FRIDAY 09/06/78	SATURDAY 09/09/78	MONDAY 09/11/78	TUESDAY 09/12/78	WEDNESDAY 09/13/78
HOSPITAL DAY		1	2	3	5	6	7
CARDIOVASCULAR-HYPERTENSION							
SGOT	5-40 MU/ML	66 *	158 *	150 *			
CPK	25-145 MU/ML	280 *	1040 *	709 *			
CPK ISOENZYMES							
2-MB		0					
INTERPRETATION		NORM					
TIME		H01					
CPK ISOENZYMES							
2-MB		15					
3-MM		85					
INTERPRETATION		HEART					
TIME		H09					
CPK ISOENZYMES							
2-MB		9					
3-MM		91					
INTERPRETATION		HEART					
TIME		H17					
LDH	100-225 MU/ML	398 *	377 *	500 *			
LDH ISOENZYME PATTERN							
1	21-31%		43 *	43 *			
2	33-43%		39	34 *			
3	20-28%		13 #	8 #			
4	0-6%		2	9 *			
5	5-13%		3 #	6			
INTERPRETATION		NORM	HEART	HEART			
TIME		H09	H07	1107			
CHOLESTEROL	150-250 MGM%		202				
TRIGLYCERIDE	50-150 MGM%		140				
HDL-HI DENS LIPO	35-55MG/DL		34 #				
CARBOHYDRATE METABOLISM							
GLUCOSE FASTING	70-110 MGM%	176 *	164 *				
GLUCOSE POST PRAND PM	MGM%			179 H20	101		

INTERPRETATIONS

BACTERIOLOGY	09/09	URINE COLONY COUNT---E. COLI, STAPH ALBUS, GAMMA STREP---SENSITIVE TO ALL ANTIBIOTICS EXCEPT, KANTREX, NEGRAM
CHEMISTRY	09/08	RESULTS MAY BE AFFECTED BY IV
PATHOLOGIST CONSULTATION	09/07	HISTORY - SUBSTERNAL CHEST PAIN, NUMBNESS LEFT ARM, SHOCK, DIABETES MELLITUS, HYPERTENSION, PREVIOUS INFARCTION 1977.
PATHOLOGIST CONSULTATION	09/08	THERAPY - DIABINESE, DEMUKAL, XYLOCAINE, PRONESTYL, HEPARIN.
PATHOLOGIST CONSULTATION	09/13	CONDITION STABILIZED, PATIENT IMPROVING, LEFT ICU.
EKG	09/09	SINUS BRADYCARDIA, ACUTE INFERIOR MYOCARDIAL INFARCTION, RESOLVING.
X-RAY	09/07	CARDIOMEGALY, NO CONGESTION OR PULMONARY INFILTRATES.

Abb. 2: Kumulativer Laborbericht eines Patienten, der aufgenommen worden ist, um einen Myokardinfarkt auszuschließen. Der wiedergegebene Teil des PALM CLR gibt die Untersuchungsergebnisse wieder, die diese Diagnose bestätigen. Bemerkenswert ist die typische Konstellation und der Verlauf von CPK und LDH und ihrer Isoenzyme. Die konsiliarische Stellungnahme des Pathologen beruht auf einer aktuellen Untersuchung des Patienten am Krankenbett. EKG und radiologische Befunde sind in den Bericht aus der 'Patient's Data Base' eingefügt worden

Diagnose, Behandlung und Prognose des Patienten substantiell verbessert. Indem die Daten in dieser Art geordnet werden, wird die Qualitätssicherung verbessert, um ein Maximum an Richtigkeit der Ergebnisse zu gewährleisten. Die Möglichkeit, Laborergebnisse von Tag zu Tag leicht verfolgen und vergleichen zu können, bietet Gelegenheit, sofort wichtige Veränderungen, insbesondere in Bezug auf klinische Veränderungen des Patientenzustandes, festzustellen und die Validität der Testergebnisse zu unterstützen. Falls die Ergebnisse sich nicht gegenseitig ergänzen, sollten weitere Uberlegungen über das klinische Bild und die Untersuchungsergebnisse angestellt werden. Das Nebeneinanderschreiben von Untersuchungsergebnissen verschiedener Art (Chemie, Immunologie, Hämatologie usw.) kann hilfreich sein, um festzustellen, ob alle Testergebnisse mit dem klinischen Bild übereinstimmen oder ob solche Veränderungen real oder nur unwesentlich sind oder ob, wie oben schon erwähnt, ein Fehler in der Testdurchführung oder Probenidentifikation unterlaufen ist. Untersuchungsergebnisse aus den verschiedenen Bereichen ermöglichen eine Gegenüberstellung, wenn sie in einem einzigen Programm wie zum Beispiel im PALM zusammengestellt werden.

Das Beispiel in Abb. 3 zeigt, wie bei einer Lebererkrankung alle Untersuchungsergebnisse der Chemie, Enzymologie, Immunologie, Mikrobiologie, Parasitologie und Pathologie (Leberbiopsie) in einem spezifischen Profil zusammengefaßt werden können und daß jedes Untersuchungsergebnis mit den anderen verglichen werden kann. In einem anderen Beispiel, dem Herz-Kreislauf/(Hypertonie)-System, sind diese Bemühungen noch erweitert worden, indem Ergebnisse anderer technischer Analysen z. B. des EKG mit den Laboruntersuchungen verbunden werden, um dem Kliniker die Möglichkeit zu geben, eine Bestätigung, Unterstützung oder auch eine Inkompatibilität der Ergebnisse, z.B. zwischen Herzenzymen und EKG-Interpretation nachzuweisen. Letzteres erfordert eine Uberprüfung jeder einzelnen Untersuchung, um die Korrektheit der Identifikation von Patient, Probe, Aufzeichnung, Technik oder Interpretation festzustellen. Durch solche grundlegenden Maßnahmen wird der Wert beider Untersuchungsergebnisse erhöht. Falls eine Inkompatibilität beider Untersuchungsergebnisse nicht nachgewiesen werden kann, sollte man nach anderen Gründen suchen, um die Ursache zu finden und eventuell eine Neubewertung der ärztlichen Diagnose in Erwägung ziehen.

Da alle Laboruntersuchungen jeglicher Patienten in den Computer ein-

```
                    THE YOUNGSTOWN HOSPITAL ASSOCIATION
                  NORTH UNIT PATIENT CUMULATIVE REPORT   DATE 10/29/76

         ILLIAM          8476293   AGE 67 M   ADM DATE 10/22/76      PREV DIAG-NEOPLASM PROB TRANSFUSION H
DISCHARGE      1322-
   KI    LN H M MD
```

		FRIDAY 10/22/76	SATURDAY 10/23/76	MONDAY 10/25/76	TUESDAY 10/26/76	FRIDAY 10/29/76
	HOSPITAL DAY	1	2	4	5	8
HEMATOLOGY						
RBC	MILL/CMM	4.38				
WBC	TH/CMM	4.6 *				
HGB	12-16 G%	13.4				
HCV	37-48%	40.5				
CORP CONST-MCV	82-92 CMU	92.4 *				
MCH	27-31 MCGM	30.5				
MCHC	32-36%	33.0				
DIFF-SEGS	%	61				
STABS	%	8				
EOS	%	1				
LYMPHS	%	16				
MONOS	%	14				
PLATELETS		OK				
KIDNEY FUNCTION						
URINE-COLOR/APPEAR			AMBER HAZY			
SPECIFIC GRAVITY			1.011			
BILIRUBIN APPROX MGM%			3+			
PH			6.5			
PROTEIN			2+			
GLUCOSE			NEGATIVE			
HGB			1+			
RBC	#/HPF		5			
WBC	#/HPF		1-4			
CASTS	#/HPF		FEW MUCUS			
CELLS	#/HPF		MOD SQUAM			
BACTERIA	#/HPF		3+			
TYPE			VOIDED			
BUN	10-20 MGM%	12				
CREATININE	0.7-1.5 MGM%	1.1				
URIC ACID	2.8-7.5 MGM	5.6				
ELECTROLYTES-ACID-BASE						
NA PLASMA	136-145 MEQ/L	140				
K PLASMA	3.5-5.0 MEQ/L	3.5				
CL PLASMA	96-105 MEQ/L	109 *				
PH PLASMA VENOUS	7.32-7.45	7.48 *				
CALCIUM	8.5-10.5 MGM%	8.3 *				
PHOSPHORUS SER	2.7-4.0 MGM%	2.4 *				
CARDIOVASCULAR-HYPERTENSION						
SGOT	5-40 MU/ML	3800 *				415 *
CPK	25-145 MU/ML	80				
LDH	100-225 MU/ML	1410 *				186
GASTROENTEROLOGY						
AMYLASE	30-200 UNITS			215 *		
LIPASE	0.6-2.0 UNITS			0.9		
LIVER FUNCTION						
BILIRUBIN TOT	0.1-1.5 MGM%	15.3 *				24.9 *
BILIRUBIN CONJUG	0-0.4 MGM%	7.0 *				9.2 *
ALK PHOS	30-110 MU/ML	270 *				216 *
SGPT	5-45 MU/ML	5340 *				1375 *
PROTEIN TOT PLAS	6.2-8.4 G%	7.2				
HEPATITIS B SURFACE ANTIGEN		POSITIVE				
LEUC AMINO PEP	90-200 UNITS			190		
ANTI-MITOCHONDRIA				NEGATIVE		
ANTI SMOOTH MUSCLE				POSITIVE		
ENDOCRINE-METABOLIC						
GLUCOSE FASTING	70-110 MGM%	128 *				
CHOLESTEROL	150-250 MGM%		100 *			
TRIGLYCERIDE	50-150 MGM%		160 *			
LIPOPROTEIN PATTERN			NORMAL			
INTERPRETATIONS						
CHEMISTRY		10/22	GROUP A B COLLECTED 13 CC LOCK			
PATHOLOGIST CONSULTATION		10/25	NOTE PAST HISTORY 5-14-76 ADENOCARCINOMA, WELL DIFFERENTIATED, INVASIVE IN TUR SPECIMEN. 7-1-76 ADENOCARCINOMA, WELL DIFFERENTIATED, INVASIVE PROSTATE--RAPPOPORT/ALE			
EKG		10/26	SINUS BRADYCARDIA---NONSPECIFIC ST-T CHGS NOT DUE TO DIGITALIS			

Abb. 3: <u>Ein typisches PALM CLR für eine Hepatitis.</u>

Bemerkenswert ist die Zusammenfassung von eng korrelierten Untersuchungsergebnissen in genau definierten Sequenzen, die eine horizontale, chronologische Übersicht des Systems erlauben. Der Pathologe weist auf eine frühere Diagnose (Prostata- Karzinom) hin. Die gegenwärtige Diagnose beruht auf einer Hepatitis, möglicherweise einer posttransfusionellen Form. Anzumerken ist, daß der EKG-Bericht die Vermutung enthält, daß die GOT- und LDH-Erhöhung wahrscheinlich nicht auf einem Herzinfarkt beruhen.

gegeben und gespeichert werden, täglich in chronologischer Reihenfolge als einstweiliger Stationsbericht oder klinischer Laborbericht vorliegen und diese Ergebnisse in verschiedenen Formen auf dem Bildschirm im Arztzimmer des Pathologen wiedergegeben werden können, ist ihm die Möglichkeit gegeben, wichtige Laborergebnisse aller Patienten leicht zu überprüfen und als Konsiliarius (Consultant Pathologist) tätig zu werden. Nach einer Analyse diktiert der Pathologe eine kurze Zusammenfassung als Diskussion, die die bedeutensten klinischen Eindrücke, die Krankengeschichte und klinische Untersuchung einschließt, sowie Anmerkungen zum Beitrag, der von den Laboratoriumsuntersuchungen zum Verständnis des Krankheitsfalles geleistet worden ist. Andere diagnostische Möglichkeiten, die sich durch die Testergebnisse ergeben, werden erwähnt und Empfehlungen für weitere Untersuchungen gegeben. Dieser konsiliarische Bericht wird in das Patientenkrankenblatt - Patient's Master File (PMF) eingegeben.

Der Wert einer solchen Integration kann insbesondere darin gesehen werden, daß die Ergebnisse der klinischen Pathologie mit den Diagnosen der anatomischen Pathologie in dem CLR zusammengefügt werden. Hier ist es möglich für einen Patienten, z. B. auf einer einzigen Seite, die Ergebnisse der histologischen Untersuchungen von Knochenmark, Leber, Niere oder anderer Biopsien den Ergebnissen hämatologischer, chemischer, mikrobiologischer und immunologischer Untersuchungen zum Zeitpunkt der Untersuchung gegenüberzustellen.

Zusätzlich zum Pathologen und klinischen Wissenschaftler können andere Mitarbeiter Kommentare in Form freier Textzufügungen eingeben, die, z. B. die Blutentnahme oder die erhaltenen Spezimen oder Ergebnisse, betreffen. Ein Mitarbeiter, der Blut entnimmt, kann vermerken, daß intravenöse Infusionen, z. B. Glukose, Elektrolyte vor der Spezimenentnahme, infundiert oder besondere Medikamente gegeben worden sind, die einen Einfluß auf das Testresultat haben können. Technische Assistentinnen können Anmerkungen zum Aussehen des Spezimen (trüb, hämolytisch oder lipämisch) oder Anmerkungen zu wichtigen Änderungen gegenüber früheren Daten machen. Diese Eingaben können in freier Textform über das Bildschirmterminal erfolgen und auf dem CLR ausgedruckt werden.

Ein mit PALM eng verbundener CLR und die Anmerkungen des Pathologen erlauben dem behandelnden Arzt, graphisch und numerisch einen guten Überblick über alle Laborergebnisse zu erhalten und sich sofort auf

solche Schlüsselresultate zu konzentrieren, die die größte Signifikanz für das klinische Syndrom besitzen.

Pathologen sollten eine wesentliche Ausbildung in der Ausübung der
praktischen Medizin besitzen. Der Autor ist besonders glücklich, eine eingehende Weiterbildung in der Inneren Medizin erhalten zu haben, und hat, da er von 1938 - 1941 als niedergelassener Arzt gearbeitet hat, eine persönliche Erfahrung in der direkten Patientenbe-
handlung gewonnen. Diese intensive Beschäftigung mit der medizinischen Praxis hat es dem Autor gestattet, den meisten seiner Kollegen
auf gleicher beruflicher Ebene zu begegnen, wenn Krankheitsfälle von
seiten der praktischen Medizin wie auch von seiten der wissenschaftlichen Laboratoriumsmedizin analysiert werden mußten. Seine Auffas-
sungen und Anregungen werden gehört, anerkannt und von den meisten
behandelnden Ärzten seines Krankenhauses geschätzt, da diese nicht
befürchten, daß ihre primäre Verantwortung für den Patienten in Frage gestellt wird.

Während einer solchen Konsultationspraxis sind Fälle aufgetreten, in
denen vitale Informationen weder beachtet noch ausgewertet worden
sind, bis der Kommentar des Pathologen auf dem CLR den behandelnden
Arzt auf die Besonderheit aufmerksam gemacht hat.

Solche Konsultationen haben zu einer gesteigerten Aufmerksamkeit für
andere differentialdiagnostische Möglichkeiten geführt und Anlaß gegeben, weitere Untersuchungen durchzuführen oder die gegenwärtige
Behandlung und Prognose zu überdenken.

Weiterhin können Ergebnisse potentiell schädigender oder lebensbe-
drohlicher Situationen (niedriges Kalium, verlängerte Prothrombin-
zeit oder hohe Glukosewerte) sehr früh durch den Laborarzt bemerkt,
der behandelnde Arzt sofort angerufen und mit ihm die wichtigen
alarmierenden Untersuchungsergebnisse besprochen werden.

Unglücklicherweise können aber auch vitale Informationen bei der
Flut von Daten, die auf den behandelnden Arzt von allen Seiten ein-
stürzt, übersehen oder vernachlässigt werden. Sehr oft hat der Autor
in solchen Fällen persönlich die behandelnden Ärzte aufmerksam gemacht, wodurch ein Schaden vermieden worden ist. Aus Gründen der
Lehre und des Gewinnens von Erfahrungen werden oft Assistenten der

Pathologie von Patienten in Begleitung ihres behandelnden Arztes aufgesucht, um interessante Krankenbilder eingehend zu erörtern und zu analysieren.

Da der Autor von 1940 - 1943 praktisch als klinischer Hämatologe gearbeitet und in dieser Tätigkeit selbst Knochenmarksanalysen durchgeführt und interpretiert hat, erscheint es ihm besonders wichtig, daß bei der Untersuchung eines Knochenmarkaspirats alle sich beeinflußenden hämatologischen, chemischen, immunologischen (Hepatitis), enzymologischen, toxikologischen, mikrobiologischen, histologischen und viele andere gleichermaßen vitale Untersuchungen in die PMF eingefügt worden sind. Die Möglichkeit, ein Bildschirmgerät am Mikroskop stehen zu haben, erlaubt eine sofortige Nachforschung nach all diesen Ergebnissen. Die Fähigkeit, diese Informationen mit der mikroskopischen Untersuchung eines gefärbten Spezimens zu integrieren, ermöglicht es dem Laborarzt, das volle Spektrum wesentlicher Daten zu beachten und seine endgültige Analyse des Spezimens abzusichern.

Obwohl in diesem Zusammenhang Wert auf die Entwicklung des Laboratory Information System (LIS) und seine Bedeutung für die Qualitätssicherung und die Konsultationspraxis des Pathologen gelegt worden ist und das LIS einen extrem hohen Entwicklungsstand erreicht hat, ist die Entwicklung des Hospital Information System (HIS) nicht vernachlässigt und gleichzeitig ein umfassendes Informationsnetzsystem im Hospital aufgebaut worden. Peripheriegeräte auf den Stationen erlauben die Eingabe von Anforderungen (Order Entry (O/E)) und eine Abfrage der Ergebnisse aus dem Zentralspeicher (Central Processing Unit), (CPU). Die Patientendatei im HIS-Computer enthält eine wesentliche Anzahl klinischer Informationen, die weiterhin ausgebaut werden, um alle klinischen Informationen für die Patienten aufzunehmen und zu speichern, einschließlich von Medikamenten therapeutischen und radiologischen Ergebnissen und vielen anderen diagnostischen Informationen (EKG, Computertomographie, Elektromyographie). Wenn alle diese Daten in der Krankengeschichte eines jeden Patient zusammengefaßt sind und zum sofortigen Auffinden von allen Ärzten durch das Medium des Bildschirmes greifbar sind, wird es für den Laborarzt möglich sein, wörtlich und graphisch alle bedeutenden Patienteninformationen sofort zu erhalten und dadurch auch seine diagnostischen Anstrengungen für den Patienten zu verbessern. Alle Ärzte, die zu derselben Datenbank beitragen, können gleichermaßen Informationen und Daten abrufen, um ihre eigenen Bemühungen auf dem Spezialgebiet zu vervollständigen.

Täglich werden Besprechungen mit klinischen Pathologen und dem tech
nischen Personal geführt. Da LIS und HIS gegenseitig vollständig in-
tegriert sind, werden die Endergebnisse der Laboruntersuchungen ir
der Patienten - Hauptkrankengeschichte der Zentraleinheit des HIS
gespeichert; der CLR erhält die vorläufige Diagnose des aufnehmenden
Arztes, so daß Laborergebnisse mit der klinischen Diagnose in Zusammenhang gebracht werden können.

Zur Weiterbildung sieht der Laborarzt täglich die Berichte aller
Patienten durch, vermerkt wichtige Trends und wählt eine Anzahl
interessanter, instruktiver oder fachlich fördernder Befunde aus,
die Abnormalitäten, besonders in Bezug auf die klinische Diagnose,
aufweisen, gleichgültig ob sie diese bestätigen oder nicht.

Kopien solcher Ausdrucke werden den Ärzten in der Weiterbildung (Re-
sidents) übergeben, um mit ihnen über die Patienten zu diskutieren.
Der Assistent kommt dann zur Besprechung, in der er über seine Erfahrungen am Krankenbett berichtet. Es wird versucht, festzustellen,
welchen Beitrag jede einzelne Laboruntersuchung zum gesamten Krank-
heitsbild geleistet hat, um die Richtigkeit der Diagnose zu unterstützen, andere diagnostische Möglichkeiten anzubieten, Veränderungen von Ergebnissen in Beziehung zu Veränderungen der klinischen Befunde oder zur Therapie des Patienten zu setzen. In der Diskussion
wird beurteilt, inwieweit Untersuchungen angemessen, zu zahlreich
oder unzureichend angefordert worden sind, welche Kommentare dazu ab-
gegeben werden sollen und wie in Einzelfällen die Kosten/Nutzen-Rela-
tion der Laboruntersuchungen liegt.

Zum Schluß kann als Ergebnis dieses außergewöhnlichen technologischen Wagnisses festgestellt werden, daß der Laborarzt seine klinischen Kollegen in einem Team trifft, in dem sehr motivierte, gut aus-
gebildete, informierte, erfahrene und wissende Ärzte harmonisch zur
weitgehenden Verbesserung der Patientenbetreuung zusammenarbeiten.

2   Methodologie und Einflußgrößen

2.1 D. BAUMGARTEN, (BERLIN):
MEßGERÄTEANFORDERUNGEN UND IHRE BEDEUTUNG BEI DER
ZIELWERT-ERMITTLUNG

Die Ausbildung des Arztes erfordert die Vermittlung vielfältiger
Kenntnisse. Dabei liegt es in der Natur der Sache, daß meßtechnische
Kenntnisse nur am Rande behandelt werden. Berücksichtigt man jedoch,
daß Meßgeräte in immer stärkerem Maße vom Arzt als Hilfsmittel in der
Diagnostik eingesetzt werden, so stellt sich die Frage, ob die in der
Regel geringen technischen Kenntnisse und Erfahrungen der Mediziner
nicht zu einer Überforderung der Betroffenen führen. Denn folgende
Probleme treten im einzelnen auf:

1. Stehen mehrere technische Verfahren zur Auswahl, so wird der Arzt
als "technischer Laie" nicht in der Lage sein, eine Abschätzung
dahingehend durchzuführen, welches Verfahren meßtechnisch besser ist,
d.h. richtigere Ergebnisse liefert.
2. Bei meßtechnischen Geräten ist die Kenntnis über deren Funktion nur
sehr lückenhaft vorhanden. Fehler in der Anwendung oder am Gerät
selbst werden daher wohl nur selten erkannt.

Bei meßtechnischen Geräten führt die Kenntnis der Verfahren jedoch zu
dem sehr unbefriedigenden Ergebnis, daß sich der Arzt allein auf die
Aussagen beispielsweise des Herstellers verläßt. Dieser wird versuchen, seine Geräte so billig wie möglich zu erstellen, was in der
Regel - also nicht immer, jedoch sehr häufig - zu einer Verringerung
der Meßgenauigkeit führen wird. Da Vergleichsmöglichkeiten bei Konkur-
renzerzeugnissen sich im allgemeinen nur auf Preisunterschiede, nicht
jedoch auf Qualitätsunterschiede erstrecken können, liegt die unbe-
friedigende Entwicklung klar auf der Hand.

Welche Einflüsse auf Meßergebnisse treten jedoch auf?

Die Beeinflussung von Meßergebnissen ist vielfältiger Natur. Es sind

1. Einflüsse durch die Meßeinrichtung

24

a) falsche Kalibrierung

b) falsch anzeigende Hilfsgeräte (beispielsweise Thermometer)

c) Änderung der Meßeinrichtung durch den Anwender ohne
Berücksichtigung der Konsequenzen

d) unbemerktes Driften der Anzeige

e) fehlerhafte Meßhilfsmittel (beispielsweise Küvetten)

f) Anwendung technisch unzuverlässiger Verfahren durch den Geräte-
hersteller

2. Einflüsse durch den Einsatz der Meßeinrichtungen

a) nicht zulässige Anwendung eines Meßgerätes (beispielsweise Bestimmung der Körpertemperatur durch Bestimmung der Temperatur der Stirn)
b) Einsatz eines Meßgerätes unter nicht zulässigen Randbedingungen
(beispielsweise Abweichung von einer vorgegebenen Raumtemperatur)

Die Einflüsse unter 2 kann auch der technische Laie erkennen: denn sie
sind nicht meßgerätespezifisch, sondern setzen allgemeine Kenntnisse
voraus. Dahingegen entziehen sich die unter 1 genannten meßgerätespe-
zifischen Einflüsse überwiegend dem Zugriff des Anwenders.

Betrachtet man die Entwicklung im Bereich der Diagnostik, so muß man
erkennen, daß die Unterscheidung zwischen normalen und pathologischen
Fällen immer schwieriger wird, je weiter die Meßtechnik, d.h. die
exakte Ermittlung von Daten fortschreitet. Konnte man früher aufgrund
ungenauer Verfahren nur grobe Abweichungen von Normalwerten sicher
erfassen, so werden heute bereits Unterschiede um Nuancen medizinisch
verwertet. Dies macht jedoch deutlich, daß unkontrollierbare Einflüsse
von Meßeinrichtungen den Wert einer Untersuchung durchaus in Frage
stellen können. In diesem Zusammenhang ist es wichtig, auf eine
häufige Argumentation einzugehen.

Von Medizinern wird vielfach die Auffassung vertreten, daß die Ergebnisse eines Meßgerätes relativ unwichtig seien. Große Fehler seien
deshalb vertretbar, weil der Mensch als lebender Organismus einem
ständigen Wechsel unterliege. Insbesondere wird hier auf den Blutdruck
verwiesen, der sich im Laufe des Tages ändere. Darüber hinaus, so
heißt es vielfach, sei die Druckmessung ohnehin problematisch, bzw.
man will nur sehen, wie sich Werte gegenüber einer vorhergegangenen
Messung verändert haben. Diese Argumentation ist jedoch gefährlich,
denn

1. ob und wieweit sich der Blutdruck im Tagesverlauf ändert, läßt sich
nur dann feststellen, wenn sichergestellt ist, daß das Meßgerät
richtig anzeigt und Streuungen nicht die Folge fehlerhafter Meßgeräte
sind.

2. der Vergleich zwischen zwei Meßdaten, die zu unterschiedlichen
Zeiten ermittelt worden sind, ist nur dann möglich, wenn sicherge-
stellt ist, daß sich das Meßgerät in der Zwischenzeit in seiner
Genauigkeit nicht verändert hat.

Mit anderen Worten, das Messen in jeglicher Form erfüllt nur dann
seinen Zweck, wenn die Meßergebnisse vom Meßobjekt, nicht aber vom
Meßgerät beeinflußt werden. Eine Verknüpfung zwischen der Meßgenauigkeit von Meßgeräten und einer möglichen zeitlichen Schwankung der
"Zustandsdaten" von Organismen ist meßtechnisch nicht vertretbar. In
diesem Fall sollte besser auf die Messung völlig verzichtet werden.

Welche Anforderungen an Meßgeräte müssen gestellt werden und wie wird
sichergestellt, daß diese Anforderungen auch eingehalten werden? Die
Frage der Anforderungen läßt sich im allgemeinen schnell klären. Was
man will, ist die sichere und zuverlässige Anzeige eines Meßgerätes.
Was offen ist, ist die Frage, welche Fehler zugelassen werden sollen.
Denn Genauigkeit ist immer relativ. Eine Anzeige mit dem Fehler "Null"
gibt es praktisch nicht. Hierzu müssen sich jedoch die Mediziner
äußern.

Wie stellt man jedoch sicher, daß Meßgeräteanforderungen allgemein
eingehalten werden? Qualitätssicherung im Labor und Ringversuche lösen
dieses Problem leider nicht umfassend. Um dieses Problem sicher in den
Griff zu bekommmen, wird es erforderlich sein, eine Zulassungspflicht
für med. Meßgeräte einzuführen. Dies bedeutet: eine für eine meßtechnische Überprüfung kompetente Stelle überprüft alle Meßgeräte dahingehend, ob die erforderliche Meßsicherheit gegeben ist. Werden die
Anforderungen erfüllt, so können die Geräte vertrieben werden; können
die Anforderungen nicht erfüllt werden, so besteht ein Vertriebsverbot
für den Meßgerätehersteller. Diese in Aussicht genommenene Regelung,
die ihren Niederschlag in einer Novellierung des Eichgesetzes erhalten
soll, bedeutet für den Arzt größtmöglichen Schutz vor dem Kauf unzuverlässiger Meßgeräte. Geräte, die aufgrund ihrer mangelhaften Konstruktion nicht geeignet sind, sichere Meßergebnisse zu liefern, werden mit

dieser Maßnahme vom Markt ferngehalten. Eine Entlastung des Arztes auch in psychischer Hinsicht dürfte die Folge sein.

Ob die Zulassung allerdings allein ausreichend ist, um eine sichere Meßwerterfassung zu garantieren, kann nicht pauschal beantwortet werden. Möglicherweise werden eine <u>Kombination Zulassung und Ersteichung ohne Nacheichung oder Zulassung und turnusmäßiger Service des Herstellers</u> oder auch sonstige Maßnahmen erforderlich sein, um dem Wunsch nach richtigen Ergebnissen entsprechen zu können. Ein Berliner Beispiel macht deutlich, daß die Zulassung allein u.U. nicht ausreichend ist. Während zugelassene Blutdruckmesser vor Inkrafttreten des Eichgesetzes im Neuzustand zu 52% nicht die Eichfehlergrenzen einhalten haben (es hat keine Eichpflicht bestanden), ist die Ausfallquote nach der Einführung der Eichpflicht unter 2% gesunken. Das Ergebnis spricht für sich.

2.2 A. VON KLEIN-WISENBERG, (FREIBURG): FEHLERANALYSE PHOTOMETRISCHER MESSUNGEN

In der folgenden Übersicht wird an die Hauptfehlerquellen erinnert, die durch die speziellen chemischen und optischen Eigenschaften des Meßansatzes bedingt sind. Eine allgemeine Diskussion ist hier nicht möglich. Beim eigentlichen Meßvorgang kann eine solche Diskussion aber durchaus dazu beitragen, den Anteil der einzelnen Fehlerkomponenten am Gesamtfehler nach dem Fehlerfortpflanzungsgesetz abzuschätzen und so von vorneherein extreme Meßbedingungen zu vermeiden, die heute zwar gerätetechnisch möglich sind, aber aus physikalischen Gründen zu Fehlmessungen führen müssen. Die Fehler sind teils systematischer, teils zufälliger Natur. Der besseren Verallgemeinbarkeit halber werden Zahlenwerte für Relativfehler - auf bestimmte Extinktions-Absorbanzwerte bezogen - angegeben. Es ist also implizit Lognormalverteilung unterstellt; varianzanalytisch wäre nach Eisenhart (1947) ein gemischtes Modell zugrundezulegen.

Meßfehler können meßgutbedingt sein.

1. **Meßgutbedingte Fehler**

   hängen unmittelbar von dem Analyseverfahren ab und sind deshalb
   hier nur aufgelistet; Abhilfe erfolgt bei jedem einzelnen Verfah-
   ren nach Erkennung der Fehlerquelle gezielt und spezifisch durch
   Veränderung der Methodik
   Nichterfüllung des Bouger-Lambert-Beer-Gesetzes
   infolge
   - nichtstöchiometrischer Umsetzung
   - Bildung mehrerer Reaktionsprodukte
   Meßergebnisverzerrung
   infolge
   - Polarisation (bei polarisationsempfindlichen Empfängern)
   - Untergrundabsorption der Probe (häufig durch Trübung)
   - Fluoreszenz
   zeitliche Inkonstanz
   wegen
   - Verblassen
   - Bandenverbreiterung durch Temperatureinfluß

Sie können gerätebedingt sein. Diese Fehler interessieren hier vor
allem.

2. **Gerätebedingte Fehler**

   sind durch folgende Störungen verursacht.
   Fehler, die von der Strahlungsquelle herrühren
   - Räumliche und zeitliche Inkonstanz der Strahlungsquelle
   - Inkonstanz der spektralen Energieverteilung
   Monochromasiefehler
   - Einfluß der spektralen Bandbreite im Verhältnis zur Breite der
     Absorptionsbande
   - Einfluß der Messung an einer Bandenflanke
   - Einfluß durchgelassener Nebenwellenlängen
   - Liniengruppen und Schwerpunktwellen von Spektrallinien
   - Falschlicht
   Fehler im optischen Strahlengang
   - nichtkompensierte Weglängen- und Intensitätsunterschied
   - Streustrahlung
   - Küvettenfehler
   -- schräger Strahlungseinfall
   -- ungleiche Materialien für Proben- und Referenzküvette
   -- ungleiche Füllungsmedien in Proben- und Referenzküvette

<u>Empfängerbedingte Fehler</u>
- Empfindlichkeit gegenüber Polarisation
- unterschiedliche Empfindlichkeit
-- zweier Empfänger
-- verschiedener Flächenelemente desselben Empfängers
- nicht funktional beschreibbare Empfängerkennlinie
<u>Verstärkerbedingte Fehler</u>
<u>Abgleichfehler</u>
- Fehler des Dunkelabgleichs
- Fehler des Hellabgleichs
- Fehler bei der Messung
<u>Fehler der Meßwertanzeige</u>

Bei den <u>gerätebedingten Fehlern</u> erfolgt die Klassifizierung nach den Bau- und Funktionsgruppen des Photometers in Richtung des Strahlengangs. Die hierdurch eingeführte Willkür ist vertretbar, weil alle Bauelemente Teile eines rückgekoppelten Systems sind und daher der Ausgangspunkt beliebig gewählt werden kann.

2.1   **Fehler, die durch die Strahlungsquelle bedingt sind**

Die heute in Photometern für die klinische Analytik verwendeten Strahlungsquellen kann man einteilen nach
<u>Spektrallinienstrahler</u>
- Spektrallampen (Gas- oder Dampf-Entladungslampen)
- Resonanzfluoreszenzstrahler (LASER)
<u>Kontinuumstrahler</u>
- Gasentladungslampen im Spektralbereich des Kontinuums (Wasserstoff- oder Deuteriumlampen)
- Wolframlampen oder -bandlampen bei niedriger Farbtemperatur (Glühlampen)
- Wolframlampen bei erhöhter Farbtemperatur (Jod-Quarz- oder Halogenlampen)

2.1.1   <u>Räumliche und zeitliche Inkonstanz der Strahlungsquelle</u>

Die Kontinuumstrahler bieten keine Schwierigkeiten hinsichtlich der räumlichen Konstanz der Abbildung der Strahlungsquelle auf den Eintrittsspalt oder die Eintrittsluke des Photometers; bei den Wolframlampen ist die Wendel fixiert, bei den Deuteriumlampen wird die Strahlung durch einen Schlitz in der zylindrisch geformten Anode abgestrahlt. LASER-quellen sind geometrisch von vorneherein hoch stabil. Bei Quecksilberentladungslampen neigt indes der Bogen zum Auswandern aus der Vertikalachse, und es ist konstruktiv dafür Sorge zu tragen, daß stets ein Flächenelement gleich verteilter Intensität zur Abbildung gelangt.

An die zeitliche Konstanz der Stromversorgungen aller Strahler müssen hohe Anforderungen gestellt werden. So verändert sich z.B. bei Glühlampen die Strahlungsstärke etwa mit dem Quadrat der aufgenommenen elektrischen Leistung; es muß also die Regulation sowohl von Spannung als auch von Stromstärke viermal genauer erfolgen, als es der geforderten Strahlungskonstanz entspricht.

2.1.2 Inkonstanz der spektralen Energieverteilung

Die spektrale Energieverteilung bleibt über die Lebensdauer des Strahlers nicht konstant. Nach Erreichen des thermischen Gleichgewichtes ("Einbrennen") treten jedoch meist keine störenden Kurzzeitschwankungen auf. Bei Glühlampen bewirkt der Alterungsprozeß ein Abtragen des Wolframs vom Glühfaden und eine Schwärzung des Lampenkolbens. Ersteres erhöht die Farbtemperatur (Verschiebung des Intensitätsmaximums ins Kurzwellige), letzteres schwächt die ausgestrahlte Energie gleichmäßig. Beiden Erscheinungen beugt ein Halogenzusatz, durch den verdampften Wolfram zu Wolframhalid reagiert, das an dem heißen Faden wieder in die Elemente zersetzt wird, vor. Diese "Jod-Quarz-Lampen" sind jedoch gegen thermischen Schock sehr anfällig. Bei den Quecksilberdampflampen kommt es durch Erwärmung im Betrieb zu einer Druckerhöhung mit Linienverbreiterung und Verschiebung der Intensitätsverteilung der einzelnen Spektrallinien. Hier sollte besonders auf das Einhalten der "Einbrennzeit" nach dem Einschalten geachtet werden, da bei konstanter Gesamtstromaufnahme eine zeitliche Inkonstanz einzelner Spektrallinien die Regel ist. Bei Einstrahlgeräten kann der Einbrennprozeß jedoch leicht verfolgt werden. Im ganzen werden die durch Lampenalterung hervorgerufenen Fehlermöglichkeiten meistens überschätzt. Die Lebenserwartung einer Photometerlampe liegt weit über 100 Betriebsstunden; durch gelegentliche Intensitätskontrollen bei festgelegten Randbedingungen kann das Fortschreiten des Alterungsprozeßes leicht bemerkt werden. Dennoch ist ein Auswechseln der Lampe ratsam, wenn die Intensität unter 60% des ursprünglichen Wertes abgesunken ist, da damit bald zu erwartenden Betriebsstörungen vorgebeugt werden kann.

2.2   **Monochromasiefehler**

Mit dem Kauf eines bestimmten Photometers hat der Benutzer die höchst erreichbare Monochromasie von vorneherein festgelegt. Typische Werte für Routinephotometer sind:
- Spektralphotometer   spektrale Bandbreite kleiner als 2 nm
- Filterphotometer   Halbwertsbandbreite kleiner als 30 nm.

2.2.1   Einfluß der spektralen Bandbreite im Verhältnis zur Breite der Absorptionsbande

Im Gegensatz zur spektralen Bandbreite, die sich auf Durchlässigkeit bezieht, wird die Halbwertsbandbreite einer Absorptionsbande auf Extinktion bezogen und als Frequenz angegeben. Bei gleicher Stoffmengenkonzentration und Oszillatorenstärke (quantenmechanische Übergangswahrscheinlichkeit) ist das Produkt aus Maximalextinktion und Halbwertsbreite konstant. Eine Überschlagsrechnung ergibt, daß für einen typischen Wert der Oszillatorstärke von 0.1 und einem Extinktionskoeffizienten von 10^4 (10^5) cm^2/nmol, wie sie etwa für HiCN und NAD(P) gelten, die Halbwertsbreiten der Absorptionsbande, auf Wellenlängen rückgerechnet,
- bei 550 nm kleiner als 50 nm
- bei 400 nm kleiner als 40 nm
- bei 340 nm kleiner als 20 nm betragen.
Betrüge die spektrale Bandbreite der Monochromatoreinrichtung ein n-faches der spektralen Bandbreite der Absorptionsbande, so ergäbe sich bei Extinktion = 1 und Messung im Maximum der Absorptionsbande

für n	systematische Minderanzeige	zuzgl. Abweichung von der Linearität
0.34	1%	0%
0.50	2%	0.5%
1	8%	1%
2	23%	5%

Die Bezugskurve verliefe immer weniger steil, als aus dem Bouger-Lambert-Beer-Gesetz (BLB-Gesetz) zu erwarten wäre; erhebliche Abweichungen von der Linearität würden sich erst bei Extinktion über 1 und spektralen Bandbreiten in der Größenordnung der Halbwertsbreite der Absorptionsbande zu erkennen geben.

2.2.2 Einfluß der Messung an einer Bandenflanke

Ersichtlicherweise muß sich der Fehler mangelnder Monochromasie bei
der Messung an der Flanke einer Absorptionsbande stärker auswirken als
im Maximum. Eine solche Messung mit einem breitbandigen Monochromator
oder Filter vorzunehmen, müßte allerdings auch als Kunstfehler angesehen werden, da man es immer in der Hand hat, die Wellenlänge des
Absorptionsmaximums einzustellen oder aus einer breiten im Handel
befindlichen Palette den passenden Filter auszuwählen. Der Fall kann
allerdings bei Messungen mit einem Spektrallinienstrahler auftreten.
Bei nur einer emittierenden Spektrallinie ist von vorneherein sehr
gute Monochromasie gegeben. Für den Fall einer Liniengruppe sei ein
Beispiel gegeben:

Die Quecksilberlinien 365.01/365.48/366.33 nm werden mit einem Filter
im Intensitätsverhältnis 65% : 20% : 15% ausgesondert und zur Messung
von NADPH Extinktionskoeffizienten 3530/3480/3390 cm^2/nmol (nach der
Lorentz-Formel interpoliert) herangezogen

Bei Extinktion 3 beträgt dann der Linearitätsfehler -0.07%. Bei kleineren Extinktionen verringert er sich etwa proportional. Die Behaup-
tung, die Messung sei hier weniger genau, weil statt mit einer einzelnen Spektrallinie mit einer Liniengruppe gemessen werde, ist offenbar
sehr puristisch.

2.2.3 Einfluß durchgelassener Nebenwellenlängen

Auch diese Störgröße führt zu in Richtung der Konzentrationsachse
gekrümmten Bezugskurven, deren Steilheit im anfänglich linearen Teil
geringer ist, als nach dem BLB-Gesetz zu erwarten wäre. Bei bekannter
Form der Absorptionsbande kann das Ausmaß des Fehlers grundsätzlich
auch für beliebige spektrale Energieverteilungen der in die Probe
eingestrahlten Strahlung abgeschätzt werden. Der besseren Durchsich-
tigkeit wegen soll hier aber der Fall zweier isolierter Spektrallinien
behandelt werden. Es werde angesetzt, daß den Wellenlängen λ_1 bzw. λ_2
die Extinktionskoeffizienten ε_1 bzw. ε_2 und die Intensitäten I_{01} resp.
I_{02} zugeordnet seien. Sei $I_{02} = rI_{01}$, so wird nach dem BLB-Gesetz die
scheinbare Extinktion

$$E_{beob.} = \varepsilon_1 \, cd + \lg(1 + r) - \lg(1 + r10^{(\varepsilon_1 - \varepsilon_2)cd})$$

beobachtet.

Im Falle r = 0 ist die Strahlung monochromatisch und das BLB-Gesetz wird befolgt.

Im Falle $\varepsilon_1 = \varepsilon_2$ ist die Strahlung für den betrachteten absorbierenden Stoff im Effekt monochromatisch und das BLB-Gesetz wird befolgt.

Ist $\varepsilon_1 > \varepsilon_2$ und das Produkt cd geht gegen Null (kleine Extinktion), so wird

$$\bar{\varepsilon} = \frac{\varepsilon_1 + r\varepsilon_2}{1 + r}$$

gleich dem gewichteten Mittel der beiden Extinktionskoeffizienten. Bei hohen Extinktionen ist der Grenzwert

$$\lim_{(cd) \to o} \frac{dE}{d(cd)} = \varepsilon_2$$

Die Steigung entspricht dem Extinktionskoeffizienten der schwächer absorbierten Wellenlänge.

Für $\varepsilon_2 = 0$ ist der Fall des Falschlichtes gegeben (s. dort)

Es ergibt sich demnach z.B. für Extinktion = 1

$\varepsilon_1 / \varepsilon_2$	r	systematische Minderanzeige	zuzgl. Linearitätsfehler für $E_1 = 1$
ε_2	0.5	16.7 %	8.3 %
	0.3	11.5 %	6.8 %
	0.1	4.6 %	3.4 %

Liniengruppen und Schwerpunktwellenlängen von Spektrallinienstrahlen

Die hauptsächlich verwendeten Quecksilberdampflampen strahlen neben Einzellinien einige nahe beieinander liegende Liniengruppen aus. Zuvor (2.2.2) ist gezeigt worden, daß diese Polychromasie der praktischen Genauigkeit der Messung nicht abträglich ist. Man möchte gelegentlich solche Messungen mit Spektralphotometern reproduzieren und gibt daher eine aus den Wellenlängen und den relativen Intensitäten der Spektrallinien errechenbare Schwerpunktwellenlänge als wirksame Wellenlänge an. Veränderung der Intensitätsverhältnisse bewirkt in der Regel eine Verschiebung der Schwerpunktwellenlänge. So findet man für die Quecksilber-Liniengruppe bei 365 nm folgende Daten:

Termübergang	Wellenlänge nm	Quecksilber-Niederdruck-Mitteldrucklampe		
		rel. Intens. (Pen-Ray)	rel. Intens. (Burns 1952)	rel. Intens. (Harrison 1939)
$6^3P_2 - 6^3D_3$	365.015	71.8 %	59.3 %	54.3 %
-6^3D_2	365.484	16.9 %	22.0 %	26.1 %
-6^3D_1	366.288	-	3.4 %	-
-6^3D	366.328	11.3 %	15.2 %	19.6 %
$6^1P - 9^1D$	370.417	-	0.06%	-
Schwerpunktwellenlänge		365.243 nm	365.364 nm	365.395 nm

Daher wird die Schwerpunktwellenlänge der Liniengruppe mit 365.3 nm
angenommen.

Entsprechend findet man für die Quecksilber-Liniengruppe bei 578 nm:

Termübergang	Wellenlänge nm	rel. Intens. (Pen-Ray)	rel. Intens. (Burns 1952)	rel. Intens. (Harrison 1939)
$6^1P_1 - 6^3D_2$	576.9598	48.6 %	52.2 %	50 %
$6^1P_1 - 6^3D_1$	578.9664	-	1.3 %	-
$6^1P - 6^1D_2$	579.0663	51.4 %	46.5 %	50 %
Schwerpunktwellenlänge		578.04 nm	577.965 nm	578.0 nm

Falschlicht

Die Strahlung, die weit außerhalb der gewünschten Nutzwellenlänge
liegt, dürfte den größten Anteil zu den systematischen Fehlern bei
photometrischen Messungen beitragen. Bei Monochromatorgeräten rührt
dieser Fehler von der nicht vollständigen Absorption der nicht ausge-
sonderten Strahlung im Monochromatorgehäuse her; Abhilfe ist durch
Zuschaltung eines zweiten Monochromators oder eines Filters möglich.
Bei Geräten mit Linienstrahlern ist gelegentlich beobachtet worden,
daß das Filter für die Liniengruppe 578 nm noch eine beträchtliche
Durchlässigkeit für die Liniengruppe Hg 623.4 (0.5% der Intensität bei
578 nm) aufweist. Da allgemein die Strahlungsabsorption von Stoffen
zum Kurzwelligen hin zunimmt, ist längerwelliges Falschlicht besonders
störend. Die Abschätzung kann jedoch einfach dadurch erfolgen, daß man
eine so konzentrierte Lösung in den Strahlengang bringt, daß der zu
erwartende Durchlaßgrad weniger als 0.1% beträgt. Die abgelesende
Anzeige entspricht dann mindestens dem bei der eingestrahlten Wellen-

länge wirksamen Falschlichtanteil. Wie unzureichend eine häufig anzu-
treffende Spezifikation "Falschlichtanteil kleiner als 0.1%" bei hohen
Extinktionen ist, zeigt nachfolgende Übersicht:

Verfälschung des Extinktionswertes in %

Falschlichtanteil %	bei E = 1	bei E = 2	bei E = 3
0.01	0	-0.2	-1.4
0.05	-0.2	-1.1	-5.9
0.1	-0.4	-2.1	-10.0
0.5	-1.9	-8.7	-25.9
1.0	-3.7	-14.8	-34.6

Der Falschlichtfehler bezieht sich auf die Gesamtextinktion; er ist
also auch bei elektronischer Leerwertkompensation in voller Höhe
wirksam.

2.3   Fehler im optischen Strahlengang

Diese Fehler sind vom Konstruktionsprinzip her angelegt und werden
teilweise anderer Vorteile wegen bewußt in Kauf genommen. Einige
Fehler vergrößern sich beim Gebrauch des Gerätes.

2.3.1   Nicht kompensierte Intensitätsunterschiede

Einige Zweistrahlgeräte sind nicht mit symmetrischen Strahlengang
ausgestattet. Es kann sich dann durch Verstauben oder Beschlagen der
Umlenkspiegel ein anderer spektraler Intensitätsverlauf für Proben-
und Referenzstrahlung herausbilden, für den Basiskorrekturmöglichkei-
ten vorgesehen sind.
Dies sollte von Zeit zu Zeit kontrolliert werden.
Bei Routinemessungen wird häufig auf eine Referenzküvette verzichtet
und statt dessen gegen Luft gemessen. An den Grenzen des Durchlaßbe-
reiches der Meßküvette ist diese Verfahren bedenklich.

2.3.2   Streustrahlung (engl.: scattered radiation)

Nach heutiger Definition ist Streustrahlung im Gegensatz zu Falschlicht Strahlung der Nutzwellenlänge, die im Probenraum gestreut wird,
sei es an blanken Teilen, sei es durch die Küvette oder die Probe
selbst. Eine visuelle Inspektion des Strahlenganges legt Maßnahmen zur
Abhilfe nahe. Man bemühe sich, optisch klare Lösungen zur Messung zu

bringen und vermeide zerkratzte Küvetten. Man kann den von der Probe herrührenden Fehler vermindern, indem man diese möglichst nahe zum Empfänger positioniert.

2.3.3   Küvettenfehler

Selbst ursprünglich satzweise zusammengestellte Küvetten, die gut gepflegt und gereinigt sind, behalten im Gebrauch ihren Anfangsleerwert nicht bei. Man sollte die Veränderungen protokollieren und bei jeder Messung den individuellen Küvettenleerwert berücksichtigen. Am einfachsten vermeidet man diese Korrektur durch Verwendung einer Durchflußküvette.

Schräger Strahlungseinfall

Bei Rechteckküvetten wäre ein schräger Strahlungseinfall, der über das übliche Spiel im Küvettenhalter hinausgeht, als Konstruktionsfehler zu werten. Bei Rundküvetten ist diese Erscheinung konstruktionsbedingt. Die effektiv wirksame Schichtdicke ist um einige Prozente geringer als der Innendurchmesser der Küvette. Diese Schichtdickenverminderung kann für jede Gerät-Küvetten-Kombination mit Standardlösungen ein für allemal ausgemessen werden.

Ungleiche Materialien für Proben- und Referenzküvette

Die Reflexionsverluste, die zum Küvettenleerwert, bezogen auf Luft, entscheidend beitragen, sind von den Brechzahlen des Küvettenmaterials und -inhaltes abhängig. Bei 589 nm und senkrechtem Strahlungseinfall beträgt der dadurch bedingte Extinktionsunterschied einer wassergefüllten Glasküvette, gegen eine wassergefüllte Quarzglasküvette gemessen, 0.006 B.

Ungleiche Füllungsmedien für Proben- und Referenzküvette

In gleicher Größenordnung wirken sich unterschiedliche Lösungsmittel aus. Mißt man wie zuvor Glasküvetten, die mit Lösungsmittel gefüllt sind, bei 589 nm gegen wassergefüllte Glasküvetten, so findet man bei

Lösungsmittel   Extinktionsunterschied
Diethylether   -0.002 B
Benzol   -0.003 B

also eine geringfügige Verminderung der Extinktion wegen der höheren Brechzahl des Mediums.

2.4   Empfängerbedingte Fehler

Auch diese sind konstruktiv vorgegeben. Über Vorzüge und Nachteile verschiedener Empfängertypen ist viel diskutiert worden; hier ist nicht der Platz, auf Einzelheiten einzugehen.

2.4.1   Empfindlichkeit gegenüber Polarisation

Es sei indes daran erinnert, daß einzelne Empfängertypen, insbesondere Halbleiter, mitunter empfindlich gegen die Polarisationseinrichtung des auftreffenden Lichtes sind. Dies sollte ggf. bei der Wahl des Mediums für die Bezugsküvette bei Messung in eiweiß-, aminosäure - oder zuckerhaltigen Proben berücksichtigt werden.

2.4.2   Unterschiedliche Empfindlichkeit

Produktionstechnisch bedingt zeigen photoelektrische Empfänger von Individuum zu Individuum Unterschiede in der spektralen Empfängercharakteristik.

Zwei Empfänger

Bei Zwei-Empfänger-Zweistrahl-Geräten sollte auf Bestückung mit paarweise ausgesuchten Empfängern geachtet werden, überdies sollte die bestrahlte Fläche möglichst groß sein. Diese Forderung steht allerdings im Widerspruch zu den Anforderungen der Mikroanalytik. Ob eine Kompensation der Schwankungen der Intensität der Strahlungsquelle mit einem Hilfsempfänger anderen Typs und polychromatisch betriebenen (sog. 1-1/2-Strahl-Geräte) überhaupt sinnvoll ist, möge dahingestellt bleiben.

Verschiedene Flächenelemente desselben Empfängers

Sogar innerhalb desselben Empfängers zeigen sich Empfindlichkeitsunterschiede verschiedener Flächenelemente. Deshalb sollte eine möglichst große Empfängerfläche bestrahlt werden, wie erwähnt, eine Limitation für die Herabsetzung des Probenvolumens durch Querschnittverringerung.

Nicht funktional beschreibbare Empfängercharakteristik

Manche Empfängertypen zeigen von vornherein eine nichtlineare Beziehung zwischen Strahlungs- und Photostrom, die schaltungstechnisch linearisiert wird. Bei einem marktgängigen Gerät wird die zur Anzeige

des Extinktionswertes erforderliche Logarithmierung des Transmissions-
signals durch Veränderung der Diodenspannung des Sekundärelektronen-
vervielfachers bis zu einem konstanten Stromfluß vorgenommen. Hier
sollte die funktionale Linearität durch Messung von Verdünnungsreihen
von Standardlösungen überprüft werden.

2.5   Verstärker

Auch hier hat der Benutzer das Gerät so hinzunehmen, wie es geliefert
wird. Empirisch kann die Linearitätskontrolle (ggf. auch die Richtigkeitskontrolle) durch Messung von Verdünnungsreihen von Standardlösungen erfolgen.

2.6   Abgleichfehler

Die fehlertheoretische Diskussion der Abgleichfehler hat sich lange
Zeit nur auf den Fehler bei der eigentlichen Messung bezogen, ohne die
zur Herstellung der Bezugsbedingungen für die Messung des Transmis-
sionsgrades, der ja eine Verhältnisgröße ist, erforderlichen Hell- und
Dunkelabgleichungen in Rechnung zu stellen. Es ist überdies fraglich,
welche der Annahmen
- konstanter Absolutfehler des photoelektrischen Signals (größte Genauigkeit bei Extinktion 0.43),
- konstanter Relativfehler des photoelektrischen Signals (größte Genauigkeit bei gegen unendlich gehender Extinktion) oder, was für Se-
kundärelektronenvervielfacher zutrifft,
- das geometrische Mittel beider vorgenannter Größen (größte Genauigkeit bei Extinktion 0.87)
mit welchem Gewicht in Ansatz gestellt werden kann.
Die Forderung, möglichst bei Extinktion um 0.4 zu messen, kann heute
nicht mehr aufrecht erhalten werden, da sie die Anzahl der früher
besprochenen, einen konstanten Beitrag zur Fehlerkomponente liefernden
additiven Fehler außer Acht läßt. Die praktische Erfahrung zeigt, daß
die relativen Meßfehler bis zur Extinktion 1 ungefähr gleich bleiben,
so daß nach unserer Meinung der bei den Messungen anzustrebende Ex-
tinktionswert zwischen 0.4 und 1.0 liegen sollte.

2.7 Fehler der Meßwertanzeige

Unter den vorgeschilderten Bedingungen liegt der relative Extinktions-
fehler etwa beim 3.4-fachen des relativen Einstellfehlers beim Hellab-
gleich, gleichen Betrag aller drei Einstellfehler zum Meßergebnis
angenommen. Demnach müßte bei visuell abzulesenden Geräten die Trans-
missionsskale für 0.5% Transmission geteilt sein, wobei dieses Intervall visuell interpolierbar sein soll.

3. Gesamtanforderungen

Aus dem Zusammenwirken der erörterten Gesamtfehlermöglichkeiten kann
man heute für lege artis bediente Routinephotometer die Folgerung
herleiten, daß bei Extinktionswerten zwischen 0.4 und 1.0 im Spektralbereich zwischen 250 und 700 nm Relativfehler zwischen Serien von
1% nicht überschritten werden sollten. Zwischen Geräten ist nach Kalibrierung Übereinstimmung von 2% zu erreichen.

2.3 W. AUSLÄNDER, (BERLIN):
PHOTOMETERÜBERPRÜFUNG UND ÜBERPRÜFUNG DER TEMPERATURKONSTANZ
MITTELS ABSORPTIONSPHOTOMETRISCHER VERMESSUNG GEEIGNETER PRÜFLÖ-
SUNGEN

Mit Hämiglobincyanid-Lösungen ansteigender Konzentration, wie sie z.B.
von der Fa. Merck geliefert werden, können Photometer überprüft werden, wie in Abb. 1 für 4 verschiedene Photometer gezeigt wird
(HiCN-Konzentrationsbereich 26-216 mg/dl).

Mit dieser Überprüfung erhält man u.a. Aussagen über:

1. Richtigkeit des Photometers
2. Linearitätsbereich des Photometers
3. Präzision des Photometers durch Wiederholungsmessungen

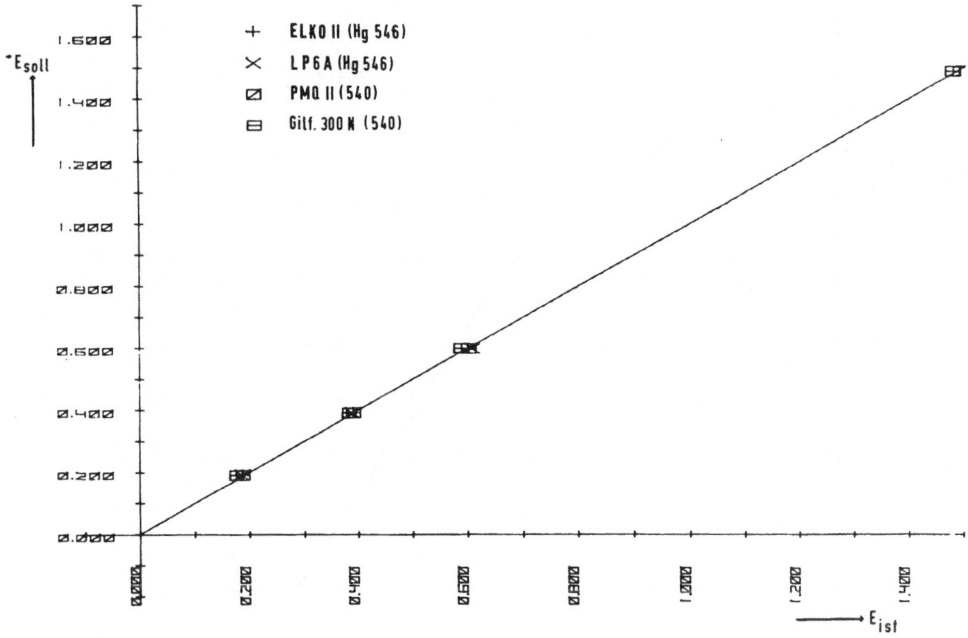

Abb. 1: Photometer-Überprüfung mit Hb-CM Bezugslösungen von Merck

Da der Extinktionskoeffizient von HiCN bei der Wellenlänge 546 nm nur um ca. 0,5% niedriger liegt gegenüber λ_{max} = 540 nm, besteht kein relevanter Unterschied zwischen den Linienphotometern (546 nm) und den Spektralphotometern (540 nm). Bei Filterphotometern und Spektralphotometern ist es darüberhinaus sinnvoll, Messungen an der Bandenflanke vorzunehmen, um Hinweise auf eventuelle Verschiebungen der Wellenlänge bzw. auf mangelnde Monochromasie zu erhalten. Wird das HiCN z.B. bei 578 gemessen, so ist die zu erwartende Extinktion um den Faktor 1,73 geringer als im Maximum bei 540 nm. Wie in dem Spektrum in Abb. 2 zu entnehmen ist, ändert sich der Extinktionskoeffizient des HiCN in diesem Wellenlängenbereich annähernd linear mit der Wellenlänge. Bei der Photometerüberprüfung ist weiterhin zu beachten, daß sich der Extinktionskoeffizient des HiCN mit der Temperatur ändert, wie in Abbildung 2 gezeigt wird. So liegt die Extinktion im Maximum bei 40°C ca. 3% niedriger gegenüber 20°C. Für das NAD(P)H ist eine vergleichbare Temperaturabhängigkeit dokumentiert worden (Netheler 1977), die jedoch im Wellenlängenbereich von 334-340 nm für die Praxis zu vernachlässigen ist.

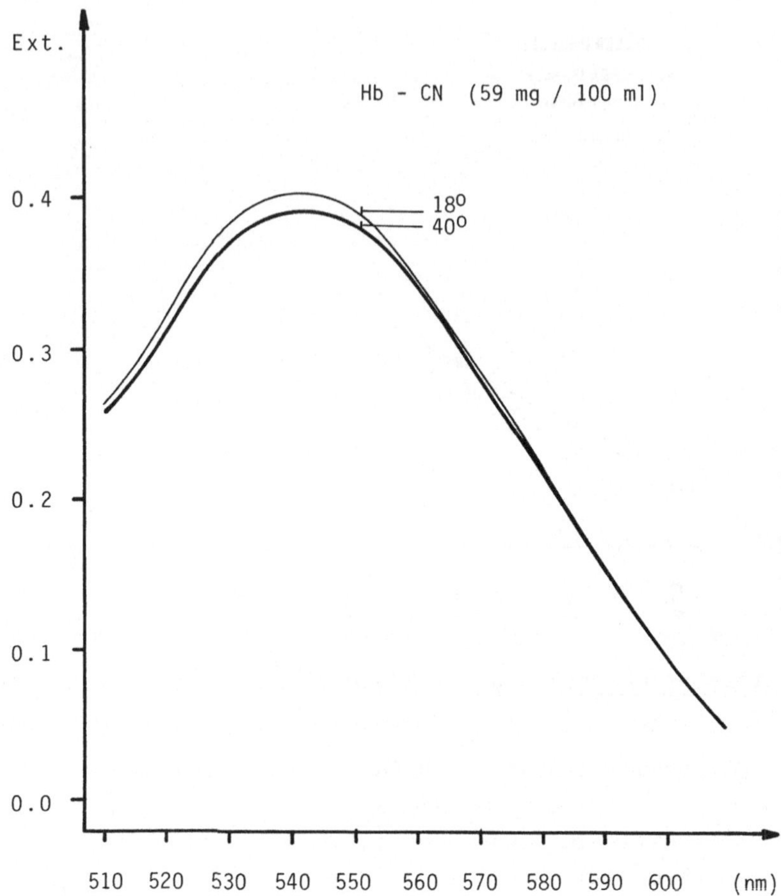

Abb. 2: Spektrum von HiCN (Pye Unicam Spektralphotometer SP 8-200, 0,5 n Bandbreite) bei verschiedenen Temperaturen (18°C, 40°C)

Neben der Überprüfung des Photometers sollte auch stets die Temperaturkontrolle im Vordergrund stehen, speziell wenn kinetische Enzymaktivitätsmessungen durchgeführt werden. An vielen Analysengeräten sind die Küvetten so klein bzw. schwer zugänglich, so daß eine Temperaturüberprüfung selbst mit sehr kleinen Temperaturfühlern kaum möglich ist. Für die Praxis ist es daher wünschenswert, eine Meßlösung zur Verfügung zu haben, die es gestattet, über eine Extinktionsmessung die Temperatur in der Küvette zu bestimmen. Eine derartige Meßlösung hätte u.a. den Vorteil:

1. preiswerter als die relativ teuren Temperaturmeßfühler zu sein
2. die Temperaturkontrolle als Bestandteil der externen Qualitätskontrolle (Ringversuche) einzusetzen.

Eine geeignete Temperatur-Meßlösung ist erstmals von Bowie et al.
(1976) vorgestellt worden. Das Prinzip einer derartigen Meßlösung
beruht darauf, daß bestimmte pH-Puffer ihren pH-Wert mit der Temperatur ändern. Die durch die Temperatur induzierte pH-Änderung kann durch
geeignete Farbindikatoren photometrisch nachgewiesen werden. Für eine
derartige Meßlösung werden also benötigt:

1. pH-Puffer mit großem Temperaturkoeffizienten $(\Delta pH/\Delta T)_{Puffer}$

2. empfindliche pH-Indikatorlösung $(\Delta E/\Delta pH)_{Indikator}$

Die Temperaturempfindlichkeit der Meßlösung $(\Delta E/\Delta T)$ ergibt sich aus
dem Produkt:

$$(\Delta E/\Delta T) = (\Delta pH/\Delta T)_{Puffer} \quad (\Delta E/\Delta pH)_{Indikator}$$

Als möglicher Puffer kommt im wesentlichen nur Tris- bzw. Glycin-
Puffer in Frage, da deren Temperaturkoeffizient am größten ist
(-0,02 pH/°C (Documenta Geigy 1968)). Bowie et al. (1976) verwendeten
Tris-Puffer (pH 7,5) in Kombination mit dem Farbindikator Kresolrot
als Temperatur-Meßlösung bei 575 nm.

Im folgenden soll gezeigt werden, daß auch andere Kombinationen möglich sind, die im Vergleich zu der ursprünglichen Lösung eine verbesserte - da weitgehend lineare - Temperaturempfindlichkeit aufweisen.
Als geeigneter pH-Indikator hat sich z.B. Thymolblau erwiesen, dessen
Titrationskurve in Abb. 3 gezeigt wird. Im pH-Bereich 8 - 10 ist die
Extinktionsänderung des Indikators (λ = 578 nm) konstant. In Abb. 4
ist für die Meßlösung "Thymolblau/Glycin-Puffer (0,1m, pH 8,8)" eine
am Zweistrahlspektralphotometer Pye-Unicam SP8-2 0 registrierte Messung im Temperaturbereich 40 bis 20°C gezeigt.

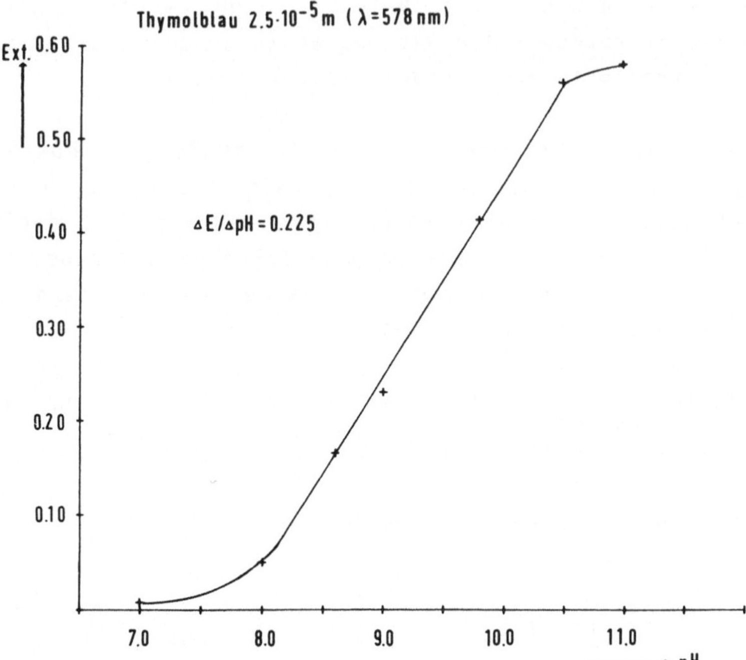

Abb. 3: Titrationskurve von Thymolblau bei bei 578 nm

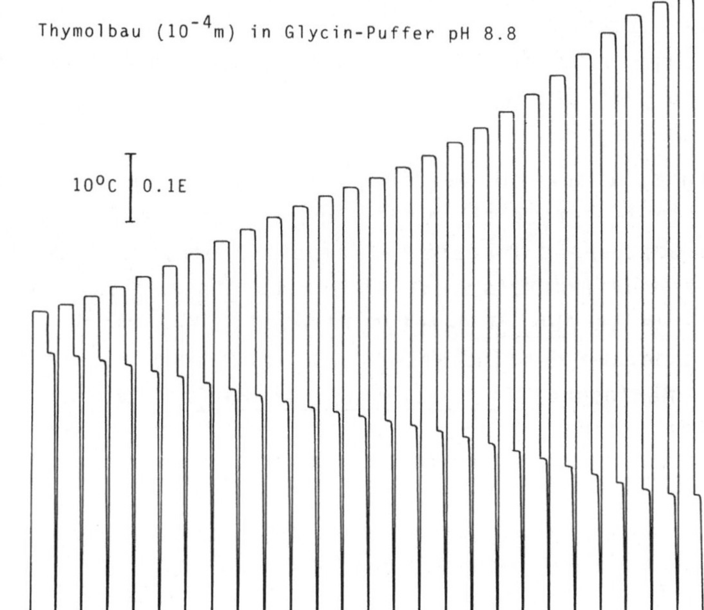

Abb. 4: Gleichzeitige Registrierung von Temperatur (untere
Kolonne) und Extinktion (obere Kolonne) mit der Meßlösung 'Thymolblau/Glycin-Puffer' am Pye-Unicam SP8-200

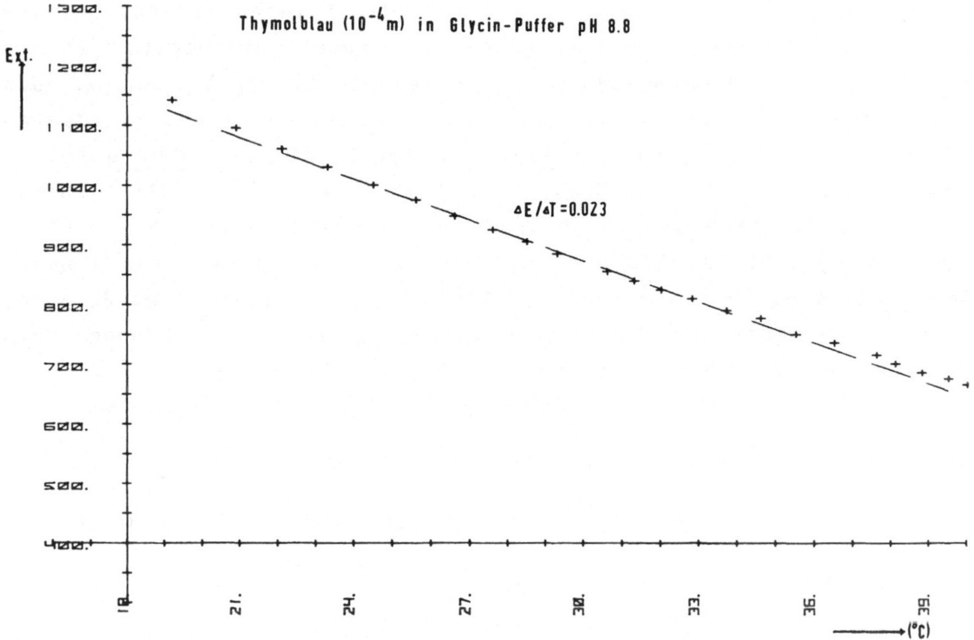

Abb. 5: Temperaturempfindlichkeit der Meßlösung 'Thymolblau/
Glycin-Puffer' bei 578 nm

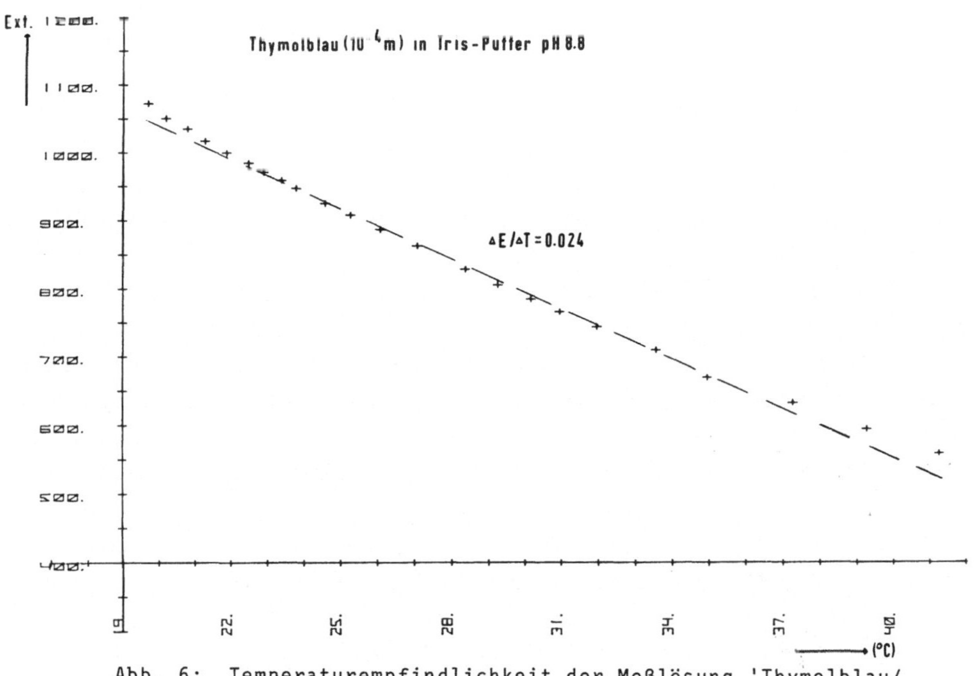

Abb. 6: Temperaturempfindlichkeit der Meßlösung 'Thymolblau/
Tris-Puffer' bei 578 nm

Ein eingebauter Temperaturfühler ermöglicht zu jeder Extinktionsmessung die gleichzeitige Registrierung der Küvettentemperatur (Registrierung in 2-Minuten-Abständen). Im Temperaturbereich von 22 bis 37°C ändert sich die Extinktion der Meßlösung linear mit der Temperatur ($\Delta E/\Delta T$) = 0,023), wie in <u>Abb. 5</u> gezeigt ist. Der <u>Abb. 6</u> ist zu entnehmen, daß sich für die Meßlösung "Thymolblau (10^{-4} m)/Tris-Puffer (0,1 m, pH 8,8)" eine vergleichbare Temperaturempfindlichkeit ergibt. Die hier vorgestellten Temperatur-Meßlösungen gestatten eine lineare Temperaturmessung in einem für das klinische Labor relevantem Bereich. Bei einer angenommenen Extinktionsauflösung von 10^{-3} können noch Temperaturänderungen von mindestens 0,05°C erfaßt werden.

2.4 K.-G. V. BOROVICZÉNY
IN ZUSAMMENARBEIT MIT
CHR. HARNOTH, M. SÖKER UND I. WOLF (BERLIN):
REFERENZMETHODE FÜR DIE BESTIMMUNG DER ERYTHROZYTENPARTIKEL-
KONZENTRATION (ERYTHROZYTENZAHL) IM BLUT

Die <u>Partikel-Konzentration</u> (auch Partikeldichte genannt) ist eine Dimension zur Angabe der Anzahl suspendierter Partikel im Flüssigkeitsvolumen. Es handelt sich um eine Mischphase, bestehend aus einer Menge in einer Größe. Die Menge der suspendierten Partikel wird gezählt, die Größe, das Flüssigkeitsvolumen, in dem die Partikel suspensiert sind, wird gemessen. Bei der Zählung wie auch bei der Messung treten zufällige und systematische Abweichungen und Fehler auf, wobei die zufallsbedingten Abweichungen und Zählfehler anderen statistischen Gesetzen unterliegen als die zufallsbedingten Meßfehler. Die sich hieraus ergebenden metrologischen und statistischen Probleme sind unseres Wissens bislang nicht vollständig gelöst worden.

Die <u>Bestimmung</u> der sogenannten Erythrozytenzahl ist die Bestimmung einer solchen Partikelkonzentration. Man sollte deshalb korrekterweise von "Erythrozyten-Partikel-Konzentrationsbestimmung" oder von der "Erythrozyten-Partikel-Dichtebestimmung" sprechen. Der Kürze und Einfachheit halber wird aber im folgenden der allgemein gebräuchliche Ausdruck <u>"Erythrozytenzahl"</u> bzw. <u>Zählung der "Erythrozyten"</u> benutzt.

Für die Bestimmung der Erythrozytenzahl sind bislang überwiegend
Methoden vorgeschlagen worden, bei denen die Anzahl der in einem
Volumenaliquot durch Abzählen jedes einzelnen vorhandenen Erythrozyten, z.B. in einer Zählkammermethode oder mit der elektronischen
Methode nach Coulter bzw. der optischen Zählmethode, z.B. Technicon,
festgestellt worden ist. Davon weichen nur die nephelometrischen und
die Trübungsmeßmethoden ab. Für die erstgenannten werden inzwischen
keine Geräte mehr angeboten: die letzteren sind unter pathologischen
Bedingungen sehr ungenau. Eine Referenzmethode muß also vom Zählen der
einzelnen Erythrozyten in einem Volumenaliquot ausgehen.

Eine Referenzmethode für die Erythrozytenzählung muß unseres Erachtens
die folgenden Bedingungen erfüllen:
- universelle Anwendbarkeit in jedem Referenzlabor
- Brauchbarkeit für Patientenblute und alle Kontrollblute bzw. blut-
ähnlichen Standards
- Überprüfbarkeit jedes einzelnen Arbeitschrittes
- weitgehende Spezifität
- experimentell einstellbare Präzision, wobei eine relative Standardabweichung unter 1% angestrebt werden sollte
- systematischer Fehler kleiner als 1%.

Oberstes Gebot bei einer Referenzmethode ist die Spezifität. Dies
bedeutet in unserem Fall, daß sichergestellt werden muß, daß einerseits alle im Volumenaliquot vorhandenen Erythrozyten ausnahmslos,
andererseits aber auch nur die Erythrozyten und keine anderen Partikel
gezählt werden. Um dieser Forderung gerecht zu werden, muß eine Referenzmethode eine visuell kontrollierte Zellkammerzählung sein. Bereits
Mitte der 60iger Jahre hat einer von uns (Boroviczény 1966, 1980)
zusammen mit Weise (1971) eine für Referenzzählungen geeignete Zählkammer konstruiert (Abb. 1). Diese Zählkammer ist in Zusammenarbeit
mit der Physikalisch-Technischen Bundesanstalt (PTB) sowie den Firmen
Hellma (Müllheim/Baden) und Halle Nachf.(Berlin) weiter entwickelt
worden.[1]

---

[1] Bernhard Halle Nachf.: Hubertusstr. 10, D-1000 Berlin 41
HELLMA GmbH: Klosterruns 5, 7840 Müllheim

Die bei den beiden o.g. Herstellern erhältlichen "Zellzählkammer nach Boroviczény" hat die Größe eines normalen Objektträgers, besteht aber aus einer etwas dickeren, planparallel geschliffenen Grundplatte, auf die zwei dünne, etwa 0,1 mm dicke entsprechend ausgeschnittene Glasplättchen aufgekittet sind. Das Deckglas ist genauso dick wie die Grundplatte. Alle Teile sind planparallel und so eben geschliffen, daß das Deckglas auf die Kammer "aufgesprengt"[1] werden kann. Dies bedeu-

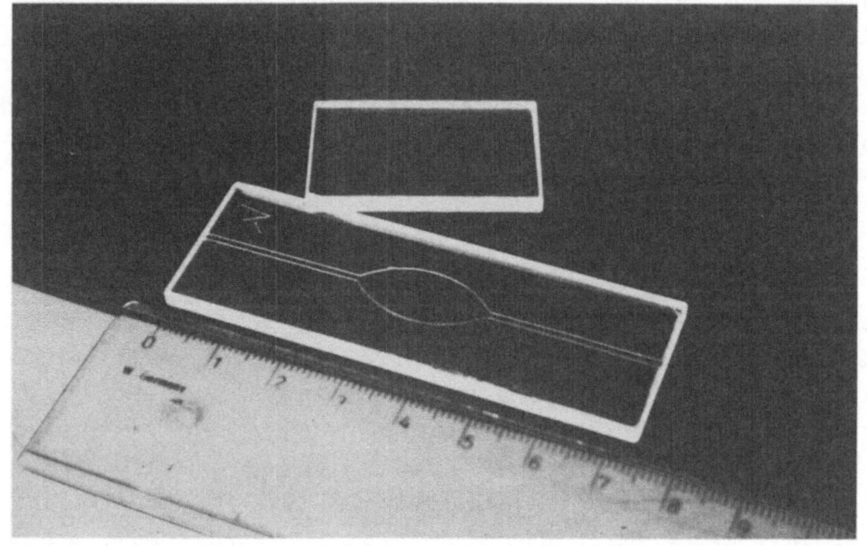

Abb.1: Zählkammer nach Boroviczény
Maße der Kammer: 78 x 24 x 3 mm - Maße des Deckglases: 30 x 24 x 3 mm

---

[1] 'Aufsprengen' oder 'ansprengen' besagt, daß zwei weitestgehende Flächen so nahe beieinandergebracht werden, daß sie allein infolge der einfachen Adhäsion, d.h. ohne Bindemittel (Wasser oder Klebstoff) so fest wie möglich aneinander haften und nicht wieder ohne besondere Maßnahmen auseinandergerissen werden können. Beide Glasflächen müssen infolgedessen absolut eben, staub- und fettfrei sein. Nur wenige optische Betriebe sind in der Lage, Glasflächen genügend plan zu schleifen, um ein Aneinandersprengen zu ermöglichen.

Wir danken den Herstellern, daß sie uns in die Technik des 'Aufsprengens' eingeführt haben, außerdem Herrn Dipl. Phys. K. Jessen, der die Kammervermessungen mit einem Köster'schen Interferenzkompensator in der PTB durchgeführt hat

tet, daß man das vollkommen saubere Deckgläschen auf die ebenso saubere Kammer auflegt; das Deckglas haftet infolge der völlig planen
Flächen völlig fest auf der Kammer. Newton'sche Ringe dürfen überhaupt
nicht sichtbar werden.

Die leere Kammer mit aufgesprengtem Deckglas ist von der PTB vermessen
und die Kammertiefe mit einer Genauigkeit besser als 1% festgestellt
worden.

Die Zählkammer enthält keinerlei Einteilung. Sie wird benutzt, indem
nach der Füllung der Kammer an verschiedenen Punkten der Zählkammer
Mikrofotogramme angefertigt werden. Wenn das Fotomikroskop zuvor mit
einem Objektmikrometer kalibriert worden ist, so ist die Fläche der
Mikrofotogramme exakt berechenbar. Da auch die Kammertiefe exakt
bekannt ist, kann somit das Zählvolumen einwandfrei berechnet werden.
Um die Zählung zu erleichtern, hat es sich als vorteilhaft erwiesen,
Begrenzungen des Zählfeldes bzw. eine Netzteilung in das Mikrofotogramm einzuspiegeln. Man kann aber auch so vorgehen, daß diese Grenzen
nach der Aufnahme einfach eingezeichnet werden (Abb. 2).

Bei jeder Zellzählung gibt es eine optimale Partikeldichte, bei der
die Zählung am genauesten durchführbar ist. Unsere Erfahrung hat
gezeigt, daß etwa 100 bis 300 Zellen pro Zählfeld bequem und genau
gezählt werden können. Um dies erreichen zu können, ist zuerst eine
orientierende Zellzählung (z.B. mit einem üblichen elektronischen
Zellzählgerät) notwendig. Als Ergebnis dieses Vorversuchs wird dann
der Verdünnungsfaktor mit der Formel "Zellzahl der Probe x Kammertiefe
x Zählfläche, geteilt durch die gewünschte Zellzahl" berechnet.

Um eine Referenzzählung durchzuführen, muß die Probe zuerst homogenisiert werden. Wir verwenden hierfür über mehrere Stunden einen Rotationsmischer (Rollmischer). Auf Grund des berechneten Verdünnnungs-
faktors wird dann die Verdünnung mit einem entsprechend einstellbaren
und genauen Dilutor, z.B. einem Brand-Dilutor oder Micromedic-Dilutor,
hergestellt. Die verdünnte Zellsuspension muß erneut wieder mit einem
Rotationsmischer über mehrere Stunden homogenisiert werden. Danach
wird mit einer einstellbaren Micropipette eine geeignete Menge (wir
nehmen immer 18 µl) rasch und gleichmäßig in die Kammer gefüllt.

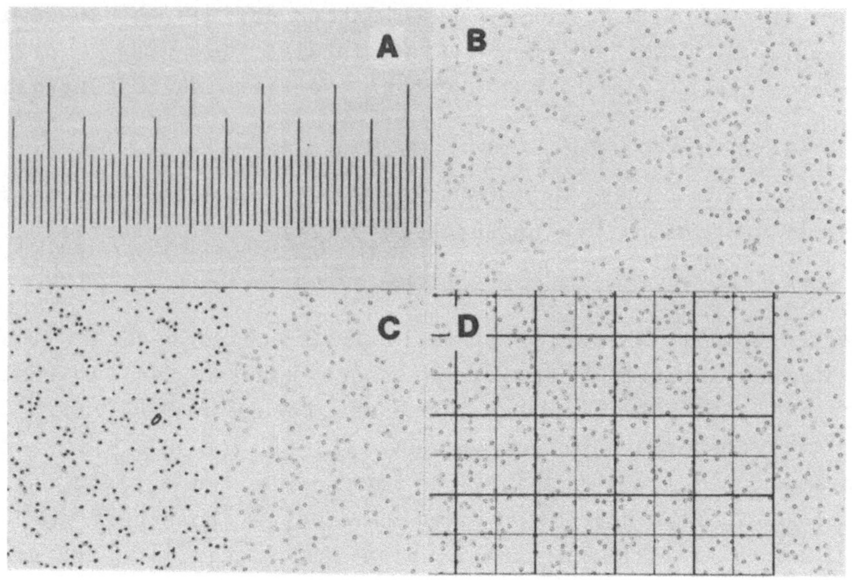

Abb.2: Mikrophotographisches Bild des Objektmikrometers (A),
eines unausgezählten Zählfeldes (B), eines zur Hälfte ausgezählten
Zählfeldes (C) und einer eingespiegelten Netzteilung (D)

Die Gleichmäßigkeit der Kammerfüllung muß während des Zählvorgangs
geprüft werden. Wir gehen dabei so vor, daß 6 Mikrofotogramme an
verschiedenen Stellen der Kammer angefertigt werden (Abb. 3). Danach
wird in jedem Zählfeld separat gezählt. Die mittlere Zellzahl eines
Zählfeldes wird bestimmt, die Quadratwurzel dieser Zahl ergibt die
Standardabweichung des zufälligen Zählfehlers. Die Standardabweichung
der 6 Zählfelder liegt in der Größenordnung der Quadratwurzel dieser
mittleren Zellzahl. Außerdem sollte man sich die Zahlen ansehen und
feststellen, ob diese von Zählfeld zu Zählfeld zufällig, d.h. verschieden variieren oder ob ein Trend vorliegt. Im letzteren Falle muß
die Zellkammerfüllung verworfen werden.

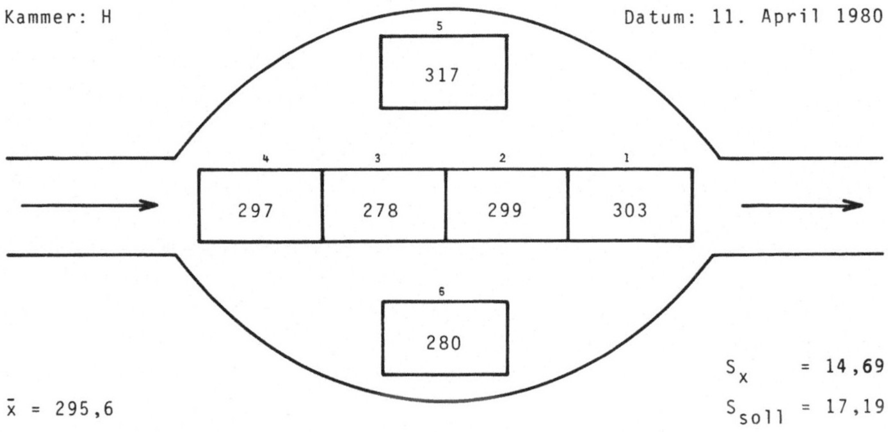

Abb. 3: Mikrophotogramme mit Ergebnissen aus 6 Zählfeldern

Bei der Auszählung der Zellen am Mikrofotogramm sollten eine gute
Leuchtlupe und ein mit einem Spezialstift verbundenes Zählgerät benutzt werden, so daß jede gezählte Zelle mit dem Stift farblich ge-
kennzeichnet wird und gleichzeitig ein Zählwerk mitzählt. Nur auf
diese Weise kann man Zählfehler vermeiden. Mit dem am Rande liegenden
Zellen wird wie üblich verfahren: Die am linken und unteren Bildrand
liegenden Zellen werden gezählt (auch wenn sie die Begrenzungslinie
von außen berühren), die am rechten und oberen Rand liegenden nicht
(auch wenn sie den Begrenzungsstrich von innen berühren sollten).

Wir haben unsere Methode an Patientenbluten, kommerziellen Kontrollbluten, sowie einer selbst hergestellten Erythrozytenstandardsuspen-
sion erprobt, die wir mit der Lysolecithin/Glutaraldehyd-Methode nach
Thom (Weise, 1968) angefertigt haben.

Beim Einsatz der Referenzmethode zur Zielwertermittlung wird nach dem
üblichen INSTAND-Schema vorgegangen: Zwei Untersucher arbeiten abwechselnd mit zwei Zählkammern an zwei Tagen. Wenn dabei insgesamt über
10.000 Zellen gezählt worden sind, ist eine Genauigkeit von im Mittel
unter 1% des Ergebnisses erzielbar.

3 DIE KONTROLLPROBE

3.1 H. BRETTSCHNEIDER (PENZBERG):
HERSTELLUNG UND BESCHAFFENHEIT VON LYOPHILISIERTEN KONTROLLPROBEN

Eine der wesentlichsten Forderungen, die an Richtigkeitskontrollseren gestellt werden, ist die Probenähnlichkeit. Die im klinisch-chemischen Labor eingesetzten Richtigkeitskontrollseren sollten möglichst die gleiche Beschaffenheit und Eigenschaften wie die zu untersuchenden Patientenproben haben. Nur unter diesen Voraussetzungen ist eine zuverlässige Aussage über die Qualität der zu untersuchenden Patientenproben möglich. Als Hersteller von Kontrollseren sind wir daher bemüht, ein möglichst probenähnliches Kontrollserum zu entwickeln und zu produzieren.

Inwieweit dies zur Zeit möglich ist und wo die Probleme liegen, soll im Folgenden aufgezeigt werden. Dabei ist es notwendig, auf die einzelnen Schritte der Produktion von Kontrollseren kurz einzugehen.

Kontrollserenproduktion

Ausgangsmaterial für die Herstellung von lyophilisierten Humankontrollproben ist Citratplasma, das durch Plasmapherese gewonnen wird. Jede so gewonnende Plasmaeinheit von ca. 400 ml Plasma wird vom Pheresezentrum auf Australia-Antigen, Typ B geprüft. Eine zweite Gegenkontrolle erfolgt bei Eingang des Serums durch uns. Nach erfolgter Freigabe werden die Plasmaeinheiten gepoolt, recalcifiziert und defibriniert. Zur Entfernung des Citrats und zur Proteinkonzentrierung wird das so hergestellte Serum dialysiert bzw. ultrafiltriert und bis zur weiteren Verwendung tiefgefroren bei ca. -20° C gelagert.

Die eigentliche Kontrollserenproduktion beginnt mit dem Auftauen des Serums bei erhöhter Lufttemperatur, wobei die Temperatur im Serum +10° C nicht überschreiten darf. Das aufgetaute Serum wird im vorgekühlten Ansatzbehälter gepoolt.

Im zweiten Produktionsschritt wird der Pool mit den "stabilen" Komponenten (z.B. Elektrolyte, Kreatinin, Harnstoff, Harnsäure) aufgestockt und das Serum über Tiefenfilter klar bzw. keimarm filtriert.

52

Am Tag der Abfüllung erfolgt dann im dritten Schritt der Zusatz der "labilen" Komponenten (z.B. Bilirubin, Glucose und Enzyme) und die Endfiltration des Ansatzes über Membranfilter. Während der Herstellung werden dem Kontrollserum-Ansatz fortlaufend Proben zur Prüfung auf Einhaltung der Spezifikation entnommen und gegebenenfalls Korrekturen veranlaßt.

Unmittelbar nach Freigabe des Ansatzes durch die Prozeßkontrolle beginnt im vierten Schritt die Abfüllung, gefolgt von der Lyophilisation der zuvor eingefrorenen Kontrollseren-Flaschen.

Zur Lyophilisation werden möglichst große Kammern benutzt, die - um möglichst gleichbleibende Lyophilisations-Bedingungen zu erzielen - vollautomatisch gesteuert werden.

Nach Beendigung der Haupttrocknung wird zur Reduzierung der Restfeuchte (1%) nachgetrocknet, die Lyophilisations-Kammer belüftet und die Kontrollseren-Flaschen verschlossen.

Im fünften und letzten Herstellschritt werden die Flaschen maschinell verschraubt und etikettiert, wobei gleichzeitig in bestimmten zeitlichen Abständen Proben zur späteren Kontrolle der Chargenhomogenität bzw. Stabilität ausgeworfen werden.

Qualitätsmerkmale von lyophilisierten Kontrollseren

Welches sind nun die kritischen Produktionsschritte, welche die Qualität des Produkts beeinflussen können?

1. Trübung

- Beginnen wir mit dem auffälligsten Merkmal: der Trübung. Wie allgemein bekannt, unterscheiden sich lyophilisierte Humankontrollseren von frisch gewonnenen Humanseren durch die größere Eigentrübung. Hierfür lassen sich im wesentlichen zwei Ursachen anführen:
- Bestimmte Lipoproteide verändern während der Lyophilisation ihre Struktur.
- Beim Einfrieren kommt es zur Denaturierung bestimmter Proteine.
- Zur Reduzierung dieser beiden Effekte wählt man daher nach Möglichkeit schnelle Einfrier- sowie schonende Lyophilisations-Bedingungen.

Mit dieser speziellen Technologie lassen sich Trübungen erreichen, die, bei Hg 546 nm an unverdünnten Proben gemessen, Extinktionen von $\bar{x} = 0.90 \pm 0.300$ (n = 15 Chargen) zeigen. Dieser Trübungsgrad gestattet es, auch noch kritische Enzymaktivitätsbestimmungen, d.h. Bestimmungen mit großem Probevolumen und hoher Anfangsextinktion im UV-Bereich (z.B. GOT/GPT) zuverlässig zu bestimmen.
Eine Ausnahme stellt hier lediglich die GLDH, die bei 365 nm aufgrund der zu hohen Anfangsextinktion im Test gemessen werden muß.
Zur Verbesserung der Vergleichbarkeit von lyophilisierten Humankontrollseren mit Frischseren sollte jedoch die Trübung verringert werden.

2. Zusätze

Ein weiteres Problem stellen die Zusätze von Kontrollseren dar. Aufgrund der Vorbehandlung des Serums ist es erforderlich, Metabolite, zum Beispiel Glucose, Harnstoff, Kreatinin und andere, sowie Elektrolyte, aufzustocken, was - wie die Erfahrung zeigt - im allgemeinen unproblematisch ist.
Anders dagegen verhalten sich Enzyme. Hier sind folgende Forderungen einzuhalten:
- Die Enzympräparationen sollten möglichst rein und frei von störenden Fremdaktivitäten, insbesondere Protease-Aktivitäten, sein.
- Die Enzyme sollten in ihren biochemischen Eigenschaften den in Frischseren vorkommenden Enzymen weitgehendst entsprechen.
Beide Anforderungen sind, mit Ausnahme der AP, bei unseren lyophilisierten Kontrollproben weitgehendst realisiert. Bei der GOT (ASAT) und GPT (ALAT) sind zum Beispiel keine relevanten Unterschiede zwischen den Transaminasen humanen bzw. tierischen Ursprungs festgestellt worden. Das kinetische Verhalten in Abhängigkeit von der Temperatur ist, wie der Vergleich zeigt, praktisch gleich. Entsprechendes gilt für die Substrataffinität und das pH-Optimum sowie den Einfluß von Inhibitoren bzw. Aktivatoren.
Es kann also davon ausgegangen werden, daß analytische Fehler (falsche Temperierung, falsche Pipettierung) in gleichem Maß in der Kontrollprobe wie in den zu untersuchenden Patientenproben angezeigt werden.
Bei den Zusätzen sollen auch die Konservierungsmittel nicht unerwähnt bleiben.
Wie bereits bei der Herstellung gezeigt, wird die Keimarmut durch entsprechende Prozeßfiltration erreicht, so daß sich der Zusatz von Konservierungsmittel in unseren lyophilisierten Kontrollproben erübrigt.

3. Chargenhomogenität

Ein dritter kritischer Punkt bei der Herstellung von Kontrollseren ist sicherlich die Chargenhomogenität, die durch eine Reihe verschiedener Faktoren beienflußt werden kann. Als erste Einflußgröße ist hier die Impräzision der Abfüllung zu nennen. Mit den derzeit uns zur Verfügung stehenden Abfüllmaschinen kann eine Abfüllpräzision mit einem VK 0.5% erreicht werden. Die Überprüfung der Abfüllung bei 15 Chargen hat zum Beispiel einen mittleren VK von 0.28%. Diese Abfüllgenauigkeit ist ausreichend für praktisch alle zu kontrollierenden Bestandteile in der Klinischen Chemie, mit Ausnahme vielleicht einiger sehr genau zu bestimmender Elektrolyte, wo vorzugsweise flüssige Kontrollseren auch schon wegen des nicht zu vermeidenen Auflösefehlers eingesetzt werden sollten.

Ein zusätzliches, weitaus diffizileres Homogenitätsproblem bringt die Größe einer Charge mit sich. Um wirtschaftlich produzieren zu können, sind natürlich große Chargen wünschenswert, denkt man nur an die Kosten der Prozeß- und Endkontrollen sowie der Zielwertermittlung. Die Chargengröße wird jedoch bei vorgebener Qualität durch die Abfüllzeit und den Lyophilisationsprozeß limitiert.
Nach unseren Erfahrungen sollte die Abfüllzeit nach Aufstocken der labilen Komponenten möglichst unter 6 Stunden liegen, da ansonsten, zum Beispiel bei Bilirubin, eine signifikante Konzentrationsabnahme und somit Chargeninhomogenität während der Abfüllung auftritt.

Bei dem anschließenden Einfrier- und Lyophilisationsprozeß würde der Idealzustand gegeben sein, wenn der komplette Ansatz in _einer_ Lyophilisationskammer lyophilisiert werden könnte. Dies ist jedoch aus technischen Gründen nicht möglich, da die größten uns zur Verfügung stehenden Lyophilisationskammern eine maximale Stellfläche von ca. 24 qm haben. Somit wird also eine Lyophilisation in mehreren Kammern erforderlich sein bzw. unter Umständen eine Lyophilisation zu verschiedenen Zeiten. Es muß daher nach Produktionsende durch eingehende Homogenitätsprüfungen entschieden werden, ob Teillyophilisations-Chargen zusammengelegt werden dürfen bzw. getrennt werden müssen. Hierzu müssen umfangreiche Untersuchungen bestimmter labiler Bestandteile durchgeführt und die gewonnenen Testergebnisse anschließend statistisch auf signifikante Abweichungen geprüft werden.

4. Stabilität

Neben der Chargenhomogenität muß natürlich auch die generelle Funktionsfähigkeit bzw. Stabilität der Produktionscharge garantiert werden. Hierzu werden vor Produktionsbeginn in einem Pilotansatz die später einzusetzenden Rohstoffe auf Eignung geprüft, wobei insbesondere Trübung, pH, Gesamtkeimzahl und Stabilität der Bestandteile interessiert. Erst nach Freigabe dieser sogenannten Probencharge durch die Prozeß- und Endkontrolle wird die spätere Produktionscharge hergestellt.

Zusammenfassend läßt sich sagen, daß die Probenähnlichkeit bei jeder Produktionscharge neu erzeugt werden muß und daß - bedingt durch die verschiedenen aufgezeigten Einflußgrößen - das Ziel nur angenähert erreicht werden kann. Für die Produktion sowie die Prozeß- und Endkontrolle stellt sich dabei die Aufgabe, den Produktionsstandard möglichst innerhalb enger Qualitätsgrenzen von Charge zu Charge zu halten, was eine Vielzahl von Kontrollen und eine genaue Produkt-Kenntnis voraussetzt.

3.2 Z. VAVRA, (DÜDINGEN):
QUALITÄTSSICHERUNG BEI DER HERSTELLUNG VON KONTROLLSEREN

Es ist selbstverständlich geworden, daß die Qualität der Arbeit im klinisch-chemischen Laboratorium mit Hilfe der Kontrollseren überwacht wird. Die interne und externe Qualitätskontrolle ist inzwischen in vielen Ländern gesetzlich vorgeschrieben. Auch die Ermittlung der Referenzwerte erfolgt in von der Industrie unabhängigen Referenzlaboratorien unter der Obhut von neutralen Institutionen.

Die Voraussetzung für eine wirksame Qualitätskontrolle in jedem Laboratorium ist die einwandfreie Qualität der verwendeten Kontrollmaterialien. Nur wenn die <u>Stabilität</u> aller Bestandteile, die <u>Homogenität der Charge</u>, <u>Richtigkeit</u> und <u>Reproduzierbarkeit der Abfüllung</u> klar den festgelegten hohen Anforderungen entspricht, kann ein Laborleiter die Richtigkeit der mit dem Kontrollserum kontrollierten Analysen garantieren.

Aus diesen Überlegungen folgt die außerordentlich hohe Verantwortung der Hersteller von solchen Kontrollmaterialien.

Auch die optimalen, statistisch fundierten Zielwertermittlungs-Programme geben uns nur die Information über eine Stichprobe von einem sehr großen Kollektiv. Denken wir daran, daß zu dieser Zeit eine Charge Kontrollserum, welche einheitlich sein muß, Material für bis zu 200.000 Fläschchen enthält. Man kann sich die Probleme des Herstellers sicher gut vorstellen: schon die Herstellung eines einheitlichen Pools von ca. 1.000 l, die Abfüllung und Lyophilisierung der gesamten Charge, welche innerhalb einer sehr kurzen Zeitspanne erfolgen muß, stellt außerordentlich große Anforderungen. Selbstverständlich muß die Charge homogen sein, und die Stabilität der vielen Bestandteile muß nicht nur im lyophilisierten Zustand, sondern auch nach dem Auflösen äußerst strenge Kriterien erfüllen. Alle diese Anforderungen, welche von sehr komplexer Natur sind, kann nur der Hersteller erfüllen, welcher ein ausgebautes Qualitätssicherungs-System besitzt.

Die Grundphilosophie des Systems besteht nicht einfach darin, die Qualität des Produktes auf verschiedenen Stufen der Herstellung zu kontrollieren, sondern die Qualität in das Produkt einzubauen.

Die wichtigsten Maßnahmen, um hohe Qualität des Produkts zu gewährleisten, basieren auf standardisierten Operationen, von denen unter keinen Umständen während der Herstellung abgewichen werden darf. Diese sogenannten SOP's - Standard Operating Procedures existieren in schriftlicher Form für jede einzelne Operation. Ihre Einhaltung wird strikt kontrolliert. Um die Entwicklung nicht zu bremsen, werden diese SOP's in regelmäßigen, vorher festgesetzten Abständen, von den verantwortlichen Personen überprüft und, wenn nötig, nach den entspechenden Versuchsstudien laufend sinnvoll abgeändert.

Für Rohmaterialien, welche in diesem Fall mehrheitlich biologischen Ursprungs sind, sind Spezifikationen erarbeitet worden, welche z.B. die Gewinnung des menschlichen Serums, dessen Bearbeitung und Aufbewahrung vor der Produktion genau beschreiben. Jeder Lieferant von Zusatzstoffen, unter anderem von Enzymen und reinen Chemikalien, darf nur solche Rohstoffe liefern, welche den von dem Hersteller festgelegten Spezifikationen entsprechen. Es ist die Aufgabe des Kontroll-Labors, die Rohstoffe zu überprüfen und für die Produktion freizugeben.

Die Aufgaben der Qualitätssicherung beginnen im Prinzip bei den regelmäßigen Kontrollen der Herstellungsräume. Für jeden Raum existiert ein
sogenanntes "Housekeeping program", welches die Sauberkeit und die
Ordnung in den entsprechenden Räumen garantiert.

Für jede Einrichtung, von der Abfüllmaschine über die riesigen Lyophilisatoren bis zu den Analyseautomaten existieren umfangreiche Prüf-
programme, nach welchen in festgelegten Abständen alle Maschinen und
Apparate geprüft werden müssen. Mit diesen Grund-Kontrollmaßnahmen,
welche erfolgen, bevor man mit der Herstellung des Produkts begonnen
hat, kann das Risiko von sehr vielen potentiellen Fehlern eliminiert
werden.

Wer einmal die gesamte Kontroll-Dokumentation einer Charge von einem
typischen Kontrollserum, beispielsweise von Moni-trol, gründlich
studiert hat, wird überrascht sein, wieviel in die Kontrolle scheinbar
nebensächlicher Operationen investiert wird. Das ist aber gerade das,
was wir die "eingebaute Qualität" nennen und was unvermeidlich ist.

Da bei der Qualitätskontrolle im klinisch-chemischen Laboratorium die
Ähnlichkeit der Zusammensetzung und Eigenschaften des Kontrollmaterials mit der Probe eine große Rolle spielt, verwendet man meistens
als Matrix das menschliche Serum und erreicht damit, daß die Zusammensetzung der Proteine, die Viskosität und Osmolalität den Patientenproben nahekommen. Mit dem schonenden Gefriertrocknen werden die
Eigenschaften nur sehr wenig beinflußt, und die Stabilität wird über
mehrere Jahre gewährleistet. Dieses Verfahren erlaubt bei ausgereifter
Technologie die Herstellung von sehr großen einheitlichen Chargen, was
dem Anwender eine statistische Auswertung der Qualitätskontrolle über
eine sehr lange Zeit erlaubt.

Beim lyophilisierten Produkt ist der Hersteller mit einer Reihe von
Problemen konfrontiert, welche bei flüssigen Produkten nicht existieren: Die lyophilisierten Seren werden erst vor dem Gebrauch aufgelöst;
Genauigkeit und Reproduzierbarkeit der Abfüllung sind eine wichtige
Voraussetzung. Weiter muß die Homogenität des Bulk-Materials gewährleistet werden. Es handelt sich dabei um mehrere hundert Liter, deren
Abfüllung einige Stunden dauern kann. Weitere wichtige Parameter,
welche die Reproduzierbarkeit beeinflussen können, sind die Restfeuchtigkeit und die Verwendung von mehreren Lyophilisatoren für das Lyophilisieren einer Charge.

Es ist notwendig das Risiko eines Produktionsfehlers oder einer Panne auf das Minimum zu begrenzen und durch geeignete "in-process Kontrollen" die Produktion zu überwachen.
Es ist nicht das Ziel dieses kurzen Beitrages, alle Kontrolloperationen von der Prüfung des Rohmaterials über die in-process Kontrollen bei der Bulk-Herstellung bis zu der Sollwertermittlung im Einzelnen zu beschreiben. Von der Vielzahl der Maßnahmen der Qualitätssicherung werden solche ausgewählt, welche in engem Zusammenhang mit der Lyophilisierung von sehr großen Mengen der abgefüllten Fläschchen stehen.

Prüfung der Homogenität

Am Anfang, in der Mitte und am Schluß der Abfüllung werden flüssige Muster genommen und sofort tiefgefroren.

In diesen Mustern werden parallel folgende Bestandteile bestimmt: Glucose, alkalische Phosphatase, LDH, Natrium und Kalium. 15 Analysen pro Fläschchen und Bestandteil werden mit einem Analysenautomaten durchgeführt. Die Resultate werden statistisch ausgewertet. Sie müssen innerhalb festgelegter Grenzen liegen (Tab. 1).

Alkalische Phosphatase	Anfang	Mitte	Ende	Kombiniert
Anzahl Werte	15	15	15	45
Mittelwert	205	204	205	205
Standardabweichung	1,20	3,52	1,20	1,45
Variationskoeffizient	0,58 %	1,73 %	0,58 %	0,70 %

Natrium	Anfang	Mitte	Ende	Kombiniert
Anzahl Werte	15	15	15	45
Mittelwert	119	119	119	119
Standardabweichung	0,52	0,31	0,37	0,40
Variationskoeffizient	0,44 %	0,25 %	0,31 %	0,33 %

Tab 1: Homogenität

Richtigkeit und Reproduzierbarkeit der Abfüllung

Am Anfang, jede 10 oder 15 Minuten und am Schluß jeder Serie werden je 3 vorher tarierte Fläschchen gewogen und mit den vorher berechneten Sollwerten und erlaubten Toleranzen (0.5 - 1.0 % je nach Produkt) verglichen.

Die Waagen werden vor der Operation mit Hilfe von NBS Standardgewichten kontrolliert. Diese Kontrolle wird laufend durchgeführt. Im Falle, daß die Wägung außerhalb der erlaubten Toleranzen liegt, wird die Abfülloperation sofort unterbrochen; alle Fläschchen, welche in der Zeit zwischen dem schlechten und dem letzten richtigen Resultat abgefüllt worden sind, werden eliminiert.

Am Schluß der Abfüllung werden die Wägungen von allen Fläschchen statistisch ausgewertet, um die Präzision der gesamten Abfülloperation zu ermitteln (Tab. 2).

Abfüllmaschine	Anzahl der Proben	Mittelwert	Variationskoeffizient
K-1	111	5,406	0,37
K-2	111	5,401	0,24
C-5	128	5,403	0,39
C-6	120	5,428	0,42
Kombiniert	470	5,409	0,35

Tab. 2: Richtigkeit und Präzision der Abfüllung

Restfeuchtigkeit

Bei der Bestimmung der Restfeuchtigkeit in dem lyophilisierten Material ist es möglich, durch eine sehr genaue Einstellung, Messung und Registrierung der Temperatur von einzelnen Platten in den Lyophilisatoren eine deutliche Reduzierung der Anzahl der Analysen zu erreichen. Es ist jetzt nicht mehr notwendig, die Restfeuchtigkeit in Fläschchen von jeder Platte zu messen - wozu über 100 Fläschchen pro Charge notwendig sein würden .Diese wird jetzt in je 3 Fläschchen pro

Lyophilisator bestimmt. Die Werte bewegen sich um 0.2 % und überschreiten in der Regel nicht 0.4 %. Der erlaubte maximale Wert beträgt 1.0 %.

Als Beispiel Resultate von einer typischen Moni-trol Charge in Tab. 3.

Lyophilisator	Feuchtigkeit (%)	
	Einzelwerte	Mittelwert
1	0,26 / 0,22 / 0,22	0,23
2	0,24 / 0,24 / 0,16	0,21
3	0,23 / 0,31 / 0,12	0,22
4	0,20 / 0,17 / 0,12	0,16
5	0,14 / 0,21 / 0,15	0,17
6	0,20 / 0,22 / 0,23	0,22

<u>Tab. 3:</u> Restfeuchtigkeit-Bestimmung

Lyophilisation

Die Überwachung der Lyophilisation ist eine der wichtigsten Aufgaben der Qualitätssicherung. Die Temperatur von jeder Platte wird registriert und darf um nicht mehr als $2^{O}C$ differieren. Weil die Charge in mehreren Lyophilisatoren gleichzeitig tiefgetrocknet sein muß, werden aus jedem Lyophilisator Proben entnommen, eine Reihe von Bestandteilen analysiert und Korrelationen berechnet.

Für jeden Lyophilisator existiert ein Probenentziehungs-Plan, welcher von der Chargengröße abhängig ist. Nicht weniger als 60 Fläschchen von jedem Lyophilisator müssen getestet werden. Es werden dieselben Parameter wie bei den Homogenitätsstudien bestimmt.

Die Entnahme des Materials für die Sollwertermittlung erfolgt nach einem analogen Plan, so daß die Proben einen Querschnitt durch die ganze Charge repräsentieren (Tab. 4).

Lyophilisator	Glucose (mg/dl)	LDH (U/l)	Natrium (mmol/l)	Kalium (mmol/)	alkal. Phosphatase (U/l)
1	234	945	119	5,6	181
2	232	942	119	5,6	181
3	235	968	119	5,7	183
4	233	958	120	5,7	184
5	333	982	118	5,6	181
6	229	987	119	5,7	180

Tab. 4: Zusammenfassung der Resultate nach der Lyophilisierung von Moni-trol II in 6 Lyophilisatoren (je 60 Proben)

Stabilität

Die Stabilität des Kontrollserums wird während 3 Jahren überwacht. Die Proben für die Stabilitätsprüfungen werden bei 3 Temperaturen von + 2 bis + 8°C, 25°C und 37°C aufbewahrt. Es werden in festgelegten Zeitabständen insgesamt 33 Bestandteile bestimmt.

Außer dieser langfristigen Stabilitätsüberwachung wird nach der Herstellung in jeder Charge die Stabilität kritischer Bestandteile, beispielsweise der CK, AP, GPT und des Bilirubins im aufgelösten Zustand überprüft. Die Resultate bei der Lagerung bei Kühlschrank- und Raumtemperatur müssen die Spezifikationen, welche in der Produktliteratur und im Beipackzettel deklariert sind, erfüllen.

Dieser kurze Beitrag soll illustrieren, daß unter der strikten Einhaltung der "Good Manufacturing Practices" und einem gut aufgebauten Qualitätssicherungs-System die Herstellung eines hochqualitativen Kontrollmaterials für klinisch-chemische Laboratorien in großen Chargen möglich ist. Das hier präsentierte Zahlenmaterial stammt von der Kontrolldokumentation einer Charge Moni-trol II (Kontrollserum mit Werten im pathologischen Bereich, hergestellt von Dade, Div. AHSC, Miami Fl.).

3.3 B. MÜLLER-WIEGAND, (MARBURG):
VERGLEICHBARKEIT VON NATIVEN HUMANSEREN UND KONTROLLSEREN

Jeder Fachmann der Industrie weist immer wieder auf die nicht-gesicherte, z. T. fehlende Vergleichbarkeit zwischen nativen Humanseren und Kontrollseren hin. Trotz dieser häufigen Hinweise möchte ich diesen Punkt hier nochmals aufgreifen, da nach meinen Erfahrungen von den Anwendern immer wieder der Fehler gemacht wird, Kontrollseren und Humanseren gleichzusetzen, was fatale Konsequenzen haben kann.

Ähnlich wie bei der Urease/Berthelot-Methode für die Harnstoff-Bestimmung gibt es noch andere Methoden, bei denen ein abweichendes Verhalten in Kontrollseren bekannt und auch erklärbar ist. Ein extremer Fall stellt hier die CK-MB-Bestimmung mit der Immun-Inhibition dar. Da bisher in keinem Universal-Kontrollserum die CK-MB aus humanem Material dosiert worden ist, erhält man durch die Dosierung von heterologem CK-Enzym keine Inhibition durch das Anti-Human-CK-MB-Antiserum. Dies führt zu einer hohen Restaktivität nach Zusatz des Antiserums, was laut Testvorschrift der CK-MB zugeordnet wird. Da das CK-MB-Isoenzym nur zur Hälfte aus dem B-Anteil besteht, wird die verbliebene Aktivität noch mit zwei multipliziert, um das intakte CK-MB-Isoenzym zu erfassen. Dies kann in einigen Fällen dazu führen, daß in Kontrollseren ein größerer Anteil des Isoenzyms CK-MB im Vergleich zur Gesamt-CK-Aktivität deklariert ist. Hier handelt es sich also um ein Artefakt aufgrund der Dosierung eines Enzymes, das nicht in Humanseren vorkommt, und dessen Eigenart dieser spezielle Test nicht erfaßt.

Unabhängig von diesen gut erklärbaren Effekten gibt es jedoch noch weitere Diskrepanzen, die nicht ohne weiteres interpretierbar sind. So finden sich beispielsweise in Kontrollseren für die Gamma-GT-Bestimmung mit dem neuen Substrat (Gamma-Glutamyl-carboxyl-nitranilid) niedrigere Werte im Vergleich zum Gamma-Glutamyl-Nitranilid, während in Humanseren die Ergebnisse nahezu identisch sind.

Auch können Modifikationen der Reagenzien durch verschiedene Stabilisierungszusätze in Kontrollseren zu differierenden Aktivitäten führen, während in Humanseren keine Unterschiede auftreten.

Allein der Prozeß der Lyophilisation verändert ein Humanserum (Lipoproteine, Trübungen), was weitreichende Konsequenzen haben kann.

Neben diesen ungewollten Abweichungen gibt es eine Reihe von Kontrollseren, bei denen man im Interesse des Anwenders bewußt Änderungen
gegenüber Humanseren angestrebt hat. Hierzu zählen beispielsweise die
Enzym-Kontrollseren, die generell lyophilisiert sind und die möglichst
in einem klargelösten Zustand nach Rekonstitution vorliegen sollen.
Dies ist bekanntlich mit Humanseren nicht möglich. Diese sind nach der
Lyophilisation und Rekonstitution mehr oder weniger trüb. Bei Enzym-
Kontrollseren hat man daher im allgemeinen eine Albumin-Basis gewählt,
die nach Lyophilisation keine Trübungen ergibt. Gegenüber einem Nativserum ist dies natürlich eine massive Änderung, wobei die Effekte
dieser Änderung auf die Enzym-Bestimmungen wahrscheinlich zu vernachlässigen sind.

Man kann jedoch, vor allem bei der Untersuchung neuer Effekte, auf
keinen Fall davon ausgehen, daß diese Änderungen in allen Fällen keinen Einfluß auf die Enzym-Aktivität haben.

Im Interesse einer optimalen Anwendung der Kontrollseren müssen also
Kompromisse geschlossen werden, die unter den gegebenen Bedingungen
ein optimales Vorgehen erlauben. Dies stellt nicht immer den bequem-
sten Weg für einen Hersteller dar, sondern ist nach den Interessen des
Anwenders ausgerichtet.

Abschließend werden zwei Forderungen gestellt, die vor allem an den
wissenschaftlich Interessierten gerichtet sind:

1. Kontrollseren sollen nicht für die Erprobung neuer Methoden ein-
gesetzt werden. Aufgrund der oben erwähnten, nicht immer vermeidbaren
Unterschiede zwischen Humanseren und Kontrollseren können unter
Umständen Effekte auftreten, die in Humanseren keine Rolle spielen.

2. Aus den deklarierten Zielwertangaben können über die Vergleichbarkeit verschiedener Methoden keine Schlüsse gezogen werden.

3.4 R. MERTEN, (DÜSSELDORF):
PRÜFUNG VON KONTROLLSEREN DURCH DEN VERSUCHSLEITER

Kontrollproben geben häufig Anlaß zu Kontroversen. Diese treten vor allem in Diskussionen zwischen Ringversuchsteilnehmern und Versuchsleitern auf und entstehen durch divergierende Ergebnisse, insbesondere Abweichungen der Teilnehmermittelwerte von den jeweiligen Zielwerten, aber auch durch subjektive Einwendungen zur Probenbeschaffenheit und Probenzusammensetzung.

Zur **Probenbeschaffenheit** wird auf unvollständige Auflösbarkeit der Lyophilisate, Trübungen nach der Rekonstitution, angebliche Veränderungen von Bestandteilen (Analyte) während des Versands durch höhere Temperaturen, gelegentlich sogar auf bakterielle Verunreinigungen und Undichten der Verschlußstopfen hingewiesen.

Zur **Probenzusammensetzung** werden Unterschiede zwischen den einzelnen Fläschchen (derselben Probencharge) infolge unpräziser Abfüllungen des Basismaterials, zu niedrige, selten zu hohe oder sogar implausible Konzentrationen, Störungen durch Fremdsubstanzen, die zur Hemmung oder Aktivierung, auch zu Kreuzreaktionen führen, oder auch Störungen der Messung durch Zweitsubstanzen für falsche Werte oder zu große Streuungen verantwortlich gemacht und beanstandet.

Der <u>Versuchsleiter</u> sollte nach den Richtlinien der Bundesärztekammer (BÄK) die Eignung der in Ringversuchen eingesetzten Proben <u>vor</u> ihrem Einsatz sorgfältig prüfen. Dies erfolgt bei den hier zur Diskussion stehenden lyophilisierten Proben durch

1. visuelle Kontrolle der Oberflächenkonsistenz des Materials in zahlreichen aus der betreffenen Charge wahllos entnommener Fläschchen und durch Prüfung des Ausmaßes der bei humanem Material vielfach unvermeidlichen <u>Trübung</u> nach Rekonstitution der Probe, durch Untersuchung auf <u>Hepatitis-Bs-Antigenfreiheit</u> und, wenn beanstandet, durch <u>kulturelle Prüfung auf Bakterien.</u>

Das **Ausgangsmaterial** für die Herstellung gefriergetrockneter (lyophilisierter) Humankontrollproben ist Zitratplasma, das durch doppelte Plasmapherese gewonnen wird. Nach Defibrinierung des Plasmas wird das so gewonnene Serum keimfrei filtriert und bis zur Bearbeitung bei minus 20°C gelagert. Das Poolserum wird mit stabilen Komponenten, beispielsweise Elektrolyten, Harnsäure, Harnstoff u.a. versetzt, homogenisiert, abgefüllt, eingefroren und anschließend in Lyophilisierungskammern lyophilisiert. Die Restfeuchte soll unter 1% liegen. Die Kammern werden mit trockenem Stickstoff belüftet und die Kontrollserum-Flaschen hydraulisch verschlossen. Die Streuung der Abfüllmenge liegt unter 1%.

Es ist versucht worden, anstelle von Humanseren ein homogenes Material, z.B. Rinderalbumin oder auch ein durch Dialyse von allen niedermolekularen Bestandteilen befreites Serum als Basismaterial zu verwenden, diesem die gewünschten Bestandteile durch Einwaage zuzugeben und durch die Einwaage eine Annäherung an den "wahren Wert" zu erreichen. Dennoch sind, um diese Proben haltbar zu machen, Lyophilisierung und damit auch nachträgliche Ermittlung von Sollwerten nicht zu umgehen.

Lyophilisate zeigen im allgemeinen eine aufgelockerte, feinpulvrige Oberfläche ohne Verquellungen. Letztere treten nur bei Undichten auf. Solche Undichten sind jedoch nur sehr selten und dann in einzelnen Probenfläschchen beobachtet worden. Beanstandete Probenfläschchen sind stets sofort ersetzt worden.

Rekonstituierung erfolgt im allgemeinen nach Zugabe von aqua dest. bzw. bestimmten Pufferlösungen, wozu dem Teilnehmer empfohlen wird, eine geeichte Vollpipette oder einen geeichten Dispenser zu verwenden. Die Lyophilisate lösen sich nach einer bestimmten Quellzeit völlig auf. Tritt diese Lösung nicht ein, ist die Probe unbrauchbar. Die Ursache dürfte in Veränderungen des Basismaterials durch irreversible Aggregationsprozesse während der Lyophilisierung und/oder Entmischungsvorgängen liegen, die bei den verwendeten niedrigen Temperaturen auftreten. Infolgedessen ist es verständlich, daß klare Lösungen nach der Rekonstituierung selten erhalten werden.

Die in den rekonstituierten Proben auftretenden **Trübungen**, die häufig auch in Patientenproben beobachtet werden, können durch Verwendung fettarmer Seren oder durch nachträgliche Extraktion der Lipide vom Hersteller vermindert oder auch ganz vermieden werden. Dies hat dazu geführt, daß für die Lipidkontrolle besondere Proben in den Handel gebracht worden sind.

Eine weitere Kontrolle erfolgt durch

2. Analyse der Bestandteile im Rahmen einer Zielwertermittlung:

Die Analyse der verschiedenen Bestandteile gibt einen Überblick über die darin enthaltenen Konzentrationen. Diese sollen möglichst nahe bei den klinischen Entscheidungsbereichen liegen, sich aber von den Konzentrationen der im Handel erhältlichen Richtigkeitskontrollproben unterscheiden. Häufig finden sich z.B. bei den Enzymen zu niedrige im unteren Normbereich liegende Werte. Diese werden von den Teilnehmern beanstandet, weil beispielsweise bei den Enzymen oder beim Bilirubin, die relativen Streuungen in diesem Bereich sehr groß sind und eine Bewertung der Teilnehmerwerte erschweren. Von INSTAND werden daher größtenteils Proben in Ringversuchen eingesetzt, für die dem Hersteller die gewünschten Konzentrationsbereiche vorgegeben werden.

Da alle Bestandteile durch 8 bis 10 Referenzlaboratorien in mindestens 4 unabhängigen Serien erfolgen, wird jeder Bestandteil in mindestens 32 einzelnen Fläschchen analysiert. Im Durchschnitt kommen bis zu 300 und mehr verschiedene Fläschchen bei einer Zielwertermittlung der 35 wichtigsten klin. chem. Bestandteile mit mehreren Methoden zum Versand, damit auch in die visuelle Kontrolle in Referenzlaboratorien.

Bestimmte Bestandteile (Cl und Na) zeigen zunehmend mit der Verwendung bestimmter Methoden sehr geringe Streuungen. Liegen die Werte für s% in einem solchen Erfahrungsbereich, beispielsweise für Cl unter 2,7% oder für Na unter 2%, so darf angenommen werden, daß auch zwischen den einzelnen Probenfläschchen keine nachweisbaren Unterschiede bestehen, da bei diesen Bestandteilen die Lyophilisierung bei der Bestimmung in der Flammenemission oder Atomabsorption keinen Einfluß hat. Bei anderen Bestandteilen hat die Matrix aber einen wesentlichen Einfluß, wobei neben den genannten Veränderungen durch den Lyophilisierungsprozeß auch Stoffe, die z.B. gezielt zur Stabilisierung zugesetzt worden sind, eine große Rolle spielen. Solche Veränderungen sind möglicherweise eine wesentliche Ursache methoden- und/oder reagenzienbedingter Abweichungen, so daß ein einzelner Zielwert nur bei einigen Bestandteilen bei der Bewertung eingesetzt werden kann.

In der Folge sind auch aus anderen Erwägungen **Spezialproben** entwickelt worden, die in der klinischen Chemie, Hämatologie, Hämostaseologie, Immunologie, zur Kontrolle von Hormonen und Antikörpern, sowie in der Mikrobiologie und Virologie in Ringversuchen von INSTAND eingesetzt worden sind (Tab. 1).

Spezialproben I

in der klinischen Chemie
1. Bilirubin (zwischen 12 und 16 mg/dl)
2. Eiweißfraktionen
3. Lipide, Lipoproteine in flüssiger, stabilisierter Form
4. Enzyme, z.B. Amylase, Lipase

Spezialproben II

in anderen Gebieten, z.B. als Vitalproben (V), vor und nach Stimulierung (St), oder Impfung (I)
oder Aufstockung (A)

5. Hämatologie - Differentialblutbild (V), Knochenmarkaus strich (V) sowie bei pathologischen Blutkrankheiten (V)
6. Hämostaseologie zur Erreichung unterschiedlicher Faktoren (V,A)
7. Immunologie, selten als Vitalproben, meist durch Aufstockung
8. Hormone, z.B. nach Stimulierung (St).
9. Autoantikörper durch Impfung, z.B. Röteln, Masern u.a.
10. Mikrobiologie und Virologie (V)

Tab. 1: Spezialproben, die in INSTAND-Ringversuchen eingesetzt worden sind

Die Erfahrungen, die in Zielwertermittlungen und Ringversuchen bei der Verwendung von Kontrollproben inzwischen gemacht worden sind, sind in einem Forderungskatalog an die Beschaffenheit des Probenmaterials in Tab. 2 zusammengestellt worden

1. Die Homogenität der Charge muß gewährleistet sein.

2. Die Restwassermengen sollen in den Proben bzw. Probenchargen angegeben sein.

3. Die Schwankungen der Konzentration von Bestandteilen von Glas zu Glas müssen minimal und deklariert sein ("intervial variability").

4. Die Herkunft der Probenmatrix muß angegeben werden (z.B. Rinderserum, Humanserum usw.).

5. Die Probe muß in aqua dest. vollständig innerhalb von 30 Minuten rekonstituierbar sein.

6. Bei der Rekonstituierung darf keine Schaumbildung auftreten.

7. Die Eigentrübung der rekonstituierten Proben darf eine Extinktion 0,9 (1 cm Lichtweg, 550 nm) nicht überschreiten.

8. Proteine, Lipoproteine und Enzyme dürfen nicht denaturiert sein.

9. Zusätze von Proteinasen, Proteinaseinhibitoren, Koagulantien, Antikoagulantien, Detergentien, Konservierungsmitteln müssen in angemessener Weise deklariert werden.

10. Die Haltbarkeit der lyophilisierten und der rekonstituierten Probe muß angegeben werden. Die Haltbarkeit der rekonstituierten Probe muß mindestens 8 Tage bei 4°C betragen.

11. Die Konzentrationen der einzelnen Bestandteile in den beiden Proben soll verschieden und jeweils im mittleren Normalbereich liegen.

12. Der pH der Probe soll zwischen 7,2 - 7,4 liegen.

13. Die Konzentrationen von Glucose, Glyzerin und Pyruvat dürfen die Aktivitätsmessungen der Amylase, Lipase bzw. der GPT nicht stören.

14. Die Zustellung der Proben zum Versandort muß schnellstmöglich erfolgen, ohne die ·Proben Lichteinwirkungen oder Temperaturen über 20°C auszusetzen.

15. Die Proben dürfen nicht auf dem Markt sein (z.B. als Richtigkeitskontrollen bei interner Qualitätskontrolle).

16. Die Zielwerte müssen methodenabhängig angegeben sein.

17. Das zugrundeliegende Bestimmungsmodell muß mit zugehöriger statistischer Auswertung angegeben sein (evtl. Literaturstellen).

18. Die Proben müssen ansteckungsfrei sein.

Tab. 2: Anforderungen an die Beschaffenheit des Probenmaterials bei Ringversuchen

Nach H. Reinauer in "Probleme der externen Qualitätskontrolle und Perspektiven", Tagungsvorlage der gemeinsamen Tagung von INSTAND und der Deutschen Gesellschaft für Laboratoriumsmedizin
Hrsg.: U. P.Merten 1981, S. 81

Eine zusätzliche Kontrolle kann **nachträglich** durch den
3. Vergleich der Teilnehmermittelwerte mit den Zielwerten erfolgen:
Referenzlaboratorien und Teilnehmer bestimmen die Werte der einzelnen Bestandteile entsprechend den Richtlinien unter Vergleichs- und Routinebedingungen.

Referenzlaboratorien verwenden hierzu entweder Referenzmethoden oder, falls diese nicht von Experten, wissenschaftlichen Gesellschaften oder/und übergeordneten Gremien als solche deklariert worden sind, sogenannte "ausgewählte" Methoden, beide ebenfalls unter Routinebedingungen. Da heißt, die verwendeten Methoden werden auch in der Routine des Referenzlaboratoriums bei den Analysen der Patientenproben angewandt. Die bei einer Zielwertermittlung anzuwendenden Methoden werden dem Referenzlaboratorium vom Versuchsleiter im einzelnen vorgeschrieben. Teilnehmer sind jedoch weder an eine bestimmte Methode bzw. Methodenvorschrift noch an bestimmte Reagenzien-Kits noch an bestimmte Geräte gebunden. Entsprechend bilden die Teilnehmerwerte, auch wenn nach Methoden usw. getrennt wird, kein homogenes Kollektiv. Es kann daher auch nicht erwartet werden, daß Teilnehmermittelwerte und Zielwerte identisch sind, selbst wenn methoden- und reagenzienbedingte Unterschiede beachtet werden.

Eine Auflistung der Werte, getrennt nach Bestandteilen, Methoden, Reagenzien, z.T. auch nach Geräten gibt sowohl für jedes einzelne Referenzlaboratorium als auch für alle Werte Auskunft über Abweichungen der Einzelwerte von dem errechneten Zielwert,die Streuungen der Werte in und zwischen den Laboratorien, sowie methoden- und reagenzienbedingte Unterschiede. An Hand dieser Daten und der statistischen Kennwerte (Mittelwert, Standardabweichung und prozentuale Standardabweichung, auch Variationskoeffizient genannt) muß entschieden werden, ob Abweichungen bei der Bewertung der Teilnehmerwerte berücksichtigt werden müssen.

Abweichungen der Teilnehmerwerte von den zugehörigen Zielwerten treten selten auf. Bemerkenswert sind die häufig eng beieinander, sogar bis zu einer Nachkommastelle identischen Werte. Der Vergleich ermöglicht dem Versuchsleiter vor allem dort, wo stärkergradige, vornehmlich auf Matrixeinflüsse der Probe zurückzuführende Abweichungen bestehen, neben der Zielwertermittlung die Entscheidung, ob ein Ersatz-Ringversuch bei dem einen oder anderen Bestandteil oder sogar bei allen gemacht werden muß. Hierüber wird an anderer Stelle bei der "Bewertung der Teilnehmerwerte aus der Sicht des Versuchsleiters" näher berichtet.

3.5 K.-G. VON BOROVICZÉNY (BERLIN): PRÜFUNG VON KONTROLLBLUTEN DURCH DEN VERSUCHSLEITER

Bei der Prüfung und Zielwertermittlung von Kontrollbluten ergeben sich - abweichend von der Prüfung von Kontrollseren - spezielle Probleme, die z.B. durch statistische Besonderheiten, kurze Haltbarkeit und gewisse Inkompatibilitäten hervorgerufen werden.

Während quantitative Meßergebnisse in der Regel eine "Normalvertei- lung" (oder "GAUSS-Verteilung") aufweisen, lassen Zählergebnisse eine "Binomialverteilung" erkennen. Diese bedeutet, daß bei der Auswertung von Ergebnissen bei Zielwertermittlungen für die Erythrozyten-, Leu- kozyten- und Plättchenzahl andere statistische Modelle und andere Computerprogramme als für die Hämoglobinbestimmung und den Hämato- kritwert eingesetzt werden müssen. Da bei der Zellzählung einerseits durch die Probenabmessung und die erforderlichen Verdünnungsmaßnahmen GAUSS-verteilte zufällige Abweichungen oder Fehler auftreten, ande- rerseits beim Zählvorgang binomialverteilte zufällige Abweichungen entstehen, ergeben sich besondere statistische Probleme, auf die aber an dieser Stelle nicht eingegangen werden soll.

<u>Kontrollblute</u> werden vom Hersteller aus zahlreichen Einzelbluten nach Prüfung der Kompatibilität (d.h. Feststellung der Blutgruppen und -Antigene, der Verträglichkeit bei der Mischung) zu einem Pool ge- mischt und den Referenzlaboratorien sofort zur Zielwertermittlung zugestellt. Kontrollblute sind im Gegensatz zu Kontrollseren nach Lyophilisierung oder andersartiger Stabilisierung im allgemeinen nur einige Wochen, höchstens 2 - 3 Monate haltbar. Bei den Kontrollbluten können wir uns zur Zielwertermittlung keine Zeit lassen. Das Ergebnis der Prüfung und Ermittlung von Referenzwerten und damit des Zielwertes und Zielbereichs muß in kürzester Zeit zur Verfügung stehen. Infolge- dessen muß das Probenmaterial nicht nur vom Hersteller über Luftfracht an den Versuchsleiter versandt, von diesem unverzüglich am Flughafen abgeholt und unverzüglich den von ihm ausgewählten Referenzlaborato- rien zur Referenzwertermittlung zugestellt werden. Die Zusendung der Kontrollblute vom Hersteller muß in den ersten beiden Wochentagen erfolgen, damit an den beiden nächsten Tagen, spätestens am Donnerstag und Freitag der Woche die Analysen durchgeführt werden können.

Nach dem Eintreffen muß vom Versuchleiter geprüft werden, ob es durch
den Versand zu Veränderungen der Kontrollblute gekommen ist, z.B. ob
- eine Hämolyse eingetreten ist (Grenzwert etwa 50 mg/dl)
- Koagulate festgestellt werden können,
- die Proben unsteril sind,
sämtlich Störungen, die gegebenenfalls von vorneherein weitere Untersuchungen vermeiden lassen, weil die Proben für einen Ringversuch
oder als Kontrollblute bei der internen Qualitätskontrolle unbrauchbar
sind.

Die <u>Zielwertermittlung</u> muß innerhalb von 48 bis 72 Stunden erfolgen

Dies ist am einfachsten in einer Großstadt zu verwirklichen, in der
die Proben wiederum unverzüglich den vom Versuchsleiter ausgewählten
Referenzlaboratorien über einen Fahrdienst zugestellt werden können.
In Berlin ist ein solches Modell verwirklicht worden, da hier genügend
hochqualifizierte Laboratorien bzw. Leiter vorhanden sind, so daß auch
im Wechsel Referenzwertermittlungen erfolgen können. Die Zustellung
der Proben erfolgt in Berlin durch eine Taxe in einer festgelegten
Reihenfolge an bestimmte Kontaktpersonen, die vorher darüber
orientiert worden sind und die Übernahme auch quittieren müssen.
Die <u>Zellzählung</u> in den Kontrollbluten erfolgt nach dem bereits 1975
von uns entwickelten 2x2x2-INSTAND-Modell durch
- 2 Untersucher an 2 verschiedenen Tagen an 2 verschiedenen Arbeitsplätzen in Doppelbestimmungen
- sowohl in der Zählkammer als auch mit mechanisierten Zählgeräten.
Die Werte müssen spätestens am Mittag des 2. Tages telefonisch an den
Versuchsleiter auf einen Anrufbeantworter mitgeteilt werden. Sie
werden hier auf ein Tonband fixiert, so daß sie kontrolliert werden
können, anschließend auf vorbereitete Tabellen eingetragen, auf Un-
stimmigkeiten (Implausibilitäten) und Abhörfehler geprüft und dann
erst zur Berechnung der Mittelwerte und Standardabweichungen verwendet.
<u>Mittelwerte und Standardabweichungen</u> werden für jedes einzelne Refe-
renzlaboratorium berechnet, Varianzanalysen durchgeführt und aus allen
Werten Zielwert und Zielbereich festgelegt.

In Zielwertermittlungen für Probenhersteller zur Verwendung in Richtigkeitskontrollproben werden die tabellierten Ergebnisse nach 48 bis
72 Stunden über Telefon durchgegeben, in Ringversuchen entsprechend
zur Bewertung der Teilnehmer eingesetzt.

<u>Kontrollblute müssen so beschaffen</u> sein, daß sie einerseits
- leicht für die Hämoglobinbestimmung hämolysierbar sind, andererseits
- für die Erythrozyten und Leukozyten, möglichst sogar für die Blut-
plättchen eine entsprechende Partikelkonzentrationsdichte aufweisen
- mit den verwendeten Verdünnungslösungen kompatibel sind, bzw. es
muß angegeben werden, mit welchen Verdünnungslösungen das Kontrollblut
verwendbar ist.

Die <u>Verdünnungslösungen</u>, die im Handel teils von den Geräteherstel-
lern, teils von anderen Herstellern angeboten werden, zeigen große
Unterschiede im pH-Wert, in der Osmolalität, Ionendichte und Zusammensetzung. Da die Kontrollblute z.T. auf bestimmte Verdünnungslösungen abgestimmt sind, kommt es vor, daß bei einer Inkompatibilität
zwischen Kontrollblut und Verdünnungslösung die Erythrozyten schrump-
fen, z.T. hämolysieren, die Leukozyten sich verklumpen oder fragmen-
tieren. So können dann die Zählergebnisse grob verfälscht werden. Die
Anwender der Zählgeräte sollten sich dieser Besonderheiten bewußt
sein, die Hersteller der Verdünnungslösungen über kompatible und
inkompatible Kontrollblute befragen, und eventuell eine andere, mit
vielen Kontrollbluten kompatible Verdünnungslösung einsetzen, da
grundsätzlich jedes Zählgerät mit den verschiedensten Verdünnungslösungen benutzbar ist.

Um der Problematik dieser <u>Inkompatibilitäten</u> nachzugehen, hat INSTAND
1976 und 1977 eine Reihe Sonderringversuche veranstaltet. Die Hersteller von Zählgeräten sind gebeten worden, gut eingearbeitete Verwender ihrer Geräte zu benennen. Diese sind zu kostenlosen Sonderringversuchen eingeladen worden, in denen alle auf dem Markt befindlichen Kontrollblute getestet worden sind. Bei der Auswertung hat es
sich gezeigt, wie unterschiedlich die Ergebnisse sind (<u>Abb. 1 bis 3</u>).

In <u>Tab. 1</u> sind die Kenndaten aller Zellzählgeräte zusammengetragen
worden, die bis 1980 auf den Markt gekommen sind.

Ein anderes Problem, das bei Kontrollbluten ebenso wie auch bei Kontrollsera vorkommt, ist die Frage der <u>Methodenabhängigkeit</u> der Ergebnisse. Wir haben immer den Standpunkt vertreten, daß die Konzentration
der einzelnen Analyte Eigenschaften der zu analysierenden Probe sind
und daß man diese Eigenschaften mit <u>richtig</u> kalibrierten Zähl- und
Meßgeräten auch richtig feststellen kann. Das Zutreffen dieser These
ist von uns an einem großem Zahlenmaterial untersucht worden. Hierzu

sind die Ergebnisse aller bislang von INSTAND durchgeführten Ringversuche herangezogen und die Mittelwerte des Gesamtkollektivs mit den Mittelwerten der Referenzlaborkollektive sowie der Teilkollektive, die verschiedene gerätebedingte Methoden anwenden (Zählkammertechnik, elektronische Impulszähltechnik von Coulter und anderen, Lichtimpulszähltechnik von Technicon und anderen) in den Tab. 2 und 3 einander gegenübergestellt worden. Die Ergebnisse sind auch graphisch in den Abb. 4 und 5 zusammen mit den statistischen Kenngrößen der linearen Regression dargestellt. Die Ergebnisse lassen eindeutig erkennen, ob signifikante Unterschiede mit den verschiedenen Techniken bestehen oder nicht. Diese bestehen nicht.

Die Erfahrungen, die in Ringversuchen gewonnen worden sind, haben erfreuliche, wenn auch unterschiedliche Erfolgsquoten gezeigt Tab. 4. Diese liegen bei den Hämoglobinkontrollen bis zu 99%, bei den Erythrozytenzählwerten zwischen 44% und 97%, bei den Leukozyten niedriger, in Einzelfällen aber auch bis zu 91%. Die Zahl der Teilnehmer hat im Laufe der Jahre bis zu 1000 erreicht, obwohl für die Qualitätskontrolle des kleinen Blutbildes keine gesetzlich verankerte Verpflichtung zur Teilnahme an Ringversuchen besteht.

Zusammenfassend sollten folgende Prüfungen der Kontrollblute erfolgen:

1. Prüfung der Stabilität während der Versuchsdauer
2. Prüfung auf Hämolysefreiheit durch den Hersteller vor dem Versand und dem Versuchsleiter nach Zustellung der Kontrollblute
3. Prüfung der Sterilität durch Anlegen einer Kultur
4. Prüfung der Inkompatibilitäten durch den Hersteller bei der Mischung von Blutproben zu einem Pool, durch Hersteller und Versuchsleiter gegenüber den üblichen Verdünnungslösungen, die bei der Zellzählung verwendet werden
5. Ermittlung der Werte von Referenzlaboratorien und Zielbereiche
6. Ermittlung der Zielwerte und Zielbereiche
7. Prüfung auf Homogenisierbarkeit (Leukozyten dürfen nicht agglutinieren)
8. Prüfung auf Vergleichbarkeit der Werte von Fläschchen zu Fläschchen

Methode: (a)=analog (d)=digital (e)=elektrisch (o)=optisch (s)=Streulicht

Hersteller / Modell(e) (Methode)	Ery Verdünn.Lsg.V µl	Ery Verdünnungs-Verhältnis	Ery Zählvolumen in Verdünnung, ml	Ery Zählvolumen in Vollblut, nl	Leu Verdünn.Lsg. Vorschrift	Leu Verdünnungs-Verhältnis	Leu Zählvolumen in Verdünnung, ml	Leu Zählvolumen in Vollblut, µl	Plät Verdünn.Lsg. Vorschrift	Plät Verdünnungs-Verhältnis	Plät Zählvolumen in Verdünnung, ml	Plät Zählvolumen in Vollblut, µl	Oscilloscop	Discriminator	Drucker/Anschl	EDV-Ausgang	Am Markt in den Jahren	Preis netto, in 1000 DM	Ausgelieferte Geräte
AEG-Telefunken, (e,d)																			
MSDP 1 1105/1 s.Coulter TE																			
AI (Analys Instrument AB)																			
Cellcounter 134 (e,d)	+ 7,4	1:80000	0,195	2,44	+	1:400	0,195	0,49	+	1:4000	0,195	48,75	+	+	+		74-	12	100
Bio Dynamics																			
cell-trak (e,d)	+ 7,4	1:50000	0,5	10	+	1:501	0,5	1									77-	7	50
Casella																			
Bloodcellcounter (o,d)		1:1000	0,001	1		1:10	0,001	0,1									54-?		
Becton Dickinson																			
Accu-Stat (e,a)	+ 7,4	1:67601	1,0	14,8	+	1:261	1,0	3,83					+	+	+		73	5	
Hemat.Analyzer HA/4 5 (e,d)	"	"	"	"	"	"	"	"					+	+	+		75 / 76 / 77	5 / 13 / 19	
Ultra-Flo 100 (e,d)	-				-				+	1:910	0,080	88	+	+	+		78	29	
Ultra-Logic 800 B-D (e,d)	+ 7,4	1:67601	1,5	22,8	+	1:261	1,5	5,74	"	1:2757	0,75	27	+	+	+		77	67	
Clinicon																			
cell counter 2041	+ 7,4	1:63001	1	15,87	+	1:251	1	3,98									76-	5	1000
Coulter																			
A (e,d)	+ 7,45	1:50000	0,5	10	+	1:500	0,5	1					+	+			63-68	15	100
B (e,d)	"	"	"	"	"	"	"	"					+	+			64	20	35
D (e,d)	"	"	"	"	"	"	"	"					+	+			64-73	8	250
DN (e,d)	"	"	"	"	"	"	"	"					+	+			73-	8	500
F, FN (e,d)	"	"	"	"	"	"	"	"	+	1:3000	0,1	33	+	+			67-	16	250
ZB (e,d)	"	"	"	"	"	"	"	"	"	"	"	"	+	+			72-	22	70
ZBI (e,d)	"	"	"	"	"	"	"	"	"	"	"	"	+	+			72-	32	55
ZF (e,d)	"	"	"	"	"	"	"	"	"	"	"	"	+	+			73-	36	720
TF (e,d)	"	"	"	"	"	"	"	"	"	"	"	"	+	+			75-		5
Thrombocounter C (e,d)	"	"	"	"	"	"	"	"	"	"	"	"	+	+			71-	10	370
S (e,a)	"	"	"	"	"	1:250	"	2					+		+	+	68-78	111	280
S Junior (e,a)	"	"	"	"	"	"	"	"					+		+	+	77-	59	60
S 5 (e,a)	"	"	"	"	"	"	"	"					+		+	+	78-	72	55
S Senior (e,a)	"	"	"	"	"	"	"	"					+		+	+	77-	131	40
S Plus	"	1:6250	0,18	28,8	"	"	"	"	"	1:6250	0,18	28,8	+		+	+	79-	195	25
EEL (Evans Electroselen. Ltd) Bloodcellcount. (o,d)		1:200	,0002	1		1:20	,001	,05					+	+			60-?		
Elmed																			
TuR ZG 1 (e,d)		1:80000	0,08	1		1:800	0,08	0,1		1:80000	,08	1	+	+			63-?		
Eppendorf																			
Ery-Zusatz 2900 (s,a)	+	1:2001															64-65	,8	20
Fisher																			
Autocytometer (o,a)	+ 7,4	1:62500	0,5	8	+	1:250	0,5	2	+	1:6250	0,5	80		+			63-70		
Autocytometer-II (o,a)	"	"	"	"	"	"	"	"	"	"	"	"		+			70-		
Hem-alyzer (o,a)	"	"	"	"	"	"	"	"	"	"	"	"	+	+			7		
General Sci.Corp.																			
Haema-Count MK-4S									+	1:4000									
Hellige																			
Elektro-Haemoskop (s,a)	+	1:2001															51-62	1	?
Erymat (s,a)	"	"															63-72	5	400
Picoscale (e,d)	+ 7,2	1:63000	,8064	12,8	+	1:630	,8064	1,28									71-	4	1100
Hycel																			
HC 202 (e,d)	+ 7,4	1:160000	,4	2,5	+	1:400	0,4	1					+	+	+		77-	6	25
HC 300 (e,d)	"	"	"	"	"	"	"	"					+	+	+		77-	11	35
HC 500 (e,d)	"	"	"	"	"	"	"	"					+	+	+		77-	18	20
HC 700 (e,d)	"	1:62500	,250	4	"	1:250	,250	"					+	+	+		77-	38	3
HPC 103 (e,d)	"	1:50000	,100	2	"	1:500	,100	0,2	+	1:10000	,100	10	+	+	+		77-	14	15
HPC 52 (e,d)									+	1:6000	,100	16,7	+	+	+		79-	9	5
Kontron																			
Digicell 100 (e,d)	+	1:80000	,512	6,4	+	1:800	,512	,64									-77	7	
Digicell 100 A (e,d)	"	"	"	"	"	1:400	"	1,28									77-	8	
Digicell 3100 (e,d)	"	"	"	"	"	"	"	"					+				77-	24	
Labtronic																			
MEK 1200 (e,d)	+ 7,45	1:50000	,100	2	+	1:500	,100	0,2	+	1:5000	,100	20	+	+	+	+	79-	28	
LIC/Linson																			
431 (+430) (e,d)	+ 7,4	1:80000	0,3	3,75	+	1:400	0,3	0,75					+	+	+	+	77-		
431 A (e,d)	"	"	"	"	"	"	"	"	+	1:8000	0,3	37,5	+	+	+	+		13	150
501 (e, d)	"	"	"	"	"	"	"	"									79-	7	2
Ljungberg																			
Celloscope 101 (e,d)	+ 8	1:80000	,512	6,4	+	1:200	,512	2,56	+	1:8000	,512	64	+	+			58-74		30
Celloscope 202 (e,d)	"	"	"	"	"	"	"	"	"	"	"	"	+	+					
Celloscope 303 (e,d)	"	"	"	"	"	"	"	"	"	"	"	"	+	+			58-74	60	5
Celloscope 401 (e,d)	"	"	"	"	"	"	"	"	"	"	"	"	+	+			62-74		30
Celloscope 411 (e,d)	"	"	"	"	"	"	"	"	"	"	"	"	+	+			74-77	13	25
Celloscope 412 (e,d)	"	"	"	"	"	"	"	"	"	"	"	"	+	+			77-78	7	30
Celloscope 421 (o,a)	"	"	"	"	"	"	"	"	"	"	"	"	+	+			74-76	15	5
Celloscope 422 (o,a)	"	"	"	"	"	"	"	"	"	"	"	"	+	+			76-77	18	

Tab. 1: Angaben über Blutkörperchenzählgeräte

Fortsetzung Blatt 2

Fortsetzung: „... Blutkörperchenzählgeräte"

Hersteller / Modell(e) — Methode: (a)=analog, (d)=digital, (e)=elektrisch, (o)=optisch, (s)=Streulicht

Erythrozyten

Hersteller / Modell(e)	Verdünn.Lsg.-Vorschrift	pH	Verdünnungs-Verhältnis	Zählvolumen in Verdünnung, ml	Zählvolumen im Vollblut, nl
Medicor					
PSH-1 Haemoscale (e,d)	+		1:63000	,378	6
PS-4 Picoscale (e,d)	"		"	"	"
PSL(+PSA)-1 Laborscale (ed)	"		"	"	"
Molter					
Mo-Count (e,d)	+	7,4	1:50000	0,5	10
Hemac 4000 (o,d)	"	"	1:4000	,02	5
ELT-8 (o,d)	"	"	1:440	,02	45,5
MPI-Biochemie					
Metricell (e,d)	+	7,4	1:5000	,100	20
MLW/Medicor					
PHA-1	+		1:100000	,02	0,5
Ortho					
Hemac 630 L (o,d)	+		1:3600		
Phywe					
Blutkörperchenzähler (e,d)	+	7,4	1:63001	1	15,87
Royco					
Cell-Crit 921 (e,d)	+	7,45	1:50000	10	200
Cell-Crit 920 s.Mo-Count*	+	"	"	"	"
Microcellcounter 910 (e,d)	+		1:50000		
Sanborn-Frommer					
Mod.75 (o,a)	+		1:30000		
Shimadzu					
PCD-4 (o,d)	+		1:1000	,0005	,0005
Technicon					
Cell Counter Module (o,a)	+		1:22800		
SMA 4/7+4A/7A (o,a)	+	6,8	1:10000	0,5	50
Autocounter (o,a)					
Hemalog 8,0/90micro (o,a)	"	"	1:14000	0,5	35,7
TOA/Sysmex					
CC 107 (e,d)	+		1:50000	0,25	5
CC 108 (e,d)	"		"	"	"
CC 117 (e,d)	"		"	"	"
CC 1002 (e,d)	"		"	"	"
CC 1006 (e,d)	"		"	"	"
PL 100 (e,d)					
910 s.Royco 910					
Tricon					
Biotronic 700 (e,d)	+		1:100000	1	10
Vickers					
Cellcounter (o,d)	+		1:50000		
Zählkammer	+		1:200	,00002	,0001

Leukozyten

Hersteller / Modell(e)	Verdünnungslsg.-Vorschrift	Verdünnungs-Verhältnis	Zählvolumen in Verdünnung, ml	Zählvolumen im Vollblut, µl
PSH-1 Haemoscale (e,d)	+	1:251	,378	0,6
PS-4 Picoscale (e,d)	"	"	"	"
PSL(+PSA)-1 Laborscale (ed)	"	"	"	"
Mo-Count (e,d)		1:500	0,5	1
Hemac 4000 (o,d)	+	1:19	,02	1,05
ELT-8 (o,d)	"	"	"	"
Metricell (e,d)	+	1:50	,100	2
PHA-1	+	1:500	,02	0,04
Hemac 630 L (o,d)	+	1:19		
Blutkörperchenzähler (e,d)	+	1:251	1	3,98
Cell-Crit 921 (e,d)	+	1:500	10	20
Cell-Crit 920 s.Mo-Count*	+	"	"	"
Microcellcounter 910 (e,d)	+	1:500		
Mod.75 (o,a)	+	1:101		
PCD-4 (o,d)	+	1:10	,001	,01
Cell Counter Module (o,a)	+	1:234		
SMA 4/7+4A/7A (o,a)	+	1:50	0,5	1
Autocounter (o,a)				
Hemalog 8,0/90micro (o,a)	+	1:100	0,5	5
CC 107 (e,d)	+	1:500	0,25	0,5
CC 108 (e,d)	"	"	"	"
CC 117 (e,d)	"	"	"	"
CC 1002 (e,d)	"	"	"	"
CC 1006 (e,d)	"	"	"	"
PL 100 (e,d)				
Biotronic 700 (e,d)	+	1:1000	1	1
Cellcounter (o,d)	+	1:500		
Zählkammer	+	1:20	,0004	0,02

Plättchen

Hersteller / Modell(e)	Verdünnungslsg.-Vorschrift	Verdünnungs-Verhältnis	Zählvolumen in Verdünnung, ml	Zählvolumen Vollblut, nl
PSH-1 Haemoscale (e,d)	+	1:6300	,378	60
PS-4 Picoscale (e,d)	"	"	"	"
PSL(+PSA)-1 Laborscale (ed)	"	"	"	"
ELT-8 (o,d)	+	1:440	,02	45,5
Metricell (e,d)	+	1:20	,100	500
Cell-Crit 921 (e,d)	+	1:10000	10	1000
Microcellcounter 910 (e,d)	+	1:50000		
Autocounter (o,a)	+	1:1400	0,3	214
Hemalog 8,0/90micro (o,a)	+	1:1500	0,5	333
CC 1002 (e,d)	+	1:100		
CC 1006 (e,d)	"	"		
PL 100 (e,d)	"	"		
Biotronic 700 (e,d)	+	1:10000	1	100
Zählkammer	+	1:100	,00002	,0002

Gerät

Hersteller / Modell(e)	Oscilloscop	Discriminator	Drucker/Anschl	EDV-Ausgang	Am Markt in den Jahren	Preis netto in 1000 DM	Ausgelieferte Geräte
PSH-1 Haemoscale (e,d)	+	+	+	+	80-		
PS-4 Picoscale (e,d)	+	+			78-		
PSL(+PSA)-1 Laborscale (ed)	+	+	+	+	78-		
Mo-Count (e,d)		+				11	
Hemac 4000 (o,d)	+		+	+	78-	125	
ELT-8 (o,d)			+	+	79-	175	
Metricell (e,d)	+	+	+	+	74-78	78	10
PHA-1	+	+	+				
Hemac 630 L (o,d)	+	+	+		74-77	155	
Blutkörperchenzähler (e,d)					74-76	4	300
Cell-Crit 921 (e,d)		+			79-	24	1
Cell-Crit 920 s.Mo-Count*		+			74-	15	200
Microcellcounter 910 (e,d)		+					
Cell Counter Module (o,a)	+	+			63-67	-	-
SMA 4/7+4A/7A (o,a)	+	+		+	67-75	80	25
Autocounter (o,a)	+	+		+	70-	59	25
Hemalog 8,0/90micro (o,a)		+	+	+	73-	199	97
CC 107 (e,d)		+					
CC 108 (e,d)	+	+	+		77-	14	
CC 117 (e,d)		+	+			8	
CC 1002 (e,d)	+	+					
CC 1006 (e,d)	+	+					
PL 100 (e,d)	+	+			76-	12	
Biotronic 700 (e,d)	+	+					

30 Hersteller
80 Modelle

*Royco Cell-Crit 920 1974-1976 über Molter
   " 920a seit 1976 " (Mo-Count)   } Drucker 970 anschließbar
   " 921 ab Dez.1979 " (bisher 1 Versuchsgerät hier)
Microcellcounter 910 wird nicht mehr vertrieben

Technicon H 100 1:50000 0,02 1 -- 1:500 0,02 0,04 --- -+++ 79

Nr.	Art	Datum	Material	Referenz-laboratorien			Gesamt-kollektiv			Visuell (mit der Zählkammer)			Elektronisch (Coulter, Celloscope, Digicell, Phywe, TOA usw.)			Optisch (Autocytometer, Hetamac, Hemalog, Sanborn, SMA, usw.)			Streulichtmessung (mit Erymat, Eppendorf / Ringblend)			Trübungsmessung (mit verschiedenen Photometern)		
				n	x̄	s%	n	x̄	s%	n	x̄	s%	n	x̄	s%	n	x̄	s%	n	x̄	s%	n	x̄	s%
1	0	1968 Aug.	K	-			50	4,13	19,2	9	4,02	16,9	20	4,11	21,4	9	4,07	20,1	8	3,95	9,5	4	4,31	4,0
				-			47	3,17	19,2	8	2,94	27,9	19	3,07	21,0	8	3,06	16,3	8	3,26	16,7	4	3,66	8,2
2	S	1969 Sept.	K	11	3,95	10,0	33	4,04	12,7	25	4,06	11,7	13	3,92	13,6	∅	-	-	4	4,10	4,5	2	3,75	5,7
3	0	1970 Juni	MD	-			62	5,26	5,8	6	5,10	6,4	15	5,31	5,0	2	5,30	2,7	5	5,36	4,1	2	5,30	8,0
							61	3,42	9,1	6	3,30	8,4	14	3,48	5,1	2	3,40	4,2	5	3,64	5,7	2	3,15	6,7
4	0	Sept.	MD	11	4,02	4,2	60	3,89	6,7	5	4,02	8,3	13	3,88	5,6	2	4,00	3,5	5	3,96	5,2	2	3,85	1,8
				11	2,68	6,8	60	2,62	8,0	5	2,68	4,1	14	2,58	6,7	2	2,70	5,2	4	3,30	19,3	2	2,55	2,8
5	0	Dez	A	11	4,23	5,0	71	4,20	5,3	6	4,35	2,4	16	4,15	5,2	2	4,40	6,4	5	4,28	5,6	2	4,25	1,7
				11	3,44	5,3	71	3,43	5,3	6	3,47	2,4	16	3,39	4,2	2	3,65	9,7	5	3,52	3,1	2	3,45	2,1
6	0	1971 März	A	-			161	2,77	7,6	77	2,78	7,5	50	2,88	8,9	7	2,82	6,2	24	2,78	7,9	-		
				-			160	3,21	7,2	77	3,19	6,5	50	3,21	8,6	7	3,28	5,6	24	3,24	6,6	-		
7	0	Juni	MD	-			163	4,67	6,8	37	4,49	6,5	55	4,60	8,5	10	4,39	4,6	25	4,57	11,1	-		
				-			160	3,09	8,0	36	3,09	7,7	43	3,19	10,7	10	3,05	4,7	23	3,16	9,7	-		
8	0	Sept.	A	-			165	4,73	7,0	46	4,63	9,2	51	4,87	6,7	12	4,69	6,7	19	4,77	8,3	-		
			MD	-			154	5,15	6,0	44	5,12	8,8	56	5,25	7,0	12	5,33	7,7	18	5,13	4,6	-		
9	0	1972 März	A	16	5,85	5,6	210	5,68	7,2	49	5,44	7,8	58	5,91	5,5	9	5,75	5,7	17	5,60	5,6	-		
				16	2,89	4,2	208	2,95	8,1	48	2,89	7,2	52	2,93	5,6	12	2,95	9,7	17	2,97	7,4	-		
10	0	Juni	A	27	3,05	4,3	206	3,07	7,8	47	3,01	9,4	77	3,04	4,9	13	3,12	5,1	17	3,07	7,9	-		
				26	3,90	3,1	199	3,79	6,9	49	3,70	7,5	73	3,79	4,9	14	3,95	5,9	18	3,81	5,9	-		
11	0	Okt.	A	22	2,50	3,6	237	2,49	8,3	68	2,47	10,5	60	2,49	11,0	14	2,54	7,7	18	2,56	7,7	-		
				23	4,14	3,9	234	4,09	6,3	71	4,05	6,1	75	4,12	5,0	9	4,27	5,7	16	4,20	5,6	-		
12	0	1973 Febr.	A	20	4,47	3,4	195	4,46	5,5	45	4,40	4,9	70	4,44	4,0	14	4,47	5,1	18	4,53	5,0	35	4,62	6,2
				22	4,72	4,7	192	4,80	6,0	49	4,78	7,4	68	4,73	3,6	13	4,67	6,4	18	4,86	5,1	35	5,01	7,4
13	0	Juni	A	25	4,82	6,2	274	4,85	6,6	61	4,82	7,8	95	4,80	5,2	21	4,74	7,4	21	5,03	6,6	54	4,98	5,4
				25	2,13	12,5	261	2,32	15,3	58	2,14	14,7	93	2,47	6,3	14	2,03	13,5	19	2,23	19,1	51	2,46	10,2
14	0	Okt.	A	23	5,44	6,7	354	5,74	8,1	53	5,57	7,0							17	5,10	8,5	71	5,89	8,4
				10	4,74	7,7	313	4,71	13,6	53	4,68	11,4							17	4,80	7,4	71	4,85	10,3
15	E	1974 Jan.	A	12	6,07	5,3	270	6,13	6,6	34	6,00	7,6	53	6,18	3,3	8	6,22	6,8	11	6,18	7,8	27	6,07	7,1
				12	5,11	5,6	276	5,03	6,9	34	4,96	9,4	53	5,02	4,0	8	5,14	3,0	11	5,05	6,5	27	5,07	8,1
16	0	Febr.	A	22	6,09	2,8	282	6,03	6,6	51	5,95	8,7	109	6,09	4,3	17	6,11	4,6	23	6,21	6,6	68	6,00	6,8
				22	3,76	4,3	283	3,76	6,4	53	3,71	7,0	101	3,80	9,1	15	3,73	5,3	20	3,83	4,7	69	3,90	7,3
17	S	Mai	MD	-	3,73	-	22	3,90	8,8	11	3,78	10,2	22	3,92	8,7	∅	-	-	∅	-	-	∅	-	-
18	0	Juni	A	24	2,12	4,1	350	2,21	10,7															
				24	4,49	5,1	349	4,56	7,8															
19	0	Okt.	A	19	3,26	7,5	400	3,31	8,4															
				19	4,32	4,2	400	4,30	7,5															
20	0	1975 Febr.	A	16	3,43	2,9	243	3,42	10,6	55	3,42	13,1	96	3,39	5,7	9	3,29	5,6	13	3,45	4,0	52	3,60	13,3
				16	5,43	2,4	240	5,25	9,4	57	5,15	13,7	94	5,32	5,6	9	5,31	4,8	15	5,17	6,5	50	5,30	11,4
21	0	Apr.	A	30	5,36	3,9	286	5,22	8,9	51	5,00	10,6	110	5,29	3,9	11	5,23	5,0	21	5,18	7,7	79	5,30	11,3
				30	3,50	5,9	287	3,51	12,5	49	3,42	14,8	109	3,45	7,4	12	3,42	4,7	21	3,49	9,1	80	3,70	24,9
22	0	Juni	A	25	3,00	3,8	294	3,08	11,4															
				25	4,96	5,0	296	4,94	11,7															
23	0	Sept.	DT	28	5,85	4,1	286	5,80	10,2	43	5,79	10,7	122	5,89	4,8	23	5,86	6,3	29	5,87	4,3	56	5,80	8,1
				26	5,20	4,3	285	5,02	20,8	62	5,00	9,8	117	5,15	5,6	19	5,23	5,5	27	5,00	6,5	56	5,25	7,2
24	0	Nov.	A	32	5,06	3,8	463	5,05	12,2	63	4,98	9,8	128	4,97	5,0	17	5,09	4,3	6	5,02	3,0	144	5,25	9,7
				32	3,79	3,0	463	3,89	13,0	77	3,81	10,9	123	3,74	5,3	18	3,86	4,5	26	3,97	8,3	142	4,22	11,2
25	0	1976 Febr.	A	12	5,19	8,2	410	5,09	7,3	64	4,98	9,8	140	5,10	4,4	14	5,20	4,9	10	5,24	4,9	154	5,19	6,9
				11	2,62	4,5	409	2,59	9,0	66	2,59	8,9	135	2,56	5,0	15	2,62	7,4	10	2,66	5,0	149	2,73	11,0
26	0	Apr.	A	7	5,44	<2,5	458	5,36	7,2	90	5,33	8,9	146	5,32	4,6	13	5,50	2,7	7	5,39	4,1	165	5,41	6,8
				7	1,64	4,8	451	1,67	11,3	102	1,65	8,7	144	1,67	6,2	15	1,68	6,9	3	1,80	7,8	146	1,72	12,8
27	0	Juli	A	14	3,88	3,1	379	3,88	6,6	54	3,75	8,8	140	3,85	5,0	23	3,90	7,0	8	3,86	3,4	122	3,94	8,0
				14	4,53	4,6	381	4,53	6,3	54	4,42	8,4	141	4,52	4,7	23	4,49	4,0	8	4,49	4,0	123	4,47	7,3
28	0	Sept.	A	22	3,15	2,7	452	3,18	8,1	68	3,16	9,1	154	3,18	5,0	22	3,19	4,5	4	3,23	10,2	194	3,22	9,9
				24	6,22	2,4	451	6,08	7,5	64	5,92	9,9	129	6,05	4,4	21	6,26	5,8	4	5,98	6,0	194	6,14	8,0
29	S	Okt.	MD	-	4,75	-	75	4,55	7,2	11	3,94	12,6	51	4,68	6,1	10	4,77	7,1	2	3,51	0,4	1	4,43	-
				-	3,08	-	62	3,02	8,8	11	2,77	18,5	38	3,10	4,8	10	3,11	7,5	2	2,43	7,5	1	3,28	-
30	S	Nov.	F	-	2,80	-	46	2,76	7,2	8	2,65	7,5	30	2,77	7,6	6	2,81	3,2	2	2,99	6,9	∅	-	-
31	0	Nov.	A	22	3,15	3,5	746	3,24	9,5	130	3,17	10,3	250	3,13	5,7	31	3,24	7,1	13	3,22	4,0	298	3,40	9,8
				20	2,02	4,8	761	2,14	10,4	132	2,09	10,5	243	2,06	6,8	31	2,15	11,9	14	2,19	6,2	296	2,33	12,4
32	0	1977 Febr.	A	44	2,00	4,7	441	2,05	10,5	64	1,94	8,6	187	1,99	6,6	21	2,00	6,8	8	2,15	6,1	-		
				44	4,30	2,5	443	4,35	8,3	64	4,29	7,0	188	4,25	5,0	21	4,29	7,0	8	4,40	4,7	-		
33	0	Apr.	A	38	4,95	2,4	638	4,91	7,4	89	4,74	8,1	277	4,89	5,7	26	5,02	5,5	12	5,12	6,7	-		
				38	2,45	3,0	635	2,51	8,5	89	2,43	7,5	278	2,44	4,8	26	2,48	7,1	12	2,64	8,0	-		
34	S	Juni	T	-	4,22	-	45	4,22	6,9	10	3,95	11,1	27	4,29	5,6	8	4,34	2,6	∅	-	-	-		
			A	-	4,50	-	45	4,00	10,8	10	3,58	14,8	27	3,88	11,6	8	4,56	2,6	∅	-	-	-		
35	S	Aug.	C	7	4,87	5,4	51	5,01	5,7	2	4,63	4,4	41	5,05	4,8	8	4,90	9,5	1	4,35	-	-		
			M	7	4,91	3,4	51	4,98	5,6	2	5,03	6,3	41	4,98	5,7	8	4,95	4,9	1	4,50	-	-		
36	S	Sept.	0	-			60	4,27	7,0	6	4,33	13,7	43	4,24	6,1	9	4,36	3,9	2	4,20	3,4	-		
			bM	-	4,95	-	60	4,85	5,3	6	4,98	9,6	43	4,81	4,8	9	4,98	3,7	2	4,75	1,5	-		
37	0	Sept.	A	36	1,03	7,7	535	1,08	12,3	85	1,05	11,7	234	1,06	8,4	33	1,10	9,5	7	1,10	11,0	-		
				36	5,46	2,5	539	5,49	7,5	85	5,35	8,9	236	5,41	5,0	33	5,53	3,7	6	5,68	3,6	-		
38	0	Nov.	A	36	5,84	2,5	787	5,83	7,2	112	5,66	8,6	354	5,85	5,5	36	5,94	4,7	15	5,92	5,4	-		
				34	2,92	2,5	787	3,05	9,2	112	2,93	9,3	354	2,98	4,2	36	3,00	4,2	16	3,18	8,1	-		
39	0	1978 Febr.	A	28	2,97	2,4	444	3,03	8,8	54	2,91	9,5	213	2,97	5,1	23	3,06	7,0	4	3,87	2,7	-		
				28	3,76	1,2	444	3,79	8,1	54	3,66	7,1	213	3,71	4,7	23	3,75	6,4	4	3,75	3,5	-		
40	0	Mai	0	48	4,14	1,0	611	4,11	6,8	85	4,06	8,7	305	4,08	5,2	35	4,12	6,9	8	4,03	2,8	-		
				48	1,32	2,2	606	1,33	12,4	85	1,23	12,9	305	1,35	7,0	34	1,36	8,4	8	1,29	6,4	-		
41	0	Sept.	0	48	5,39	2,5	432	5,31	7,6	109	5,39	8,3	219	5,34	4,5	27	5,50	3,9	5	5,36	3,9	-		
				48	2,31	2,5	424	2,33	9,2	110	2,42	12,0	220	2,32	4,9	27	2,40	3,2	5	2,34	6,8	-		
42	0	Nov.	0	18	2,39	2,5	684	2,36	9,3	78	2,22	11,7	342	2,34	5,4	29	2,34	5,7	12	2,38	3,5	-		
				18	4,61	1,5	685	4,50	7,0	78	4,30	9,8	342	4,50	5,3	29	4,55	3,9	12	4,59	9,4	-		

Art: 0 = offener Ringversuch
E = Ersatzringversuch
S = Sonderringversuch

Material (Hersteller): F = Frischblut   K = Konservenblut

A = ASID
bM = bio-Mérieux
C = Coulter C4
DT = Diagnost.Technol.

MD = Merz&Dade CH60
M = Molter
0 = Ortho
T = Technicon

Tab. 2: Erythrozyten-Partikel-Konzentrations-Bestimmungen in den INSTAND-Ringversuchen 1968 – 1978 Referenzlaboratorien, Teilnehmerkollektiv gesamt und nach Methoden getrennt

Nr.	Art	Datum	Material	Referenz-Laboratorien			Gesamt-kollektiv			Visuell Zählkammern mit Bürker, Neubauer, u.a.Teilungen			Elektronisch Celloscope, Coulter, Digicell, Phywe, Picoscale, TOA, usw.			Optisch Autocytometer, Hemac, Hemalyzer, Hemalog, Sanborn, SMA 4/7, usw.		
				n	$\bar{x}$	s%	n	$\bar{x}$	s%	n	$\bar{x}$	s%	n	$\bar{x}$	s%	n	$\bar{x}$	s%
1	O	1968 Aug.	K		-		50	4,94	28,8	24	4,24	21,9	17	5,79	29,2	9	6,39	16,9
					-		47	4,56	27,5	23	4,22	30,5	16	5,34	27,4	8	4,65	34,4
2	S	1969 Sept.	K	11	7,60	11,6	33	5,74	33,2	31	5,48	15,7	13	7,61	8,5	Ø	-	-
3	O	1970 Juni	MD		-		38	8,87	32,6	4	6,85	16,5	11	9,00	32,6	2	11,10	12,7
					-		37	15,16	28,7	2	16,10	7,0	12	16,35	23,0	2	17,00	13,3
4	O	Sept.	MD		-		55	5,18	24,6	10	5,40	16,7	13	5,68	22,7	2	5,15	9,6
					-		55	11,07	25,1	9	12,62	17,5	14	11,89	17,3	2	11,90	1,2
5	O	Dez.	A	11	6,63	11,5	68	6,11	14,2	12	6,33	10,0	16	6,28	19,5	2	6,75	15,7
				11	4,85	15,2	68	4,54	21,8	12	4,59	18,5	16	4,56	25,5	2	5,10	5,5
6	O	1971 März	A		-		162	4,90	18,8	69	4,95	18,2	42	4,88	22,5	16	5,02	19,1
					-		161	5,36	16,2	68	5,42	18,7	42	5,50	15,4	16	5,74	18,8
7	O	Juni	MD		-		143	5,28	28,2	64	4,85	33,2	52	5,66	24,7	18	5,61	16,4
					-		140	10,19	34,8	58	8,97	30,5	49	11,71	21,6	16	11,97	18,1
8	O	Okt.	A		-		139	5,75	24,2	72	5,43	26,5	49	6,24	23,7	12	6,21	18,8
			MD		-		130	4,98	24,5	68	4,89	24,4	49	4,86	25,4	12	5,69	16,8
9	O	1972 März	A	16	5,53	11,4	208	5,46	17,8	62	5,01	26,1	39	5,94	20,4	15	5,69	14,1
				16	12,39	11,3	201	12,42	10,6	61	12,24	13,3	39	13,01	4,2	14	12,70	14,0
10	O	Juni	A	14	2,18	23,4	201	2,60	25,8	62	2,73	21,6	63	2,73	30,5	21	2,53	32,1
				12	2,27	19,4	196	2,92	27,4	58	3,04	26,1	66	3,13	35,1	21	2,84	33,3
11	O	Okt.	A	10	1,83	9,3	220	1,79	46,9	80	2,08	33,5	78	1,78	39,9	21	1,76	25,1
				16	3,75	6,5	215	3,24	38,5	77	3,41	30,8	68	3,35	27,9	23	3,28	31,7
12	O	1973 Febr.	A	21	2,38	12,9	189	2,45	30,4	62	2,51	28,8	60	2,58	31,2	12	2,38	17,1
				22	5,15	18,9	182	5,53	20,7	57	5,46	19,1	61	5,82	15,4	11	5,47	15,9
13	O	Juni	A	17	3,98	26,3	261	3,96	26,6	91	3,93	25,2	77	4,25	21,1	14	3,98	22,4
				17	2,61	19,0	253	2,90	20,3	87	2,84	21,0	78	3,12	16,6	11	2,74	15,3
14	O	Okt.	A	18	2,39	21,2	317	2,24	55,8	98	2,29	41,4	98	2,45	44,3	15	2,15	29,4
				18	6,38	16,3	299	4,87	39,8	93	4,88	33,9	94	5,31	24,6	16	5,28	16,9
15	E	1974 Jan.	A	12	4,74	20,0	247	4,19	31,8	47	4,05	32,5	54	4,39	24,6	8	4,42	27,0
				12	3,38	24,9	254	3,26	30,4	47	3,22	33,6	54	3,30	26,4	8	3,16	24,5
16	O	Febr.	A	21	3,14	49,1	260	4,03	-	104	2,97	37,2	102	4,18	22,0	16	2,40	34,1
				21	1,79	44,7	259	2,62	-	105	2,91	64,0	96	2,38	30,0	15	2,07	27,5
18	O	Juni	A	24	17,11	5,2	345	16,67	15,0									
				24	8,97	9,1	343	8,90	18,8									
19	O	Okt.	A	19	6,96	5,0	396	6,81	16,3									
				19	11,21	5,1	398	10,85	14,3									
20	O	1975 Febr.	A	14	14,21	8,4	237	12,22	38,2	87	10,46	28,8	100	14,34	8,7	11	15,08	11,0
				16	7,22	6,1	236	6,18	32,0	92	5,47	33,1	92	7,15	10,2	11	7,57	10,8
21	O	Apr.	A	28	7,81	5,9	270	6,70	30,6	119	6,27	31,7	105	7,48	17,4	11	7,60	8,5
				28	16,12	4,8	273	14,26	29,4	127	13,62	26,0	106	15,46	18,4	11	15,75	5,3
22	O	Juni	A	25	15,37	4,0	286	12,94	37,0									
				27	7,23	4,2	287	6,57	27,1									
23	O	Sept.	DT	29	12,23	4,3	271	10,08	33,8	147	10,28	19,9	127	12,90	6,8	28	12,54	8,3
				31	11,11	4,0	272	9,32	21,2	103	9,33	10,6	126	11,32	7,2	23	11,20	9,4
24	O	Nov.	A	32	7,05	4,8	453	6,33	31,1	141	5,94	18,3	221	7,09	6,6	21	7,07	7,7
				32	12,31	2,8	452	10,78	37,8	126	10,58	15,8	226	12,23	6,4	22	12,41	5,3
25	O	1976 Febr.	A	12	7,41	5,6	393	7,09	12,0	203	6,83	14,9	146	7,53	6,6	10	7,40	8,3
				12	16,01	7,9	393	15,65	11,3	195	15,64	15,2	143	16,02	5,6	9	15,78	10,4
26	O	Apr.	A	7	15,54	8,8	437	14,79	12,3	197	15,77	13,8	150	15,78	7,4	15	16,21	8,7
				7	2,55	8,6	434	2,61	13,6	193	3,51	12,6	150	3,12	10,5	15	3,38	9,8
27	O	Juli	A	14	17,40	5,4	427	16,88	8,8	175	16,27	14,1	138	17,21	5,8	23	17,31	8,4
				14	4,06	7,5	400	4,12	11,2	172	4,02	13,1	135	4,25	10,1	22	4,08	11,0
28	O	Sept.	A	22	6,20	3,8	426	6,03	13,7	237	5,06	14,2	150	6,00	7,4	17	6,00	0,5
				22	20,50	2,8	423	19,17	9,9	234	18,12	12,2	158	20,01	6,1	17	20,33	6,6
29	S	Okt.	MD	-	7,50	-	77	7,43	10,3	14	6,16	17,1	45	7,47	9,4	10	7,80	4,7
			MD	-	13,80	-	77	13,01	10,2	13	11,30	10,2	45	13,34	11,1	10	13,73	3,9
30	S	Nov.	F	-	<0,30	-	44	0,40	62,8	8	0,09	105,0	30	0,60	51,6	6	0,13	102,5
31	O	Nov.	A	22	9,24	3,8	732	8,98	12,1	421	8,87	13,4	252	9,25	6,9	26	9,25	7,6
				21	11,00	3,6	730	10,87	11,5	417	10,88	12,8	248	11,07	6,5	27	11,40	6,2
32	O	1977 Febr.	A	44	2,14	9,8	419	2,19	13,6	200	2,61	16,6	183	2,12	11,9	21	2,25	6,3
				44	8,31	5,5	421	8,23	11,1	201	8,72	12,6	184	8,24	6,2	21	8,55	5,1
33	O	Apr.	A	38	6,16	5,3	624	6,24	12,1	309	5,82	13,7	276	6,41	7,5	24	6,34	5,8
				38	11,80	6,3	621	11,65	11,1	308	11,26	12,7	276	12,03	6,5	24	12,11	5,8
34	S	Juni	T	-	8,60	-	45	8,09	10,5	10	6,94	15,9	27	8,40	10,2	8	8,40	4,5
			A	-	10,20	-	45	9,45	11,9	10	7,72	14,0	27	9,91	12,6	8	9,89	6,5
35	S	Aug.	C	7	7,88	9,8	51	8,38	13,1	2	6,83	11,9	41	8,68	11,7	8	7,61	18,6
			M	7	8,28	10,9	51	8,30	9,5	2	6,93	17,9	41	8,27	9,8	8	8,76	6,3
36	S	Sept.	O		-		60	7,72	13,0	6	7,33	19,3	43	7,85	12,6	9	7,42	9,9
			bM	-	7,50	-	60	7,77	6,2	6	8,12	11,7	43	7,75	5,1	9	7,64	4,7
37	O	Sept.	A	34	3,95	6,8	528	3,93	12,4	245	3,81	13,7	233	4,07	9,0	28	3,90	12,2
				36	8,92	3,6	528	8,62	11,5	243	8,17	13,8	234	8,88	6,3	28	8,73	8,3
38	O	Nov.	A	31	13,00	2,9	761	12,33	11,0	350	11,39	13,4	348	12,89	6,5	36	12,57	6,0
				36	13,80	3,8	761	13,55	9,9	346	13,15	12,3	347	13,85	6,7	36	13,56	6,3
39	O	1978 Febr.	A	26	15,60	2,5	429	14,97	10,0	194	13,97	13,3	211	15,27	5,6	22	15,46	10,2
				23	9,23	3,3	430	8,95	11,3	195	8,38	13,7	211	9,29	6,1	22	9,32	6,1
40	O	Mai	O	48	9,18	7,5	600	9,13	11,9	246	9,06	13,2	303	9,28	9,7	31	9,02	7,3
				48	3,24	10,5	598	3,33	13,4	242	3,36	14,8	303	3,40	11,3	31	3,27	11,0
41	O	Sept.	O	48	13,40	8,6	403	13,06	12,4	150	11,77	14,7	218	13,50	9,3	26	13,22	10,0
				48	5,92	6,9	405	5,99	13,0	151	5,71	14,6	218	6,21	9,0	26	6,01	10,6
42	O	Nov.	O	18	2,12	5,1	659	2,18	15,1	270	2,11	17,1	340	2,27	11,4	29	2,09	11,7
				18	3,36	4,2	661	3,48	14,5	271	3,31	15,4	340	3,67	10,0	29	3,35	11,3

Art: O = offener Ringversuch
     E = Ersatzringversuch
     S = Sonderringversuch

Material: (Hersteller)
F = Frischblut   K = Konservenblut

A = ASID
bM= bio-Mérieux
C = Coulter C4
DT= Diagnost.Technol.

MD= Merz & Dade CH60
M = Molter
O = Ortho
T = Technicon

Tab. 3: Leukozyten-Partikel-Konzentrationsbestimmungen in den INSTAND-Ringversuchen 1968 – 1978
Referenzlaboratorien, Teilnehmerkollektiv gesamt und aufgeteilt nach Methoden

Datum		Hb %	Ery-Zielwert	Ery %	Hämatokrit %	ZPV %	Durchmesser %	Leuko %	Leuko-Zielwert
1974	Febr.	92	6,1 / 5,1	78	58		9	76	3,1 / 1,8
	Juni	84	2,1 / 4,5	73	69	60	47	72	17,1 / 9,0
	Okt.	99	3,3 / 4,3	97	82	92	64	91	7,0 / 11,2
1975	Febr.	77	3,4 / 5,4	61	63	95	19	49	14,2 / 7,2
	Apr.	83	5,4 / 3,5	87	67	58	44	46	7,8 / 16,1
	Juni	85	3,0 / 5,0	79	71	58	80	46	15,4 / 7,2
	Sept.		5,9 / 5,2						12,2 / 11,1
	Nov.		5,1 / 3,8						7,1 / 12,3
1976	Febr.	81│93	5,2 / 2,6	74│87	68	67	53	34│77	7,4 / 16,0
	Apr.	│	5,4 / 1,6	│				│	15,5 / 2,6
	Juli	│	3,9 / 4,5	│				│	17,4 / 4,1
	Sept.	45│64	3,2 / 6,2	47│68	73	92	43	21│44	6,2 / 20,5
	Nov.	74│88	3,2 / 2,0	54│77	76	82	68	33│67	9,2 / 11,0
1977	Febr.	80│87	2,0 / 4,3	52│81	70	91	46	43│69	2,1 / 8,3
	Apr.	79│94	5,0 / 2,5	50│75	75	69	51	59│84	6,2 / 11,8
	Sept.	77│85	1,0 / 5,5	53│81	59	80		51│74	4,0 / 8,9
	Nov.	83│93	5,8 / 2,9	44│74	77	96	19	39│76	13,0 / 13,8
1978	Febr.	88	3,0 / 3,8	50	78	91	40	52	15,6 / 9,2
	Mai	78	4,1 / 1,3	46	66	29	27	64	9,2 / 3,2
	Sept.	89	5,4 / 2,3	62	72	87	46	66	13,4 / 5,9
	Nov.	89	2,4 / 4,6	56	86	89	80	35	2,1 / 3,4

<u>Tab.4</u>: <u>Erfolgsstatistik "Kleines Blutbild"</u> in Prozent der Teilnehmer, die in beiden Proben "bestanden" haben

Legende: 1976 und 1977 sind Blutbilder sowohl von den Teilnehmern einer VARIA-Gruppe (meist Allgemeinpraxen) als auch von einer Hauptgruppe (meist Fachlaboratorien) analysiert worden. Die Erfolgsquoten in der o.g.Tabelle sind in der genannten Reihenfolge angegeben worden. 1974, 1975 und 1978 hat es nur die Möglichkeit gegeben, in der Hauptgruppe teilzunehmen. 1974 und 1975 hat die Zahl der Arztpraxen zugenommen; sie sind 1978 überwiegend als Teilnehmer verzeichnet worden.

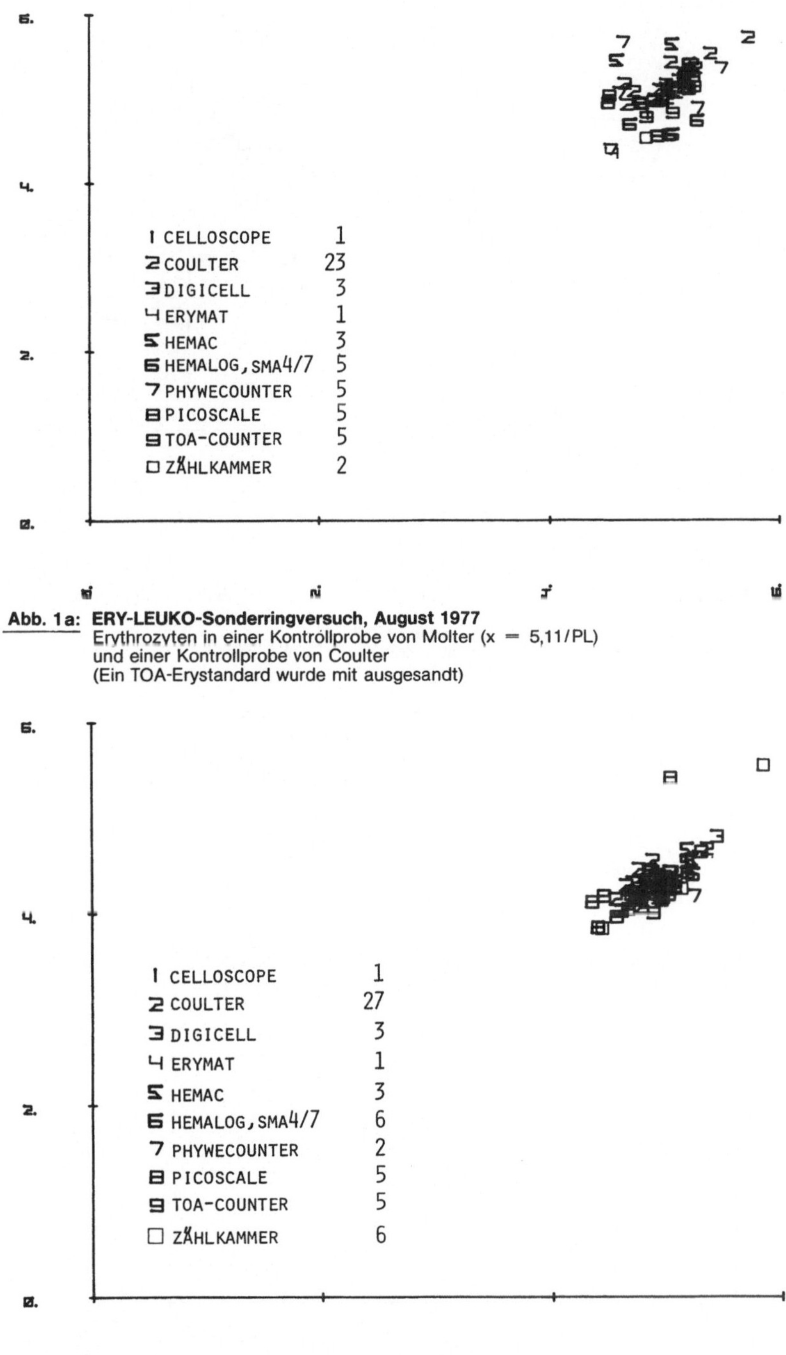

Abb. 1a: ERY-LEUKO-Sonderringversuch, August 1977
Erythrozyten in einer Kontrollprobe von Molter (x = 5,11/PL)
und einer Kontrollprobe von Coulter
(Ein TOA-Erystandard wurde mit ausgesandt)

Abb. 1b: ERY-LEUKO-Sonderringversuch, September 1977
Erythrozyten in einer Kontrollprobe von Bio-Mérieux
und einer Kontrollprobe von Ortho

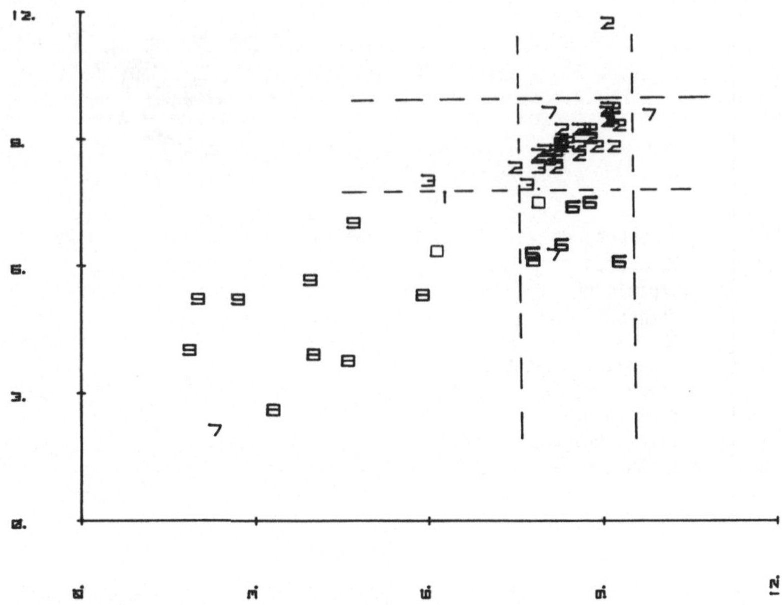

Abb. 2: **ERY-LEUKO-Sonderringversuch, August 1977**
Leukozyten in einer Kontrollprobe von Molter (x = 8,5)
und einer Kontrollprobe von Coulter (c-4)

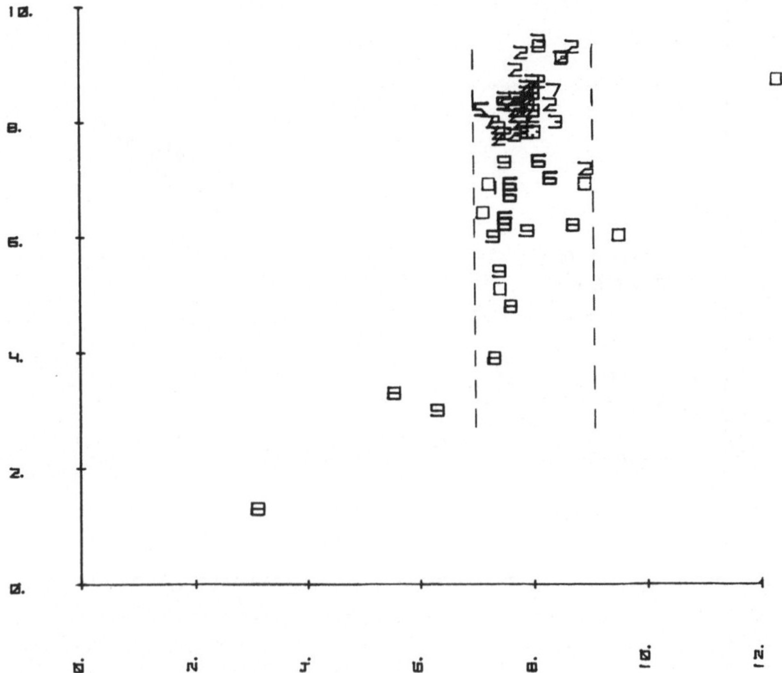

Abb. 3: **ERY-LEUKO-Sonderringversuche, September 1977**
Leukozyten in einer Kontrollprobe von Bio-Mérieux und einer Kontrollprobe von Ortho

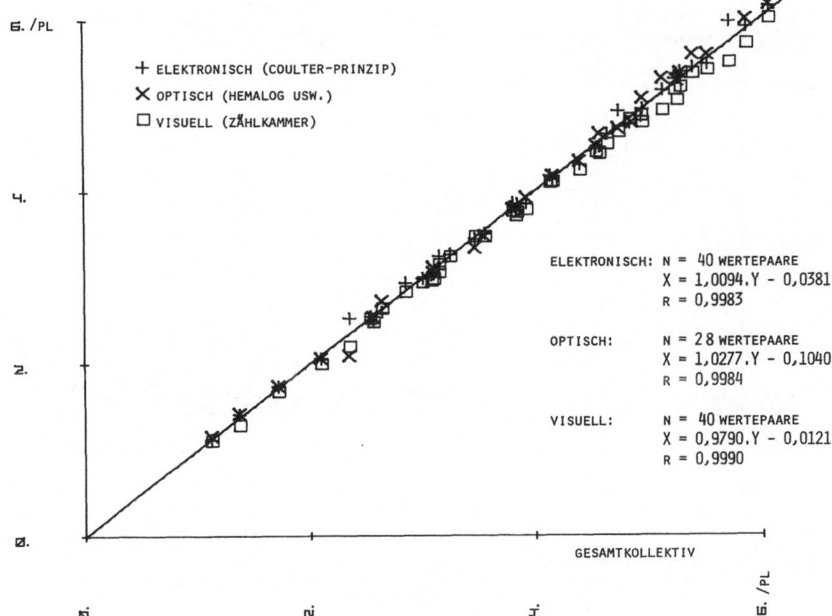

Abb. 4: Erythrozytenzählungen in den INSTAND-Ringversuchen 1968 bis 1978
Gesamt-Kollektiv (X) und Gerätegruppen (Y)

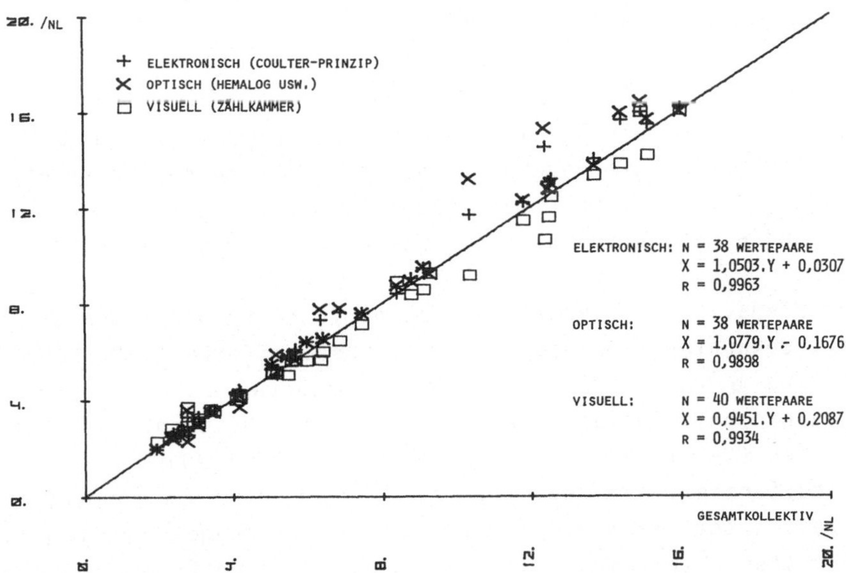

Abb. 5: Leukozytenzählungen in den INSTAND-Ringversuchen 1968 bis 1978
Gesamtkollektiv (X) und Methoden bzw. Gerätegruppen (Y)

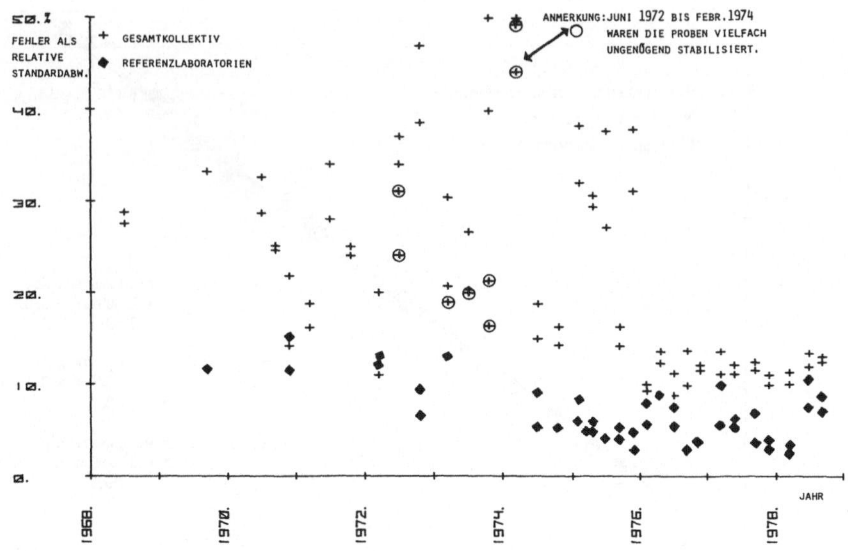

Abb. 6: Lerneffekt durch Qualitätskontrolle
Relative Standardabweichungen der Leukozytenzählung
bei den INSTAND-Ringversuchen 1968 – 1978

3.6 J. FISCHER (GERMERING):
PRÜFUNG VON KONTROLLPLASMEN

Es soll hier nur ein kurzer Diskussionsbeitrag zur Situation in der
Gerinnungsphysiologie gegeben werden, da eine Reihe von Problemen, die
auch die Hämostaseologie betreffen, in den Vorträgen zur Klinischen
Chemie und Hämatomorphologie bereits besprochen worden sind.

Zur Problematik der Zielwertfestlegung in Kontrollplasmen tragen nicht
nur die bekannten Einflüsse der Probenbeschaffenheit, Methodik und zur
Bestimmung eingesetzten Geräte bei, sondern es fehlen bei solchen
Untersuchungen im allgemeinen auch "konkrete Bestandteile", wie in der
Klinischen Chemie etwa die Glukose oder in der Hämatomorphologie die
Erythrozytenzahl. Vielmehr handelt es sich hier um summarische Reak-
tionszeiten der Gerinnselbildung, die in der Regel ein ganzes Bündel
von Funktionsabläufen mit Gerinnungsfaktoren und Hemmkörpern umfassen.

So gesehen sind beispielsweise Thromboplastinzeit und Partielle Thromboplastinzeit im eigentlichen Sinne keine Bestandteile des Plasmas, und es ist daher nicht verwunderlich, daß über die gewohnten Probleme hinaus noch weitere Einflüsse auf die Vergleichbarkeit der Ergebnisse einwirken. Das zeigt sich schon darin, daß die ursprünglichen Meßwerte, nämlich die Sekunden, für eine vergleichende Beurteilung von Plasmen oder Kontrollplasmen zwischen verschiedenen Laboratorien trotz aller bisherigen Standardisierungsbemühungen kaum geeignet sind, da weder die Verteilung noch die Streuung solcher Ergebnisse als befriedigend angesehen werden können.

Um zumindest den systematischen Einfluß weitgehend einzuschränken, sind für die Gerinnung Bezugsproben im Normalbereich eingesetzt worden, und erst mit dem dadurch ermöglichten Ausschluß systematischer Abweichungen ist es gelungen, eine brauchbare Beuteilungsgrundlage in Form der Quotienten (Verhältnis der Gerinnungszeiten von Probe zu Bezugsprobe zu schaffen). Für die Thromboplastinzeit ist diese Art der Meßwertumwandlung bereits bekannt und wird nach dem englischen Sprachgebrauch auch "Ratio" genannt. Verteilung und Streuung liegen dabei deutlich günstiger und erlauben so die Auswertung von Ringversuchen und in gleicher Weise von Zielwertermittlungen der Thromboplastinzeit, Partiellen Thromboplastinzeit und Thrombinzeit.

Allerdings zeigen die Reagenzien der verschiedenen Hersteller für einen bestimmten Reaktionsablauf, z.B. der Thromboplastinzeit, auch nach Quotientenbildung noch keine völlige Übereinstimmung, also ein und denselben Wert, weil sie als biologische Präparate je nach Herkunft und Aufbereitung einen unterschiedlichen Einfluß auf die zahlreich durchlaufenen Reaktionsstufen nehmen.

So sind wir auf dem Gebiet der Gerinnungsphysiologie noch weit entfernt von einem "einheitlichen Wert zu einem Bestandteil", und es erscheint notwendig, zunächst einmal die bestehende Situation genau auszuloten, um daraus dann Schritt um Schritt der wünschenswerten Vergleichbarkeit näherzukommen.

Unter Anwendung des Prinzips der Quotientenbildung für Zielwertermittlungen, auch in Ringversuchen, sind mit der Prüfung von Kontrollplasmen mehrere Jahre Erfahrungen gesammelt worden, welche die schrittweise Weiterentwicklung sowohl des Prüfverfahrens als auch der Standardisierungsbemühungen erlauben.

So können apparative Einflüsse, die durch die Quotientenbildung ohnehin schon deutlich verringert worden sind, weitgehend außer Betracht bleiben, weil sich die Technik zur Feststellung der Gerinnselbildung offenbar leichter als differierende Reagenzieneinflüsse steuern läßt.

Dadurch ist es möglich geworden, apparative Unterscheidungen praktisch auszuklammern und in eimem Kollektiv zusammenzufassen, während Methoden- und Reagenzieneinflüsse bestimmte Gruppen bilden, die eine gemeinsame Beurteilung der Ergebnisse erlauben.

Von besonderer Bedeutung ist auch die Frage nach der Bezugsgrundlage der Meßwerte, auf die am Beispiel der Thromboplastinzeit etwas näher eingegangen werden soll, weil diese Untersuchung am weitesten verbreitet ist und in Deutschland bevorzugt in "Prozent der Norm" (Aktivitätsprozent, Quick-Prozent) angegeben wird.

Die Rolle eines solchen als Bezugsgrundlage dienenden "Normalplasmas" (100% Aktivität, Quotient (Ratio) = 1,00) kommt üblicherweise einem aus wenigstens fünf gesunden Spenderplasmen frisch bereiteten Human-Citratplasmapool zu. Angesichts der physiologischen Schwankungsbreite der Gerinnungsfaktoren ist diese Basis auf acht Spender erweitert und zur statistischen Absicherung auf mehr als sechs Referenzlaboratorien für jedes Thromboplastin-Reagenz ausgedehnt worden. Damit kann auf eine Bezugsgrundlage zurückgegriffen werden, die in ihrer mittleren Gerinnungszeit einem Normalplasmapool aus über 50 gesunden Spendern entspricht und daher auch eine gute Reproduzierbarkeit aufweist.

Eine Verringerung des Kalibrieraufwandes durch Beschränkung auf einige wenige Laboratorien hat sich wegen der relativ hohen Streuung der gemittelten Daten als unratsam erwiesen, sodaß geprüft werden müßte, ob nicht auch sekundär geeichte gefriergetrocknete Plasmen in verschiedenen Aktivitätsstufen zur Kalibrierung herangezogen werden können, um auf diese Weise vielleicht die Häufigkeit der aufwendigen Frischplasmapool-Eichung einzuschränken.

Daß dies nicht nur ein gangbarer, sonderen ein sehr zuverlässiger Weg der Kalibrierung von Thromboplastinzeit-Ergebnissen (und anderen Gerinnungszeitmessungen) ist, zeigt sich in der deutlichen Verbesserung der Präzision derart ermittelter Quotienten und Aktivitätsproprozente: Die beobachteten Streuungen beim Einsatz solcher lyophilisierter "Kalibrierplasmen" sind um durchwegs ein Viertel bis zur Hälfte kleiner als diejenigen geworden, die dieselben Referenzlaboratorien mit ihren jeweils eigenen, sorgfältig erstellten Normalplasmapools und deren prozentualen Verdünnungen erreichen.

Seit der Sicherstellung dieser Ergebnisse erfolgen die Zielwertermittlungen der Quotienten und Aktivitätsprozente über solche mitgeführten "Kalibrierplasmen", deren Stabilität ständig überwacht wird. Primäre Frischplasmapool-Eichungen bleiben dabei nach wie vor die Bezugsgrundlage, sind aber durch diese Maßnahmen nur noch etwa alle zwei Jahre notwendig.

In der geschilderten Entwicklung und besonders an diesem Beispiel, zu dem für Interessierte noch eine nähere Information erfolgt, ist zu erkennen, wie man durch schrittweise Verbesserung der Versuchsbedingungen dem Ziel standardisierter Ergebnisse näherkommen kann.

Dieses Konzept der sekundären Kalibrierung lyophilisierter Plasmen, das zunächst auf Referenzlabor-Pools mit über 50 Spenderplasmen gestützt ist, gewinnt durch die geplante Einführung eines allgemein akzeptierten tiefgefrorenen Referenz-Normalplasmas (DIN 58 939) weiter an Bedeutung, weil Stabilität, Handhabung und Verfügbarkeit gefriergetrockneter "Kalibrierplasmen" im Hinblick auf eine einheitliche Bezugsgrundlage der Laborergebnisse eine Schlüsselstellung einnehmen.

Mit den parallel dazu weitergeführten Vergleichsuntersuchungen zur Typisierung der Reagenzien und ihre Standardisierung innerhalb weniger Gruppen rundet sich das Bild unserer Zielsetzung ab, nämlich einwandfreie und von Labor zu Labor vergleichbare Gerinnungsresultate zu erhalten.

4   Der Ringversuch

4.1 M. HENGST (BERLIN):
     PRÄZISION UND AKKURANZ HÄMATOLOGISCHER UND KLINISCH-CHEMISCHER
     ANALYSEN

1

Um die "Genauigkeit" klinisch-chemischer und hämatologischer Analysen
zuverlässig beurteilen zu können, müssen wir eine klare Definition des
Begriffs "Genauigkeit" kennen und außerdem über leicht handhabbare
statistische Verfahren verfügen, um im praktischen Routinebetrieb
rasch entscheiden zu können, ob eine vorgeschriebene "Genauigkeit"
tatsächlich eingehalten wird.

Mit "Genauigkeit" wird im folgenden die mehr oder weniger gute Übereinstimmung der Beobachtungsergebnisse eines quantitativen Merkmals
mit seinem "wahren Wert" μ bezeichnet (Hengst, 1978). Um die Güte
einer solchen Übereinstimmung beurteilen zu können, muß man bei der
Genauigkeit einer Beobachtung zwei Komponenten unterscheiden, die als
"Richtigkeit" und "Präzision" bezeichnet werden (Hengst, 1978). (Wegen
der umgangssprachlichen Vieldeutigkeit der Worte "Genauigkeit" und
"Richtigkeit" wäre es zweckmäßig, diese beiden Begriffe durch die
Bezeichnungen "Akribie" und "Akkuranz" als termini technici hervorzuheben (Hengst, 1978)). Wie "Präzision" und "Akkuranz" eines Beobachtungsverfahrens die "Genauigkeit" seiner Ergebnisse beeinflussen
können, wollen wir an drei Beispielen aus der Alltagspraxis medizinischer Laboratorien untersuchen.

Die drei Diagramme der Abb. 1 veranschaulichen - in der Reihenfolge
von oben nach unten -

    1. Harnstoffwerte, die unter "Wiederholbedingungen" (Hengst,1978)
       gemessen wurden, d.h. vom selben Untersucher, unmittelbar
       nacheinander, an derselben Probe, am gleichen Gerät,
    2. Anzahl segmentkerniger Granulozyten unter jeweils 100 Leukozy-
       ten aus ein und derselben Blutprobe und
    3. Anzahl der Leukozyten in jeweils 400 nl Verdünnungen (1:20)
       derselben Vollblutprobe.

88

Bei den Daten des ersten Diagramms handelt es sich um Meßwerte, bei
den Daten der beiden anderen Diagramme um Zählwerte. Aber jede der
drei Beobachtungsserien zeigt eine regellos-zufällige Variation der
Datenfolge. Es leuchtet ein, daß Genauigkeit, Präzision und Akkuranz

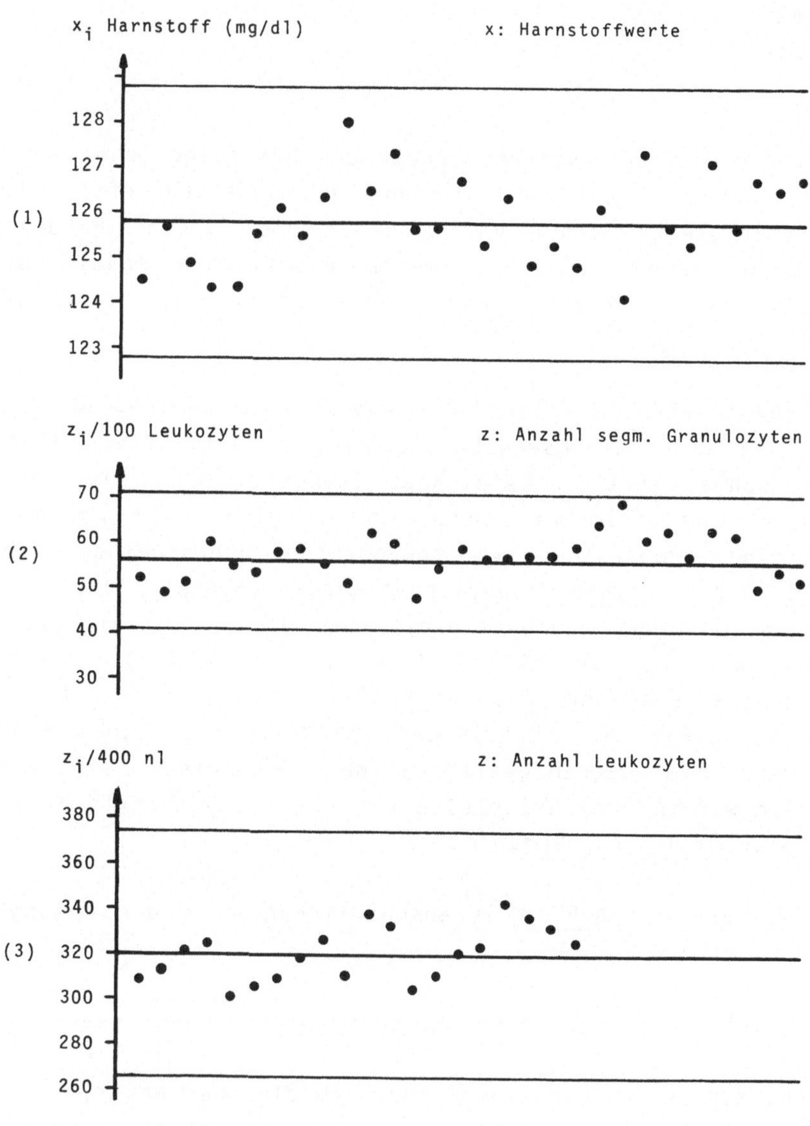

Abb. 1:   Analysenwerte unter Wiederholbedingungen

solcher variierender Datenfolgen nur dann vernünftig definiert werden
können, wenn die jeweiligen Beobachtungswerte in ihrer Gesamtheit
gewissen Gesetzmäßigkeiten gehorchen, die allerdings erst in längeren
Beobachtungsserien erkennbar werden. Wie sich aus einer empirischen
Datenfolge eine solche Gesetzmäßigkeit "herausschälen" läßt, veranschaulicht die Abb. 2, bei der die relativen Häufigkeiten, mit denen
die verschiedenen unter 100 Beobachtungswerten auftraten, als Stabdiagramm über der Ordinate des Urwertdiagramms dargestellt sind.

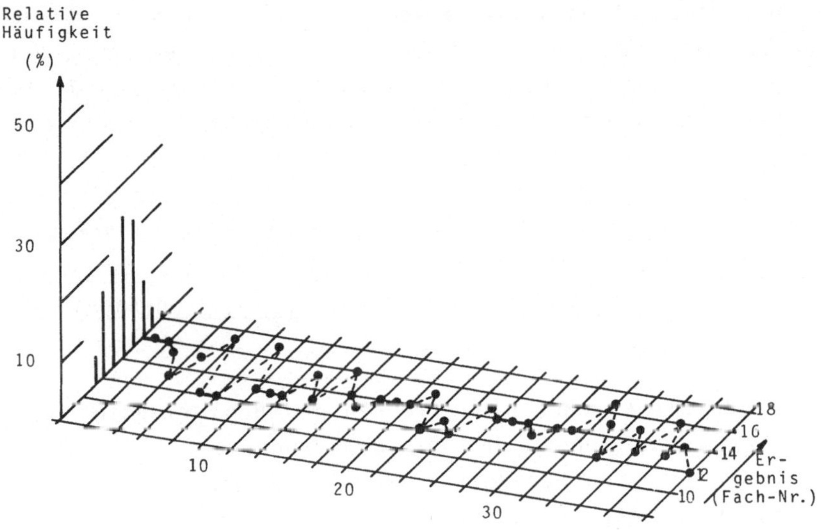

Abb.2: Urwert- und Stabdiagramm - Zufallsfolge von Ereigniszahlen

Offenbar ist in einem gewissen Bereich jeder Wert beobachtet worden,
aber nicht beliebig oft! Vielmehr scharen sich die einzelnen Beobachtungsdaten mehr oder weniger eng um einen "mittleren" Wert, der besonders häufig auftritt; abweichende Werte sind umso seltener, je weiter
sie von diesem "Mittelwert" entfernt liegen. Man spricht in diesem
Fall von einer "Häufigkeitsverteilung" der Beobachtungswerte über
einem bestimmten Wertebereich und charakterisiert sie durch die beiden
Kenngrößen

° Mittelwert $\bar{x} = \frac{1}{n} \sum x_i$, der die Lage der Verteilung auf der
  Werteskala des Meßbereiches fixiert   und

° empirische Varianz $\text{var}(x) = s_x^2 = \frac{\sum (x_i - \bar{x})^2}{n-1}$ bzw.
  empirische Standardabweichung s_x als Maß für die Streuung
  der Beobachtungswerte um ihren Mittelwert (Hengst, 1978).

Ein Beobachtungsverfahren arbeitet also um so "genauer", je kleiner seine Varianz ist und je weniger sich der Mittelwert einer Meßserie vom "wahren" Merkmalswert μ unterscheidet. Es liegt daher nahe, die "Präzision" einer Beobachtungsserie durch ihre Varianz und die "Akkuranz" durch die Abweichung $\bar{x}-\mu$ zu "messen" (Hengst, 1978). Diese Überlegungen gelten jedoch nur unter der Voraussetzung, daß die unter "Wiederholbedingungen" (Hengst, 1978) gewonnenen Beobachtungsergebnisse unabhängige Realisationen identisch verteilter Zuvallsvariablen sind, für die ein Erwartungswert E(X) und eine Varianz σ^2 existieren, die einzelnen Beobachtungswerte also zufällig aufeinanderfolgen und einem nach Gestalt, Lage und Streuung stabilen Verteilungsgesetz gehorchen. Dabei wird jede konkrete Beobachtungsserie als Teil einer hypothetischen, unbegrenzt gedachten Grundgesamtheit aller möglichen Beobachtungsergebnisse aufgefaßt, die man bei unbeschränkter Wiederholung der Beobachtung ein und derselben Merkmalsausprägung erhielte (Hengst 1978). Erfüllt ein Beobachtungsverfahren diese Voraussetzungen, die nicht trivial sind und jeweils experimentell geprüft werden müssen, wird es im folgenden kurz "reproduzibel" genannt (Hengst, 1978).

Soll ein reproduzibles Beobachtungsverfahren auch "richtig" arbeiten, muß man zusätzlich verlangen, daß der Erwartungswert E(X) einer Beobachtungsserie mit dem "wahren Merkmalswert" μ übereinstimmt, d.h. E(X) = μ gilt. Ist die Abweichung C = E(X)- $\mu \neq 0$, nennt man C "systematische Meßabweichung" (früher: systematischer Fehler). Da E(X), σ^2 und μ im allgemeinen unbekannt sind, muß man in der Praxis mit Schätzwerten dieser Parameter arbeiten. Erwartungswert E(X) und Varianz σ^2 werden für reproduzible Verfahren - unabhängig von dem speziellen Verteilungsgesetz der Beobachtungswerte - erwartungsgetreu durch die empirischen Stichprobenkennwerte $\bar{x}$ und s^2 geschätzt. Anstelle der wahren Merkmalsausprägung μ einer Kontrollprobe nimmt man ihren "(konventionell) richtigen Wert" x_r, der mit einer anderen Beobachtungsmethode bestimmt werden muß, deren Erwartungswert, Varianz und systematische Meßabweichung bereits bekannt sind. Während die Reproduzibilität eines Beobachtungsverfahrens jeweils "verfahrensintern" geprüft werden kann, benötigt man für Akkuranzuntersuchungen stets ein "verfahrensextern" gewonnenes "Normal". Beide Untersuchungen müssen aber stets an "Mehrfachbestimmungen" durchgeführt werden, da sowohl "Präzision" wie "Akkuranz" als "statistische" Begriffe (Hengst, 1967) für Einzelwerte gar nicht definiert sind. So weist auch die englische Bezeichnung 'accuracy of the mean' für "Richtigkeit (Akkuranz)" darauf hin, daß

diese an Hand von Mittelwerten beurteilt werden muß, also von Kenn-
werten, für deren Bestimmung man mindestens zwei Beobachtungswerte
benötigt.

2

In einem "genau" arbeitenden Beobachtungssystem dürfen sich sowohl
Präzision wie Akkuranz während einer Untersuchungsserie nur zufällig
verändern. Signifikante Abweichungen von den vorgegebenen, in einem
"Vorlauf" ermittelten "Parametern" des Systems sollen durch die laborinterne Qualitätssicherung möglichst frühzeitig erkannt, ihre Ursachen
gesucht und behoben werden. Da die "Genauigkeit" des Systems durch
zahlreiche Faktoren (Methode, Untersucher, Umwelt, Probe) beeinflußt
werden kann, ist es notwendig, die Auswirkungen der verschiedenen
Faktoren zu isolieren. Das gelingt nur, wenn man die Wiederholvarianz
bzw. die Wiederholstandardabweichung (Hengst, 1978) des Beobachtungs-
systems kennt und laufend überwacht, indem - zumindest am Anfang und
am Ende einer Routineserie - Varianz und Mittelwert von "Wiederholmes-
sungen" geeigneter "Kontrollseren" bestimmt werden.

Bezeichnet man Standardabweichung und Mittelwert einer zum Zeitpunkt
t_i durchgeführten Mehrfachbestimmung mit s_i und $\bar{x}_i$, die dadurch geschätzten Parameter der Grundgesamtheit mit σ_i und μ_i und mit σ und μ
die vorgegebenen Parameter, dann umfaßt eine statistische Genauigkeitskontrolle

1. die Präzisionskontrolle, welche laufend die Hypothese H_0 ($\sigma_i = \sigma$)
   gegen die Hypothese $H_1(\sigma_i \neq \sigma)$ testet, um die Stationarität der
   "Wiederholstandardabweichung" σ des Systems zu überwachen und
2. die Akkuranzkontrolle, welche laufend die Hypothese $H_0(\mu_i = \mu)$
   gegen die Hypothese $H_1(\mu_i \neq \mu)$ testet, um die Stationarität der
   Richtigkeit der Beobachtungsergebnisse zu überwachen.

Hierbei wird vorausgesetzt, daß Streuung und Lage der Beobachtungswerte unabhängig voneinander sind. In diesem Fall, ist jede Akku-
ranzprüfung zwangsläufig mit einem Präzisionstest verknüpft, da ja
jede Änderung der "Richtigkeit" wegen $c = \bar{x}-x_r$ mit einer signifikanten
Lageverschiebung verbunden ist, die nur dann sicher feststellbar ist,
wenn man $s_{\bar{x}}$ kennt. Während Streuung und Lage bei normalverteilten
Meßdaten unabhängig sind, trifft das nicht für Ereignisdaten zu, die
als binomial- bzw. poissonverteilt vorausgesetzt werden. Dann sind
Präzision und Akkuranz nicht mehr getrennt kontrollierbar.

Die in der Genauigkeitskontrolle heranzuziehenden Tests beruhen auf dem Prinzip, eine Hypothese <u>abzulehnen</u>, wenn ein Ereignis beobachtet wird, dessen Eintreffen - bei Geltung der zu prüfenden Hypothese H_0 - <u>unwahrscheinlich</u> ist, da es offenbar vernünftiger ist, eher eine Hypothese fallen zu lassen, als die Hypothese beizubehalten und das Beobachtungsergebnis als seltenes oder sehr seltenes Ereignis zu interpretieren (Hengst, 1967). Um nach diesem Prinzip verfahren zu können, muß man die <u>Verteilungsgesetze</u> der <u>Testgrößen</u> (z.B. s_i und $\bar{x}_i$) kennen, die für die Berechnung der <u>"kritischen Werte"</u> (DIN 58 936, Tl.5) benötigt werden, d.h. solcher Testgrößenwerte, die bei Geltung von H_0 nur mit einer vorgegebenen (kleinen) Wahrscheinlichkeit α, dem <u>"Signifikanzniveau"</u> (DIN 58 936, Tl.5, DIN 55 350, Tl.24), unter- oder überschritten werden (DIN 55 350, Tl.24).

3

In der Praxis lassen sich die hier erwähnten statistischen Tests <u>graphisch</u> mit Hilfe sogenannter <u>"Kontrollkarten"</u> oder <u>"Testdiagramme"</u> durchführen, mit denen wir <u>leicht handhabbare</u> Instrumente für korrekte, laborinterne Genauigkeitskontrollen besitzen. <u>Abb.</u> 3 zeigt den schematischen Aufbau solcher Testdiagramme. Es sind rechtwinklige Koordinaten-Netze, deren - äquidistant geteilten - Abszissen als Zeitachse der Beobachtungsfolge und deren Ordinatenteilung den jeweiligen Testgrößenwerten entsprechen.

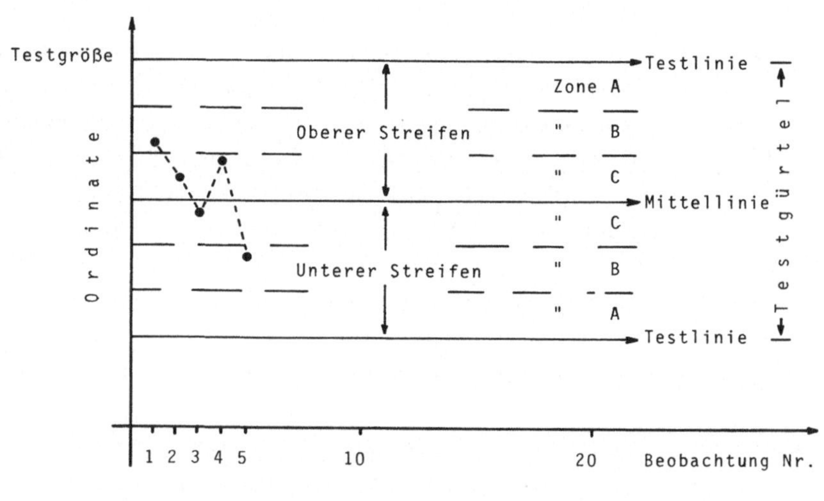

<u>Abb. 3:</u> Schematischer Aufbau eines Testdiagramms

"Erwartungswert" und "kritische Werte" der jeweiligen Testgröße werden durch eine "Mittellinie" und zwei "Testlinien" hervorgehoben, die parallel zur Abszisse durch die entsprechenden Ordinatenwerte verlaufen. Zu jeder Kontrollbeobachtung gehört ein Testgrößenwert, dem im Diagramm - in der Reihenfolge seiner Bestimmung - genau ein isolierter Punkt entspricht. Man kann die einzelnen Punkte durch dünne gestrichelte Geraden verbinden. Der so entstehende vielfach gebrochene, hin- und herpendelnde Linienzug besitzt zwar keine mathematische Bedeutung, erleichtert jedoch die "Lesbarkeit" des Diagramms (DIN 58 936, Tl.5). Liegt der zu einer Kontrollbeobachtung gehörende Punkt außerhalb des "Testgürtels", muß die zu prüfende Hypothese abgelehnt werden (DIN 58 936, Tl.5).Neben seiner <u>Momentanaufgabe</u>, über Beibehaltung oder Ablehnung einer Hypothese zu entscheiden, kann ein Testdiagramm auch über das <u>Globalverhalten</u> eines Beobachtungsablaufs Auskunft geben (DIN 58 936, Tl.5, Western Electric, 1969).

Um ein Kontrolldiagramm "einrichten", d.h. Mittel- und Testlinien einzeichnen zu können, müssen die kritischen Werte zusammen mit dem Erwartungswert der Testgröße bekannt sein. Sie lassen sich aus der <u>Testgrößenverteilung</u> berechnen, die man aus dem <u>Verteilungsgesetz</u> der <u>Beobachtungsdaten</u> erhält, aus denen die Testgrößenwerte ja abgeleitet werden. Diese Verteilungsgesetze hängen von dem <u>Modell</u> ab, das man für die statistische Auswertung der Beobachtungswerte <u>voraussetzen</u> muß. Wir wollen uns hier auf die Auswertung von <u>Meßwerten</u> und <u>Ereigniszahlen</u> (DIN 58 936, Tl.5) beschränken, wobei im allgemeinen die Modelle der <u>Normal-, Binomial- oder Poissonverteilung</u> vorausgesetzt werden. Ob diese Voraussetzungen tatsächlich erfüllt sind, muß selbstverständlich jeweils geprüft werden!

Das Verteilungsgesetz von <u>Beobachtungswerten</u>, die unter Wiederholbedingungen an ein und demselben Merkmalsträger gewonnen werden, darf man nicht mit der Verteilung der <u>Merkmalswerte</u> in einem Patientenkollektiv oder in einer Population Gesunder verwechseln. Obgleich in beiden Fällen "Ausprägungen" desselben Merkmals beobachtet werden, beziehen sich die zugehörigen Verteilungsgesetze auf zwei <u>völlig verschiedene Grundgesamtheiten</u>. Es ist daher auch wenig sinnvoll, in der laborinternen Qualitätskontrolle von vorneherein z.B. mit den logarithmierten Meßwerten zu arbeiten - wie zuweilen vorgeschlagen wurde - nur weil sich die Merkmalswerte eines Patientenkollektivs durch eine logarithmische Normalverteilung beschreiben lassen.

Im folgenden wird vorausgesetzt, daß die jeweils zugrundeliegenden Beobachtungssysteme - in dem eingangs definierten Sinne - reproduzibel arbeiten. Offenbar ist die Reproduzibilität eines Beobachtungsverfahrens eine notwendige Voraussetzung dafür, daß sich Präzision und Richtigkeit nur zufällig ändern. Insbesondere verlangt die Akkuranzforderung nach Stationarität der Differenzen $\bar{x}_i$-x_r, daß die $\bar{x}_i$-Werte nur zufällig variieren, was wiederum mit Hilfe der empirischen Wiederhol-Standardabweichung (Hengst, 1978) s_w geprüft werden muß. Die Nachprüfung der Reproduzibilität selbst gehört aber nicht zum Thema dieses Vortrags.

4

Der Aufbau einer laborinternen Präzisions- und Akkuranzkontrolle von Meßdaten beginnt mit der Schätzung der Wiederholvarianz (Hengst, 1978) des Meßsystems. Das kann nach verschiedenen Versuchsplänen erfolgen, von denen hier drei an Zahlenbeispielen näher erläutert werden sollen.

1. Versuchsplan: Man analysiert den ausgewählten Bestandteil einer homogenen Probe n-mal ($n \geq 30$) in einem "Dauerlauf" unter Wiederholbedingungen. Das oberste Diagramm der Abb. 1 zeigt die so erhaltenen Werte von n = 30 Harnstoffbestimmungen, für die Einzelproben eines Kontrollserums aufgelöst und anschließend "gepoolt" wurden. Die empirische Wiederholvarianz s_w^2 dieser Meßserie ist eine erwartungstreue Schätzung (Hengst, 1967) der Wiederholvarianz σ_w^2 des Meßsystems mit n-1 Freiheitsgraden. Man erhält: s_w^2 = 0.951. Bei der Berechnung der Ordinatenwerte für die Testlinien des Diagramms muß man beachten, daß die Quadratwurzel der Varianz s_w = 0.975 keine erwartungstreue Schätzung der Wiederholstandardabweichung σ_w ist (Stange, 1975), die näherungsweise nach der Formel $\hat{\sigma}_w = s_w/a_{f+1}$ erhalten wird, worin a_{f+1} = 1 - 1/4f ist und f die Zahl der Freiheitsgrade bedeutet (Stange, 1975). Man erhält dann $\hat{\sigma}_w$ = 0.987 und für die Ordinaten der Testlinien in Abb. 1 $\bar{x} \pm 3\hat{\sigma}_w$ = 125,83 $\pm$ 2,96. Da für die vorliegenden empirischen Meßdaten die Nullhypothese der Normalverteilung aufgrund des Kolmogoroff-Smirnow-Tests nach Lilliefors, 1967) nicht abgelehnt werden. kann (Abb. 4), darf als Signifikanzniveau (DIN 58 936, Tl.5) α = 0,0027 gewählt werden. Andernfalls müßten die Überschreitungswahrscheinlichkeiten an Hand der Tschebyscheffschen Ungleichung (Hengst, 1967) geschätzt werden.

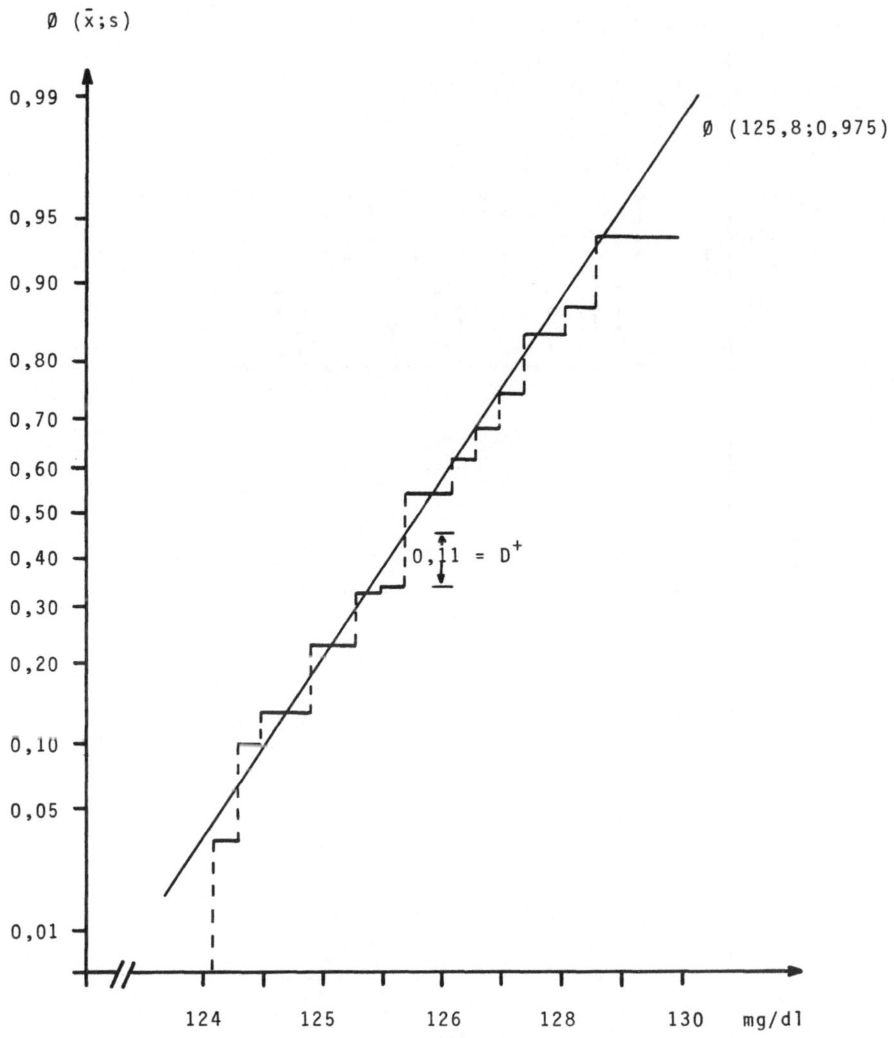

Abb.4: Test auf Normalverteilung
(Kolmogoroff-Smirnow-Test nach Lilliefors im Wahrscheinlichkeitsnetz)

2. Versuchsplan: Man analysiert eine homogene und in ihrer Zusammensetzung konstante Kontrollprobe an mindestens 20 aufeinanderfolgenden Arbeitstagen je zweimal unter Wiederholbedingungen. Dadurch erhält man 20 unabhängige Schätzwerte der Wiederholvarianz mit jeweils einem Freiheitsgrad, die sich unter gewissen Voraussetzungen zusammenfassen lassen.

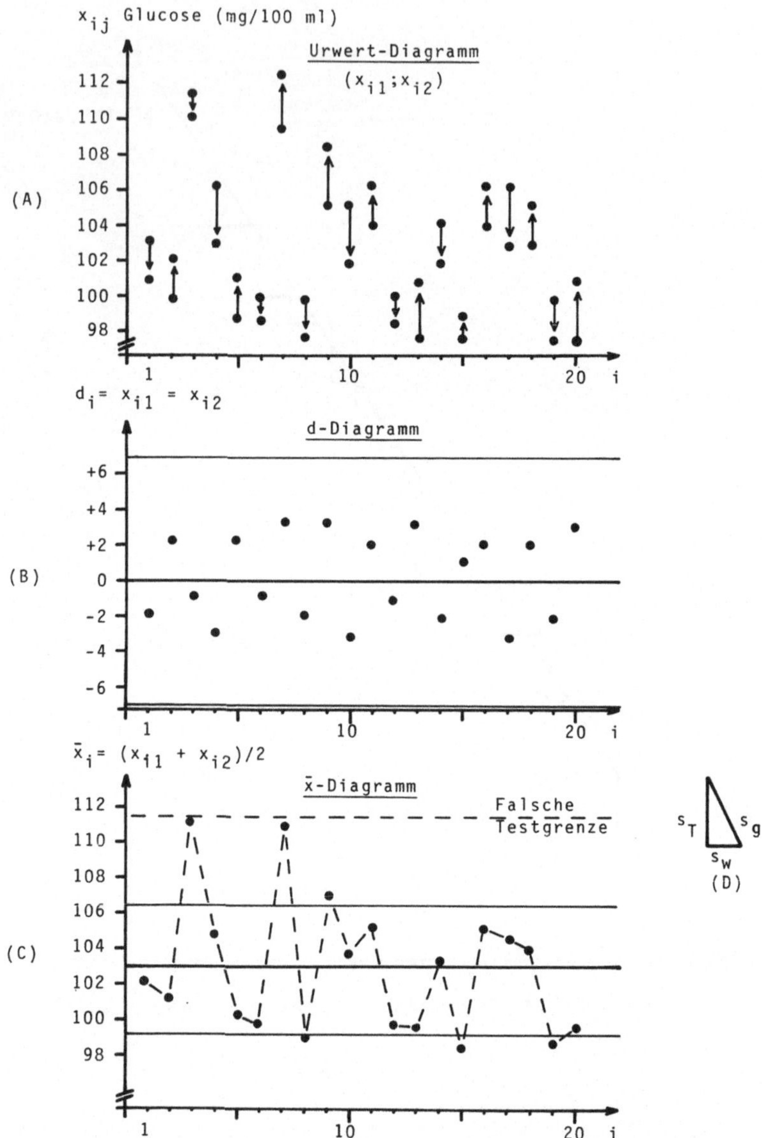

Abb.5: Urwert-, d- und x̄-Diagramm (vgl.Text)

Nach diesem Modell ist der Glucosegehalt (mg/dl) eines Kontrollserums analysiert worden. Den Wertepaaren $(x_{i1}; x_{i2})$ jeder Wiederhol-Doppelbestimmung entsprechen in einem Urwertdiagramm (DIN 58 936, Tl.5) (Abb. 5,A) zwei Punkte, die durch einen Pfeil verbunden sind, dessen Spitze jeweils zum - zuerst gemessenen - Wert x_{i1} (i = 1...20) zeigt und dessen Länge dem Betrag der Differenz $d_i = x_{i1} - x_{i2}$ entspricht. Bei Doppelbestimmungen vereinfacht sich die Berechnung der empirischen Varianz: es gilt $s_i^2 = d_i^2/2$ und $s_i = |d_i/\sqrt{2}|$. Unterscheiden sich die verschiedenen s_i^2-Werte nur zufällig, darf man sie zu einem mittleren Schätzwert $\hat{\sigma}_w^2 = \overline{s_i^2}$ zusammenfassen, dem dann 20 Freiheitsgrade entsprechen. Die Homoskedastizität der s_i^2 läßt sich z.B. mit dem Cochran-Test prüfen, wenn die d_i-Werte normalverteilt sind, was für unser Beispiel nicht abgelehnt werden kann (Lillifors, 1967). Man erhält:

$$\hat{\sigma}_w^2 = s_w^2 = (\textstyle\sum d_i^2)/40 = 2,575, \quad s_w = 1,605 \ \text{und} \ \hat{\sigma}_w = 1,625.$$

Da man sich in der "Routine" praktisch auf Doppelbestimmungen beschränken muß, sollte die Präzision an Hand der Prüfgröße d_i in einem - bereits von Doerffel (1965) vorgeschlagenen - d-Diagramm (DIN 58 936, Tl.5) kontrolliert werden, dessen Testgrenzen sich aus der Formel

$$3 \cdot \hat{\sigma}_d = 3 \cdot \sqrt{2} \cdot \hat{\sigma}_x = 4,234 \cdot \hat{\sigma}_x \quad \text{ergeben.}$$

Durch die Prüfung der d_i - anstelle der $s_i = |d_i/\sqrt{2}|$ - wird zusätzlich die im Vorzeichen von d_i steckende Information ausgenutzt. Wegen $E(d) = 0$ (DIN 58936, Tl. 5) darf $\overline{d}$ nicht signifikant von Null abweichen, was mit der Prüfgröße $t = (\overline{d}/\hat{\sigma}_d)\sqrt{k}$ (k = Anzahl der Doppelbestimmungen) getestet werden muß. Unterscheidet sich $\overline{d}$ signifikant von Null, so deutet das auf eine "systematische Meßabweichung", deren Ursache festzustellen und zu beheben ist. Im Mittel müssen gleich viel Punkte ober- und unterhalb der Mittellinie eines d-Diagramms liegen. Die Graphik B (Abb. 5,B) ist das zu den Werten von A gehörende d-Diagramm.

Beim Auswerten der nach dem vorliegenden Versuchsplan ermittelten Werte wird häufig leider nicht beachtet, daß die empirischen Varianzen $s_{x_{ij}}^2$ aller x_{ij}-Werte (j=1,2) ebenso wie $s_{x_{i1}}^2$ oder $s_{x_{i2}}^2$ keinesfalls die Wiederholvarianz $\hat{\sigma}_w^2$ schätzen, sondern - mehr oder weniger gut - die Gesamtvarianz $\sigma_g^2 = \sigma_w^2 + \sigma_T^2$, worin die Komponente σ_T^2 die durch den Tageswechsel bedingten Streuungseinflüsse erfaßt, also die eigentliche "von Tag zu Tag" Varianz ist! Der Versuchsplan erlaubt eine korrekte varianzanalytische Zerlegung der Gesamtvarianz in ihre beiden Kompo-

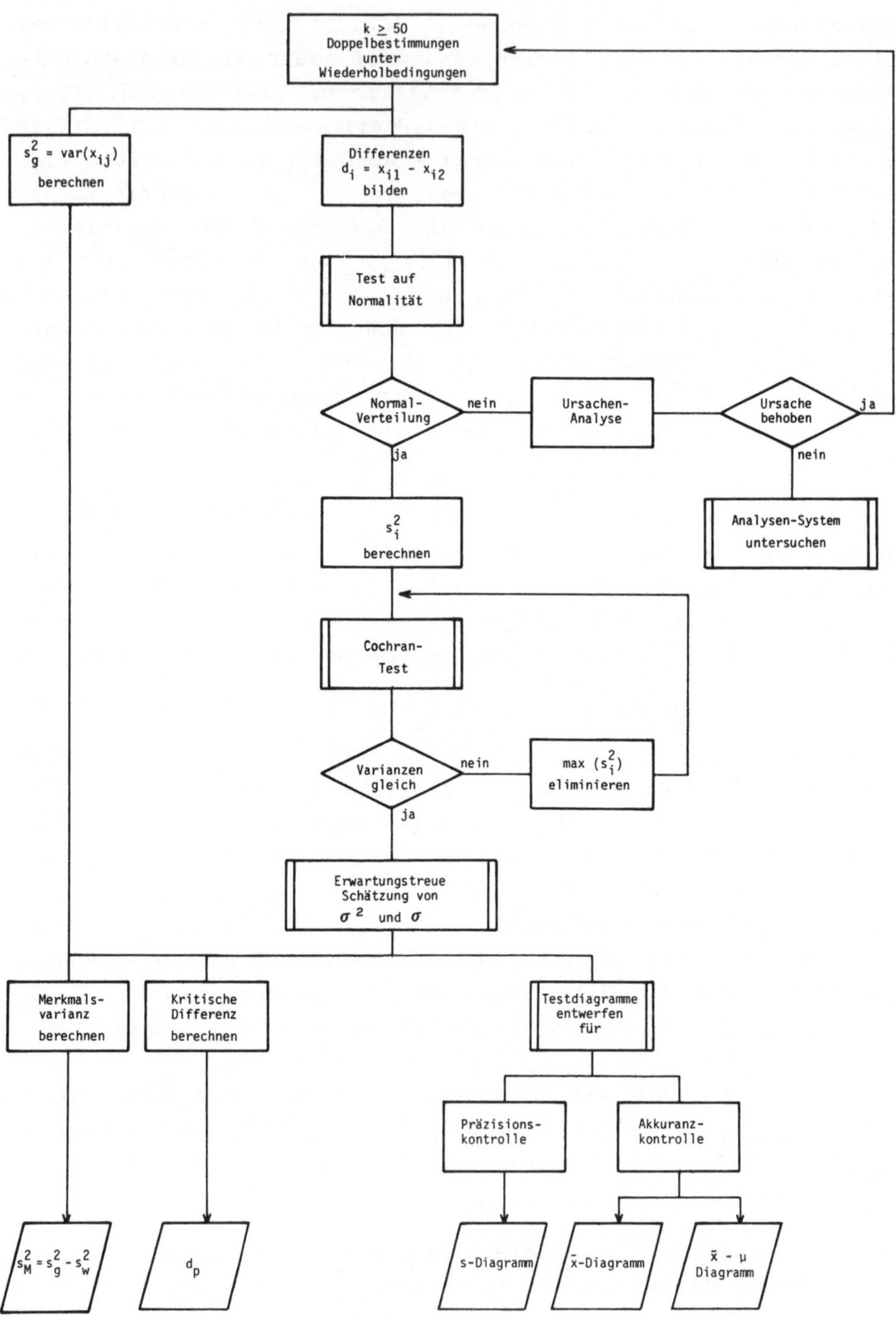

Abb.6: Ablaufplan

nenten (Weber, 1972). Für unser Beispiel erhält man: $s_w^2 = 2,575$, $s_T^2 = 11,988$ und $s_g^2 = 14,563$. Die Gesamtstandardabweichung s_g erhält man durch eine "pythagoreische Addition" der Standardabweichungen s_W und s_T, wie es die Graphik D (Abb. 5,D) maßstabsgetreu veranschaulicht.

Um - wie z.B. in der Akkuranzkontrolle - signifikante Verletzungen der Lagestabilität erkennen zu können, müssen die Ordinaten der Testgrenzen aus der Mittelwertsvarianz $\sigma_W^2/2$ berechnet werden, keinesfalls aber aus einem Schätzwert der Gesamtvarianz, die ja auch signifikante Variationseinflüsse des Tageswechsels erfaßt und diese daher als solche nicht erkennen läßt! (Abb. 5,C).

3. Versuchsplan: Ein oder mehrere eingearbeitete Untersucher analysieren im Rahmen der Routine $n \geq 50$ zufallsartig entnommene, aber nicht gerade pathologische Patientenseren je zweimal unter Wiederholbedingungen. Die korrekt abgelesenen oder ausgedruckten Meßwerte werden ungerundet in der Reihenfolge ihrer Entstehung notiert. Bei "analog" als Kurven vom Meßgerät ausgegebenen Daten muß neben der Strichstärke und ihrem relativen Anteil an den Abständen der Skalenteilung auch eine feste Ablesungsregel (obere oder untere Strichkante, Strichmitte) beachtet werden (Hengst, 1978).

Nach diesem "Spandauer Modell" lassen sich - unter Beachtung gewisser Voraussetzungen - mit einem relativ geringen Material- und Zeitaufwand ausreichend viele Schätzungen der Wiederholstandardabweichung eines Meßsystems gewinnen, wie die Auswertung eines von Boroviczény initiierten Versuches im Zentrallabor des Krankenhauses Spandau-Nord gezeigt hat. Einzelschritte der Versuchsauswertung kann man dem nebenstehenden Ablaufplan (Abb. 6) entnehmen. (Auf die Möglichkeit, Schätzwerte aus Mehrfachanalysen von Patientenproben zu gewinnen, haben bereits Gebelein und Heite (1951) hingewiesen). Selbstverständliche Voraussetzung des "Spandauer Modells" ist die Unabhängigkeit der Wiederholvarianz von den unterschiedlichen Konzentrationen des untersuchten Bestandteils innerhalb des ausgewählten Meßbereichs! Ist jedoch diese Voraussetzung erfüllt, läßt sich die Präzision der Messung des betreffenden Bestandteils an Patientenseren kontrollieren.

Nach dem "Spandauer Modell" haben 3 MTA (A,B,C) unabhängig von einander an ein und demselben Gerät (Coulter-S) den Hb-Gehalt von Patientenproben in einem Konzentrationsbereich zwischen 9,5 bis 16g/dl untersucht. Die nach insgesamt 16 Arbeitstagen vorliegenden 95 Doppelbestimmungen sind zunächst für jeden Untersucher getrennt ausgewertet worden. Die entsprechend zusammengefaßten Schätzwerte s_w^2 mit den zugehörigen Freiheitsgraden f kann man der <u>Tab. 1</u> entnehmen. Da sich diese Schätzwerte nur zufällig unterscheiden, können sie zu einem erwartungstreuen Gesamtschätzwert $\hat{\sigma}_w^2 = 0,0242$ zusammengefaßt werden mit f = 94 Freiheitsgraden.

MTA	s_w^2	f
A	0,0231	50
B	0,0290	30
C	0,0175	14
Gesamt	0,0242	94

<u>Tab. 1:</u>   Schätzwerte von Wiederholvarianzen mit Freiheitsgraden (vgl.Text)

Als erwartungstreue Schätzung der Standardabweichung erhält man somit
$$\hat{\sigma}_w = s_w / a_{f+1} = 0,1558 \text{ (Stange, 1975)}.$$

Da für f=94 die Breite des zu $\hat{\sigma}_w$ gehörenden Vertrauensbereiches bei einem Konfidenzniveau $1-\alpha=0,95$ immerhin noch ca. 20% der "wahren" Standardabweichung beträgt, darf man die Genauigkeit dieser Schätzung nicht überbewerten. Unter den Voraussetzungen des "Spandauer Modells" lassen sich jedoch relativ leicht und schnell für die Wiederholvarianz Schätzwerte mit 150 und 200 Freiheitsgraden gewinnen. Da man aus den Patientenwerten die Standardabweichung s_M der Merkmalsstreuung im untersuchten Kollektiv schätzen kann, läßt sich auch das "Auflösungsvermögen" (Western Electric, 1969) des Meßverfahrens beurteilen, das allgemein als ausreichend gilt, wenn $s_w/s_M \leq 0,3$ ist. Für den Hb-Gehalt des vom Untersucher A gemessenen Probenkollektivs erhält man $\bar{x}=13,354$ und $s_M=1,6285$. Somit genügt $s_w/s_M=0,094$ obiger Ungleichung ebenso wie der in den "Richtlinien" (1970) geforderten Bedingung $s_w/\bar{x} \leq 0,05$, da $0,153/13,354 = 0,011$ ist. Beide Ungleichungen legen zwar <u>Toleranzgrenzen</u> fest, um die "Brauchbarkeit" eines Meßverfahrens beurteilen und sichern zu können, <u>keineswegs</u> jedoch <u>Testgrenzen</u> für die Prüfung einer Hypothese!

5

Verfügt man über lege artis gewonnene Schätzwerte der Wiederholvarianz
eines Meßsystems, lassen sich Testdiagramme für graphische Präzisions-
und Akkuranzkontrollen leicht entwerfen, zumal wenn man sich auf das
praktisch Machbare, d.h. auf die Kontrolle der aus Wiederholdoppel-
bestimmungen gewonnenen Werte $d_i = x_{i1} - x_{i2}$ und $\bar{x}_i = (x_{i1} + x_{i2})/2$ be-
schränkt.

So ist für die Hb-Messungen am Coulter-S ein d-Diagramm (DIN 58938,
Tl. 5) (Abb. 7) für die Präzisionskontrolle von Routinebestimmungen
gezeichnet worden. Die Ordinaten der Testlinien errechnen sich nach
den Überlegungen des vorhergehenden Abschnitts:

$\pm 4,243 \cdot \hat{\sigma}_W = \pm 4,243 \cdot 0,1558 = \pm 0,661$ g/dl Hb. Die Punkte des Diagramms
entsprechen den d_i-Werten aus Doppelbestimmungen des Hb-Gehaltes von
42 Kontrollseren unterschiedlicher Konzentrationen zwischen 8 und 15
g/dl Hb. Die Hypothese $H_o(\sigma_{W_i} = \sigma_W)$ kann offensichtlich nicht abgelehnt
werden.

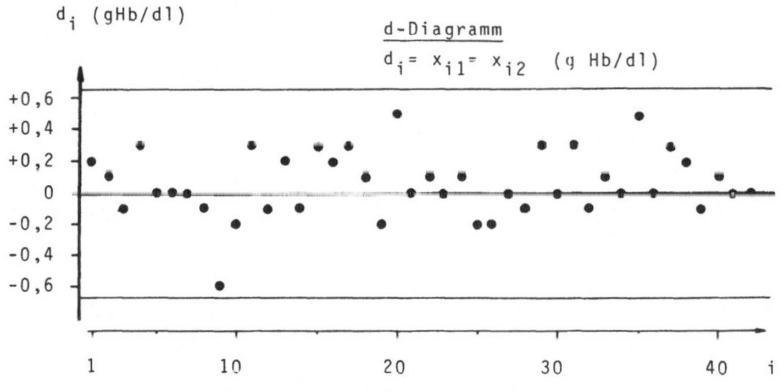

Abb. 7: Präzionskontrolle:
Wiederhol-Doppelbestimmungen x_{ij} von 42 Richtigkeitskontrollseren unterschiedlicher Konzentration (8-15g Hb/dl)

Für korrekte Akkuranzkontrollen eines Meßsystems benötigt man stets
spezielle Kontrollseren, deren Werte - wie bereits eingangs erwähnt -
systemextern mit einem anderen, reduzibel und richtig arbeitenden
Verfahren als Mittelwerte x_r genügend vieler Messungen unter Wiederholbedingungen zusammen mit $\hat{\sigma}_{x_r}^2$ bestimmt werden müssen. x_r wird häufig
(konventionell) richtiger Wert genannt und ist der Schätzwert $\hat{\mu}$ des
wahren Kontrollserumwertes μ. In der Praxis wird man sich wieder auf
Doppelbestimmungen $(x_{i1}; x_{i2})$ beschränken und die beiden Prüfgrößen d_i
und $\bar{x}_i$ simultan graphisch in einem kombinierten $\bar{x}$d-Diagramm
(DIN 58 936, Tl.5) testen. An Stelle von $\bar{x}_i$ kann man auch die Prüf-

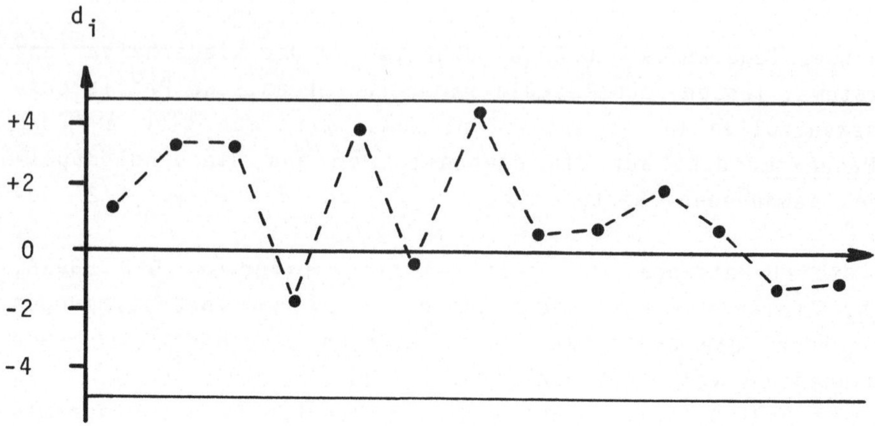

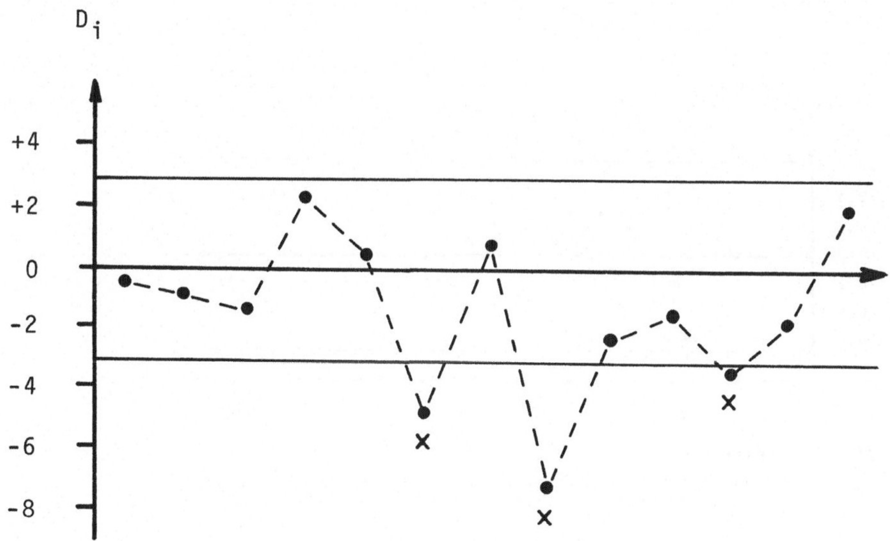

<u>Abb. 8: Akkuranzkontrolle</u>

Kombiniertes Dd-Diagramm (vgl. DIN 58 936, Tl.5)

Richtigkeitskontrollserumwert : Glucose 91 mg/100 ml ($\hat{\mu}$)

$d_i = x_{i1} - x_{i2}$; Kritische Werte: -4,92; +4,92

$D_i = \bar{x}_i - \hat{\mu}$; Kritische Werte: -2,879; +2,879

X = Systematische Meßabweichung (6., 8. und 11. Messung)

größe $D_i = \bar{x}_i - \mu$ wählen mit dem Erwartungswert $E(D) = 0$. In diesem Fall testet man in einem kombinierten Dd-Diagramm (DIN 58 936, Tl.5). Bei der Berechnung der Testgrenzen (DIN 58 936, Tl.5) für die Prüfgrößen $\bar{x}_i$ bzw. D_i der Lageparameter sollte unbedingt die durch $\hat{\sigma}^2_{x_r}$ gemessene Unsicherheit der x_r-Schätzung berücksichtigt werden. Man erhält dann z.B. $\hat{\sigma}^2_D = \hat{\sigma}^2_w/2 + \hat{\sigma}^2_{x_r}$.

Als Beispiel für eine graphische Richtigkeitskontrolle von Glucosemessungen diene das nebenstehende kombinierte Dd-Diagramm (Abb.8). Die Wiederholvarianz $\hat{\sigma}^2_w = 1{,}329$ ist mit $f = 51$ Freiheitsgraden geschätzt worden. Als Meßunsicherheit des Glucosegehaltes $x_r = 91$ mg/100ml des Richtigkeitskontrollserums konnte mit der Varianz $\hat{\sigma}^2_{x_r} = 0{,}136$ gerechnet werden. Als "kritische Werte" für d_i erhält man daraus $\pm 4{,}92$ und für $D_i \pm 2{,}879$. An Hand des mit diesen Werten eingerichteten kombinierten Dd-Diagramm kann bei jeder Doppelbestimmung des Kontrollserumwertes entschieden werden, ob das Meßsystem im Augenblick eben dieser Messung, also "hier" und "jetzt", präzis und richtig arbeitet. Die im D-Diagramm erkennbaren "systematischen Abweichungen" der 6. und 11. Messung lassen sich mit den von den Richtlinien (1970) vorgeschlagenen Kriterien nicht erkennen!

Die statistische Qualitätssicherung medizinischer Laborwerte umfaßt - neben Meßdaten - auch "Ereigniszahlen", d.h. Beobachtungsergebnisse, die durch Zählen gleichartiger Elemente oder Ereignisse gewonnen werden (DIN 58936, Tl. 5) und die zum Teil von erheblicher diagnostischer Valenz sind. Auch für die Genauigkeitskontrolle solcher Ereignisdaten benötigt die Praxis leicht handhabbare graphische Verfahren, auf die im folgenden noch kurz hingewiesen werden soll.

Bei der Einrichtung und Konstruktion entsprechender Testdiagramme müssen zwei Kategorien von Ereigniszahlen unterschieden werden:

1. Die Anzahl z von Elementen einer Stichprobe vom Umfang n, die ein bestimmtes Merkmal aufweisen (z.B. die Anzahl der Lymphozyten unter 100 Leukozyten), und
2. die Anzahl z der Elemente oder Ereignisse, die in einer Zeit- oder Volumeneinheit beobachtet werden (z.B. die Anzahl der Leukozyten im Eckvolumen einer Zählkammer).

Ereigniszahlen der ersten Kategorie werden kurz "Anteilsdaten", die der zweiten "Zähldaten" genannt. Werden die jeweiligen Beobachtungsbedingungen korrekt eingehalten, können für die Auswertung Anteilsdaten als binomial- und Zähldaten als poissonverteilt vorausgesetzt werden. In beiden Fällen sind dann Erwartungswert und Varianz nicht mehr - wie bei Meßwerten - unabhängig voneinander! Die "Genauigkeitsforderung" ist also erfüllt, wenn sich die Stichprobenmittelwerte nur zufällig vom vorgegebenen Erwartungswert unterscheiden.

Ein Beispiel für die graphische Genauigkeitskontrolle von Anteilsdaten zeigt das 2.Diagramm der Abb. 1, eine sog. "np-Karte" (DIN 58 936, Tl.5), mit der getestet werden kann, ob sich die Anzahl z der interessierenden "Merkmalsträger" in Stichproben festen Umfangs n nur zufällig von einem vorgegebenen Wert $n \cdot p_0$ unterscheiden. Prüfgröße ist hier die Anzahl z segmentkerniger Granulozyten unter jeweils n = 100 Leukozyten aus ein und derselben Blutprobe. Für die Einrichtung einer solchen np-Karte muß zunächst vorausgesetzt werden, daß unser Beobachtungsverfahren die Bedingungen des sog. "Bernoullischen Versuchsschema" erfüllen, d.h. daß die Merkmalsträger zufällig im Leukozytenpool verteilt sind, aus dem die Stichproben zufällig entnommen werden, und daß die n Beobachtungsergebnisse einer Stichprobe ebenfalls zufällig und voneinander unabhängig sind. Nur dann dürfen wir annehmen, daß die Wahrscheinlichkeit w(z;n), in einer Stichprobe vom Umfang n genau z Merkmalsträger zu finden, einer Binomialverteilung gehorcht und $w(z;n) = \binom{n}{z} \cdot p_0^n \cdot q_0^{n-z}$ gilt, worin $q_0 = 1-p_0$ und p_0 der "wahre" Anteil der Merkmalsträger im untersuchten Leukozytenpool ist. Erwartungswert der Binomialverteilung ist $E(z)=n \bullet p_0$ und ihre Varianz $var(z) = n \cdot p_0 \cdot q_0$. Da p_0 selbstverständlich unbekannt ist, muß es für die Einrichtung des Testdiagramms wieder in einem "Vorlauf" mit ausreichender Genauigkeit geschätzt werden. Für unser Beispiel wurden in 7 Referenzlaboratorien jeweils 12-mal unter definierten Bedingungen gewonnene Ausstriche "differenziert", so daß mit $p_i=z_i/100$ insgesamt k=84 unabhängige Schätzungen für p_0 vorlagen, von denen die sich nur zufällig unterscheidenden Schätzwerte zu $\hat{p}_0 = 0,56$ zusammengefaßt werden konnten. Die Bestimmung der Ordinatenwerte für die Testlinien ist im allgemeinen umständlich und nur mit Hilfe von Tabellen (Romig, 1979) oder Nomogrammen (DGQ-Schrift Nr. 16-30, Qualitätsregelkarten) möglich, worauf hier nicht näher eingegangen werden kann.

Oft ist es nicht möglich, den Stichprobenumfang konstant zu halten, so z.B. wenn aus den Zahlen eines Differentialblutbildes der Anteil stabkerniger Granulozyten an der Gesamtgranulozytenzahl oder aber der Anteil pathologischer Werte von allen Glucosebestimmungen einer Tagesserie bestimmt werden soll. Wegen der Abhängigkeit der Varianz auch vom Stichprobenumfang n, müßten mit dem Wechsel von n jedesmal die kritischen z-Werte neu berechnet werden. In solchen Fällen sollte man als Prüfgröße die Mosteller-Tukey-Näherung (Mosteller/Turkey(1949)

$$y_i = \sqrt{p_o(n_i+1-z_i)} - \sqrt{z_i \cdot q_o}$$

wählen, deren kritische Werte ± 1 und $\pm 1,5$ - unabhängig von n - näherungsweise mit den Wahrscheinlichkeiten 0,025 bzw. 0,001 über - bzw. unterschritten werden. Abb. 9 zeigt die graphische Beurteilung des Anteils stabkerniger Granulozyten an der jeweiligen Gesamtgranulozytenzahl in einem "auf Unabhängigkeit von n" stabilisierten Testdiagramm.

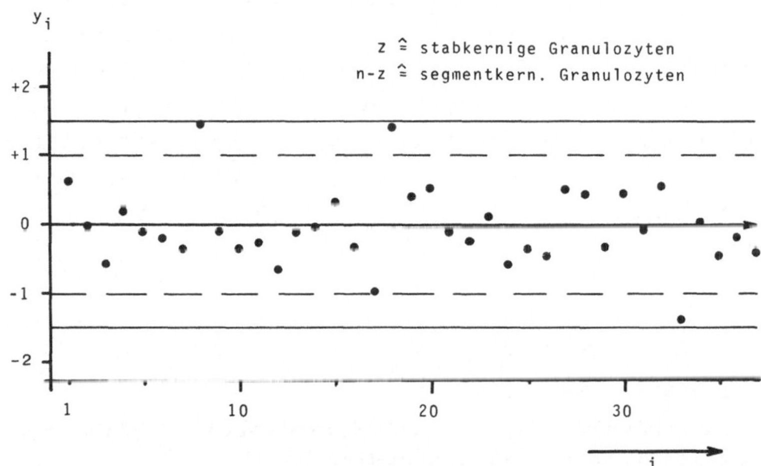

Abb.9: Auf 'Unabhängigkeit von n' angenähert stabilisiertes Testdiagramm
Mosteller-Tukey-Näherung: $y = \sqrt{p_o(n_i + 1 - z_i)} - \sqrt{zq_o}$

Häufen sich im Vorlauf für die p_o-Schätzung signifikante Unterschiede der empirischen p_i-Werte, sollte man prüfen, ob nicht durch Teilschritte des Beobachtungsverfahrens (z.B. Verdünnungs- oder Ausstrichtechnik) die Voraussetzung für einen konstanten p_o-Wert verletzt wird und die Ergebnisse besser durch eine sogenannte "verallgemeinerte Binomialverteilung" (Stange, 1970) erfaßt werden.

Eine Kontrollkarte für Zähldaten zeigt schließlich das unterste Diagramm der Abb. 1, in dem die effektiv in den 4 Eckvolumina einer Neubauer-Zählkammer beobachteten Leukozytenzahlen einer im Verhältnis 1:20 verdünnten Vollblutprobe eingetragen sind. "Beobachtungseinheit" (Prüfeinheit) ist also ein Volumen von 0,4 µl der Verdünnung, dem 20nl der Vollblutprobe entsprechen. Jede statistische Auswertung von Zähldaten muß vom effektiven, im Prüfvolumen gewonnenen Zählerergebnis ausgehen, aber nie von einer "Bezugseinheit", auf die Zählerergebnisse oft umgerechnet werden!

In 20 Kammerfüllungen wurden insgesamt 6398 Leukozyten beobachtet, je Zählvolumen also durchschnittlich $\bar{z}=319{,}9$. Da für $\bar{z} > 9$ eine (vorauszusetzende) Poissonverteilung durch eine Normalverteilung angenähert werden kann, darf man über 99% der z_i im Bereich $(\bar{z}-3\cdot\sqrt{\bar{z}};\bar{z}+3\cdot\sqrt{\bar{z}})$ erwarten, also zwischen 266 und 374. Für $\bar{z}<9$ müssen die Testgrenzen poissonverteilter Daten entsprechenden Nomogrammen (DGQ-Schrift Nr. 16-30, Qualitätsregelkarten) entnommen werden. Bei Benutzung der für unser Beispiel erlaubten Näherung über die Normalverteilung darf nicht die empirische Varianz der z_i-Werte, sondern nur $\bar{z}$, der Schätzwert für $E(z)$, zur Berechnung der Testgrenzen verwendet werden. Ob konkrete Zähldaten nicht gegen die Voraussetzung der Poissonverteilung verstoßen, kann mit dem "Dispersionsindex" getestet werden, der auf einem Vergleich von $\bar{z}$ und der Varianz $s_{z_i}^2$ beruht (Hengst, 1967).

4.2 K.-G. V. BOROVICZÉNY, (BERLIN):
QUALITÄTSSICHERUNG UND ZIELWERTERMITTLUNG QUALITATIVER UND HALBQUANTITATIVER ANALYSENERGEBNISSE
THEORIE DER MERKMALSAUSPRÄGUNGEN

Es ist üblich, Laborergebnisse in quantitative, halbquantitative und qualitative einzuteilen, ohne daß man sich dabei besondere Gedanken macht. Im Zusammenhang mit der Qualitätssicherung von Laborwerten und den bei der Qualitätssicherung anzuwendenen Maßnahmen ist es aber wichtig, sich mit der Theorie der Merkmalsausprägungen auseinanderzusetzen.

Ein Merkmal ist 'jedes Kennzeichen, wonach ein Ding sich von anderen unterscheiden läßt' (Brockhaus). Merkmale sind auch jene Kennzeichen, die wir analytisch feststellen, z.B. Blutgruppen, Differentialblutbild, Blutzuckerkonzentration oder die Empfindlichkeit von Streptokokken gegenüber einem Antibiotikum. Das alles sind Merkmale, die wir analysieren. Sie sind allerdings recht unterschiedlich ausgeprägt. Sollen diese Merkmalsausprägungen statistisch untersucht werden, z.B. bei der Qualitätskontrolle oder bei einer Zielwertermittlung, so muß je nach Art der Merkmalsausprägung oft unterschiedlich vorgegangen werden.

Statistiker teilen diese Merkmale nach verschiedenen Gesichtspunkten ein (Hengst, 1967). Im folgenden wird der Versuch unternommen, für die Labormedizin relevante Merkmalsausprägungen aufzuzeigen, einzuteilen und mit Beispielen zu erläutern. Dieser Versuch wird zur Diskussion gestellt.

Man unterscheidet qualitative Merkmale, Komparativ-Merkmale und quantitative Merkmale. Diese Merkmalsausprägungen sind in der <u>Tab. 1</u> zusammengestellt und sollen im folgenden besprochen werden.

<u>Qualität</u> und <u>Quantität</u> sind zwei der acht (oder zehn) von Aristoteles definierten Kategorien und zwei der vier Titel, nach denen Kant seine Kategorien ordnet. Qualität und Quantität bezeichnen die unmittelbarste Weise der Auffassung eines Gegenstandes. Die Qualität ist die Beschaffenheit einer Sache nach seiner Güte, seinen Vorzügen oder Mängeln. <u>Qualitative Merkmale</u> sind Farbe, Geruch, Geschmack usw. Unter qualitativen Merkmalen pflegen wir im allgemeinen jene zu nennen, bei deren Bestimmung die Quantität keine oder scheinbar keine Rolle spielt. Ein Beispiel für qualitative Merkmale sind die Blutgruppenmerkmale oder die HLA-Merkmale und ähnliche. Diese Merkmale sind vorhanden und nachweisbar oder sie fehlen und sind nicht nachweisbar. Es ist also ein <u>Alles oder Nichts</u>.

In Wirklichkeit ist es allerdings so, daß auch diese qualitativen Merkmale eine gewisse quantitative Ausprägung aufweisen müssen, um nachweisbar zu sein. Dies erkennt man unter anderem auch daran, daß bei der Blutgruppenbestimmung für ein und dasselbe erythrozytäre Merkmal einmal eine schwächere, ein anderes Mal eine stärkere Agglutination gefunden wird. Das Ergebnis wird aber immer als Ja/Nein-Ergebnis mitgeteilt, ebenso wie z.B. das Ergebnis der Kreuzprobe (verträglich oder nicht verträglich).

Merkmalsausprägungen	Beispiele
1 Qualitative Merkmalsausprägung	
1.1 Alternativmerkmale	Rh (D) pos/neg
1.2 Klassifikationsmerkmale	Rh-Untergruppen (CcD.Ee)
2 Komparative Merkmalsausprägung	Hodgkin I - II - III - IV
3 Quantitative Merkmalsausprägung	
3.1 Diskret ausgeprägte Merkmale (Mengen)	
3.1.1 Diskrete Ereignismerkmale	
3.1.1.1 Bezugsgröße diskret	Analysenzahl je Routine-Arbeitstag
3.1.1.2 Bezugsgröße stetig	Radioaktiver Zerfall pro Zeiteinheit
3.1.2 Diskrete Zustands-(Beschaffenheits-)Merkmale	
3.1.2.1 Bezugsgröße diskret (Anteildaten)	Anteil Eosinophiler an den Leukozyten
3.1.2.2 Bezugsgröße stetig (Zähldaten)	Ery-Partikeldichte pro mm^3
3.2 Stetig ausgeprägte Merkmale (Größen)	
3.2.1 Stetige Ereignismerkmale	
3.2.1.1 Meßart alternativ	Brandmelder
3.2.1.2 Meßart komparativ	Überdruckventil (geregelt)
3.2.1.3 Meßart diskret-geometrisch	Digitale HiFi-Aussteuerungsanzeige (dB)
3.2.1.4 Meßart diskret-linear	Blutungszeit; Glukose-Toleranztest
3.2.1.5 Meßart stetig	Temperaturschreiber
3.2.2 Stetige Zustands-(Beschaffenheits-)Merkmale	
3.2.2.1 Meßart alternativ	U-Glukose, naßchemisch (z.B.Fehling)
3.2.2.2 Meßart komparativ	U-Glukose mit Teststreifen, visuell
3.2.2.3 Meßart diskret-geometrisch	Titerstufenbestimmung (Immunologie)
3.2.2.4 Meßart diskret-linear	Anzeige am Digitalphotometer
3.2.2.5 Meßart stetig	Anzeige am Analogphotometer

Tab. 1: Einteilung der Merkmalsausprägungen unter Berücksichtigung der Bezugsgrößen und Zähl- bzw. Meßarten

Anmerkung: Anteildaten gibt es nicht nur als diskrete Zustandsmerkmale, sondern auch bei stetig ausgeprägten Merkmalen, z.B. bei Elektrophoresedaten

Man unterscheidet Alternativ-Merkmale und Klassifikationsmerkmale. Alternativ-Merkmale haben nur zwei verschiedene Ausprägungen, z.B. Rh positiv oder Rh negativ, während es bei den Klassifikationsmerkmalen mehrere, unter sich aber gleichrangige Ausprägungen gibt, z.B. Rh-Untergruppen, die keinerlei Rangordnung bedeuten, die man in beliebig verschiedener Reihenfolge angeben kann.

Bei der Qualitätssicherung qualitativer Merkmale muß in der präanalytischen und in der postanalytischen Phase alles das beachtet werden, was auch bei der Qualitätssicherung quantitativer Merkmale zu beachten ist, während bei der internen Kontrolle der analytischen Phase nur Positiv- und Negativ-Kontrollen mitgeführt werden. Als externe Kontrollen sind auch hier der Probentausch und die Teilnahme an Ringversuchen anzuwenden.

Bei Komparativmerkmalen ergibt sich aus der Eigenschaft der Merkmale eine Reihung derselben. In der medizinischen Laboratoriumsanalytik pflegen Komparativmerkmale im allgemeinen nicht vorzukommen, weshalb hier als Beispiel auf die Phasen einer schubweise ablaufenden Krankheit verwiesen wird, z.B. auf die Stadien der Lymphogranulomatose.

In den allermeisten Fällen der Laboratoriumsanalytik werden quantitative Merkmale untersucht. Man unterscheidet diskrete und stetige quantitative Merkmale, genauer gesagt, diskrete und stetige Zustandsmerkmale sowie diskrete und stetige Ereignismerkmale. Diskret bedeutet 'durch ähnliche Intervalle oder Abstände voneinander getrennt' (Duden).

Ein Zustand ist also eine mehr oder weniger lang dauernde Beschaffenheit. Man kann also die Merkmale desselben Zustandes grundsätzlich mehrfach zählen oder messen. Dieser Unterschied zwischen Ereignis und Zustand ist wichtig. Bei Mehrfachuntersuchungen desselben Zustandes auftretende Streuungen sind ausschließlich durch das Zähl- oder Meßverfahren bedingt, während bei Mehrfachbestimmungen von Ereignissen auch die Variabilität gleicher (d.h. ähnlicher, nicht identischer) Ereignisse eine Rolle spielt. Bei der Zählung quantitativer Merkmale in der Laboratoriumsmedizin pflegt man diese Zählerergebnisse immer auf etwas, z.B. auf eine Bezugsgröße zu beziehen. Auch diese Bezugsgröße kann diskret oder stetig sein. Ist die Bezugsgröße diskret, so handelt es sich im allgemeinen um Anteilsdaten, die statistisch der Binomialverteilung folgen können, während man von Zähldaten spricht, wenn die Bezugsgröße stetig ist; diese sind oft poisson-verteilt.

Ein diskretes Zustandsmerkmal mit einer diskreten Bezugsgröße ist z.B. das Verhältnis der Leukozyten zu den Erythrozyten oder der Anteil der Lymphozyten, gemessen an allen Leukozyten in einem Blutausstrich (wird oft als Prozent angegeben). Ein diskretes Ereignismerkmal mit einer diskreten Bezugsgröße ist z.B. die Anzahl der an einem Tag durchgeführten Analysen im Labor. Das Verhältnis der Leukozyten zu den Erythrozyten in einer bestimmten Vollblutprobe oder der Anteil der Lymphozyten, gemessen an allen Leukozyten in einem Blutaustrich, sind diskrete Zustandsmerkmale, die man beliebig oft nacheinander zählen kann. Die Anzahl der Analysen an einem Tag, ist ein Ereignis, das man nur einmal zählen kann. Es kommt nur einmal vor. Am nächsten Tag wird die Analysenzahl eine andere sein. Nur wenn man sie mittels Strichliste dokumentiert, schafft man in der Strichliste einen Zustand, den man beliebig oft nachprüfen kann.

Ist bei einem diskreten Merkmal die Bezugsgröße stetig, d.h. bestimmt man eine Menge in einer Größe, so wird die statistische Behandlung dieser Merkmalsausprägung unter Umständen schwieriger, da die Verteilung zufälliger Abweichungen bei der Zählung von Mengen anderen Gesetzen folgt als die der zufälligen Abweichungen bei der Messung von Größe. Wir bestimmen die Erythrozytenpartikel-Konzentration (auch Partikeldichte genannt), indem wir die Menge der Erythrozyten in einer abgemessenen Größe des Zählfeldes zählen. Dies ist ein diskretes Zustandsmerkmal. Wir können die Zählung beliebig oft wiederholen. Statistisch gesehen liegen die Dinge bei den diskreten Ereignismerkmalen mit stetiger Bezugsgröße, z.B. bei der Zählung von radioaktiven Zerfallsereignissen (Menge) pro Zeitintervall (Größe) ähnlich.

In der überwiegenden Mehrzahl der Fälle handelt es sich bei den in der Labormedizin analysierten Merkmalen um stetige Merkmale, und zwar entweder um stetige Zustandsmerkmale oder um stetige Ereignismerkmale. Der Unterschied zwischen den Zustandsmerkmalen und den Ereignismerkmalen ist bereits besprochen worden. An dieser Stelle sei aber noch einmal ein Hinweis erlaubt: Die Änderungen der Glukose-Konzentration im Blut sind Ereignisse, die sich bekanntlich von Moment zu Moment unterscheiden. Wenn wir vom Patienten eine Blutprobe abgenommen haben und diese entsprechend behandeln, so wird die Glukose-Konzentration in diesem Spezimen über längere Zeit konstant bleiben, also eine Ausprägung des Zustandsmerkmals sein. Es ist wichtig, den Unterschied zwischen Ereignis und Zustand noch einmal zu verdeutlichen.

Wichtig und hervorzuheben bei den stetigen Merkmalen ist, daß hier die Merkmalsausprägung in jedem Fall stetig ist, daß diese Merkmalsausprägung aber ganz verschieden qualitativ, komparativ oder auch quantitativ untersucht werden kann. Dies sei am Beispiel der Glukose-Konzentration in einer Urinprobe erläutert:

Die Glukose-Konzentration in einer Urinprobe ist ein stetiges Zustandsmerkmal. Wir wissen, daß minimale Glukose-Konzentrationen im Urin immer vorhanden sind und daß von diesem absolutem Minimum über geringere bis zu recht hohen Glukose-Konzentrationen bei schweren Diabetikern jede Konzentration möglich ist. Es handelt sich also zweifelsohne um ein stetiges Zustandsmerkmal. Andererseits pflegen wir die verschiedensten Techniken zum Nachweis dieses stetigen quantita - tiven Zustandsmerkmales einzusetzen. Immer noch bekannt sind die alten naßchemischen Methoden nach Fehling, Trommer, Nylander usw.. Dies sind qualitative Methoden, deren Ergebnis im allgemeinen als alternative "Ja/Nein"-Aussage angegeben wird. Hier analysieren wir ein quantitatives Merkmal qualitativ. Die vorhandene genaue, quantitative Information wird also infolge der angewandten Meßart auf nur zwei Kategorien, "ja/nein", reduziert. Dies darf nicht mit der Analyse eines qualitativen Alternativmerkmals verwechselt werden, wie wir es, z.B. bei der Blutgruppeneigenschaft Rh(D), mit einem 'Positiv' oder 'Negativ' Ergebnis angeführt haben. Es ist heute auch allgemein üblich, bei qualitativen analysierten stetigen quantitativen Zustandsmerkmalen das Ergebnis entweder als 'nicht nachweisbar' oder als 'nachweisbar' anzugeben. Damit wird zum Ausdruck gebracht, daß solche qualitativen Analysenverfahren oft so eingestellt sind, daß die Nachweisgrenze den physiologischen vom pathologischen Zustand einigermaßen klar abtrennt.

Bei der Analytik der Glukose-Konzentration im Urin sind die naßchemischen Verfahren weitgehendst durch die sogenannten trockenchemischen Streifentests abgelöst worden. Mit Hilfe dieser Streifentests wird das Meßergebnis komparativ festgestellt und entsprechend im allgemeinen als 'nicht nachweisbar' oder 'schwach positiv' oder als 'stark positiv' angegeben. Es ist ganz klar, daß 'mittelstark positiv' zwischen der schwachen und der stark ausgeprägten positiven Reaktion liegt, aber keinesfalls deren arithmetischen Mittelwert bedeuten muß. Dieses Beispiel soll darauf hinweisen, daß komparativ angegebene Meßergebnisse von quantitativ stetigen Zustandsmerkmalen statistisch keinesfalls so behandelt werden dürfen wie quantitativ angegebene Meßer-

gebnisse Man darf also nicht aus komparativen Ergebnisangaben Mittelwerte oder gar Standardabweichungen errechnen. Wie sehr es sich bei
diesen komparativ durchgeführten Messungen um eine quantitative stetige Zustandsmerkmalsausprägung handelt, kann einerseits dadurch
illustriert werden, daß auf die auf den Teststreifen - Beipackzetteln
angegebene Konzentrationsbereiche hingewiesen wird, andererseits durch
den Umstand, daß bekanntlich solche Teststreifen auch quantitativ mit
Hilfe eines reflektionsphotometrischen Verfahrens ausgewertet werden
können.

Die nächste Möglichkeit, die in der Tabelle aufgeführt wird, um ein
Meßergebnis anzugeben, ist die diskret-geometrische Angabe in Form von
Titerstufen. Hierfür eignet sich das Beispiel der Urin-Glukose-Kon-
zentration natürlich nicht. Das Arbeiten mit Titerstufen in der Immunologie ist aber jedem bestens bekannt. Auch in der Immunologie,
z.B. beim Antistreptolisintiter oder beim VDLR-Titer, handelt es sich
um stetig quantitative Zustandsmerkmale, die wir aus praktischen
Gründen an einer Meßskala untersuchen, deren Einteilung geometrisch
ist.

Im Gegensatz zu den besprochenen Titerstufen finden wir bei den modernen leuchtröhrenanzeigenden Photometern eine diskret-lineare Digital-
anzeige, die gleichmäßig und meist sehr fein unterteilt ist, so daß
das Verständnis dafür, daß hier ein stetiges Zustandsmerkmal gemessen
wird, viel leichter einsichtig ist. Dasselbe gilt natürlich auch, wenn
das Meßergebnis mit Hilfe eines Analogphotometers stetig abgelesen
wird, so daß die Stetigkeit des quantitativen Zustandsmerkmals auch in
der Meßanzeige erhalten bleibt. Man muß sich aber bewußt sein, daß
auch das Analogphotometer digital abgelesen wird, wobei man sich an
die vorhandene Skaleneinteilung halten und nur jeweils um eine Dezimalstelle weitergehen kann. Deshalb besteht seitens der statistischen
Behandlung der Analysenergebnisse praktisch kein Unterschied zwischen
der digitalen und der analogen Meßergebnisangabe.

Für stetige Ereignismerkmale gilt grundsätzlich das gleiche, was auch
bei stetigen Zustandsmerkmalen gesagt worden ist, mit dem Unterschied,
daß wir in der Laboratoriumsmedizin vorwiegend stetige Zustandsmerkmale und nur gelegentlich stetige Ereignismerkmale untersuchen, wie
z.B. bei der Blutgerinnungszeit. Die Unterteilungen, je nach Meßergebnisangabe alternativ, komparativ oder quantitativ (hier wieder
diskret oder stetig, beim diskreten noch einmal diskret-geometrisch
und diskret-linear unterscheiden) bleiben dasselbe.

Wir sind in der Tab. 1 nirgends auf den Begriff 'halbquantitativ' gestoßen. Dieser Ausdruck ist nichts anderes als ein Laborjargon, der auch nirgendwo klar definiert ist. Als 'halbquantitativ' mögen sowohl komparativ angegebene Meßergebnisse stetiger quantitativer Merkmale, aber auch Angaben als Titerstufen und sogar quantitative Angaben (wenn die Methode sehr ungenau ist) und (mittelwertbezogene)relative Standardabweichungen in der Größenordnung von 10% oder 20% oder sogar noch mehr bezeichnet worden. Bei der 'halbquantitativen Analytik' handelt es sich also um quantitative Merkmalsausprägungen, wobei entweder die Meßergebnisangaben unterschiedlich sind oder die erzielbare Genauigkeit zu wünschen übrig läßt. Da wir aber gezeigt haben, daß statistisch komparative Meßergebnisangaben, Titerstufenangaben und quantitative Meßwertangaben unterschiedlich gehandhabt werden müssen, sollte man sich vom Ausdruck 'halbquantitativ' trennen und besser im einzelnen angeben, wovon gerade die Rede ist, dies umsomehr, als bei ungenauen Methoden durch Mehrfachanalysen die Genauigkeit im allgemeinen soweit gesteigert werden kann, daß die Ergebnisse durchaus als 'quantitativ' im landläufigen Sinne des Wortes akzeptierbar sind, und andererseits anstelle der komperativen Teststreifenablesung eine quantitativ photometrische Ablesung treten kann, in der auch Titerstufen beliebig eng gestaffelt werden können.

Qualitätskontrollmaßnahmen müssen in jedem Fall bei allen Analysen mit qualitativen und quantitativen Merkmalsausprägungen bei der Untersuchung von Ereignis- oder Zustandsmerkmalen stetiger oder diskreter Ausprägung durchgeführt werden.

Bei allen qualitativen und "halbquantitativen" (in jedem Sinn des Wortes) Ausprägungen sind interne wie externe Qualitätssicherungsmaßnahmen in der präanalytischen, analytischen und postanalytischen Phase durchzuführen.

In der analytischen Phase sind intern Positiv- und Negativkontrollen mitzuführen. Man sollte Doppelbestimmungen unter Wiederhol- und Vergleichsbedingungen durchführen und, wo immer es möglich ist, auch graphische Kontrollkarten der verschiedensten Art einsetzen. Ringversuche werden heute schon für fast alle Analysenarten angeboten. Die regelmäßige Teilnahme an diesen Ringversuchen wird jedem dringend empfohlen, sowohl aus ethischen wie auch aus juristischen Gründen. Der

Probentausch mit einem benachbarten Labor als eine weitere praktische externe Kontrollmaßnahme ist bei allen Analysenarten durchführbar.

Abschließend muß noch einiges zur Zielwertermittlung von qualitativen und qualitativ oder komparativ oder diskret geometrisch angegebenen quantitativen Merkmalsausprägungen gesagt werden. Es liegen am meisten experimentelle Ergebnisse im In- und Ausland über die Zielwertermittlung bei quantitativen Merkmalsausprägungen und quantitativer Ablesung vor. Aber auch auf diesem Gebiet ist es z.B. nicht gelungen, eine Normung durchzuführen - die DIN-Zielwertermittlungsnorm wird frühestens 1985 erscheinen. Bei den qualitativen Merkmalsausprägungen liegen die Verhältnisse oft noch viel schwieriger, wie dies die Ausführungen von DRESCHER und JOSEF zeigen. Bei quantitativen Merkmalsausprägungen erfolgt die Zielwertermittlung nach Möglichkeit immer mit einer quantitativen Referenzmethode, wobei die Zielwertangaben für qualitative und komparative Meßmethoden erfolgt. Wird das Meßergebnis diskret geometrisch angegeben (Titerstufe), so wird als Zielwert die bei der Zielwertermittlung des Referenzkollektivs am meisten vorkommende Titerstufe angegeben und der Zielbereich auf Grund der Verteilung der Titerstufenergebnisse in den Referenzlaboratorien, aber auch auf Grund klinischer Überlegungen erfolgen.

4.3 H. DRESCHER, D. JOSEF, (DÜDINGEN):
BEURTEILUNG QUALITATIVER MERKMALE IN RINGVERSUCHEN

Zur Einführung in die Problematik des Themas sollen die Ergebnisse eines qualitativen Ringversuches dienen. <u>Tab.</u> 1 zeigt diagnostische Aussagen, die Ringversuchsteilnehmer im Mai 1978 an Knochenmarkausstrichen vom gleichen Probanden gemacht haben. Nimmt man eine Gewichtung dieser Befunde vor, ist ein maligner Prozeß anzunehmen. Kurios wird die Angelegenheit jedoch, wenn man erfährt, daß die Knochenmarkpunktion zum Zeitpunkt der Untersuchung bereits 1 Jahr zurückgelegen hat, das Material vom Versuchsleiter persönlich stammt und er sich auch heute noch bester Gesundheit erfreut. Der Versuchsleiter kommentiert die Resultate in einem Schreiben an alle Ringversuchsteilnehmer folgendermaßen:

Verdrängung der Blutbildung durch Metastasen
Tumorzellinfiltration Knochenmarkcarcinose Kleinzellige Reticulose Plasmozytom
Hämolytische Anämie Perniciosa (anbehandelt) Aplastische Anamie Keine Erythropoesis
Thrombophenie Panmyelopathie (2x)
Lipoidspeicherkrankheit   z.B. Bürger-Grütz-Syndrom Zieve-Syndrom Knochenmarklipoidose Fettmark (2x)
Reaktive Veränderungen Keine Befundung möglich (6x) Normalbefund (2x)

Tab. 1: Ringversuch Mai '78

"Zu dieser Vielfalt an Diagnosen....ist folgendes zu sagen: Das Punktat wurde im April 1977, also vor 19 Monaten am Unterzeichneten gewonnen. Ich fühlte mich damals und auch seither gesund und voll einsatzfähig; stehe unter keinerlei Behandlung, kann auch keine Gewichtsabnahme verzeichnen (obwohl dies angestrebt wird!). Die.... genannten Diagnosen sind z.T. auszuschliessen, z.T. zumindest sehr unwahrscheinlich, es sei, man glaubt an den Hackethal'schen "Haustierkrebs".....Hätte ich das Material sofort und nicht erst nach einem Jahr in den Ringversuch gegeben, so hätten mir einige Antworten sicherlich viel mehr Angst gemacht. Die letzten drei Beurteilungen (reaktive Veränderung, keine Beurteilung möglich, Normalbefund) möchte ich als korrekt, resp. ehrlich anerkennen."

Dieses Beispiel aus einem Ringversuch zeigt deutlich die Schwierigkeiten der qualitativen Analyse im Labor und die Notwendigkeit der Ringversuche auch auf diesem Gebiet. Bevor näher auf die Problematik der Beurteilung von qualitativen Merkmalen in Ringversuchen eingegangen werden kann, muß eine Abgrenzung und damit eine Definition der qualitativen Analyse erfolgen.

In der Laboratoriumsdiagnostik finden quantitative, semi-quantitative und qualitative Verfahren Anwendung. Stellt man die rein quantitativen Untersuchungsverfahren den rein qualitativen diametral gegenüber, so nehmen die "gemischten" semi-quantitativen Analysen zwischen diesen einen breiten Raum ein. Der Untersucher kann im gegebenen Fall entscheiden, ob ein größerer quantitativer Anteil für die Diagnose sinnvoll oder überflüssig ist. (Beispiel: Isoenzymbestimmung mittels Elektrophorese).

Wie lassen sich diese drei Untersuchungsverfahren charakterisieren? Tab. 2 zeigt den Versuch, eine möglichst treffende Definition zu finden. Während bei semi-quantitativen Verfahren die Abschätzung der Konzentration einer bekannten Substanz im Vordergrund steht, muß der quantitative Test die möglichst exakte Bestimmung einer bekannten Substanz erbringen. Im Gegensatz zu diesen beiden Untersuchungsbedingungen, bei denen - durch die Auswahl der Methoden - die zu untersuchenden Bestandteile bekannt sind, muß im qualitativen Test eine unbekannte Substanz, d.h. unbekannte "Qualität" erkannt und identifiziert werden.

semi-quantitativer Test	Test zur Abschätzung der Konzentration einer bekannten Substanz
quantitativer Test	Test zur Bestimmung der Konzentration einer bekannten Substanz
qualitativer Test	Test zur Identifizierung einer unbekannten Substanz

Tab. 2: Definition

Quantitative Resultate werden nicht unbedingt vom Untersucher beeinflußt, qualitative Befunde dagegen sind direkt von der "Qualität" des Untersuchers abhängig. Qualität bedeutet hier: Ausbildung, Erfahrung, richtige Auswahl und richtiger Einsatz aller zur Verfügung stehender Mittel etc. Die quantitative Analytik ist heute zum größten Teil mechanisiert und automatisiert. Als Resultat akzeptieren wir einen Bereich, der durch statistische Kennzahlen festgelegt wird. Die Bemühungen, auch qualitative Untersuchungsverfahren zu "objektivieren", stehen noch am Anfang, und der große subjektive Anteil am Befund birgt die Gefahr der Fehlbeurteilung, der Fehldiagnose in sich.

Ein qualitativer Befund hat keine akzeptierbare Streubreite, er ist richtig oder falsch, ja oder nein, alles oder nichts! Betrachten wir die Bedeutung quantitativer und qualitativer Resultate für die ärztliche Diagnose, so ist folgende Feststellung zu treffen:
Der quantitative Befund, der durch die Qualitäts-Kontrolle einen hohen Zuverlässigkeitsgrad gewinnt, spielt als Einzelresultat eher eine geringe Rolle, während die Gewichtung des subjektiven, qualitativen Resultates bei der Diagnoseerstellung groß ist, ja sogar 100% betragen kann.

Behalten wir diese Kriterien im Auge, wenn wir nun qualitative Resultate im Zusammenhang mit Ringversuchen betrachten. Qualitative Tests bei Ringversuchen fallen nicht unter das Gesetz über Meß- und Eichpflicht. Sie dienen der freiwilligen Selbstkontrolle und sind Teil eines die gesamte "in vitro-Diagnostik" umfassenden Systems zur Qualitätssicherung. Bei der Beurteilung und Bewertung der Resultate durch den Versuchsleiter muß der besonderen Eigenart der qualitativen Tests Rechnung getragen werden. Der Computer vereinfacht und beschleunigt zwar die Auswertung solcher Resultate, kann aber für die Auswahl von Ringversuchsproben und für den späteren Dialog mit den Teilnehmern ein unerwünschtes Hindernis darstellen.

Qualitative Tests findet man in fast allen Bereichen der klinischen Laboratoriumsdiagnostik. Zur Diskussion der Problematik qualitativer Resultate eignen sich sehr gut die immunhämatologischen Ringversuche - des Autors liebstes Kind -, die im folgenden Modellfall eingehender betrachtet werden sollen. In der Zeit zwischen Februar 1977 bis Februar 1978 sind fünf Ringversuche durchgeführt worden. Bei den folgenden Betrachtungen ist einmal nicht von den richtigen Resultaten, d.h. von den Teilnehmern ausgegangen worden, die das Zertifikat mit dem Zusatz "bestanden" erhalten haben, sondern von den Fehldiagnosen. Die Tab. 3 faßt alle Gruppen zusammen: ABO, Rh-Faktor (D), Rh-Merkmale (CcEe), Antikörpersuchtest und Antikörperdifferenzierung. Die Zahl der Fehler nimmt - wie Sie sehen - von der ABO-Blutgruppenbestimmung zur AK-Differenzierung mit der offensichtlichen Kompliziertheit der Verfahren ständig zu, während die Teilnehmerzahl im Gegensatz dazu abnimmt. Für den Patienten ist zweifellos die ABO-Blutgruppe und der Rh-Faktor von größter Bedeutung. 2% Fehlbestimmungen im ABO-System sind fatal, 2% außerhalb des Vertrauensbereiches wäre bei quantitativen Resultaten ein ausgezeichnetes Ergebnis.

	Total		
	Zahl	falsch	% Fehler
AB0	641	18	2,0%
Rh-Faktor (D)	641	100	15,6%
Rh-Merkmale Cc Ee	441	44	10,0%
Antikörper Suchtest	478	109	22,8%
Antikörper Diff.	243	57	23,5%

Tab. 3: Ringversuche Immunhaematologie, Februar 1977 bis Februar 1978

	Probe 1	Probe 2	falsch
Feb. 77	A_1	0	2,5%
April 77 I	B	0	2,4%
April 77 II	A_1	A_1	0,0%
Sept. 77	A_2	B	6,5%
Nov. 77 I	0	0	1,4%
Nov. 77 II	A_1	A_1B	2,2%
Feb. 78	A_1	0	3,0%

Tab. 4: Ringversuche Immunhaematologie, AB0-System

Wie heißt es doch in den"Richtlinien mit Informationen zur Blutgruppenbestimmung und Bluttransfusion":

Blutgruppenserologische Untersuchungen unterscheiden sich von anderen
Laboratoriumsuntersuchungen dadurch, daß
1. die Blutgruppen eines Menschen sich nicht ändern und deshalb das
    Ergebnis ihrer zuverlässigen Bestimmung ein endgültiger Befund
    ist,
2. unrichtige Befunde nicht nur zu gesundheitlichen Schäden führen,
    sondern unter Umständen sogar den Tod zur Folge haben können.

Hieraus erklärt sich die außerordentliche Bedeutung einer sachgemäßen
und zuverlässigen Untersuchung und die besondere Verantwortung des
Untersuchers.

Betrachten wir nun die verschiedenen Gruppen etwas näher. Die <u>klas-
sischen ABO-Blutgruppen</u>, denen man zweifellos den 1.Rang in ihrer
Bedeutung für den Patienten einräumen muß, stellen offenbar für
manchen Untersucher noch ein Problem dar (<u>Tab. 4</u>). Es fällt auf, daß
die Treffsicherheit größer ist, wenn beide Proben der gleichen Blutgruppe angehören. Ob man die richtige Bestimmung der <u>A-Untergruppen</u>
mit als Kriterium für die Beurteilung "richtig - <u>falsch</u>" heranziehen
soll, könnte ein Streitfall sein. Für die Tranfusionspraxis kann man
sie im allgemeinen vernachlässigen. Es genügt: Blutgruppe A. Ein
Untersucher, der blutgruppenserologische Untersuchungen durchführt,
müßte aber durchaus in der Lage sein, A_1 und A_2 und eventuell auch
andere A-Varianten zu unterscheiden. Ein Teil der als falsch angegebenen Resultate dürfte jedenfalls mit den A-Untergruppen in Zusammenhang stehen. Ähnliche Beobachtungen wie bei den ABO-Blutgruppen kann
man auch beim <u>Rh-Faktor</u> machen.

<u>Gute Treffsicherheit</u>, wenn beide Proben gleich sind, <u>Riesenprobleme
mit der D-Variante D^u</u> (Tab. 5).

Welche klinische Bedeutung hat <u>D^u</u>, genügen nicht Rh-positiv (D) und
Rh-negativ (d)? In unserem Raum dominiert die Auffassung: D^u erhält
als Empfänger Rh-negatives Blut und wird als Spender unter die Rh-po-
sitiven eingereiht. <u>Also</u> sollte man verlangen, daß es erkannt wird,
auch im Ringversuch! Der Rückgang der Fehler von 41.5% im Februar 1977
auf 25.5% im Februar 1978 zeigt vielleicht schon den gewünschten
"erzieherischen Effekt". Wie sähe das Resultat wohl aus, wenn alle

	Probe 1	Probe 2	falsch
Feb. 77	D^u	D	41,5%
April 77 I	D	neg	12,7%
April 77 II	D	D	0,0%
Sept. 77	D^u	D	29,1%
Nov. 77 I	neg	neg	1,4%
Nov. 77 II	D	D	0,0%
Feb. 78	D	D^u	25,5%

Tab. 5: Ringversuche Immunhaematologie, Rh-Faktor D

	Probe 1	Probe 2	falsch
Feb. 77	ccEe	Ccee	9,9%
April 77 I	ccEe	ccee	12,7%
April 77 II	Ccee	CCee	5,0%
Sept. 77	ccEe	CCee	9,6%
Nov. 77 I	ccEe	ccee	7,7%
Nov. 77 II	Ccee	CCee	2,2%
Feb. 78	Ccee	Ccee	7,3%

Tab. 6: Ringversuche Immunhaematologie, Merkmale CEce

Laboratorien die Blutgruppenbestimmungen durchführen, zur Teilnahme an Ringversuchen verpflichtet wären? Ein weiterer Gesichtspunkt bei Betrachtung dieser Resultate betrifft den Probenlieferanten. Er hat es in der Hand, durch Auswahl der Proben zu bestimmen, wie viele die Hürde nicht überspringen können, wie hoch der Prozentsatz falscher Resultate liegt.

Das Bild bei den Rh-Merkmalen CcEe ist über die gesamte Zeitspanne eher konstant (Tab. 6). Ihre Bestimmung stellt keinen zusätzlichen Schwierigkeitsgrad gegenüber dem Rh-Faktor D dar. Wer D bestimmen kann, kann auch CcEe bestimmen.

Antikörper sind gegenüber den Blutgruppenantigenen sicherlich für manchen "höhere Mathematik". Aus Tab. 7 können wir nicht erkennen, warum bei vorhandenen Antikörpern einmal 3% und einmal 47% Fehldiagnosen aufgetreten sind. Die Vermutung ist sicherlich richtig, daß das mit der Qualität - sprich - Art und Avidität der Antikörper zusammenhängt. Die Probleme, die im Antikörper-Suchtest auftreten, werden bei der Antikörperdifferenzierung offensichtlich (Tab. 8). Rh-Antikörper sind relativ "einfache Vertreter dieser Zunft". Sind die Spielarten Anti-Le(a), -s, -F$_y$(a), die Kombination Anti-cM vernachlässigbar? Sie sind zwar seltener, aber "armer Patient", wenn sie in der Verträglichkeitsprobe nicht erkannt werden! Und dabei hilft die Differenzierung doch so sehr bei der Suche nach passendem Transfusionsblut. Einzig über das Anti-P$_1$ könnte man streiten. Eine klinische Bedeutung wird eher negiert. Ich möchte zwar mit einem Anti-P$_1$ kein P$_1$-positives Blut bei Transfusionen haben: aber wer wird denn schon so empfindlich sein wie ein Eingeweihter?

Viele Aspekte allein bei der Betrachtung qualitativer Resultate in der Immunhämotologie! Sicherlich wäre es interessant auch Aspekte bei qualitativen Resultaten in anderen Bereichen von Fachexperten untersuchen zu lassen.

In Tab. 9 ist "der kleine Unterschied" zwischen qualitativem und quantitativem Untersuchungsverfahren in einer Übersicht dargestellt. Die Fragestellung ist klar: welche Quantität - welche Qualität? Probevariationen sind bei quantitativen Tests praktisch unbegrenzt. Die Begrenzung bei qualitativen Untersuchungen liegt in der Natur des Materials, - zum Beispiel gibt es eben nur vier Blutgruppen etc. - oder in der Verfügbarkeit, zum Beispiel Seltenheit von bestimmten

Antikörper-Differenzierung

	Probe 1	Probe 2	falsch
Feb. 77	−	Anti-E	9,6%
April 77 I	−	Anti-D	14,0%
April 77 II	Anti-Le^a	Anti-s	29,1%
Sept. 77	−	Anti-$\bar{c}$	5,6%
Nov. 77 I	−	Anti-D	8,7%
Nov. 77 II	Anti-Fy^a	Anti-$\bar{c}$ Anti-M	58,4%
Feb. 78	Anti-P$_1$	−	46,5%

Tab. 7 u. 8: Ringversuche Immunhaematologie

Antikörper-Suchtest

	Probe 1	Probe 2	falsch
Feb. 77	−	+	25,5%
April 77 I	−	+	10,4%
April 77 II	+	+	35,0%
Sept. 77	−	+	3,1%
Nov. 77 I	−	+	19,1%
Nov. 77 II	+	+	33,4%
Feb. 78	+	−	47,3%

Antikörpern, Limitierung der Abnahmemenge bei bestimmten Patienten etc.

Die ideale Probenzahl für einen Befähigungsnachweis sind zwei bis drei für quantitative Tests, zum Beispiel normal/pathologisch oder normal/Grenzbereich/pathologisch. Bei qualitativen Tests kann <u>nur</u> die richtige Auswertung der ganzen Gruppe (z.B. A_1, B, 0, A_1B, A_2B) einen echten Befähigungsnachweis erbringen! Das Ergebnis kann beim quantitativen Test <u>methodenabhängig</u> sein, unter keinen Umständen darf dieses bei qualitativen Tests der Fall sein! Die Auswertung geschieht beim quantitativen Test mittels statistischer Kennzahlen. Akzeptiert wird ein BEREICH. Das qualitative Resultat kennt nur RICHTIG oder FALSCH! Die Beurteilung erlaubt beim quantitativen Test eine ganze Skala der Noten von eins bis sechs. Beim qualitativen Test gibt es nur SEHR GUT oder UNGENÜGEND. Während die Eigenarten quantitativer Tests einen <u>Befähigungsnachweis</u> "gut möglich" machen, könnte bei einem qualitativen Test höchstens ein <u>"Nicht-Befähigungsnachweis"</u> ausgesprochen werden!

Welche Empfehlungen lassen sich nun aus den bisherigen Erfahrungen für die Durchführung und Beurteilung qualitativer Merkmale in Ringversuchen geben?

1. Wegen der großen diagnostischen Bedeutung qualitativer Resultate ist eine Teilnahmepflicht an Ringversuchen wünschenswert, in der Blutgruppenserologie zwingend.

2. Da der qualitative Test wegen der aufgezählten Besonderheiten in der Versuchsanordnung keinen Befähigungsnachweis erbringen kann, sollte nur die Teilnahme attestiert werden, aber keine Bewertung erfolgen.

3. Um den Ringversuchsteilnehmer auf eventuelle Schwächen in seinem Labor (oder bei sich selbst!) aufmerksam zu machen, ist eine möglichst ausführliche Kommentierung der Ringversuchsteilnehmer anzustreben.

QUALITATIVER UND QUANTITATIVER
TEST IM RINGVERSUCH

	Quantitativer Test	Qualitativer Test
Fragestellung	welche Quantität?	welche Qualität?
Probenvariation	praktisch unbegrenzt	begrenzt
benötigte Proben-zahl für Befähigungs-nachweis	zwei - drei	Gruppe
Methodeneinfluss	Ergebnis kann abhängig sein	Ergebnis muss unabhängig sein
Ziel	Ergebnis im Vertrauensbereich	Richtige Identifizierung
Auswertung	Statistik	richtig - falsch
Beurteilung	sehr gut - gut - befriedigend - aus-reichend - mangelhaft - ungenügend	sehr gut - ungenügend
Befähigungsnachweis	gut möglich	problematisch (Nicht-Befähigungs-nachweis möglich !)

Tab. 9: Qualitativer und Quantitativer Test im Ringversuch

<u>Epilog</u>

Der Unterschied zwischen qualitativen und quantitativen Test läßt sich
gut an Wilhelm Tells Apfelschuß verdeutlichen (<u>Abb. 1</u>). Links wird
Walter (Patient) quantitativ geprüft. Der Apfel ist groß und Tell
(Laborarzt) kann das Ziel kaum verfehlen. Mit gutem Grund kann Walter
dem Schuß (Analyse) zuversichtlich und gefaßt entgegensehen. Auf der
anderen Seite wird Walter qualitativ geprüft. Seine Sorgenfalten
zeigen die veränderte Situation: das Ziel ist klein und ein Fehlschuß
leicht möglich, denn treffen kann nur ein Musterschütze.

QUANTITATIV QUALITATIV

<u>Abb. 1</u>

5   Zielwertermittlung

5.1   K.-G.V. BOROVICZÉNY (BERLIN) UND R. MERTEN (DÜSSELDORF): ENTWICKLUNG DES INSTAND-MODELLS ZUR ERMITTLUNG DES ZIELWERTES UND DES "ABGESICHERTEN LABORWERTES"

Als Anfang der siebziger Jahre bei INSTAND regelmäßig Zielwertermittlungen durchgeführt wurden, zeigte sich sehr bald, daß die dabei beteiligten Referenzlaboratorien zwar mit einer guten Präzision arbeiteten, aber laborspezifische Fehler ihrer Werte aufwiesen. Die Werte einzelner Laboratorien zeigten sogar signifikante Abweichungen. Dies führte gelegentlich zu Diskussionen mit den Leitern der betroffenen Laboratorien, so daß es notwendig war, im Rahmen eines Arbeitsablaufsplans ein Zielwertermittlungsmodell zu entwickeln. Ein solches Modell sollte vor allem den Versuchsleiter und die Leiter der Referenzlaboratorien in die Lage versetzen, mit möglichst geringem Aufwand festzustellen, wo mit großer Wahrscheinlichkeit systematische Fehler vorlagen und Unterschiede durch die verwendeten Methoden, Geräte, Reagenzien, Dilutoren usw. hervorgerufen wurden.

1972 ist ein solcher Organisationsplan von uns veröffentlicht und in den nachfolgenden Jahren ein Modell entwickelt worden, das einfach und praktikabel sein sollte. Dabei ist von folgendem Schema ausgegangen worden (v. Boroviczény und Merten, 1972, 1973): Zwei Untersucher führen an zwei Arbeitstagen und an zwei Arbeitsplätzen mit zwei kompatibeln Methodologien Doppelbestimmungen durch, wobei am zweiten Arbeitstag die Arbeitsplätze gewechselt werden.

Dieses Modell ist 1975 in einem Treffen mit den Leitern der Referenzlaboratorien als "2x2x2-Modell" in Freiburg vorgestellt worden und wird auch heute noch in der Hämatomorphologie verwendet, um einen sogenannten "abgesicherten Laborwert" zu erhalten. Dabei ist zunächst davon ausgegangen worden, mit verschiedenen Methoden, Reagenzien und Geräten einen allgemein anwendbaren Zielwert zu ermitteln.

Sehr bald hat sich nun gezeigt, daß z.B. bei den klin.chem. Bestandteilen methodenbedingte und seltener reagenzienbedingte Unterschiede aufgetreten sind. Dies hat dazu geführt, festzustellen, wann "kompatible" Methoden, Reagenzien oder Geräte verwendet werden, deren Werte gemeinsam zur Berechnung des Zielwertes verwendet werden können. Unter "kompatibel" ist dabei zu verstehen, daß keine voneinander signifikant abweichenden Werte erzielt werden. So hat sich z.B. gezeigt, daß an dem einen Arbeitsplatz die Hexokinasemethode, an dem anderen die Glucose-Dehydrogenase-Methode eingesetzt oder mit Geräten gleicher oder auch unterschiedlicher Bauart Analysen durchgeführt werden können, weil mit diesen Methoden keine Unterschiede auftreten. Oder es werden in der Hämatomorphologie an dem einen Arbeitsplatz Zellzählungen mit einer Zählkammer bzw. Hämoglobinbestimmungen mit einem Photometer, an dem anderen mit einem vollmechanisierten Zellzählgerät durchgeführt, auch hier unter der Voraussetzung, daß keine Unterschiede auftreten.

Das 2x2x2-Modell hat sich nicht nur in Zielwertermittlungen, sondern auch in anderen Fällen bewährt, z.B. wenn ein Labor mit relativ geringem Aufwand einen möglichst genauen laborinternen Zielwert bei Präzisionskontrollen ermitteln will. Es wird bevorzugt dann eingesetzt, wenn die Zielwertermittlung bei nur begrenzt haltbaren Proben, z.B. in der Hämatologie, schnell von statten gehen soll. Es eignet sich aber grundsätzlich auf allen Gebieten der Labormedizin. Bei den gefriergetrockneten Kontrollproben in der klinischen Chemie kann man sich etwas Zeit lassen. Es ist deshalb dort von INSTAND das <u>4x2-Modell</u> eingeführt worden, bei dem jedes Referenzlabor nur an einem Arbeitsplatz (mit nur einem Untersucher) an vier verschiedenen Tagen jeweils eine Doppelbestimmung durchführt. Die Ergebnisse werden gemittelt und man erhält vier unter Vergleichsbedingungen gewonnene Werte von jedem Labor.

Nach Bekanntwerden des VDGH-Modells ist 1979 neben dem 4x2-Modell bei Zielwertermittlungen das <u>5x2-Modell</u> unter gleichzeitiger Untersuchung einer Blindprobe verwendet worden. Bei beiden Modellen sind 8 bis 10 Laboratorien eingesetzt worden, um möglichst 40 Mittelwerte aus Doppelbestimmungen zur Berechnung der statistischen Kenngrößen zur Verfügung zu haben (Passing, Glocke, Brettschneider, Müller 1980).

Die Doppelbestimmungen desselben Untersuchers am selben Tag und am selben Arbeitsplatz sind wichtig, um die Wiederholvarianz $\left(\text{in dem nachfolgend verwendeten Rechenschema } s_0^2\right)$ schätzen zu können, an der die systematischen Fehler beurteilt werden können.

Um einen "abgesicherten Laborwert" zu prüfen, wird ein "Rechenschema der varianzanalytischen Auswertung" verwendet, wie es in dem "speziellen Versuchsplan" der Tab. 1 einschließlich eines durchgerechneten Beispiels wiedergegeben wird. Hierin wird der aus 4 Doppelbestimmungen berechnete Gesamtmittelwert $\bar{x}$ nur dann als "abgesichert angesehen", wenn sich

- die Varianzen der Doppelbestimmungen und
- die Mittelwerte der Doppelbestimmungen

jeweils nur zufällig voneinander unterscheiden.

Im vorgestellten Beispiel ist dies nicht der Fall und man hat keinen "abgesicherten Laborwert" erhalten. Die fehlende Übereinstimmung der Gruppenmittelwerte geht im wesentlichen zu Lasten von Unterschieden der Arbeitsplätze[1] (0,42275 bzw. 0,47950), während die Untersucher sich viel weniger voneinander unterscheiden (0,44575 bzw. 0,44950). Man hätte durch weitere Untersuchungen klären müssen, an welchem Arbeitsplatz der systematische Fehler aufgetreten ist oder ob methoden- bzw. gerätebedingte Unterschiede vorliegen. Das Ergebnis wird ein - gegebenenfalls methodenspezifischer - neuer "abgesicherter Laborwert" sein.

Zielwert und Zielbereich werden entsprechend der nachstehenden Tabelle (Tab. 2) festgelegt, indem zunächst der 2s-Bereich aller mitgeteilten Werte der Referenzlaboratorien berechnet wird. Die außerhalb dieses Bereiches liegenden Werte werden als "Abweicher" angesehen. Vom Versuchsleiter wird versucht, die möglichen Ursachen hierfür zu klären. Ist ein Ausschluß bei der weiteren Berechnung gerechtfertigt, so werden aus den verbleibenen Werten über den arithmetischen Mittelwert, Standardabweichung und prozentuale Standardabweichung erneut der 2s-Bereich und gleichzeitig der 3s-Bereich festgelgt, wobei letzterer der Bewertung der Teilnehmerwerte zugrundegelegt wird.

---

[1] Die Quadratsumme QS_z läßt sich übrigens noch weiter aufspalten in je einen Anteil zwischen Arbeitsplätzen, einen weiteren zwischen Untersuchern, sowie einen Anteil zwischen Tagen

1. Es führen 2 Untersucher an 2 Tagen und abwechselnd an 2 Arbeitsplätzen 4 Doppelbestimmungen nach dem nebenstehenden Schema (Spalte 1) durch und erhalten 4 Wertepaare oder Gruppen mit den Einzelwerten x_{i1} und x_{i2} und die daraus berechenbaren Gruppenmittelwerte ($\bar{x}_A$, $\bar{x}_B$, $\bar{x}_C$ und $\bar{x}_D$), nach der Formel: $(x_{i1} + x_{i2})/2$

   Wir betrachten den Gesamtmittelwert $\bar{\bar{x}}$ der vier Doppelbestimmungen nur dann als 'abgesichert', wenn sich:

   > .1 die Varianzen der Doppelbestimmungen und
   > .2 die Mittelwerte der Doppelbestimmungen

   jeweils nur <u>zufällig</u> voneinander unterscheiden. Nur wenn <u>beide</u> Bedingungen erfüllt sind, kann der Gesamtmittelwert $\bar{\bar{x}}$ als 'abgesichert" akzeptiert und weitergegeben werden.

   Ob sich die Varianzen bzw. Gruppenmittelwerte signifikant unterscheiden, kann man an Hand des folgenden, sehr einfachen Rechenschemas leicht prüfen. Zur Begründung wird auf die Lehrbücher der Statistik verwiesen. Varianz ist das Quadrat der Standardabweichung (Standardabweichung s, bzw. σ; Varianz s^2, bzw. σ^2).

2. <u>Prüfung auf Übereinstimmung der Varianzen</u>

   Die Varianz einer Doppelbestimmung ist gleich dem halben Quadrat der Differenz ihrer Einzelwerte: $s^2 = (x_{i1} - x_{i2})^2/2 = d^2/2$

   > .1 Aus den Doppelbestimmungen bilden wir die vier Differenzen $d_i = x_{i1} - x_{i2}$ (d-Werte; Spalte 3)
   > .2 wir quadrieren die d-Werte (d^2-Werte, Spalte 4)
   > .3 und summieren die Quadrate. Wir erhalten die Summe I
   > .4 Wir suchen den größten d^2-Wert, den wir symbolisch mit 'max(d^2)' bezeichnen und teilen diesen Wert durch die Summe I: $\max(d^2)/I = \hat{G}$
   > .5 Ist $\hat{G} < 0,9676$ (d.h. ist der Quotient $\max(d^2)/I$ kleiner als 0,9676), können wir (nach Cochran) die Unterschiede zwischen den Varianzen als zufällig betrachten und sie zusammenfassen, indem wir
   > .6 die Summe I durch 8 teilen: $I/8 = s_o^2$. Diesen Wert benötigen wir später für die Prüfung auf signifikante Unterschiede der vier Gruppenmittelwerte.

3. <u>Prüfung auf Übereinstimmung der Gruppenmittelwerte</u>

   > .1 Wir bilden die vier Summen S der Doppelbestimmungen (S-Werte, Spalte 5): $(x_{i1} + x_{i2})$ und summieren diese S-Werte. Wir erhalten die Summe II.
   > .2 Wir teilen die Summe II durch 8 und <u>erhalten den Gesamtmittelwert</u>: $II/8 = \bar{\bar{x}}$
   > .3 Wir quadrieren die Summe II und erhalten den Wert II^2
   > .4 und teilen diesen II^2-Wert durch 8; erhalten so den Wert $II^2/8$
   > .5 Wir quadrieren jeden der Summanden S und erhalten die vier S^2-Werte (Spalte 6), summieren dann die vier S^2-Werte und erhalten die Summe III
   > .6 Wir teilen die Summe III durch 2. (Der III/2-Wert <u>muß größer sein</u> als der Wert $II^2/8$ {siehe 3.4.}, sonst liegt ein Rechenfehler {meist <u>Rundungsfehler</u>} vor!)
   > .7 Wir ziehen vom III/2-Wert den $II^2/8$-Wert ab; erhalten die 'Quadratsumme': $(III/2) - (II^2/8) = QS_z$,
   > .8 aus der wir die 'mittlere Quadratsumme' gewinnen, indem wir QS_z durch 3 teilen: $QS_z/3 = MQS_z$
   > MQS_z ist ein Maß für die Varianz der vier Gruppenmittelwerte. Wenn sich diese nur zufällig unterscheiden, sollten sich auch die Varianzen MQS_z und s_o^2 nur zufällig unterscheiden. Wir prüfen dies mit Hilfe des 'F-Tests':
   > .9 Wir bilden den Quotienten $MQS_z/s_o^2 = \hat{F}$ mit den 'Freiheitsgraden' 3 und 4. <u>Ist $\hat{F} < 16,7$</u> (d.h. ist der Quotient MQS_z/s_o^2 kleiner als 16,7), so können wir die Hypothese, daß sich die Gruppenmittelwerte nur zufällig unterscheiden, beibehalten.

4. <u>Nur wenn $\hat{G} < 0,9676$ ist, und $\hat{F} < 16,7$ ist, dürfen wir den Gesamtmittelwert $\bar{\bar{x}}$ als 'abgesicherten' Wert betrachten und mitteilen.</u> Die Varianz (s_o^2) wird dem Schema entnommen

5. Wird eine der beiden unter 4. genannten Bedingungen <u>nicht erfüllt</u>, so liegen signifikante Unterschiede vor, die auf systematische Abweichungen hinweisen. Wir suchen und eliminieren die Fehlerquelle, wiederholen danach den ganzen Versuch, um einen 'abgesicherten' Wert zu erhalten. Statistische Methoden, mit denen die signifikant abweichenden Werte 'lokalisiert' werden können, sowie Versuchsanordnungen weitergehender Fehleranalysen, werden auf gesonderten Rechenblättern mitgeteilt. Bei kritischer Betrachtung der Werte können wir oft auf Anhieb sagen, daß z. B. die Abweichung zwischen den Werten der beiden Arbeitsplätze auffällt (wie im durchgerechneten Beispiel), und werden entsprechend vorgehen.

– Fortsetzung 'Rechenschema ...' –

Tab. 1: Rechenschema der varianzanalytischen Auswertung eines speziellen Versuchsplanes. (Abgesicherter Wert)

Durchgerechnetes Beispiel einer varianzanalytischen Auswertung von vier Doppelbestimmungen durch 2 Untersucher, an 2 Arbeitsplätzen, an 2 Tagen

Spalte 1	Spalte 2	Spalte 3	Spalte 4	Spalte 5	Spalte 6
Arbeitsplatz Tag und Untersucher	Einzel-werte	Differenzen d-Werte	d^2-Werte	Summen S-Werte	S^2-Werte
1. 1.Arb.Pltz. 1.T. 1.U. 2.	0,422 0,426	0,004	0,000 016	0,848	0,719 104
3. 2.T. 2.Unters. 4.	0,421 0,422	0,001	0,000 001	0,843	0,710 649
5. 2.Arb.Pltz 1.T. 2.Untersucher 6.	0,480 0,475	0,005	0,000 025	0,955	0,912 025
7. 2.T. 1.U. 8.	0,470 0,465	0,005	0,000 025	0,935	0,874 225

Summe I = 0,000 067   Summe II = 3,581   Summe III = 3,216 00

$$\hat{G} = \max(d^2)/I \qquad s_U^2 = I/8 \qquad \bar{\bar{x}} = II/8 \qquad II^2 \qquad III/2$$

$$0,373 < 0,9676 \qquad 0,000\ 008\ 375 \qquad 0,447\ 625 \qquad 12,823\ 561 \qquad 1,608\ 001\ 5$$

Der errechnete Quotient ist tatsächlich kleiner als 0,9065, also weichen die Varianzen nur zufällig voneinander ab.

$$QS_i = 4 \cdot s_0^2 \qquad\qquad II^2/8$$

$$0,000\ 033\ 5 \qquad\qquad 1,602\ 945\ 125$$

$$QS_g = QS_i + QS_z \qquad\leftarrow\qquad QS_z = (III/2) - II^2/8)$$

$$0,005\ 089\ 875 \qquad\leftarrow\qquad 0,005\ 056\ 375$$

$$MQS_g = QS_g/7 = s_x^2 \qquad\qquad MQS_z = QS_z/3$$

$$0,000\ 727\ 125 \qquad\qquad 0,001\ 685\ 458$$

$S_A = 0.848 + 0.843 - 0.955 - 0.935$

$S_T = 0.848 - 0.843 + 0.955 - 0.935$

$S_U = 0.848 - 0.843 - 0.955 + 0.935$

Differenzen der Summen

zw. Arb.-Platz S_A -0.199

zw. Tagen S_T 0.025 $S_A = S_A^2/8$ etc.

zw. Untersuchg. S_U 0.015

$$\hat{F} = MQS_z/s_0^2 \qquad F_{3;4;0.95} = 16,7$$

$$201,2488 > 16,7 \ ! \ \text{Die Gruppenmittelwerte stimmen \underline{nicht} überein.}$$

Variations-ursachen	Quadratsummen QS	Frei-heits Grade	Mittlere Quadratsummen MQS	Geschätzter F - Wert	Auftrennung der QS zw. Gruppen	Geschätzter F - Wert
In den Gruppen (i)	0,000 033 5	4	0,000 008 375			
Zwischen den Gruppen (z)	0,005 056 375	3	0,001 685 458	201,249	A 0.004950125 T 0.000078125 U 0.000028125	591.06 9.33 3.36
Gesamt (g)	0,005 089 875	7	0,000 727 125			

Quadratsumme in den + zwischen den Gruppen = Gesamtquadratsumme

Quadratsumme geteilt durch Freiheitsgrad = Mittlere Quadratsumme

zum Rechenschema der varianzanalytischen Auswertung eines speziellen Versuchsplanes (Abgesicherter Wert).

1.   10 Referenzlaboratorien (nicht unter 8)

2.   4 Analysendoppelwerte an 4 verschiedenen Arbeitstagen

3.   Computerauswertung

3.1 Ermittlung des 2s-Bereichs aller Werte der Referenzlaboratorien

3.2 Ermittlung der Kenngrößen derjenigen Werte, die
innerhalb des 2s-Bereichs unter 3.1 liegen
- Mittelwert im 2s-Bereich als Zielwert $\bar{x}$
- Standardabweichung s
- relative Standardabweichung s% (VK%)

4.   Bewertungsgrenzen
- obere Grenze: Zielwert zuzüglich der 3-fachen
Standardabweichung
- untere Grenze: Zielwert abzüglich der 3-fachen
Standardabweichung

<u>Tab. 2:</u> INSTAND "4x2" Modell 1979

Eine weitere Korrektur durch den Versuchsleiter darf erfolgen, wenn die Streuung der Werte der Referenzlaboratorien, gemessen an dem Variationskoeffizienten (bzw. s%-Wert) gegenüber den Erfahrungswerten sehr gering ist und die klinische Anforderung erheblich übersteigt (MERTEN, 1981 b,c).

5.2 A. V. KLEIN-WISENBERG (FREIBURG): MODELLE ZUR FESTLEGUNG DES LAGEPARAMETERS

Eine für alle Zufallsverteilungen im Gebiete der Laboratoriumsmedizin brauchbare Schätzung des Lageparameters ist durch den Zentralwert oder Median gegeben; er ist unbeeinflußt von extremen Abweichungen und ist insbesondere für diskrete Verteilungen sinnvoll. Bei kontinuierlich verteilten Merkmalen zieht man jedoch wegen des unter der Voraussetzung der Normalverteilung um 1/5 kleineren Vertrauensbereiches das arithmetische Mittel dem Zentralwert als 'Zielwert' einer Probe vor.

Hierzu müssen Kenntnisse über die Gestalt der Verteilung - sie sollte
angenähert normal sein - aus ähnlich gelagerten Fällen oder aus der
Stichprobe selbst vorliegen.

Im Falle einer eingipfligen (unimodalen) <u>Verteilung</u> mit positiver
Schiefe (engl.: skewness), die man auch rechtsschief, linksgipflig
oder linkssteil bezeichnet, folgen einander die Lagekriterien in der
Reihung

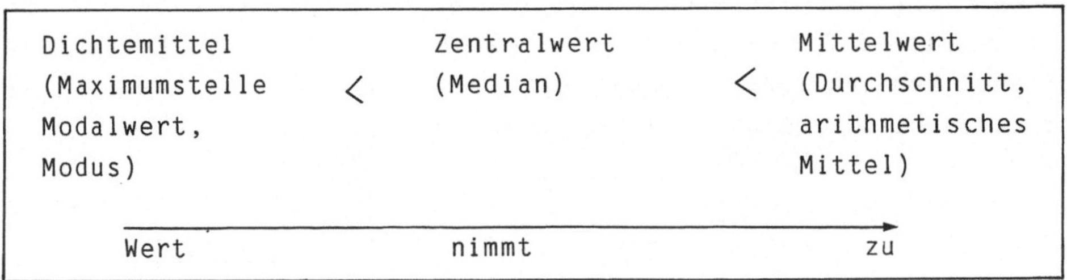

Tab.1: Üblicherweise vorliegende Größenbeziehung der Lagekriterien bei Stichproben aus stetigen eingipfligen Verteilungen
mit positiver Schiefe (rechtsschiefe, linksgipflige oder
linksteile Verteilung)

Bei symmetrischen Verteilungen, also insbesondere der Normalverteilung, fallen diese Lagekriterien zusammen.

Bei dem Konzept, das den Qualitätssicherungsmaßnahmen für das medizinische Laboratorium zugrunde liegt, wird daher von der Voraussetzung
der Normalverteilung ausgegangen. Es ist in jedem Fall sinnvoll, das
Datenmaterial zumindest auf Symmetrie zu untersuchen. Werden Anzeichen
für das Vorliegen einer zwei- oder mehrgipfligen Verteilung beobachtet, so kann und darf ohne zusätzliche Information über die Gründe
(methodenbedingte, systematische Fehler, verschiedene Umrechnungsfak-
toren, Probenverwechslung u.a.) keine Zielwertfestlegung vorgenommen
werden. Sind die Ursachen bei einer solchen Komplikation als metho-
disch bedingt wahrscheinlich gemacht, so muß eine getrennte Auswertung
erfolgen.

Das nunmehr eingipflig verteilte, gegebenenfalls nach Merkmalstrans-
formation (z.B. durch Logarithmierung) an eine Normalverteilung ange-
näherte Datenmaterial wird auf Homogenität geprüft, Extremwerte werden
erforderlichenfalls abgeschnitten. Eine Verfeinerung des vorerst grob
festgelegten Zielwertes kann durch eine <u>sinnvolle Gewichtung</u>, etwa

über die Anzahl der überzähligen Messungen jedes Referenzlaboratoriums oder über die _erzielte Genauigkeit_ jedes Referenzlaboratoriums erfolgen.

Im nachfolgenden Anhang wird das technische Vorgehen anhand von durchgerechneten Beispielen erläutert.

Aufgrund eigener Erfahrungen wird als erforderlich angesehen, in jedem Fall mehr als vier Referenzlaboratorien heranzuziehen, um mit vertretbarem Risiko Ergebnisse einer Zielwertermittlung einer rechtsverbindlichen Vereinbarung, wie Sie die Zielwertermittlung bei Kontrollproben darstellt, zugrunde zu legen.

Das folgende _Ablaufdiagramm_ stellt zusammenfassend das Vorgehen bei der Zielwertermittlung nach dem INSTAND-Modell dar (_Abb.1_).

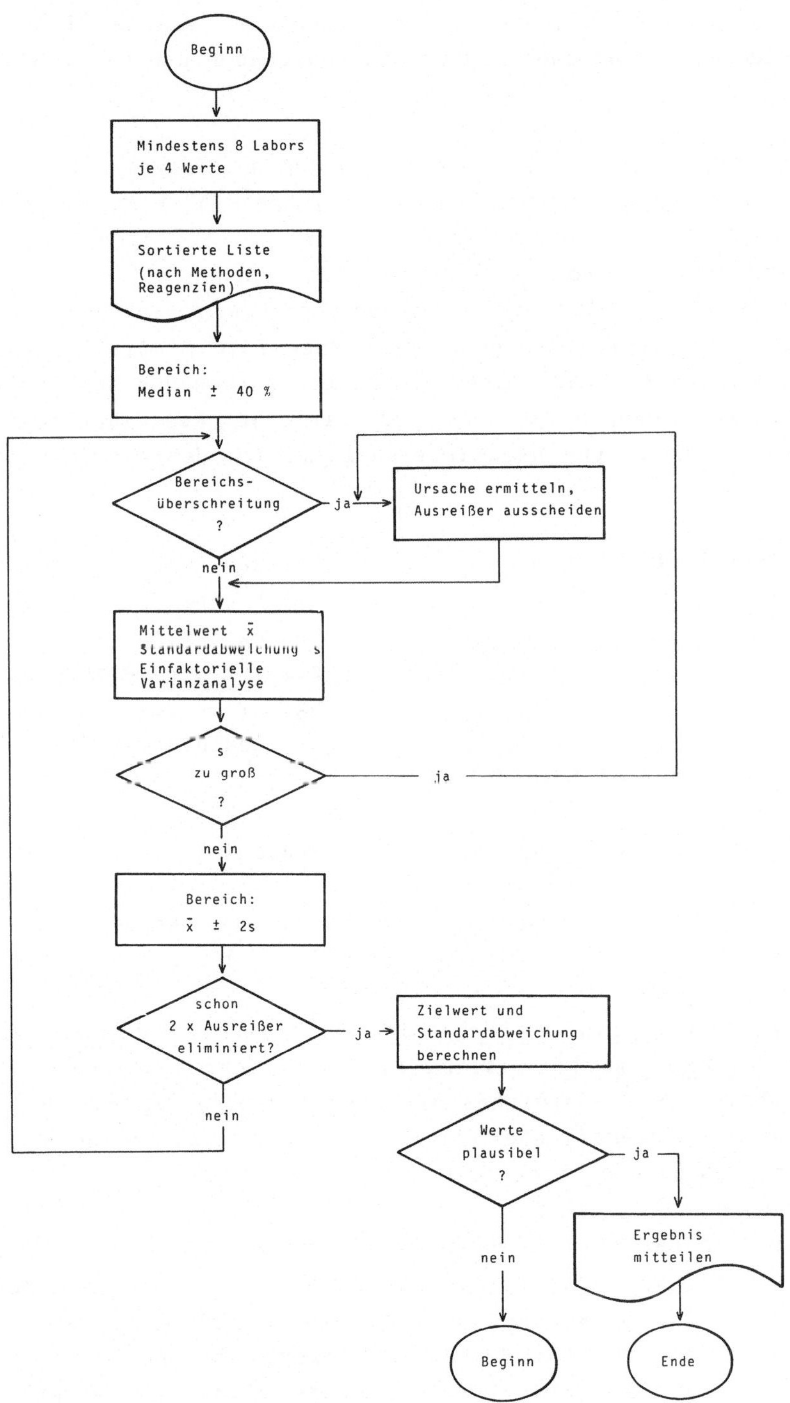

Abbildung 1: Zielwertermittlung (INSTAND-Routineverfahren)

**Anhang: Diskussion aufgetretener Unterschiede zwischen Ringversuchs-
ergebnissen der KV Nordwürttenberg und Nordbaden und den INSTAND-Ziel-
werten**

In einem bereits 1974 von den oben genannten Kassenärztlichen Vereinigungen in Zusammenarbeit mit der Firma Boehringer Mannheim durchgeführten Ringversuch, bei dem keine logarithmische Transformation der
ursprünglichen Teilnehmerwerte vorgenommen worden ist, ist eine Probe
Precinorm R 14, lot 409 zur Verwendung gekommen, in der von INSTAND
eine Zielwertermittlung vorgenommen worden ist. Statistisch sichtbare
Unterschiede in den Ergebnissen von Ringversuchen und den vorliegenden
Referenzwerten geben Veranlassung zu kritischer Reevaluation der Zielwerte und der Forderung nach Vereinheitlichung des Auswertungsverfah-
rens.

Glucose **(GOD-Perid Methode)**　　　　Datenanalyse, Dixon-Test
　　　　　　　　　　　　　　　　　　　　a) Abschneiden von Randwerten
　　　　　　　　　　　　　　　　　　　　b) Gewichtung
　　　　　　　　　　　　　　　　　　　　b_1) mit der Genauigkeit
　　　　　　　　　　　　　　　　　　　　b_2) mit einer Funktion der
　　　　　　　　　　　　　　　　　　　　　　　Genauigkeit

Gesamt-Eiweiß **(Biuret Methode)**　　Datenanalyse, t-Test

Glucose (Methode GOD-Perid)　　　　　Probe R14 (mg/dl)

　　INSTAND　　　　　　　　Nordwürttemberg　　　　　　Nordbaden
103,0 $\pm$ 4,9 (N=24)　　110,1 $\pm$ 6,7 (N=666)　　109,3 $\pm$ 6,6 (N=644)

Die Referenzwerte sind das Ergebnis des Ausschließungsprozesses aus-
reißerverdächtiger Werte. Bislang ist so verfahren worden, daß Werte,
die außerhalb des 2s-Bereiches der ersten Berechnung liegen, aus dem
Kollektiv als systematischer oder zufälliger Abweichungen verdächtig
herausgenommen worden sind.
1. Berechnung　　　　　　　　　　　　　　　　　　　**103,42 $\pm$ 5,32.**
Die endgültige Berechnung, ohne einen Wert von 114, ist mit gleichen
Gewichten für jedes Referenzlaboratorium erfolgt:　　　**102,96 $\pm$ 4,94.**
Im herangezogenen Beispiel sind eine Gruppe von vier nahe zusammenliegenden Werten um 94 und ein Einzelwert von 117,7 im Kollektiv
verblieben, die nach dem Range-Test von Dixon mit einer Irrtumswahrscheinlichkeit kleiner als 5% hätten eliminiert werden sollen.
Hierbei hätte sich der folgende Bereich ergeben:　　**104,3 $\pm$ 2,5 (N=18).**

Dieses Verfahren, wiewohl häufig geübt (z.B. bei der Zielwertermittlung des internationalen Cyanmethämoglobinstandards) ist einerseits
wegen der nur tabuliert vorliegenden Entscheidungskriterien schwer zu
programmieren und stößt auf Bedenken, weil experimentell gefundene
Werte nicht ohne weitere Information aus einem Kollektiv entfernt
werden sollten. Es besteht nach wie vor das Bedürfnis, einen Algorithmus zu entwickeln, der nach einem vorbestimmten Ablauf die weniger
vertrauenswürdigen Daten ohne nachträgliche menschliche Eingriffe
ausschaltet. Hierzu bieten sich zwei Wege an:

a) Man könnte so verfahren, daß von <u>vornherein gleiche Anteile von den
Ober- und Untergrenzen der rangierten</u> (nach der Größe geordneten)
<u>Werte</u> herausgenommen werden. Hierbei entsteht ein Informationsverlust,
indem von vornherein ein gewisser Prozentsatz der Werte verworfen
wird. "Geklumpte" Verteilungen werden nicht verbessert.

b) <u>Gewichtung der Werte</u>
b_1) <u>Gewichtung mit dem Kehrwert der Varianz des Einzellaboratoriums</u>
Dieses Verfahren zur Mittelung von Beobachtungen ungleicher Genauigkeit ist z.B. in der Geodäsie gang und gäbe; es ist schon von C.F.
Gauß vorgeschlagen worden und führt zu einer Minimierung der Summe der
Abweichungsquadrate. Der Nachteil seiner Übertragung auf die Zielwertermittlung klinisch-chemischer Richtigkeitskontrollproben hat psycho-
logische Gründe: Die grundsätzlich zur Mittelung erbetenen Mehrfach-
werte liegen bei einzelnen Laboratorien unrealistisch nahe beisammen,
obwohl ihr Mittelwert von dem Gesamtmittelwert deutlich verschieden
ist. Zum Teil hat man nachträglich feststellen können, daß das technische Personal der Zielwertermittlung der Analyse erhöhte Aufmerksamkeit widmet, so daß aus einer Vielzahl von Messungen, die am
nächsten zusammenliegenden Ergebnisse zur Mittelung an den Versuchsleiter herausgesucht werden. In solch einem Fall würde dem Mittelwert
des betreffenen Referenzlaboratoriums mit Streuung Null das Gewicht
Unendlich zuzumessen sein. Es muß also auch hier willkürlich entschieden werden, Mittelwerte mit Streuung Null zu streichen oder mit
einer arbiträren Streuung zu versehen. Wir ziehen das letztere vor,
weil die Werte das Ergebnis von Messungen mit mechanisierten Analysengeräten sein können, die, bauartbedingt, gerundete (bei einer
bestimmten Dezimalstelle abgeschnittene) Daten ausgeben. Wir füllen
die der abgeschnittenen Stelle folgende mit einer um 5 verminderten
Zufallszahl auf. Unser Beispiel ergibt hiernach   **105,58 $\pm$ 1,84.**

b₂) Gewichtung mit einer willkürlichen Funktion der Varianz

Aus den dargestellten Gründen wäre eine Gewichtungsfunktion für den Einzelmittelwert vorzuziehen, die gleichermaßen den Werten ein geringeres Gewicht zuteilen würde, die eine über bzw. unter dem Durchschnitt ("state of the art") liegende Streuung haben. Verlangt man die Einhaltung der zusätzlichen Bedingungen, daß einerseits die Varianz der gewichteten Mittelwerte gleich der mittleren Varianz sein soll und daß andererseits die Wahrscheinlichkeitsdichte der Gewichtungsfunktion im Intervall F^{-1} bis F gleich der Wahrscheinlichkeitsdichte der Gewichtungsfunktion nach b1) sein soll, so gilt für die Gewichtungsfunktion:

$$\frac{2f}{s_i^2/s_m^2 + s_m^2/s_i^2} = f \cdot \text{sech} \,(\ln s_i^2/s_m^2)$$

wobei s_i^2 die individuelle Varianz, s_m^2 die mittlere Varianz und f die Freiheitsgrade des Einzelmittelwertes bedeuten.

Im vorliegenden Beispiel wäre das Ergebnis **105,54 ± 2,87** bei 14 Freiheitsgraden (Anzahl der Meßwerte minus Anzahl der Laboratorien). Der zugehörige 99%-Vertrauensbereich des Mittelwertes erstreckt sich von **103,3 bis 107,8** (95% VB: 103,9 bis107,1), liegt also immer noch deutlich unter den Bereichen der Kollektive für Nordwürttemberg (95% VB: **110,1±0,5**; 99% VB: **110,1±0,7**) bzw. Nordbaden (95% VB: **109,3±0,5**; 99% VB: **109,3±0,7**). Ohne Kenntnis weiterer Maßzahlen der Verteilung, wie Schiefe und Exzeß, ist die Frage, ob Unterschiede zwischen Kollektiven bestehen, auch nicht zu entscheiden. Nach unserer Erfahrung liegen die Ringversuchsergebnisse nahezu immer rechtsschief verteilt vor, weswegen bei den INSTAND-Ringversuchen grundsätzlich von den logarithmierten Daten aus weitergerechnet wird. Das geometrische Mittel liegt in diesem Fall immer unter dem arithmetischen Mittel, sodaß zu erwarten wäre, daß bei den vorliegenden Ringversuchen nach unserem Auswertemodus die beanstandete Diskrepanz nicht auftreten würde.

<u>Gesamt-Eiweiß (Biuret-Methode)</u>   Probe R14

INSTAND	Nordwürttemberg	Nordbaden

$5,62 \pm 0,18$ (N=38) $5,78 \pm 0,33$ (N=266) $5,76 \pm 0,33$ (N=201)

Der unmittelbar angewandte t-Test führt hier zum Verwerfen der Nullhypothese. Dies ist jedoch nicht lege artis. Der t-Test setzt nicht
nur Normalverteilung, sondern auch Homogenität der Varianzen voraus.
Bei einem F-Wert von 3,36 kann diese Voraussetzung jedoch auf dem
99%-Niveau nicht mehr gehalten werden; es liegt das sogenannte Fisher-
Behrens-Problem vor. Nach einem Vorschlag von Welch kommt man näherungsweise weiter, wenn man die Anzahl der Freiheitsgrade des Tests
reduziert. Definiert man $1/k = 1 + (N_1/N_2)(s_2/s_1)^2$, so wird für die
Freiheitsgrade f des Tests

$$1/f = k^2/f_1 + (1-k)^2/f_2, \text{ mithin}$$

$N_1 = 38$	$N_2 = 266$	$N_2 = 201$
k	0,6756	0,6114
f	78	92

Dennoch bleibt der Test signifikant. Infolge der relativ problemlosen
Methodik sind die wie vorstehend (b2)) errechneten gewogenen Maßzahlen
praktisch gleich denen der Erstverrechnung: **5,633 $\pm$ 0,163 (29 FG):**
Das 95%-Vertrauensintervall erstreckt sich von   **5,48 bis 5,71**
während entsprechend für Nordwürttemberg   **5,74 bis 5,82**
und   für Nordbaden   **5,71 bis 5,81**
gelten würde. Auf dem 99% Niveau ist kein Unterschied mehr zu sichern.
Auch hier würde eine logarithmische Transformation durch die geringere
Gewichtung erhöhter Werte das Mittel herunterziehen. Nach unserer
Bewertung würden Teilnehmer, deren Werte außerhalb des Bereiches
5,17 bis 6,13 liegen, kein Zertifikat bekommen.

5.3 V. SCHUMANN (DÜSSELDORF):
REFERENZKOLLEKTIVE, TEILNEHMERKOLLEKTIVE

Referenzkollektive ,Zielwerte

Jeder Probe, die in einem Ringversuch eingesetzt wird, geht eine Zielwertermittlung voraus. Bei den Zielwertermittlungen in der klinischen Chemie ist bei INSTAND - von einigen Sonderfällen abgesehen - nach drei Versuchsplänen, hier A, B und C genannt, verfahren worden.

Versuchsplan A

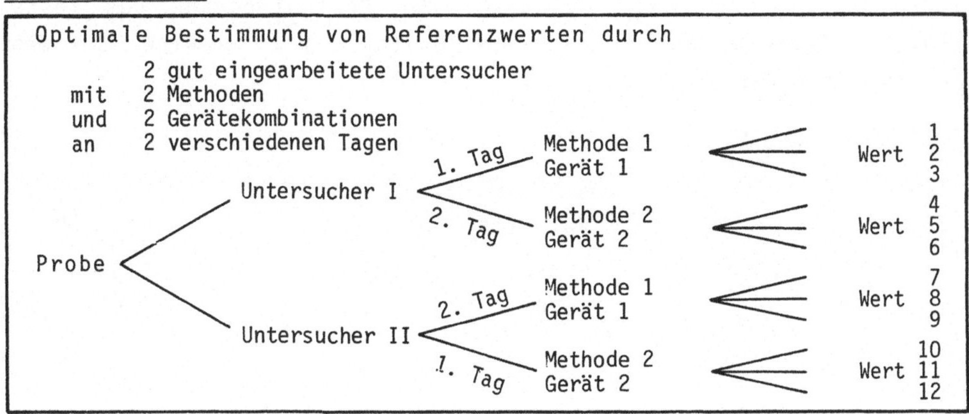

Versuchsplan B   gesamt und nach Methoden getrennt

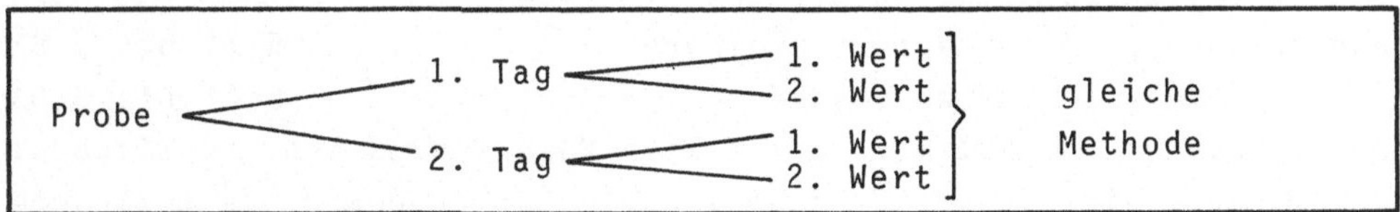

Versuchsplan C   gesamt und nach Methoden getrennt

<u>Abb. 1</u>: INSTAND-Modelle zur Ermittlung von Zielwerten

Der <u>Versuchsplan A</u>, der erstmalig 1973 auf einer Kleinkonferenz der Referenzlaboratorien von v. Boroviczeny vorgetragen und 1974 im Leitfaden zu den INSTAND-Ringversuchen veröffentlicht worden ist (siehe auch v. Boroviczeny, v. Klein-Wisenberg, R. und U.P. Merten, Schumann 1976) ist im August 1975 durch den <u>Versuchsplan B</u> abgelöst worden, da mit den damals verwendeten Computerprogrammen bei Anwendung von Versuchsplan A die vorgegebenen Einflußfaktoren wie Untersucher, Geräte, Methode statistisch nicht von einander getrennt werden können und somit eine zufriedenstellende statistische Beurteilung nicht möglich gewesen ist. Es ist zunächst davon ausgegangen worden, daß es nur einen Zielwert geben dürfe, die "beste Schätzung des wahren Wertes". Es sind aber bei vielen Analysenbestandteilen (Analyten) eindeutig Methodenunterschiede nachgewiesen worden.
1978 ist aus folgenden Erwägungen der <u>Versuchsplan C</u> eingeführt worden, der z.Zt. noch gültig ist. Bei dem Versuchsplan B hat die Möglichkeit bestanden, die Gesamtvarianz (Gesamtstreuung) in drei Komponenten zu zerlegen: Eine Komponente für die Streuung der Labor-mittelwerte, eine für die Streuung von Serie zu Serie und eine für die Streuung in der Serie. Umfangreiche Untersuchungen haben in vielen Fällen bestätigt, daß die prozentualen Anteile der drei genannten Komponenten zur Gesamtstreuung etwa 50-95%, 5-45% und 0.5-5% ergeben. Dies hat dazu geführt, daß im Versuchsplan C die letztgenannte Varianzkomponente vernachlässigt wird.

Ringversuchskollektive

Unmittelbar nach jedem Ringversuch wird mit den erfaßten Teilnehmerwerten eine sogenannte <u>Vorauswertung</u> erstellt. Hierin werden die Einzelwerte aller Teilnehmer, nach Methoden getrennt, aufgelistet. Nach Ausschluß der Werte, die den 40%igen Bereich um den Median über- bzw. unterschreiten, werden Mittelwert und relative Standardabweichung der verbliebenen Werte ermittelt. Diese Voraussetzung dient dazu, festzustellen, welche Methoden bei den Teilnehmerwerten Unterschiede zeigen und welche nicht. 1977 sind die Werte der Referenz- und Fach-laboratorien als "Teil-" oder "Referenzkollektive" aus dem Teilnehmerkollektiv getrennt bewertet worden, um "unter Ringversuchsbedingungen" einen Vergleich mit den vorliegenden Zielwerten zu haben.

In der Auswertung des Ringversuches werden die Teilnehmerwerte z.Z. noch log-transformiert, was zu unsymmetrischen Vertrauensgrenzen führt. 1979 ist die Logarithmierung der Werte jedoch entfallen, da eine lognormale Verteilung in vielen Fällen nicht mehr vorliegt.

5.4 J. FISCHER (GERMERING) UND H. BEESER (BONN/FREIBURG):
KALIBRIERPLASMEN ZUR STANDARDISIERUNG DER THROMBOPLASTINZEIT*

Bei der Überführung von Thromboplastinergebnissen in Aktivitätsprozente oder 'Ratio's' läßt sich über die Eichung gefriergetrockneter
Citratplasmen ("Kalibrierplasmen") eine durchwegs höhere Präzision als
über die herkömmliche Kalibrierung durch normale Frischplasmapool-Verdünnungen erreichen. Die relativen Standardabweichungen (s%, VK%)
verringern sich dabei um ein Viertel bis zur Hälfte.
Die Festlegung der Kalibrierwerte wird im Folgenden beschrieben:

Als "Aktivitätsprozente" oder "Ratio" stellen die Ergebnismitteilungen
von Gerinnungsuntersuchungen in Zielwertermittlungen weitgehend
vergleichbare Aussagen über eine bestimmte Gerinnungsfähigkeit des
untersuchten Plasmas dar, sofern zumindest eine feste Bezugsgrundlage
gegeben ist, nämlich die Vereinbarung darüber, was als "Normalplasma"
(100% Aktivität, Ratio = 1,00) gelten soll.

Bisher wird diese Rolle einem selbsthergestellten Humanplasmapool aus
wenigstens fünf gesunden Spenderplasmen zugeordnet. Dies ist angesichts der physiologischen Schwankungsbreite der Gerinnungsaktivitäten
selbst bei standardisierter Anwendung schon aus statistischen Gründen
recht unbefriedigend.

Bei der Konzeption für die erstmals 1975 verfügbaren Kontrollplasmen
mit Zielwerten ("Richtigkeitskontrollen") ist daher für die Ermittlung
der deklarierten Zielwerte der Mittelwert von mehr als sechs Referenzlabor-Pools mit jeweils acht Spenderplasmen als akzeptable Bezugsgrundlage gewählt worden.

Erst dadurch ist es möglich gewesen, auch für die Ringversuche eine
brauchbare Beurteilung der Aktivitäts-Ergebnisse in Prozent zu erreichen, sodaß seit 1976 schließlich auch hier für die Thromboplastinzeit die Aktivitätsprozent-Angaben eingeführt und nach Reagenziengruppen getrennt bewertet werden können (Fischer u. Beeser 1977).

---

* Entwicklung in Zusammenarbeit mit der Firma Merz+Dade, München

Zuvor hat es nur die Möglichkeit gegeben, den Quotienten der Gerinnungszeiten zwischen Probe und einer mitgelieferten "Bezugsprobe" zu beurteilen, wie aus mehrjährigen Studien über die beste Form der seit 1970 von INSTAND betriebenen Ringversuche hervorgeht (Beeser, Merten, Drescher, Fischer 1975; Beeser, Fischer, Merten 1975).

Trotz guter Reproduzierbarkeit des Sekunden-Mittelwertes von wiederholt hergestellten normalen Citratplasma-Pools aller Referenzlaboratorien, die mit dem jeweils betrachteten Thromboplastinreagenz routinemäßig gearbeitet haben, lassen die Streuungen der gemittelten Einzeldaten nach wie vor zu wünschen übrig, so daß es nicht ratsam erscheint, den relativ hohen Aufwand zur Sollwertermittlung durch Beschränkung auf einige wenige Referenzlaboratorien wirkungsvoll zu reduzieren.

Es ist vielmehr ein anderer Weg gesucht worden, die Kalibrierung unkompliziert und zuverlässig zu gestalten, nämlich der, gefriergetrocknete Chargen von Citrat-Mischplasmen aus wenigstens zwei ausgewählten Aktivitätsbereichen gemäß der beschriebenen Prozedur mit einer größeren Anzahl von Referenzlaboratorien über Frischplasmapool-Verdünnungen zu kalibrieren, um sie dann als "sekundäre Kalibrierplasmen" einzusetzen.

Wann eine ausreichende Stabilität derartiger Lyophilisate vorausgesetzt werden kann, sollte die gemeinsame Verwendung ein und derselben Bezugsgrundlage, das Entfallen der Verdünnungsprobleme und der genügend hohe Fibrinogengehalt auch bei niedrigen Aktivitäten eine in der Präzision deutlich verbesserte Kalibrierung bei einfacherer Handhabung ermöglichen. Die experimentelle Prüfung dieser Arbeitshypothese ist Ziel der vorliegenden Untersuchung.

Material und Methoden

Die mit nahezu allen gebräuchlichen Thromboplastinreagenzien durchgeführten Vergleichsuntersuchungen sind von jeweils damit routinemäßig vertrauten, qualifizierten Referenzlaboratorien streng nach Herstellervorschrift in Dreifachbestimmungen vorgenommen worden, wobei fast ausschließlich manuelle und mechanisierte Häkchentechnik (Coagulometer nach Schnitger und Gross, Firma Amelung, Lemgo) zur Anwendung gekommen ist. Die selbsterstellten Frischplasmapools haben 6-10 normale Spenderplasmen enthalten; die entsprechenden Verdünnungsreihen sind daraus durch Zumischung von physiologischer Kochsalzlösung gewonnen worden.

Als Kalibrierplasmen und andere lyophilisierte Citratplasmen sind im Hinblick auf praxisnahe Bedingungen ebenfalls gebräuchliche Kontrollplasmen gewählt worden, die für den Normalfall möglichst ähnliche Partielle Thromboplastinzeiten (PTZ) wie die Frischplasmapools aufweisen sollen (Dade, Immuno). Die Untersuchungen sind eine halbe Stunde nach Lösen der gefriergetrockneten Plasmen innerhalb einer weiteren Stunde durchgeführt worden. Die Frischplasmapools haben höchstens zwei Stunden bis zum Gebrauch gestanden.

Den statistischen Angaben ($\bar{x}$, s%, n) die auf der Annahme einer Normalverteilung basieren, liegen stets alle gemittelten Dreifachwerte ohne Anwendung eines "Ausreißerkriteriums" zugrunde.

An zwei Beispielen werden zunächst die detaillierten Ergebnisse geschildert, einmal für den Fall eines Thromboplastins mit empfohlener Frischplasmapool-Eichung (Thromboplastin flüssig, Dade), zum anderen für den Fall eines Thromboplastins mit chargenweise vorgegebener Kalibriertabelle zur Umrechnung in Aktivitätsprozente (Hepato Quick, Boehringer Mannheim).

Im weiteren wird auf die ganze Reagenzienpalette summarisch eingegangen.

Ergebnisse und Diskussion

In Tabelle 1 wird die Kalibrierung über die mittlere Bezugskurve mit der statistischen Berechnung der in 8 Referenzlaboratorien bestimmten Aktivitätsprozente verglichen (n = 18)

KP-100: $\bar{x}$ = 99,5%, s% = 14,2 und KP-13,1: $\bar{x}$ = 12,8%, s% = 12,9

und der Kalibrierwert schließlich festgelegt (100% bzw. 13,1%).

TPZ (3 Lots) Kenngrößen (n = 16)	Mittlere Bezugskurve (EK) Frischplasmapool/NaCl-Verdünnungen				Kalibrierplasmen	
	FP-100	FP-50	FP-25	FP-12,5	KP-100	KP-13,1
$\bar{x}$ in sec	10,46	13,66	20,26	35,15	10,50	33,11
s% (VK)	7,6	10,2	7,1	10,7	5,8	11,6
Mittl.Akt.%	=100	=50	=25	=12,5	98,8	13,4

Tab. 1: Kalibrierung: Vergleich der Thromboplastinzeiten in Frischplasmen (FP) und Kalibrierplasmen (KP). Mittelwerte von acht Referenzlaboratorien aus je 2 unabhängigen gemittelten Dreifachbestimmungen bestimmt mit TPZ flüssig Dade

TPZ	P-1		P-2		P-3		P-4	

Dade flüssig, 3 Lots, n=16

TPZ	$\bar{x}$	s%	$\bar{x}$	s%	$\bar{x}$	s%	$\bar{x}$	s%
sec (RL)	10,4	6,2	15,05	8,9	19,26	9,1	30,28	11,2
Q (P-1)	=1,0		1,45	4,9	1,85	4,5	2,91	8,3
FP-Akt.% (RL)	101	12,8	42,9	10,3	28,0	9,9	14,4	13,2
KP-Akt.% (RL)	104	9,9	43,0	6,3	28,0	6,6	14,7	7,7
Mittl.Akt.% (EK)	102		41,6		27,1		14,9	
Mittl.Akt.% (KP)	103		42,8		28,0		14,7	

Hepato Quick, 5 Lots, n=14

TPZ	$\bar{x}$	s%	$\bar{x}$	s%	$\bar{x}$	s%	$\bar{x}$	s%
sec (RL)	22,3	6,4	51,77	10,1	110,8	12,7	207,4	12,7
Q (P-1)	=1,0		2,32	5,1	4,95	8,1	9,26	7,5
FP-Akt.% (RL)	111	7,7	25,1	9,4	9,4	10,5	4,8	9,3
KT-Akt.% (RL)	107	11,5	24,3	8,7	8,9	8,1	4,3	8,3
KP-Akt.% (RL)	107	4,3	26,3	6,3	10,5	7,0	5,3	4,2
Mittl.Akt.% (EK)	112		25,8		9,7		4,7	
Mittl.Akt.% (KP)	107		26,2		10,4		5,2	

Tabelle 2: Vergleichsuntersuchungen

Thromboplastinzeit-Bestimmungen in Sekunden, als Quotient und in Aktivitätsprozenten an vier lyophilisierten Plasmen (P-1 bis P-4 von Dade) aus acht (TPZ, Dade flüssig) bzw. sieben (Hepato Quick Boehringer) Referenzlaboratorien mit je zwei unabhängigen gemittelten Dreifachwerten

Erläuterungen:

FP-Akt.% (RL):	Direkte Frischplasmapool-Eichung der Referenzlaboratorien
KP-Akt.% (RL):	Direkte Kalibrierplasma-Eichung der Referenzlaboratorien
Mittl.Akt.% (EK):	Festlegung über die mittlere Eichkurve der Referenzlabors
Mittl.Akt.% (KP):	Festlegung über die mittleren Kalibrierplasma-Ergebnisse
KT-Akt.% (RL):	Eichung über die Kalibriertabelle des Reagenzienherstellers

Ohne hier näher auf Qualität oder Lage der Kalibrierwerte eingehen zu wollen, gilt das Augenmerk vor allem dem aus Tab. 2 zu entnehmenden Verlauf der s%-Ergebnisse, d.h. der Präzision der verschiedenen Kalibrierverfahren unter praktizierbaren Bedingungen. Die dabei zu beobachtende Verbesserung der Eichung über die Kalibrierplasmen im gesamten Aktivitätsbereich setzt sich in allen neun untersuchten Reagenziengruppen fort und führt zur Verringerung der relativen Standardabweichungen um durchwegs ein Viertel bis zur Hälfte. Dasselbe gilt für den Vergleich zweier gefriergetrockneter Normalplasmen verschiedener Herkunft: Auch hier sinken die s%-Werte im Reagenziendurchschnitt um den Faktor 0,6 (mit 0,4 bis 0,7) im einen und um 0,7 (mit 0,5 bis 0,9) im anderen Fall ab, wenn man vom Frischplasmapool-Eichung zur Kalibrierplasma-Eichung übergeht. Hinzu kommen die eher noch deutlichen s%-Verbesserungen bei der Ratio, sobald man die Quotientenbildung über ein normales Kalibrierplasma anstelle des Frischplasmapools vornimmt.

Damit erweist sich der tatsächlich breite Nutzen einer solchen standardisierten Bezugsgrundlage, und es bleibt zu wünschen, daß derartige sekundär geeichten, lyophilisierten Kalibrierplasmen auch für die Routine zugänglich gemacht werden. Dieses Konzept gewinnt im übrigen durch Bezug auf ein allgemein akzeptiertes, tiefgefrorenes Referenz-Normalplasma (DIN 58 939 Teil 1) weiter an Bedeutung.

5.5 W. VON THUN (FREIBURG): PROBLEME DER ZIELWERTERMITTLUNG IN KONTROLLPROBEN

Die ausufernde Vielfalt methoden- und sonstwie abhängiger Zielwerte in Richtigkeitskontrollseren führt zwangsläufig zu Überlegungen über die Notwendigkeit und den Sinn der Angaben und dem damit verbundenen Aufwand, der nicht zuletzt vom Verbraucher bezahlt werden muß.

Bekanntlich können Zielwerte wie folgt ermittelt werden:

1) Als methoden/packungsgrößen/firmen/geräte-abhängiger Zielwert:
Für einen Blutbestandteil festgelegter Zielwert, der als Mittelwert

aus Referenzanalysen in Laboratorien ermittelt wird, die alle mit der gleichen Methoden/Packungsgrößen/Firmen/Geräte-Kombination oder zumindestens mit einer Kombination arbeiten, die erfahrungsgemäß vergleichbare Ergebnisse erbringt. Jede neue Kombination kann theoretisch einen neuen Zielwert ergeben ohne Rücksicht auf statistische Signifikanzen.

2) Als methoden/packungsgrößen/firmen/geräte-unabhängiger Sammel-Ziel-
   wert:
Für einen Blutbestandteil festgelegter Zielwert als Mittelwert aus Referenzananlysen, die mit unterschiedlichen Methoden, Reagenzien, Geräten durchgeführt werden, deren Ergebnisse sich untereinander nicht signifikant unterscheiden. Für jede statistisch gesicherte Gruppierung wird ein Zielwert angegeben.

3) Als referenzmethoden-abhängiger Zielwert:
Für einen Blutbestandteil als Mittelwert aus Referenzanalysen festge-
legter Zielwert, der unter Verwendung einer Referenz(Standard)-Methode ermittelt wird. Der Wert sollte (Ausnahme: Enzymbestimmungen) dem "wahren" Wert so nahe wie möglich kommen, das heißt, so weit das in biologischem Material möglich ist.

4) Als analysenmethoden-unabhängiger Zielwert:
Aufgrund von definierten Einwaagen in einem Serumbasismaterial festgelegter "wahrer" Wert, der die tatsächliche Konzentration eines Bestandteils so genau wie möglich wiedergibt.

In den gebräuchlichen Universalkontrollseren wird meist eine Kombina-
tion aus den angeführten Möglichkeiten zur Zielwertangabe gepflegt, wobei die Angabe methoden- usw.-abhängiger Zielwerte überwiegt. Kein Wunder, daß durch die Vielfalt der vorhandenen Methoden, Geräte usw. der Umfang der Zielwertangaben zum Teil gigantische Ausmaße angenommen hat.
Warum, so fragt man sich, wird nicht einfach nur die sogenannte "wahre" Konzentration angegeben, wie z.B. bei einem Standard, sei es aufgrund von Analysen mit hochspezifischen Referenzmethoden oder aufgrund von definierten Einwaagen in ein entsprechend vorbereitetes Basismaterial?

Im folgenden sei auf die letzte Möglichkeit, auf die Angabe von Einwaagewerten eingegangen. Denn als Lösung des Problems könnte sich doch gerade die Einwaage definierter Substanzmengen in eine z.B. dialysierte Serumbase und die Angabe eingewogener Mengen als Zielwerte anbieten, wie es jahrelang, z.B. in den von Gödecke angebotenen Kontrollseren Versatol und Calibrate, verwirklicht worden ist. Diese primär ideale, "high sophisticated" anmutende Konzeption beinhaltet neben anwendungspsychologischen Problemen das Fehlen von "Erfolgserlebnissen" beim Auswerten, auf die hier nicht eingegangen werden soll, jedoch insbesondere ein ernstes technisches Problem, das erst in den letzten Jahren immer deutlicher erkannt worden ist und das sich leider bisher noch nicht hat lösen lassen.

Wenn einmal davon abgesehen wird, daß bei einer Vielzahl auch von nicht-enzymatischen Substanzen eine quantitative Dialyse überhaupt nicht möglich ist, wie z.B. beim Cholesterin, bei den Triglyceriden, beim Eisen, um nur einige zu nennen, ergeben sich Probleme, allerdings erst beim Nachweis der eingewogenen Mengen im Anschluß an das Lyophilisations- und Rekonstitutionsverfahren. Beispiele sind hier Harnsäure und Glucose. Die Gründe sind weitgehend ungeklärt. Bei der Harnsäure könnten es möglicherweise Proteinbindungsveränderungen , bei der Glucose Aminosäuren-Glukose-Komplexbildungen entsprechend der Maillard-Reaktion sein. Die genauen Ursachen sind jedoch, wie gesagt, nicht bekannt, so daß wir nur auf Spekulationen angewiesen sind und weitgehend im Konjunktiv sprechen müssen. Veränderungen genannter Art können im Übrigen von Kontrollserencharge zu Kontrollserencharge in wechselndem Maße auftreten und von unterschiedlichen Methoden unterschiedlich erfaßt werden. Bisher ist es im einzelnen noch nicht gelungen, Gesetzmäßigkeiten irgendwelcher Art zu erkennen. Der genannte Prozeß ist im übrigen nicht immer nach dem Lyophilisieren abgeschlossen, sondern kann sich über einige Wochen hinziehen, so daß ein Kontrollserum - und das gilt nicht nur für Seren mit Einwaagen - erst nach dieser Zeit "reif" ist für die Zielwertermittlung. 1 - 2 Monate Reifezeit werden daher meist pauschal eingesetzt.

Für die Angabe eingewogener Substanzmengen als Zielwertdeklaration bleiben daher in erster Linie nur die Elektrolyte übrig, bei denen Probleme dieser oder ähnlicher Art bisher - soweit bekannt ist - nicht aufgetreten sind. Hier lassen sich "wahre" Werte noch am ehesten angeben.

Unter dem Eindruck dieser Beobachtungen ist man im übrigen inzwischen dazu übergegangen, bei den bereits erwähnten Calibrates und den

Versatols auf die Angabe von Einwaage-Werten zu verzichten und nur aufgrund von Referenzanalysen ermittelte Werte anzugeben, wobei bekanntermaßen hochspezifische Methoden verwendet werden. Für jede Bestandteilkonzentration wird ein Wert angegeben.

Da die Angabe von Zielwerten damit aufgrund von definierten Einwaagen bedauerlicherweise in den meisten Fällen zur Zeit nicht einwandfrei durchführbar zu sein scheint, bleibt nur die Möglichkeit, dem "wahren" Wert durch Analysen mit Referenzmethoden nahezukommen. Aber selbst wenn die Angabe von "wahren" Konzentrationen in Zukunft aufgrund von Einwaagen möglich sein würde, ergäbe sich bei der Angabe nur, ich betone, nur dieses einen Wertes, noch das praxisorientierte Problem der Handhabung, d.h. der Einstellung derer, die täglich mit diesem Wert im Routinelabor umgehen müssen, gegenüber diesen Zahlenangaben.
In der Praxis sieht es ja meist so aus, daß die Richtigkeit einer Methode an der Größe der Abweichung der eigenen Werte vom angegebenen Zielwert beurteilt wird, was ja auch sicher richtig ist, solange der Zielwert stimmt. Nehmen wir ein Beispiel: Wenn bei der Methode A die eigenen Richtigkeitskontrollwerte im Mittel entfernter vom Zielwert liegen als bei der Methode B, gilt - wenn laboreigene Einflüsse einmal außer acht gelassen werden - vereinfachend ausgedrückt, die Methode A als die "unrichtige" und die Methode B als die "richtige" von beiden.
Die Beurteilung der Richtigkeit einer Methode und die Beurteilung des Werts dieser Methode in der Routinediagnostik anhand des in Relation zur "so wahr wie möglichen" Konzentrationsangabe gesetzten Richtigkeitskontrollwertes ist jedoch äußerst kritisch, da der gefundene Wert nicht nur von methoden- und arbeitsplatzbedingten Faktoren abhängt, sondern auch vom Kontrollmaterial selbst.

Bei all unseren Diskussionen dürfen wir eines nicht außer acht lassen, daß nämlich ein Kontrollserum kein Neutrum ist und sich auch nicht immer genauso wie ein Nativserum verhält, sondern leider seine eigenen Gesetzmäßigkeiten hat, die mit der Herstellung und dem Ausgangsmaterial zusammenhängen.
Es kann daher primär nicht davon ausgegangen werden, daß eine Analysenmethode - sei sie nun neu oder seit Jahren im Routinebetrieb eingeführt - im Kontrollserum im Vergleich zu anderen Methoden übereinstimmende Werte ergeben muß, während dieses, z.B. im Nativserum, der Fall ist. Wegen der besonderen Eigenschaften der Kontrollseren darf die unter verschiedenen Gesichtspunkten sicherlich begrüßenswerte begrenzte Auswahl an angegebenen Zielwerten daher nicht dazu führen, daß

150

Methoden ,nur weil sie von angegebenen Zielwerten abweichende Werte
erbringen, als für die Diagnostik "ungeeigneter" angesehen werden, als
Methoden, die im Mittel die Zielwerte erbringen. Es wird daher auch in
Zukunft zu empfehlen sein, neben den "as true as possible"-Werten zu
prüfen, ob es in den Fällen, in denen eine Methode in einem Kontrollserum vom angegebenen Wert deutlich abweichende Werte ergibt, notwendig ist, zusätzlich weitere methodenabhängige Zielwerte anzugeben.
Die Qualitätskontrolle und die in der Qualitätskontrolle eingesetzten
Kontrollseren sollten niemals aus ihrer helfenden Funktion für die
Verbesserung der Zuverlässigkeit der Laborarbeit heraustreten und etwa
zum "Urmeter" der Laborarbeit werden, auf das sich alles bezieht und
um das sich alles dreht. Maßstab jeder Laborarbeit muß die Patientenprobe bleiben und an ihr müssen, z.B. bereits vorhandene oder neue
Methoden gemessen werden, nicht an den Kontrollproben.

5.6 H. BRETTSCHNEIDER UND
A. BENOZZI (PENZBERG, OBB.):
ERFAHRUNGEN BEI DER ERMITTLUNG VON ZIELWERTEN

In Kontrollproben von Boehringer Mannheim wird ein Teil der angegebenen Zielwerte unter unserer Leitung in Referenz-Laboratorien ermittelt.

Im folgenden Kurzreferat soll über die hierbei gewonnenen Erfahrungen
berichtet und an Beispielen gezeigt werden, daß die Qualität der
Zielwerte nicht nur vom Zielwertermittlungsmodell abhängt, sondern in
gleichem Maße von dem zu untersuchenden Probenmaterial, der Testdurchführung, Reagenzien und angewandten Qualitätssicherung (Tab.1).
Zur Verbesserung der genannten Abhängigkeiten wird empfohlen, bei
Zielwertermittlungen unter vergleichbaren Versuchsbedingungen zu
arbeiten.

1. Probenmaterial
1.1 Vergleichbarkeit

Um eine wirksame Kontrolle zu erreichen, sollten die Kontrollproben in ihrem analytischen Verhalten den Patientenproben vergleichbar sein. Im Falle der Ermittlung von Enzymaktivitäten bedeutet dies, daß die zugesetzten tierischen Enzyme in der Kontrollprobe hinsichtlich ihrer katalytischen Eigenschaften weitgehendst den Enzymen in den Patientenproben entsprechen.

1. Probenmaterial
2. Testdurchführung
3. Reagenzien
4. Qualitätssicherung
5. Zielwertermittlung
6. Beurteilung

Tab. 1: Abhängigkeit der Qualität der Zielwerte

Wie von Gruber, Hundt, Klarwein und Möllering (1977) gezeigt werden konnte, ist dies bei unseren Kontrollproben weitgehendst der Fall. Bei der GOT (ASAT) und der GPT (ALAT) sind z.B. keine gravierenden Unterschiede zwischen den Transaminasen humanen bzw. tierischen Ursprungs in verschiedenen Kontrollproben festgestellt worden. Das kinetische Verhalten in Abhängigkeit von der Temperatur ist nicht sehr verschieden (Tab. 2).

ENZYM	PROBE	F_{30}	F_{37}
GOT (ASAT)	1	1,42	2,09
	2	1,42	2,03
	3	1,40	2,11
	4	1,35	2,13
GPT (ALAT)	1	1,34	1,87
	2	1,28	1,76
	3	1,34	1,75
	4	1,38	1,85

1 = 6%-ige RSA-Lösung + tierische Enzyme
2 = 6%-ige RSA-Lösung + humane Enzyme
3 = Poolserum + tierische Enzyme
4 = Poolserum + humane Enzyme

Tab. 2: Temperaturumrechnungsfaktoren

Das gleiche gilt auch für die Substrataffinität und das pH-Optimum (Beispiel γ -GT) oder den Einfluß von Inhibitatoren bzw. Aktivatoren (<u>Tab. 3</u>).

Es kann also davon ausgegangen werden, daß analytische Fehler (falsche Temperierung, falsche Pipettierung) in gleichem Maße in der Kontrollprobe wie in den Patientenproben angezeigt werden.
Würden z.B. aus Unkenntnis oder Unachtsamkeit einige der Referenz-Labors die AP im vorliegenden Kontrollserum bereits nach 30 min, also noch innerhalb der Reaktivierungsphase bestimmen, so würde mit größeren Labor-zu-Labor-Abweichungen gerechnet werden müssen (<u>Abb. 1</u>).

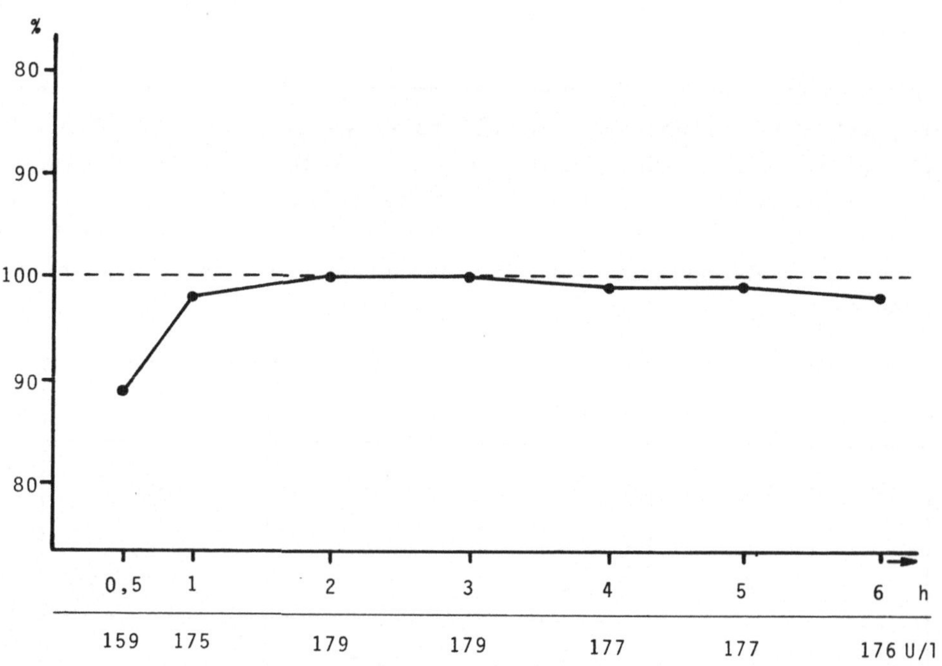

<u>Abb. 1:</u>   Stabilität der AP

Ähnliches gilt für die Bilirubin-Bestimmung. Auch hier muß spätestens 2 Stunden nach Rekonstitution bei Raumtemperatur das Bilirubin der Kontrollprobe ermittelt werden. Ansonsten werden falsch niedrige Werte gemessen.

	Quelle: Niere v.Schwein	Quelle: Niere v.Mensch	Versuchsbedingungen
pH-Optimum	8,2	8,2	Tris-Puffer 0,2 mol/l Glupa 4 mmol/l Gly Gly 40 mmol/l
K_M (Glupa)	1,0 mmol/l	1,0 mmol/l	Tris-Puffer, pH 8,25 0,2 mol/l
K_M (Gly Gly)	33,0 mmol/l	33,0 mmol/l	Tris-Puffer, pH 8,25 0,2 mol/l Glupa 4 mmol/l

Tab. 3: K_M-Werte und pH-Optimum der γ-GT

Eine weitere oft übersehene Fehlergröße ist die Lichtempfindlichkeit der CK in Kontrollproben (Tab. 4).

	Aufbewahrung	Anfangs- aktivität	Restaktivität (4 H N. Rekonst.)
PRECIPATH®E Ch.Nr. 831	braune Glasflasche	113 U/l	90 %
PRECIPATH®E Ch.Nr. 831	farbloses Reagenzglas	113 U/l	73 %
PRECIPATH U Ch.Nr. 802	braune Glasflasche	168 U/l	96 %
PRECIPATH®U Ch.Nr. 802	farbloses Reagenzglas	168 U/l	91 %

Tab. 4: Einfluß von Tageslicht auf die CK-Aktivität (Methode: NAC-Akt.)

1.2 Stabilität

Um Probeneinflüsse weitgehendst auszuschalten, müssen die zu bestimmenden Bestandteile der Kontrollprobe innerhalb vorgegebener Zeiten stabil sein. Daraus ergibt sich die zwingende Notwendigkeit, die Stabilitäten für jede Kontrollseren-Charge genau zu kennen und bei Zielwertermittlungen zu beachten. Hier muß, will man den Lichteinfluß ausschalten, das rekonstituierte Kontrollserum in braunen Glasflaschen aufbewahrt werden.

1.3 Meßbarkeit

Ergänzend muß hierzu gesagt werden, daß die Qualität der Zielwerte außer von der Stabilität und der Probenvergleichbarkeit auch von der Meßbarkeit der zu untersuchenden Bestandteile bzw. der Eigentrübung abhängt. Hierzu ein Beispiel: Bei einer GPT-Aktivität von 12 U/l beträgt das Meßsignal bei 365 nm für die optimierte Standardmethode 6mE/min, so daß hier (Analogphotometer!) der Photometer-Fehler stark in die Ermittlung eingeht. Dies kann unter Umständen aufgrund der großen Streuungen die Angabe eines Zielwertes in Frage stellen. Entsprechend dieser Erfahrung werden von uns ausschließlich Kontrollproben zur Zielwertermittlung eingesetzt, deren Konzentrationen bzw. Aktivitäten in eimem gut meßbaren Bereich liegen.

2. Testdurchführung

Zielwerte sollten, insbesondere bei Enzymaktivitätsbestimmungen, möglichst unter vergleichbaren Versuchsbedingungen ermittelt werden. Dies zeigen eigene Ergebnisse in früheren Zielwertermittlungen, bei denen in den einzelnen Referenzlabors mit verschiedenen Analysensystemen gearbeitet worden ist (Tab. 5).

Bestätigt werden diese Ergebnisse durch einen gemeinsam mit INSTAND durchgeführten Versuch, in dem sowohl manuell als auch mit den gängigen Analysenautomaten die Zielwerte für GOT, GPT, LDH, α-HBDH, AP und γ-GT in Precinorm®E und Precipath®E ermittelt worden sind. Auch hier sind zum Teil erhebliche Abweichungen beobachtet worden (Tab. 6).

Aufgrund dieser Erfahrungen werden unsere Zielwertermittlungen zur Zeit fast ausschließlich manuell und nach genau vorgeschriebenen Arbeitsanleitungen durchgeführt. Letztere enthalten genaue Angaben darüber, ob zum Beispiel die unspezifische Vorreaktion der GlDH zu berücksichtigen ist, oder ob bei der Bestimmung der Triglyceride der Gehalt an freiem Glycerin abgezogen werden soll und anderes mehr.

Geräte	GPT PRECINORM E, Ch.Nr. 655	
	$\bar{x}$	VK
GILFORD 3402	26,6 U/l	5,7 %
LKB 8600	28,3 U/l	2,5 %
ABA 100	31,0 U/l	8,5 %
GEMSAEC	23,5 U/l	5,5 %
	$\bar{x}$ = 27,4 U/l s = 3,2 VK= 11,6% Max.Laborabw. = 24,0%	

Tab. 5: Unterschiede bei Verwendung verschiedener Analysensysteme

Geräte	GPT PRECINORM E, Ch.Nr. 548		
	N	$\bar{x}$	VK
Beckman	8	92,0	3,6 %
Centrifichem	7	90,9	7,0 %
Gemsaec	5	96,9	3,9 %
Eppendorf	16	93,1	4,5 %
Gilford	2	97,3	-
LKB	7	89,4	9,3 %
Manuell	14	96,2	3,4 %

Tab. 6: Unterschiede bei Verwendung verschiedener Analysensysteme

3. Reagenzien

Wenn von vergleichbaren Versuchsbedingungen gesprochen wird, so muß neben dem Analysengerät und der Arbeitsvorschrift auch die Reagenzien- abhängigkeit mitberücksichtigt werden. Daher werden im allgemeinen bei unseren Zielwertermittlungen nach Möglichkeit einheitliche Reagenzien eines Herstellers verwendet, um somit Reagenzieneinflüsse weitgehendst auszuschließen. Als Beispiel für stark reagenzienabhängige Zielwerter- mittlungen sei hier nur an die Cholinesterasemethode: Butyrylthiocho- lin oder Kreatinmethode: Jaffé ohne Enteiweißung erinnert. Von der Forderung nach reagenzienspezifischen Zielwerten kann natürlich abge- wichen werden, wenn nachweislich Übereinstimmung (z.B. wie bei den optimierten Standardmethoden) zwischen den Reagenzien verschiedener Hersteller besteht.

4. Qualitätssicherung

Hier soll auf unser Qualitätssicherungssystem der Zielwertermittlung eingegangen werden, das im Verlauf der letzten Jahre aufgrund der gesammelten Erfahrungen entstanden ist.
Beginnend mit einer bekannten Kontrollprobe, die zusammen mit den zu ermittelnden Proben an die Referenzlabors verschickt worden ist, hat sich sehr schnell gezeigt, daß die Abweichungen der Labormittelwerte vom Zielwert der bekannten Kontrollprobe häufig kleiner als in den zu ermittelnden Proben sind. Dieses Ergebnis ist nicht unbekannt und hat in der Folgezeit dazu geführt, daß bei weiteren Zielwertermittlungen zusätzlich eine zweite Kontrolle als sogenannte "Blindprobe" mit ver- schickt worden ist, deren Zielwerte durch mehrmaligen Einsatz in Ringversuchen und Zielwertermittlungen zusätzlich abgesichert und nur dem Leiter der Zielwertermittlung bekannt sind.

Wie das Beispiel einer Zielwertermittlung zeigt, gibt die Blindprobe, verglichen mit der internen Kontrolle, insbesondere bei den Enzymen und Lipiden häufig ein schärferes Kriterium zur Erkennung von Extrem- werten in den zu ermittelnden Proben (Tab. 7).

Während bei der bekannten Kontrolle im Falle der Enzymaktivitätsbest- immungen im Bereich des Zielwertes +15% ca. 3% der Labormittelwerte ausgeschlossen werden, führt die Blindkontrolle zum Ausschluß von 10%. Als Ausschlußgrenzen sind bisher +5% bei Elektrolyten, +10% bei Sub- straten und +15% bei Enzymen und Lipiden gewählt worden. Zukünftig

Bestand-teil-Gruppe	Anzahl der Labor-Mittel-werte	Bekannte Kontrollprobe				Unbekannte Kontrollprobe			
		$\rangle$ZW $\pm$ 5%	$\rangle$ZW $\pm$ 10%	$\rangle$ZW $\pm$ 15%	$\rangle$ZW $\pm$ 20%	$\rangle$ZW $\pm$ 5%	$\rangle$ZW $\pm$ 10%	$\rangle$ZW $\pm$ 15%	$\rangle$ZW $\pm$ 20%
Enzyme	67	36 %	8 %	3 %	3 %	63 %	24 %	10 %	0 %
Substrate	80	26 %	10 %	2 %	1 %	30 %	8 %	1 %	0 %
Elektrolyte	45	9 %	0 %	0 %	0 %	9 %	2 %	0 %	0 %
Lipide	30	20 %	3 %	3 %	0 %	50 %	20 %	7 %	0 %

ZW+ bedeutet: Anteil außerhalb des Bereichs Zielwert $\pm$ z.B 5% etc.

Tab. 7: Abweichung der Analysenwerte in Zielwertermittlungen.bei Kontrollproben mit bekannten und unbekannten Konzentrationen

wird bei der Blindprobe in folgenden Punkten vom bisher praktizierten Ausschluß-Verfahren abgewichen: Bei größeren Abweichungen wird eine Wiederholung im firmeneigenen Labor, gegebenenfalls nach Rücksprache mit den Laborleitern eine Wiederholung in allen Labors durchgeführt.

5.7 H.-G. EISENWIENER (SCHWEIZERHALLE-BASEL): PROBLEMATIK DER RICHTIGKEITSPRÜFUNG AN HAND VON ZIELWERTEN

Der Entwicklung des klinisch-chemischen Testprogramms bei Roche Diagnostica liegen 3 Zielvorstellungen zugrunde:

Die Verfahren sollen richtig und schnell sein und - nach Möglichkeit - die spezifische Eigenart des Probengutes und der Reagenzien berücksichtigen, d.h., die Verfahren sollen einen Proben- und Reagenzien-Leerwertansatz enthalten.

Bei den einzelnen Überprüfungen der jeweiligen Verfahren werden neben der Durchführung von Parallel- und Recovery-Untersuchungen auch zahlreiche Kontrollsera zur Überprüfung der Richtigkeit eingesetzt.

Bei diesen Untersuchungen sind immer wieder Probleme beim Richtigkeitsbeweis mit Hilfe von Kontrollseren aufgetreten. Insbesondere bei den kinetischen Methoden, die die spezifische Eigenart des Probengutes, also den Probenleerwert berücksichtigen, treten Probleme mit Kontrollseren beim Vergleich der gefundenen Werte mit den deklarierten Zielwerten auf. Die gefundenen Mittelwerte liegen im allgemeinen im Deklarationsbereich. Jedoch schwanken die Werte um einen anderen Mittelwert.

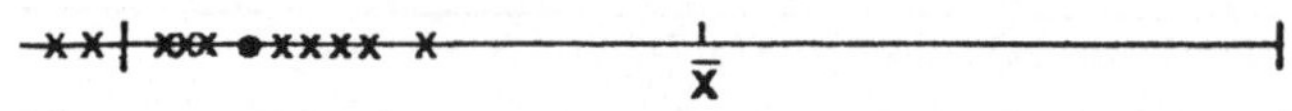

Deklarationsbereich - Bereich um den gefundenen Mittelwert

Bei der Sollwertermittlung haben einen Einfluß auf den Deklarationswert

1. Kontrollmaterialien
2. Methoden und Verfahren
3. Reagenzien
4. Bestandteile

Sie sind im Einzelnen in Tab. 1 genannt.

Kontrollmaterialbedingter Einfluß

Ein gewisser kontrollmaterialbedingter Einfluß ist von vorneherein zu erwarten gewesen. Jegliches Kontrollmaterial ist als ein Kunstprodukt anzusehen. Das Patientenmaterial wird nie - bevor eine Analyse durchgeführt wird - lyophilisiert. Weiterhin sei an die Kontrollsera für den pathologischen Bereich erinnert. Ein solches Patientenserum mit so vielen pathologischen Werten in solch einer Konstellation dürfte es nicht geben.

Reagenzienbedingter Einfluß

Der reagenzienbedingte Einfluß wird mit zunehmender Standardisierung und Herstellung der Reagenzien nach GMP-Richtlinien immer irrelevanter.

```
A)  KONTROLLMATERIALBEDINGTER EINFLUSS

        - Gehalt an $NH_4^+$
        - Gehalt an Glycerin
        - anderes Verbindungsspektrum, z.B. bei
                    Gesamt-Eiweiss
                    Gesamt-Cholesterin
                    Triglyceride

B)  REAGENZIENBEDINGTER EINFLUSS

        - Qualitätsunterschiede (AP: Diäthanolamin,
                                 LDH: NADH/Inhibitoren)

C)  METHODEN- UND VERFAHRENBEDINGTE EINFLÜSSE

        - Auswahl der Bestimmungsmethode
        - Durchführung mit/ohne Proben-Leerwert
        - Berücksichtigung des Reagenzien-Leerwertes
          bei kinetischen Bestimmungen
        - Auswertungsmethode

D)  PARAMETERBEDINGTER EINFLUSS

        - LDH-Bestimmung
```

Tab. 1:   Ursachen, die bei der Sollwertermittlung einen
          Einfluß auf den Deklarationswert haben

Verfahrens- und methodenbedingte Einflüsse

Anders liegen die Verhältnisse jedoch bei den verfahrens- und methodenbedingten Einflüssen. Je nach eingesetztem Verfahren werden des
öfteren etwas andere Werte als die Zielwerte auf den Deklarations-
blättern für Kontrollseren erhalten. Einige Beispiele sollen dies
aufzeigen:
- Kontrollmaterial, das ursprungs- bzw. herstellungsbedingt NH_4^+-Ionen
enthält, bringt bei der kinetischen Bestimmung des Harnstoffes Schwierigkeiten mit sich. Der Grund ist leicht einzusehen. Aus Abb. 1 ist
die unterschiedliche Kinetik von gleichmolaren Lösungen in Bezug auf
den NH_4^+-Gehalt von Harnstoff und NH_4Cl zu entnehmen. Aber auch dann,
wenn der Harnstoff nach der Berthelot-Reaktion manuell bestimmt wird,
können je nach dem Vorgehen (mit/ohne Proben-Leerwert) gänzlich andere
Resultate erhalten werden (Tab. 2).

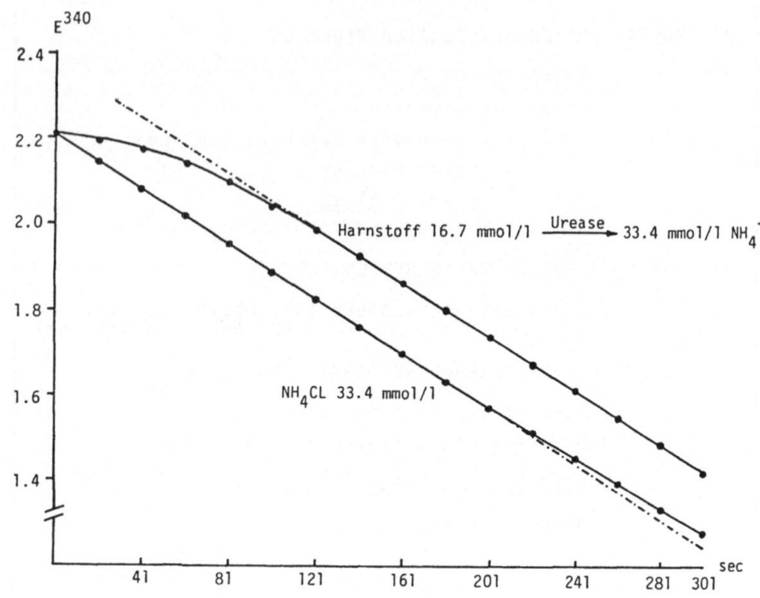

Abb. 1:   Extinktions-Zeit-Kurve gleichmolarer Lösungen an NH_4^+

Ähnliches - wenn auch nicht in so ausgeprägtem Maße - gilt für die Bestimmung der Transaminasen.

Werden die Reagenzien-Leerwerte subtrahiert bzw. werden die Bestimmungen auf einem Zentrifugalanalysator mit prinzipiellem Abzug des Reagenzien-Leerwertes durchgeführt, werden bis zu 4 Einheiten niedrigere Resultate erhalten. Kommt ein Kontrollserum mit sehr tiefen GOT- bzw. GPT-Werten in einen Ringversuch, kann es Probleme geben. Tab. 3 gibt die Größe der Reagenzien-Leerwerte und deren Temperaturabhängigkeit wieder.

- Auch bei der Bestimmung der LDH-Werte und bei deren Vergleich zwischen einzelnen Labors treten Diskrepanzen auf. Wohl sind die Reagenzien standardisiert, nicht aber das Meßverfahren. Analysatoren, die ganz exakt diese Bestimmung mit Startreaktion durchführen, die in sehr kurzen Zeitintervallen, z.B. innerhalb von 2 min 20 Messungen, vornehmen, den Linearitätsbereich selbstständig suchen und dann über lineare Regression die Aktivität berechnen, liefern höhere Resultate. Der Grund liegt an dem zu bestimmenden Parameter: LDH. Die Reaktions-Zeit-

	deklarierte Werte (mg/loo ml)	gefundene werte (mg/loo ml)
KONTROLLSERUM 1		
Diacetylmonoxim-Methode	26.5-31.5-36.5	
Berthelot-Methode	44-49-54	
Berthelot-Methode ohne AL (Roche)		52.3
Berthelot-Methode mit AL (Roche)		29.5
KONTROLLSERUM 2		
Diacetlymonoxim-Methode	55-63-71	
Berthelot-Methode	96-1o9-122	
Berthelot-Methode ohne AL (Roche)		119.6
Berthelot-Methode mit AL (Roche)		68.2
KONTROLLSERUM 3		
Berthelot-Methode	26-3o-34	
Berthelot-Methode ohne AL (Roche)		31.4
Berthelot-Methode mit AL (Roche)		25.2

AL =Probenleerwert

Tab. 2: Vergleich von deklarierten und gefundenen Harnstoff-Werten

		Hersteller 1	Hersteller 2
		(U/L)	
25°C	GOT	2.6	1.7
	GPT	2.4	1.7
$3o^{o}$C	GOT	3.5	2.2
	GPT	2.7	1.9
37°C	GOT	5.4	3.3
	GPT	4.7	3.o

Tab. 3: Größe des Reagenzien-Leerwertes in Abhängigkeit von der Temperatur und vom verwendeten Reagenz

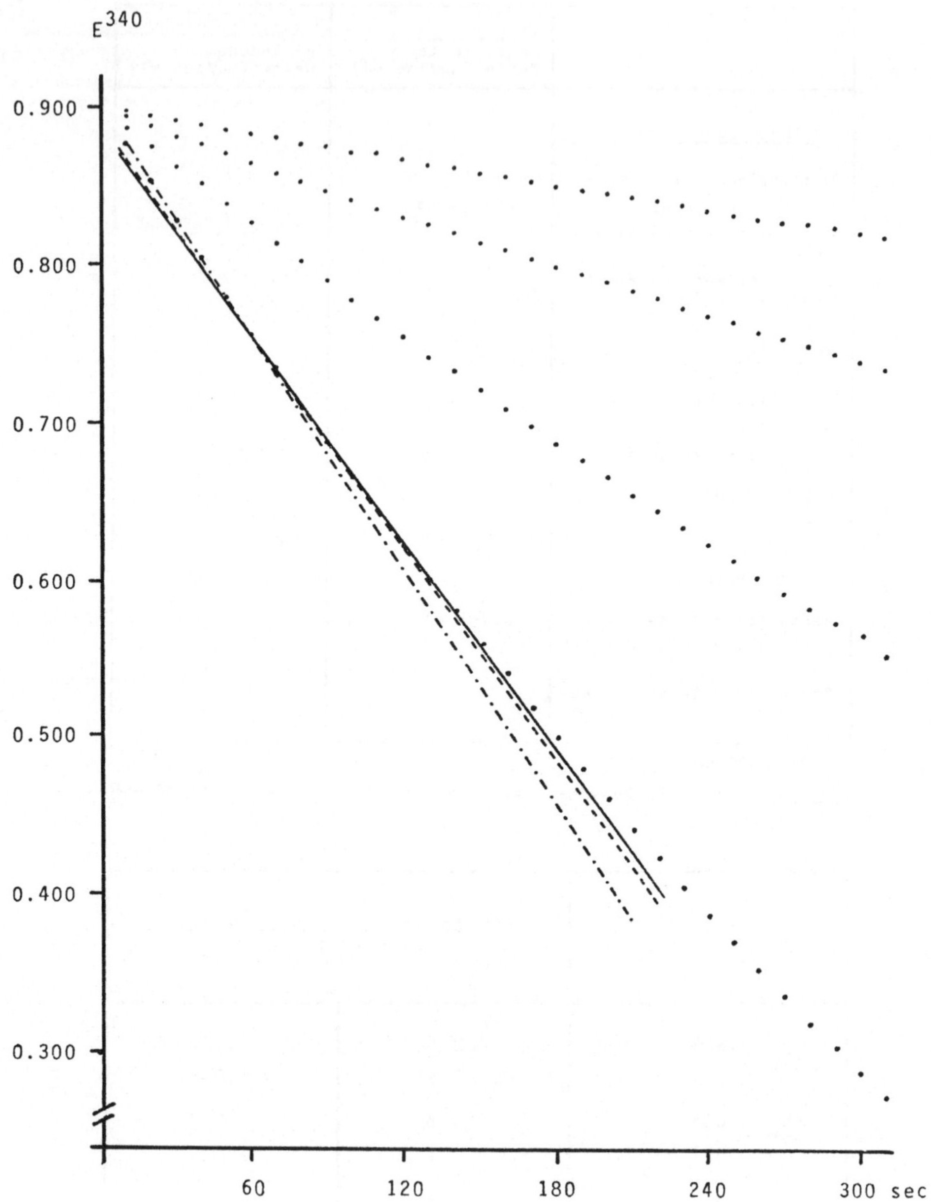

Abb.2: Extinktions-Zeit-Kurve der LDH-Bestimmung

Kurve ist chemisch bzw. kinetisch bedingt, keineswegs wie bei der GOT linear. Je nach dem gewählten Auswertungsintervall werden etwas andere Werte erhalten (Abb. 2 und Tab. 4).

KS	M E S S P U N K T E							
	40	36	31	26	21	16	11	6
1	128	129	131	133	135	137	140	
2	312	316	318	325	327	337	344	353
3					450	458	472	482
4		291	293	300	306	312	322	319
5	199	206	206	209	211	219	227	232
6					474	490	501	511
7	303	306	311	318	321	329	342	338
8	390	399	399	409	410	421	425	426

KS 1-8: 8 verschiedene Kontrollseren von verschiedenen Herstellern

    1,2   =   humanen Ursprungs
    3,4,5,6   =   auf Albumin-Basis
    7,0   =   aus Pferdeserum

Tab. 4: LDH-Bestimmung (U/l) - 1. Messpunkt: T_0 = 10 s
                                  Zeitintervall: T = 10 s
                                  Messpunkte: Variabel 6-40

5 Methodenvergleich

Für die ermittelten Bestandteile werden, sofern nach verschiedenen Methoden oder bei verschiedenen Meßtemperaturen gearbeitet worden ist, "Methoden- bzw. Temperatur-Faktoren" gebildet, die innerhalb eines Erfahrungsbereichs liegen sollten. Falls dies nicht gegeben ist, muß die Ursache vor Deklaration des Zielwertes geklärt werden.

Die folgende Tab. 5 gibt zusammenfassend nochmals einige Angaben bezüglich Parameter und möglicher Erklärung für die Diskrepanz zwischen gefundenen Werten und Deklarationswerten bei Kontrollseren.

<table>
<tr><td colspan="3"><u>PROBLEMATIK DES RICHTIGKEITSBEWEISES ANHAND VON SOLLWERTANGABEN</u></td></tr>
<tr><td><u>Parameter</u></td><td><u>Befund</u></td><td><u>Ursache</u></td></tr>
<tr><td>GOT/GPT</td><td>tiefere Resultate</td><td>RL-Berücksichtigung</td></tr>
<tr><td>LDH</td><td>vom Timing: T_0, ΔT, n abhängige Werte</td><td>kein linearer Extinktions-zeit-Kurvenabfall</td></tr>
<tr><td>HARNSTOFF</td><td>Werte liegen bisweilen zwischen DAM und den Berthelot-Werten</td><td>Gehalt an NH_4^+</td></tr>
<tr><td>TRIGLYCERIDE</td><td>je nach Wahl des LKS als "Standard" tiefere Werte</td><td>Gehalt an freiem Glycerin</td></tr>
<tr><td>KREATININ</td><td>schwerlich zuordnungsbare Werte zu Deklarationen</td><td>Unkenntnis über die "richtige" Methode</td></tr>
<tr><td>EISEN</td><td>manchmal zu tiefe/zu hohe Werte</td><td>Trübungsauflösung "richtige" Methode ?</td></tr>
<tr><td>CHOLESTERIN</td><td>tiefere Werte</td><td>anderes Spektrum der Cholesterinester</td></tr>
<tr><td>GESAMT-EIWEISS</td><td>nicht übereinstimmende Werte</td><td>AL-Berücksichtigung, Bezugssubstanz: Albumin Verhältnis: A/G</td></tr>
<tr><td>ANORGANISCHER PHOSPHOR</td><td>tiefere Werte</td><td>Spezifität, keine Enteiweissung</td></tr>
</table>

LKS =Lipidkontrollserum   AL =Probenleerwert   A/G =Albumin/Globulin

<u>Tab. 5:</u>   Richtigkeit eines Verfahrens

5.8 W. AUSLÄNDER (BERLIN): DIE PROBLEMATIK METHODENSPEZIFISCHER ZIELWERTANGABEN DISKUTIERT AM BEISPIEL DES HARNSTOFFS

Für drei Harnstoffmethoden - Diacetylmonoxim, Urease-Berthelot, vollenzymatisch (enzymatischer UV-Test) - werden von den Herstellern von Kontrollseren zum Teil übereinstimmende, zum Teil aber dramatisch abweichende (>50% Abweichung zwischen den Methoden) Zielwerte angegeben. In Übereinstimmung mit Untersuchungen von Eisenwiener (1978) kann

gezeigt werden, daß bei verschiedenen Kontrollseren die hohen Zielwerte für die Urease-Berthelot bzw. für die vollenzymatische Methode
darauf zurückzuführen sind, daß jeweils Harnstoff plus Ammoniak-Verunreinigungen bestimmt worden sind. Bei Berücksichtigung dieser
Ammoniak-Verunreinigungen in den Kontrollseren - die in Patientenproben niemals vorkommen - wird eine gute Übereinstimmung zwischen den
drei Harnstoffmethoden erzielt.

In Tab. 1 werden von 29 verschiedenen Kontrollseren - die 1979 von 7
verschiedenen Firmen vertrieben worden sind - die Harnstoff-Zielwerte
für alle oben angegebenen Methoden mitgeteilt. Wie aus den in Abb. 1
(speziell Technicon-Geräte) und Abb. 2 dargestellten prozentualen
Abweichungen ersichtlich, ergibt sich ein uneinheitliches Bild, wobei
teilweise dramatische Abweichungen gefunden worden sind. Um zu prüfen,
ob zwischen den methodenabhängigen Zielwerten statistisch signifikante
Unterschiede bestehen, ist der t-Test für gepaarte Meßwerte durchgeführt worden.

Diacetylmonoxim - Urease-Berthelot:
(n = 45) d = -4.3 mg/dl s_d = 13.2 mg/dl t = 2.2>2.02
bzw. n = 44, Kontrollogen LP 3201 mit einer Abweichung von -86 mg/dl
als Ausreißer eingestuft:

       d = -2.4 mg/dl s_d = 4.3 mg/dl t = 3.8>2.02

vollenzym. Urease-Berthelot:
(n = 24) d = +2.4 mg/dl s_d = 5.1 mg/dl t = 2.3>2.07

Bei einer Irrtumswahrscheinlichkeit von 5% müßten die gegenüber der
Urease-Berthelot-Methode bestehenden Abweichungen sowohl für die
Diacetylmonoxim-Methode bzw. der vollenzymatischen Methode als signifikant einzustufen sein. Ein Vergleich der mittleren Abweichungen legt
darüberhinaus den Schluß nahe, daß sich die Diacetylmonoxim-Methode
und die vollenzymatische Methode am stärksten voneinander unterscheiden. Relevante Unterschiede zwischen diesen Methoden sind bei
Patientenproben aber nicht festgestellt worden, wie in Abb. 3 gezeigt
wird. Die sich aus der Regressionsgeraden ergebende mittlere prozentuale Abweichung liegt im Bereich 50-200 mg/dl in der Größenordnung
von ±1%.

Die Unterschiede bei den deklarierten Zielwerten sind offensichtlich
auf die unterschiedliche Zusammensetzung der Kontrollseren zurückzuführen (Matrixeffekt). Bereits Eisenwiener (1978) hat für verschiedene

Kontrolle	Diacethylmonoxim		Urease-Berthelot		vollenzymatisch	
Hyl.-N04	31,7	(AA-Techn.)	31,1	(Referenzw.)		
"	28,3	32,6	31,1	(Referenzw.)		
Hyl.-N02	32	(AA-Techn.)	32,9	(Referenzw.)		
"	30	34	32,9	(Referenzw.)		
Hyl.-N01	23,8	(AA-Techn.)	27,1			
Hyl.-P01	90	(AA-Techn.)	95,7			
Hyl.-P02	105	(AA-Techn.)	107	(Referenzw.)		
"	96	103	107	(Referenzw.)		
Hyl.-P2	91	(AA-Techn.)	102	(Referenzw.)		
"	89	84	102	(Referenzw.)		
Mo.II51B	78	(AA-Techn.)	78	(Referenzw.)	81	(Centrif.)
"	78		78	(Referenzw.)	82,5	
Mo.II51A	78	(AA-Techn.)	77	(Referenzw.)	77	
"	77,5		77	(Referenzw.)		
Mo.II46B	78	(AA-Techn.)	75,4	(Referenzw.)	88	(Centrif.)
"	71,5		75,4	(Referenzw.)		
Mo.I147B	28	(AA-Techn.)	30	(Referenzw.)	34	(Centrif.)
"	27		30	(Referenzw.)	29	
Mo.I141A	30	(AA-Techn.)	30	(Referenzw.)	38,5	(Centrif.)
"	31		30	(Referenzw.)		
Mo.I141B	29,4	(AA-Techn.)	31,5	(Referenzw.)	38	(Centrif.)
"	29,5		31,5	(Referenzw.)		
Roche N	41	(AA-Techn.)	40	(Referenzw.)	40	(Centrif.)
Roche P	95	(AA-Techn.)	93	(Referenzw.)	93	(Centrif.)
Leder-N	30	(AA-Techn.)	30	(Referenzw.)	45	
Leder-T	100		99			
Val-A (1)	105		106		109	
Val-A (2)	110		113		110	
Val-N (1)	42		45		43	
Val-N (2)	26		27			
Nor.413A	31		41,5		44,3	
Nor.412	37,5		40		47	
Nor.451			44		39,5	
Prec.719	45	(AA-Techn.)	45,4		44,5	
"	44		45,4			
Prec.609	40,2	(AA-Techn.)	43,1		40,1	
"	41,4		43,1			
Prec.710	42,8	(AA-Techn.)	42,5		42,8	
"	43,4		42,5			
Ko.L3104	36	(AA-Techn.)	38,5		43,5	
Ko.0451	41	(AA-Techn.)	43		43	
Ko.LP3201	95		181		186	

Tab.1: Zielwert für Harnstoff (mg/dl) verschiedener Kontrollseren

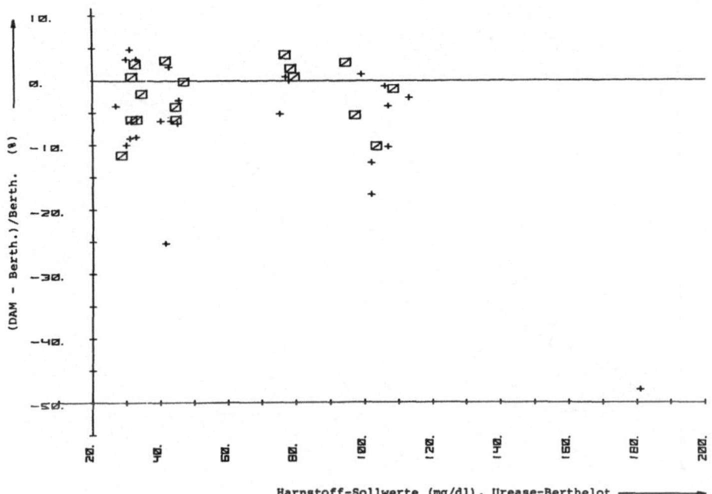

Abb.1: Prozentuale Zielwert-Abweichung beim Harnstoff zwischen der
Diacethylmonoxim-Methode und der Urease-Berthelot-Methode
(45 Werte von 29 verschiedenen Kontrollseren)

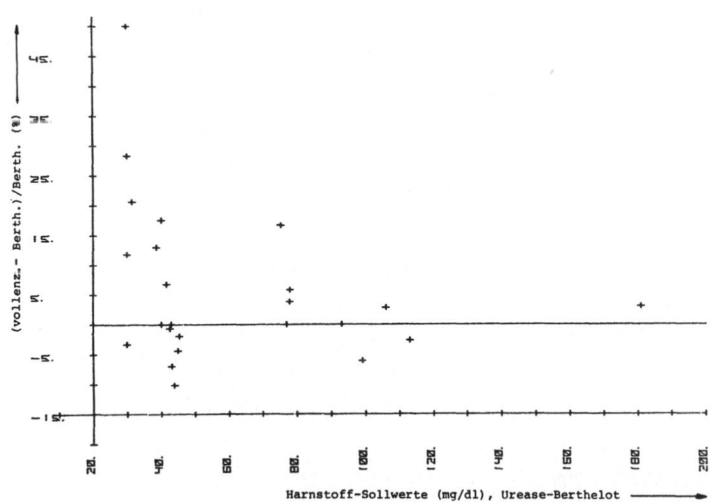

Abb.2: Prozentuale Zielwert-Abweichung beim Harnstoff zwischen
der vollenzymatischen und der Urease-Berthelot-Methode
(24 Werte von 22 verschiedenen Kontrollseren)

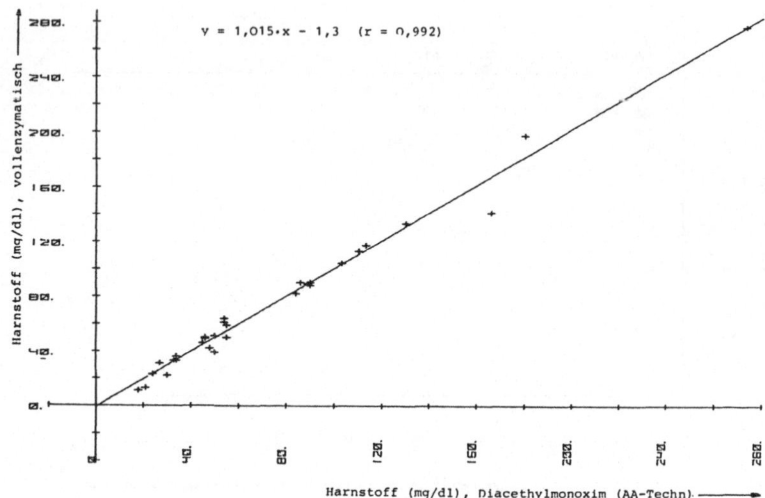

Abb. 3:   Korrelation zwischen den Harnstoff-Werten (mg/dl) bestimmt nach der vollenzymatischen Methode (y = Urease-UV-Test von Boehringer) und der Diacethylmonoxim-Methode (x = AA-Techn) · n = 29 Patienten (Plasma)

Kontrollseren zeigen können, daß die teilweise hohen Sollwerte bei der Berthelot-Methode auf eine Ammoniak-Verunreinigung zurückzuführen ist. Durch Mitführen eines Analysenleerwertes (ohne Urease-Suspension) bei der Berthelot-Methode werden gleiche Resultate mit der Diacetylmono- xim- und der Berthelot-Methode erhalten. Es sei daran erinnert, daß es sich im Gegensatz zur Diacetylmonoxin-Methode sowohl bei der vollen- zymatischen Methode als auch bei der Urease-Berthelot-Methode letzt- lich um eine Bestimmung von Ammoniak handelt. In Tab. 2 sind für die Kontrollen Normosic 413 A-H und Kontrollogen LP 3201 die eigenen Messungen (Mittelwerte aus Dreifach-Best., VK 3%) den deklarierten Zielwerten gegenübergestellt. Die eigenen Messungen sind mit den folgenden Methoden bzw. Geräten erstellt worden:

- Diacethylmonoxim: Am SMA-12/60 mit der Technicon-Methode
- Urease-Berthelot: Manuelle Bestimmung am Lange LP6A-Photometer   ,
                       Arbeitsanleitung Boehringer Mannheim 124770
                       Ergänzend zur Vorschrift ist jeweils ein Analy-
                       senleerwert (ohne Urease) mitgeführt worden   .
- vollenzymatische   Manuelle Bestimmung am Lange LP6A-Photometer   ,
  Methode   :   Arbeitsanleitung Boehringer 166421 (Start   mit
                       Urease). Vorteilhaft bei dieser Methodenvarian-
                       te ist, daß erst nach 10 Min. Vorinkubation

(Probe plus Reagenz) mit Urease gestartet wird. Jeglicher Fremd-Ammoniak (Verunreini - gungen, NH_4-Heparinat) wird während der Vorinkubation umgesetzt, sodaß durch den Ureasestart nur der vom Harnstoff stammende Ammoniak erfaßt wird.

1. Normosic 413 A-H

	Diacetylmon.	Berthelot	vollenzym.
Zielwert:	31,0	41,5	44,3
gemessen:	34,0	34,6	34,5

2. Kontrollogen LP 3201

	Diacetylmon.	Berthelot	vollenzym.
Zielwert:	95	181	186
gemessen:	94	98	92

Tab. 2: Gemessene Harnstoffkonz. (mg/dl) im Vergleich zu den deklarierten Zielwerten bei zwei verschiedenen Kontrollseren

Aus den in Abb. 3 gezeigten Messungen kann auf eine gute Übereinstimmung zwischen den 3 Harnstoff-Methoden geschlossen werden, wobei aber Voraussetzung ist, daß nur der aus der Urease stammende Ammoniak erfaßt wird.

Am Beispiel des Harnstoffs ist gezeigt worden, daß aufgrund teilweise starker Verunreinigungen der Kontrollseren mit Ammoniak je nach der angewendeten Methode unterschiedliche Zielwerte resultieren können. Da bei Patientenproben derart hohe Ammoniak-Konzentrationen niemals vorkommen (beim Leberkoma max. 2 mg/dl (Müting 1981)), wird der Anwender durch derart unterschiedliche Angaben irritiert. Die Angabe von methodenspezifischen Zielwerten sollte - wenn überhaupt - nur dann eine Berechtigung haben, wenn signifikante methodenspezifische Unterschiede an einem hinreichend großem Patientenkollektiv nachgewiesen werden. Zu kritisieren ist weiterhin, daß bei den deklarierten Zielwerten nicht immer eindeutig zu erkennen ist, welche Verfahrensweise einer bestimmten Methode gewählt wurde, um die Zielwerte zu bestimmen.

Für den enzymatischen UV-Test von Boehringer (Nr. 166421) liefert die
Firma beispielsweise zwei Arbeitsvorschriften:
a) Start mit Urease   b) Start mit verdünnter Probe

Wie aber in <u>Tab. 2</u> bereits gezeigt, werden die für die vollenzyma-
tische-Methode deklarierten Zielwerte auch nicht annähernd erreicht,
wenn mit Urease gestartet wird.

Anmerkung der Herausgeber

In der ISO/REMCO* ist eine Empfehlung zur Zertifizierung von Referenzmaterialien erarbeitet worden (ISO GUIDE 35), damit auch zur
Zielwertermittlung. Empfohlen wird der "Konsenswert" (consensus value)
über die Zielwertermittlung durch nicht weniger als 8, besser 15 oder
mehr Referenzlaboratorien. In besonderen Fällen wird aber auch eine
Zielwertermittlung durch ein einziges Referenzlaboratorium erwähnt,
wenn dieses mit einer definitiven Methode arbeitet und keine weiteren
Referenzlaboratorien verfügbar sind. Gefordert wird unter anderem die
namentliche Benennung der Referenzlaboratorien, die an der Zielwertermittlung beteiligt sind. Der ISO Guide 35 wird voraussichtlich
im Sommer 1984 veröffentlicht.

* ISO/REMCO = <u>I</u>nternational <u>S</u>tandards <u>O</u>rganization / <u>R</u>eference
<u>M</u>aterial <u>C</u>ouncil-Committee

6 Beurteilung der Ringversuchsteilnehmer

6.1 H.J. JESDINSKY (DÜSSELDORF):
BEURTEILUNG DER RINGVERSUCHSTEILNEHMER AUS DER SICHT DES STATISTIKERS

1. Statistische Beurteilung

Die Statistik kennt zwei ihrem Wesen nach verschiedene Vorgehensweisen der Behandlung von Daten, die beschreibenden Verfahren und die Testverfahren.

Beschreibende Verfahren sind ihrer Konzeption nach nicht als Hilfsmittel zur Beurteilung gedacht. Der Praktiker schätzt sie wegen ihrer Anschaulichkeit und zögert meist nicht, auf Grund von mit deskriptiven Verfahren gewonnenen Informationen Entscheidungen zu fällen - besonders dann, wenn er nicht durch statistisches Wissen vorbelastet ist.

Testverfahren basieren auf einem Wahrscheinlichkeitsmodell, das die Risiken gewisser Fehlentscheidungen im voraus kalkulierbar macht. Diese Verfahren werden vom Anwender oft mit Vorbehalten betrachtet, einem Mißtrauen, das nicht selten berechtigt ist.

Nun haben beide Vorgehensweisen ihre Vor- und Nachteile. Die beschreibenden Verfahren ermöglichen dem Ringversuchsleiter ein intuitives Urteil, und ein Erfahrener wird mit diesem Vorgehen selten Fehlentscheidungen treffen. Der Nachteil liegt jedoch darin, daß sich die Beurteilung so nicht objektivieren läßt. Die Testverfahren sind zwar objektivierbar: Mit denselben Daten wird immer dieselbe Entscheidung getroffen. Es gehen jedoch eine Vielzahl Voraussetzungen und Modellannahmen in die Rechnung ein, die nicht immer leicht zu begründen und schwer übersehbar sind. Ohne Anschauung bleibt man einem blinden Algorithmus ausgeliefert; extrem ausgedrückt, weiß also der Versuchsleiter gar nicht, was er tut.

In dieser Situation wird nur eine Kombination beschreibender Verfahren und statistischer Testverfahren angemessen sein. Solche Lösungen werden auch praktisch angewandt.

Dabei tritt das intuitive Vorgehen meist im Gewande von Verfahren zur Ausreißerelimination auf. Auf die verbliebenen Daten wird sodann ein Testverfahren angewandt.

2. Problemlage

Wir betrachten drei Arten, einen Zielbereich festzulegen, innerhalb dessen der Ringversuchsteilnehmer liegen muß, damit sein Meßergebnis akzeptiert wird.

1) Festlegung eines Intervalls um den "wahren" Wert

2) Gewinnung des Zielbereichs aus den Ergebnissen aller Ringversuchsteilnehmer

3) Gewinnung des Zielbereichs aus den Ergebnissen ausgewählter Laboratorien ("Referenzlaboratorien")

Im ersten Fall ist nur die Breite des Bereichs festzulegen (wenn man einmal von dem Problem absieht, ob man den Bereich symmetrisch um den "wahren" Wert legen soll oder nicht), nicht hingegen die Lage eines mittleren Zielwerts, denn letzterer ist schon bekannt. Dieses Vorgehen ist nur anwendbar, wenn besondere Voraussetzungen für die Herstellung der Testlösungen vorliegen, wenn also genau eingewogene Substanzmengen in substanzfreie Lösungsmittel eingebracht werden können (sog. primärer Standard). Selbst in diesem Fall wird man nicht immer den "wahren" Wert als Zielwert benutzen können, da es auf den Wert ankommt, der mit einem Analysenverfahren in den Proben wiedergefunden werden kann.

So ist es verständlich, daß man gewöhnlich auf eine der beiden anderen Arten der Festlegung des Zielbereichs angewiesen ist, bei denen neben der Breite des Bereichs auch dessen Lage festgelegt werden muß.
Das unter 2) genannte Vorgehen birgt die Gefahr in sich, daß das Niveau der Ringversuchsteilnehmer die Qualitätsanforderungen diktiert, das zuletzt genannte Vorgehen leidet daran, daß man für manche Bestandteile nicht ausreichend viele Referenzlaboratorien hat.

Im folgenden betrachten wir dieses Vorgehen näher, da es auch den gesetzlichen Vorschriften der Bundesrepublik zugrunde liegt (Ausführungsbestimmungen 1974; DIN 58936; DIN 1505725, Richtlinien der BÄK 1971).

Bevor die Schwierigkeiten besprochen werden, die mit dem Festlegen eines Zielbereichs mit Referenzlaboratorien verbunden sein können, seien zwei Auswertungsverfahren dargestellt.

3. Auswertungsmodelle

3.1. Parametrische Modelle

Die erste - und auf Grund der Vorschriften üblicherweise vorgenommene - Auswertung ist parametrisch und setzt, zumindestens für viele weitergehende Aussagen, Normalverteilung voraus. Sie benutzt ein lineares Modell und ist "ausreißerempfindlich".

Das lineare Modell der Meßwerte lautet, wenn Mehrfachbestimmungen in den Referenzlaboratorien erfolgen (allgemein n_i Mehrfachbestimmungen im i-ten Laboratorium)

$$Y_{ij} = \mu + A_i + B_{ij} \quad , \quad j = 1,\ldots,n_i \; ; \; i = 1,\ldots,k \; ; \; \sum_{i=1}^{k} n_i = n$$

wobei

μ der erwartete Wert,

A_i die zufällige Abweichung des i-ten Laboratoriums,

B_{ij} die Abweichung der j-ten Mehrfachbestimmung[1] innerhalb des i-ten Laboratoriums ist.

Setzt man voraus, daß die Erwartungswerte $E(A_i) = E(B_{ij}) = 0$ und die Varianzen σ_A^2 und σ_B^2, also unabhängig von i, sind, d.h. die Referenzlaboratorien keine verschiedene Präzision aufweisen, ferner daß keine Korrelationen zwischen den A_i und den B_{ij} bestehen, so kann man die Parameter μ, σ_A^2 und σ_B^2 schätzen.

---

[1]   Auf die Notwendigkeit, genau festzulegen, was unter "Mehrfach-bestimmung" verstanden werden soll, sei hingewiesen. Gewöhnlich unterscheidet man "Serien" und "Wiederholungen innerhalb der Serie". In praxi sind solche Festlegungen, z.B., daß die n_i Werte aus verschiedenen Serien stammen müssen, nicht immer leicht durchsetzbar

174

Im folgenden wird die "Punktnotation" verwendet, d.h.

$$\bar{Y}_{i.} = \sum_{j=1}^{n_i} Y_{ij}/n_i \quad , \quad \bar{Y}_{..} = \sum_{i=1}^{k} \sum_{j=1}^{n_i} Y_{ij}/n$$

Es ergibt sich

$$\hat{\mu} = \bar{Y}_{..}$$

$$\hat{\sigma}_A^2 = (MQ_A - MQ_B) / n^*$$

$$\hat{\sigma}_B^2 = MQ_B \quad , \qquad \text{wobei}$$

$$MQ_B = \frac{1}{n-k} \sum_{i=1}^{k} \sum_{j=1}^{n_i} (Y_{ij} - \bar{Y}_{i.})^2 \quad ,$$

$$MQ_A = \frac{1}{k-1} \sum_{i=1}^{k} n_i \; (\bar{Y}_{i.} - \bar{Y}_{..})^2 \qquad \text{und}$$

$$n^* = \frac{1}{k-1} \; (n - \sum_{i=1}^{k} n_i^2/n)$$

Falls alle $n_i = m$ konstant sind, ergibt sich $n^* = m = n/k$

Der Zielwert wird also durch das Gesamtmittel $\bar{Y}_{..}$ geschätzt.
Um diesen wird symmetrisch ein Bereich gelegt, dessen Breite sich als
Vielfaches der geschätzten Standardabweichung einer Einzelbestimmung,

$$\hat{\sigma}_y = \sqrt{\hat{\sigma}_A^2 + \hat{\sigma}_B^2} \quad ,$$

ergibt.
Oft wird gar nicht $\hat{\sigma}_y$ sondern ein anderer Wert, $\hat{\sigma}^*$, benützt. $\hat{\sigma}^*$ ist
die Standardabweichung, die man ohne Berücksichtigung der Struktur der
Daten, welche durch die Doppelindizierung gegeben ist, aus den einzelnen Werten berechnet. Man kann zeigen, daß bei $MQ_A > MQ_B$

$$\hat{\sigma}^* = \sqrt{\hat{\sigma}_y^2 - \hat{\sigma}_A^2 \; (\frac{\sum n_i^2}{n} - 1)/(n-1)} < \hat{\sigma}_y$$

ist.

In Anbetracht vieler sonstiger Manipulationen im Rahmen der Ausreißerelimination fällt diese Unterschätzung nicht sehr ins Gewicht, wenn

nicht zuviele Mehrfachbestimmungen zugelassen werden. So z.B. ist der Faktor von σ_A^2 unter der Wurzel der zuletzt angeführten Formel bei je 2 Bestimmungen in 20 Laboratorien 1/39, bei je 4 Bestimmungen in 12 Laboratorien 3/47, allerdings bei je 15 Bestimmungen in 3 Laboratorien bereits 7/22.

Bei der Festlegung des Zielwertbereichs benötigen wir die Voraussetzung der Normalverteilung der A_i und der B_{ij}. Setzt man

$$w_\gamma = t_{f,\frac{1+\gamma}{2}} \cdot \hat{\sigma}_{y_0 - \bar{y}}$$

wobei $\quad \hat{\sigma}_{y_0 - \bar{y}} = \sqrt{aMQ_A + bMQ_B}$

$t_{f,q}$ das q-Quantil der t-Verteilung mit f Freiheitsgraden,

$$a = \frac{n+1}{nn^*} - \frac{k-1}{n^2} \quad ,$$

$$b = 1 + \frac{1}{n} - a$$

f die größte ganze Zahl ist, die kleiner oder gleich $\hat{\upsilon}$ ist [1]

$$\hat{\upsilon} = \frac{(aMQ_A + bMQ_B)^2}{(aMQ_A)^2/(k-1) + (bMQ_B)^2/(n-k)} \quad ,$$

so überdeckt das Intervall $\left[\bar{Y}_{..} - w_\gamma , \bar{Y}_{..} + w_\gamma\right]$ im Mittel einen Anteil γ der Werte Y_0 derjenigen Ringversuchsteilnehmer, welche die Qualitätsmerkmale der Referenzlaboratorien aufweisen.

In der Praxis kann man nicht erwarten, so geradewegs zum Ziel zu gelangen. Daher sind verschiedene Praktiken, Ausreißer zu finden und wegzulassen, ehe die Rechnung weitergeführt wird, in Gebrauch. Eigentlich ist die Ausreißerproblematik weniger ein statistisches als vielmehr ein Sachproblem (Collet u. Lewis 1976), was meist zu wenig bedacht wird. Hier spielt wiederum die Anschauung eine große Rolle.

---

[1]   vereinfachend kann man f = k - 1 setzen, das ist unter gewöhnlichen Umständen der kleinstmögliche Wert

176

So werden etwa alle außerhalb des Intervalls

$$\left[\bar{Y}_{..} - 2\, \hat{\sigma}^* \cdot, \quad \bar{Y}_{..} + 2\, \hat{\sigma}^* \right]$$

gelegenen Werte gestrichen und aus den verbleibenden Werten ein neuer Mittelwert $\bar{Y}_N$ und ein neuer $\hat{\sigma}^*$ - Wert $\hat{\sigma}^*_N$ bestimmt, und es werden alle Ringversuchsteilnehmer bezüglich eines Bestandteils als qualifiziert betrachtet, bei denen für diesen Bestandteil beide Proben im Bereich

$$\left[\bar{Y}_N - 3\, \hat{\sigma}^*_N, \quad \bar{Y}_N + 3\, \hat{\sigma}^*_N \right]$$

liegen.

Bei einem derartigen Vorgehen ist zu berücksichtigen, daß

$$\hat{\sigma}^*_N \leq \hat{\sigma}^* < \hat{\sigma}_{y_0 - \bar{y}} \qquad 1$$

und daß $3 \approx t_{20,0.995}$ (f = 20 ist realistisch), also etwa 0.99. Bei Unabhängigkeit der Bestimmungen, die ein Ringversuchsteilnehmer in den beiden Proben vornimmt, ergäbe sich $1 - \gamma^2 \approx 0.02$ als Wahrscheinlichkeit dafür, daß dieser Teilnehmer ausgeschlossen wird, obwohl er so gut arbeitet wie die Referenzlaboratorien (Da im allgemeinen eine positive Abhängigkeit zu erwarten ist und die Ungleichung in den $\hat{\sigma}$-Werten sich auswirkt, wird diese Wahrscheinlichkeit zumeist kleiner sein).

Die praktisch auftretenden Fälle sind damit nicht erschöpft. So kann der $\hat{\sigma}_{y_0 - \bar{y}}$ -Wert einmal sehr klein oder auch sehr groß ausfallen, was bei unglücklicher Konstellation der Referenzwertbestimmungen trotz der Anwendung der Ausreißerkriterien möglich bleibt. Auch kann in seltenen Fällen die Zielwertschätzung weit entfernt vom Mittelwert aller Ringversuchsteilnehmer liegen, so daß es zu Ausschlüssen von Teilnehmern kommen würde, die im Häufigkeitsgipfel der Verteilung der Teilnehmer liegen, ein sicher unbefriedigendes Ergebnis.

---

1   Theoretisch ergibt sich für eine bei $\mu - c$ und $\mu + c$ abgeschnittene Verteilung eine neue Standardabweichung von

$$\sigma_N = \sigma \sqrt{1 - \frac{2c\,\varphi(c)}{2\,\Phi(c) - 1}}$$

mit φ der Dichte und Φ der Verteilungsfunktion der Standard-Normalverteilung, also z.B. für c=2 die Beziehung $\hat{\sigma}^*_N = 0.87\ \hat{\sigma}^*$

Ohne die parametrischen Methoden zu verlassen, sind andere Methoden der Ausreißerelimination denkbar. Geht man von einer festen Größenvorstellung über die Varianz aus, so kann man solche Werte eliminieren, die bei Bildung paarweiser Differenzen häufig die absolut größten Werte ergeben, oder man kann zur Schätzung der Varianz nur paarweise Differenzen bis zu einer gewissen Größe berücksichtigen (Johnson et al. 1978). Erfahrungen mit dieser Methode stehen noch aus.

3.2. Nichtparametrische Modelle

Bedenkt man alle Schwierigkeiten der Anwendung parametrischer Verfahren, so müßten eigentlich die verteilungsfreien Verfahren Vorteile versprechen. Hier würde man alle schwer zu formalisierenden Kunstgriffe der Ausreißerelimination bzw. der Anwendung der sog. "robusten" Verfahren vermeiden können.

Es bieten sich die empirischen Quantile an. Der Median ist ein solches Quantil, und er ist sicherlich robust gegen Ausreißer. Wir wollen aber nicht einen Zielwert (den man mit dem Median schätzen könnte) sondern einen Zielwertbereich angeben. Die hier benötigten weiter außen liegenden empirischen Quantile sind jedoch wieder ausreißeranfällig.

Ein verteilungsunabhängiger Toleranzbereich für den Anteil γ der Population reicht gerade vom kleinsten bis zum größten Wert (ist also noch extrem ausreißerempfindlich), wenn

$$n = \frac{1 + \gamma}{1 - \gamma}$$

Für $\gamma = 0.95$ ergibt sich z.B. $n = 39$. Allgemein würden gerade der a-t -kleinste und der a-t -größte Wert den Zielbereich angeben, wenn

$$n = \frac{2a - 1 + \gamma}{1 - \gamma}$$

Hierbei muß Unabhängigkeit der Beobachtungswerte vorausgesetzt werden. Diese ist aber bei Mehrfachbestimmungen je Referenzlabor nicht mehr gegeben. Da man den Ausweg, jeweils nur die Mittelwerte oder Mediane jedes Referenzlaboratoriums in die Betrachtung einzubeziehen, wegen der dann hohen Anforderungen (für a = 2 hätte man bei γ = 0.95 bereits 79 Referenzlabors) nicht gehen kann, könnten empirische Studien weiterhelfen. Wer aber wird eine Kontrollprobe zweimal von 80 Referenzlaboratorien untersuchen lassen - um dann doch nur, wegen des 'Matrix-Effekts' über diese Probe etwas aussagen zu können? Für Simulationsstudien gelten entsprechende Einwände.

Trotz dieser Mißlichkeiten sollte die den hier behandelten Modellen zugrunde liegende Strategie, die Leistungen der Ringversuchsteilnehmer an denjenigen Ergebnissen zu messen, die in Referenzlaboratorien gewonnen werden, nicht leichtfertig aufgegeben werden. Sie bedeutet, daß man von den Teilnehmern erwartet, mit den jeweils aufkommenden verbesserten Methoden mitzugehen und so den Standard der erreichbaren Genauigkeit zu wahren.

6.2 R. MERTEN (DÜSSELDORF) UND K.-G. BOROVICZÉNY (BERLIN): BEURTEILUNG VON RINGVERSUCHSTEILNEHMERN AUS DER SICHT DES VER- SUCHSLEITERS

EINLEITUNG

Zum Verständnis des Themas ist es notwendig, die historische Entwicklung der Ringversuche in der Bundesrepublik Deutschland zu betrachten. Ringversuche sind zuerst in den sechziger Jahren von den Autoren dieses Beitrages veranstaltet worden (R. Merten 1971, Boroviczény und Merten 1972). Ziel der Ringversuche ist es gewesen, einerseits den Teilnehmern eine objektive externe Kontrollmöglichkeit anzubieten, andererseits die Vergleichbarkeit von Laboratoriumswerten zu fördern. Die Teilnahme an den Ringversuchen ist zunächst völlig freiwillig gewesen. 1962 haben 68 Fachlaboratorien aus Interesse an der Sache an dem ersten Ringversuch teilgenommen. Die Aufgabe des Versuchsleiters ist es gewesen, die Ergebnisse so aufzubereiten, daß jeder Teilnehmer daraus entnehmen konnte, wie groß die Streuung seiner Werte ist bzw. wo systematische Fehler aufgetreten sind, wie gut und wie weniger gut die Vergleichbarkeit seiner Werte mit denen der anderen Laboratorien ist. Alle Versuchsteilnehmer sind daran interessiert gewesen, zu erfahren, ob zwischen den verwendeten Methoden, Geräten und Reagenzien, Unterschiede gefunden werden oder nicht. In den sechziger Jahren hat nicht der Versuchsleiter die Teilnehmer beurteilt, sondern er hat die Ergebnisse nur aufbereitet, so daß die Teilnehmer ihre Leistungen selbst beurteilen konnten. Auf Anfrage hat er im Gespräch oder im Briefwechsel mit einzelnen Teilnehmern auf Grund seiner Erfahrung und seiner größeren Umsicht geholfen, diese Selbsteinschätzung objektiv und richtig vorzunehmen.

Das 1969 veröffentlichte <u>Eichgesetz</u> hat die Sachlage schlagartig verändert. Dieses Eichgesetz hätte auf Grund einzelner Vorschriften überflüssige und unzumutbare Mehrkosten im Laboratorium verursacht. Aufgrund der von INSTAND, der Deutschen Gesellschaft für Laboratoriumsmedizin und der Deutschen Gesellschaft für Klinische Chemie bereits gemachten Erfahrungen ist zusammen mit den zuständigen Behörden eine Eichpflicht-Ausnahmeverordnung (veröffentlicht 1970) ausgearbeitet worden, wodurch die regelmäßige Teilnahme an Ringversuchen zu einer kaum abwehrbaren Pflicht für alle Laboratorien geworden ist.

Als nächstes haben die Kassenärztlichen Vereinigungen (1977) zu den Laborabrechnungen für zahlreiche klinisch-chemische Bestandteile die Vorlage von Ringversuchszertifikaten gefordert. Eichpflichtausnahmeverordnung, Richtlinien der Bundesärztekammer und Vorschriften der Kassenärztlichen Vereinigungen haben aus der freiwilligen Selbstkontrolle eine obligatorische gemacht. Nunmehr hatte der Versuchsleiter seine an den Ringversuchen teilnehmenden Kollegen zu beurteilen, ihnen Zertifikate auszustellen oder diese auch zu verweigern. Diese neue Rolle der Versuchsleiter in den INSTAND-Ringversuchen hat ihnen überhaupt nicht gefallen. Sie haben aber im Interesse der Kollegen diese Aufgabe übernehmen müssen, um eine sinnvolle und wirksame Qualitätssicherung über eine Ausnahmeverordnung praktikabel zu machen.

Die Ringversuche sind gleichzeitig zu <u>Ringprüfungen</u> geworden. Die größte Sorge der Versuchsleiter ist es gewesen, die Teilnehmer gerecht zu beurteilen. Es ist notwendig gewesen, Wege zu finden, um jeden Teilnehmer, dessen Ergebnisse dem jeweiligen Stand der Technik entsprochen haben, in die Lage zu versetzen, in Ringversuchen bei mehr-

facher Teilnahme ein Zertifikat für die von ihm analysierten Bestandteile zu erhalten. Die Beurteilung hat jeder Prüfung durch Juristen
und Statistiker standhalten müssen, um die Auffassung erfolgreich
verteidigen zu können, daß die Organisation der Ringversuche in der
Hand wissenschaftlicher Gesellschaften bleiben müsse. Nur so waren die
Voraussetzungen gegeben, um den Teilnehmern neben der Bewertung
"Bestanden" oder "Nicht bestanden" zusätzlich Auskunft geben zu
können, wie sie ihre Methode "unter Kontrolle" bringen können mit dem
Ziel, Werte zu erreichen, die denen anderer Laboratorien vergleichbar
sind.

Durch die obligatorischen Ringversuche ist ein erhöhter Bedarf an
Richtigkeitskontrollproben entstanden, dem die Industrie nachzukommen
hatte. Die Folge war, daß jeder Hersteller zu seinen Richtigkeitskontrollproben auch für die von ihm angebotenen Methoden und - z.T.
auch gerätegebundenen - reagenziensatzeigene, für den Kunden "maß-
geschneiderte" Zielwerte und Zielbereiche anbieten mußte. Bereits in
der "Systematik der Qualitätskontrolle im medizinischen Laboratorium"
(1972) heißt es Seite 19: "Richtigkeitskontrollproben sind heute
bereits in größerer Zahl im Handel. Deren Sollwerte werden von den
Herstellern in eigenen Laboratorien oder durch die oben genannten
Referenzlaboratorien ermittelt und, gewöhnlich unter Hinweis auf die
verwendete Methode bekannt gegeben, was unseres Erachtens nicht richtig ist, da methodenunabhängige Sollwerte und eine erreichbare
Präzison angestrebt werden sollen".

Nach den Richtlinien der Bundesärztekammer ist die Zielwertermittlung
für Richtigkeitskontrollproben Organisationen übertragen worden, die
von den Herstellern unabhängig sind. Dies hatte einen deutlich stabi-
lisierenden Einfluß zur Folge. Wenn heute aus der Sicht des Versuchsleiters zur Beurteilung der Teilnehmerergebnisse in Ringversuchen
Stellung genommen werden soll, so muß also an die Auflagen in den
Richtlinien der Bundesärztekammer zur statistischen Qualitätskontrolle
und Durchführung von Ringversuchen und deren Ausführungsbestimmungen
(1974) erinnert werden, an die die Versuchsleiter gebunden sind.

Diese betreffen die
-     Auswahl der Referenzlaboratorien durch den Versuchsleiter
-     Ermittlung der Analysenwerte der Referenzlaboratorien und die
      Festlegung der Zielwerte und Zielbereiche

- "Methoden"-, geräte- und reagenzienbedingte Unterschiede und
- letztlich die Beurteilung der Teilnehmer.

Referenzlaboratorien

werden vom Versuchsleiter in Zusammenarbeit mit den zuständigen Fachgesellschaften der Bundesärztekammer vorgeschlagen. Sie werden für
ihre Tätigkeit von der Landesärztekammer benannt. Neben besonderen
Anforderungen an die Leiter der Referenzlaboratorien (fachliche Kenntnisse und Erfahrungen, Fähigkeiten zur Entwicklung neuer Methoden und
zu einem Methodenvergleich, Unabhängigkeit von Herstellern und Impor-
teuren von Geräten, Reagenzien, Standards und Kontrollproben) müssen
diese selbständig oder in selbständigen Abteilungen mit einem eigenen
Personal- und Sachetat tätig sein, sowie über Einrichtungen und Verfahren verfügen, durch die die Zulässigkeit von Analyseergebnissen im
Rahmen der Zielwertermittlung gewährleistet ist. Sie müssen über ein
umfangreiches System zur internen Qualitätskontrolle verfügen, sowie
Vergleichsuntersuchungen mit anderen Referenzlaboratorien, beispielsweise in Sonderringversuchen durchführen, um ihre Leistungsfähigkeit
nachzuweisen. Die genannten Anforderungen, zu denen auch die Fähigkeit
zur Reinheitsprüfung von Substanzen und zur Herstellung von Standards
und Standardlösungen gehören, sind wesentlich durch die Fortschritte
in der Herstellung von Proben, Standards und Standardlösungen sowie
die Entwicklung neuer Methodologien erleichtert worden.

Der _Versuchsleiter_ erhält erst an Hand der eingehenden Ergebnisse in
Zielwertermittlungen und Sonderringversuchen einen Überblick über die
tatsächliche Leistung eines Laboratoriums, insbesondere in die
Wiederhol- und Vergleichsgenauigkeit sowie in die besonderen Schwer-
punkte des einzelnen Laboratoriums. Auf Grund dieser Informationen
kann er entscheiden, von welchen Referenzlaboratorien Analysen welcher
Bestandteile zur Zielwertberechnung zu verwenden sind.

Die Ermittlung der Analysenwerte und Berechnung der Zielwerte und Zielbereiche

ist in den INSTAND-Ringversuchen nach einem von uns zusammen mit v.
Klein-Wisenberg in den Jahren 1970 bis 1973 entwickelten, im Leitfaden
zu den Ringversuchen 1974 aufgeführten und von Schumann in diesem Band
mitgeteilten Modell (siehe auch v. Boroviczény 1976) erfolgt. Über die
dabei verwendeten Rechentechniken haben v. Klein-Wisenberg (1975,
1976) und Schumann (1976) sowie Jesdinsky (in diesem Band) berichtet.

"Methoden"-, "Geräte"-, "Reagenzien"- und "Proben"-Einflüsse

Um die Ringversuchsteilnehmer gerecht beurteilen zu können, ist es trotz der verständlichen Forderung nach nur einem Zielwert (Bergmeyer 1980, Stamm 1982), notwendig gewesen, ständig zu untersuchen,

- wieweit "methoden"-, "reagenzien"-, "geräte"-, und "proben"-bedingte Unterschiede auftreten
- wann hierfür unterschiedliche Zielwerte und/ oder Zielbereiche festgelegt werden müssen und
- wann bei geringen methodologischen Unterschieden Ergebnisse zusammengefaßt werden können.

Es mußten Programme entwickelt werden, um festzustellen,

- wo Unterschiede der oben genannten Art auftreten
- auf Grund der klinischen Relevanz unterschieden werden müssen
- welche Streuung der Ergebnisse bei den einzelnen Bestandteilen akzeptiert werden kann oder muß.

Aus einer Gegenüberstellung der Häufigkeiten der Methodenanwendung durch die Teilnehmer in den Jahren 1977/78 und 1982/83 in Tab. 1 wird deutlich, daß bei fast allen in Ringversuchen zur externen Qualitätssicherung angebotenen anorganischen und organischen Bestandteile Veränderungen aufgetreten sind, bei denen diese im Gegensatz zu den Enzymen seit der Einführung der optimierten Standardmethoden nur bei der CK und γ-GT durch die Einführung anderer Substrate und Aktivatoren zu verzeichnen sind. Bei den anorganischen Bestandteilen des Serums werden zur Analyse der Elektrolyte einige gut vergleichbare Methodologien wie die Atomabsorption, Flammenphotometrie, Komplexometrie und Fluorimetrie eingesetzt, während die photometrischen Methoden, z.B. beim Calcium nur noch in 12,7%, beim Chlorid in 19%, beim Natrium in 8,2%, in höherem Umfang beim Kalium (in 27%) sowie beim Magnesium (in 57,8%) verwendet werden. Photometrische Methoden überwiegen beim Eisen (in 99%) und beim Kupfer (in 87%). Dabei werden, z.B. bei Eisen und Phosphat, Methoden bevorzugt, die ohne eine voraufgehende Enteiweißung durchgeführt werden.

Unter den organischen Bestandteilen werden Cholesterin, Glukose und Triglyzeride nahezu ausnahmslos (in 94.2, 91.5 bzw. 95.2%) und Harnsäure (in 77.7%) überwiegend mit enzymatischen Methoden bestimmt. Beim

<u>Cholesterin</u> wird die Liebermann-Burchard/Pearson/Watson-Methode nur noch von 6.3% der Teilnehmer eingesetzt. Bei der <u>Glukose</u> verwenden die Teilnehmer die Hagedorn-Jensen-, aber auch die o-Toluidin- und Neocuproin-Methoden kaum noch im Gegensatz zu anderen Ländern. Nur 4% bestimmen die <u>Triglyzeride</u> noch nach Verseifung und 18% die <u>Harnsäure</u> mit der Phosphorwolframsäure-Methode. Beim <u>Gesamteiweiß</u> dominiert die Bestimmung mit dem Biuret-Reagenz, in 66% ohne Berücksichtigung des Probenleerwertes, wodurch es zu Fehlbestimmungen kommen kann.

<u>Unterschiede der Analysenergebnisse</u> finden sich in Kontrollproben (z.T. auch in Patientenproben - siehe hierzu den vorigen Beitrag von Müller-Wiegand) mehr oder weniger ausgeprägt aus den verschiedensten Ursachen bei zahlreichen Bestandteilen. Sie beruhen z.T. auf unterschiedlichen

- <u>Methoden- und Meßprinzipien</u>:
    - kinetische Verfahren - Endpunktbestimmungen
    - spezifische, z.B. enzymatische Verfahren - unspezifische Farbtests
    - Substraten bzw. Substrat- und/oder Coenzymkonzentrationen
    - Aktivatoren und Pufferlösungen, z.B. CK und γ-GT
    - Temperaturen
    - manuellen oder mechanisierten bzw. automatisierten Verfahren,
- <u>Reagenzien</u>
- <u>Meßinstrumenten</u>
- <u>Hilfsverfahren</u>, z.B. Dosiergeräten
- <u>Einheiten</u>
- <u>Sorgfalt des Untersuchers</u>

In <u>Tab. 2</u> sind solche Unterschiede unter Nennung des Methodenprinzips, Meßverfahrens, des verwendeten <u>Reagenz</u>, Analyse <u>ohne oder nach Enteiweißung</u>, <u>ohne oder nach Abzug</u> z.B. des freien Glycerins bei den Triclyzeriden, <u>der Temperatur</u> uam. in verschiedenen Gruppen zusammengestellt. Die in den einzelnen Gruppen genannten Verfahren lassen sich bei den jeweiligen Bestandteilen in ihren Ergebnissen bei der Bewertung zusammenfassen. In <u>Tab. 3,4 und 5</u> sind als Beispiele Mittelwerte und Standarabweichungen der Teilnehmerwerte aufgelistet, die in 4 Ringversuchen eingesetzten Kontrollproben erhalten worden sind, auch hier, wie in <u>Tab. 2</u>, getrennt nach Meßverfahren, Reagenz uam.

Vielfach wird auch auf Unterschiede in der Probenbeschaffenheit als Ursache für die bisher genannten Differenzen der Zielwerte und Teilnehmerermittelwerte hingewiesen.

Probenbedingte Unterschiede sind matrix-bedingt. Serum bzw. Plasma enthalten zahllose Eiweißfraktionen, körpereigene und körperfremde Substanzen, die sich zu einem nicht unerheblichen Teil bei der Analyse gegenseitig beeinflußen bzw. stören. Die Ringversuche haben gezeigt, daß der Trübungsgrad einer Probe die Streuung der Ergebnisse deutlich beeinflußt. Erschwerend kommt hinzu, daß Ringversuchsproben und andere Richtigkeitskontrollproben nicht von kranken Menschen gewonnen werden können, sondern daß eine pathologische Zusammensetzung mehr oder weniger gut simuliert werden muß. Proben mit erhöhten Enzymaktivitäten können nur durch Aufstocken mit Enzympräparationen tierischen Ursprungs erhalten werden, die z.T. eine stark abweichende Isoenzym-Zusammensetzung aufweisen.

Es ist daher notwendig, an die Probenhersteller Anforderungen an die Beschaffenheit der Kontrollproben, die in Ringversuchen eingesetzt werden, zu stellen, wie sie auf Grund langjähriger Erfahrungen bereits in dem diesem Beitrag zugrundeliegenden Vortrag 1977 gestellt und von Reinauer (1981 und den nachfolgenden Jahren) erweitert und spezifiziert worden sind.

Anforderungen an die Probenbeschaffenheit
Humanproben
Homogenität der Chargen vor Abfüllung
Ansteckungsfrei, insbesondere HB_S-negativ
Haltbar, gelöst mindestens 5 Tage, lyophilisiert 2 Jahre
Trübung in 10 mm Küvette bei 550 nm nicht über o.9oo
pH zwischen 7,2 und 7,4
Denaturierung bei Herstellung gering halten
Störende Bestandteile vermeiden
Konzentrationen 'von Glas zu Glas' möglichst niedrig streuend

Erweiterter Forderungskatalog siehe im Beitrag Merten: Prüfung von Kontrollproben durch den Versuchsleiter.

<u>Gerätebedingte Unterschiede</u> sind vielfach beobachtet worden und bedürfen weiterer Klärung. In vielen Ländern sind Geräteerprobungen zur Geräteevaluation durchgeführt werden. (Über solche Evaluationsschemata wird in Band <u>IV</u> der INSTAND-Schriftenreihe zusammen mit Kosten-Nutzen-Betrachtungen berichtet, über die in INSTAND-Symposien der Jahre 1981 und 1982 berichtet worden ist).

Ein Beispiel für solche gerätebedingten Unterschiede, die bei der Kreatininbestimmung beobachtet worden sind, wird in <u>Abb. 1</u> mitgeteilt.

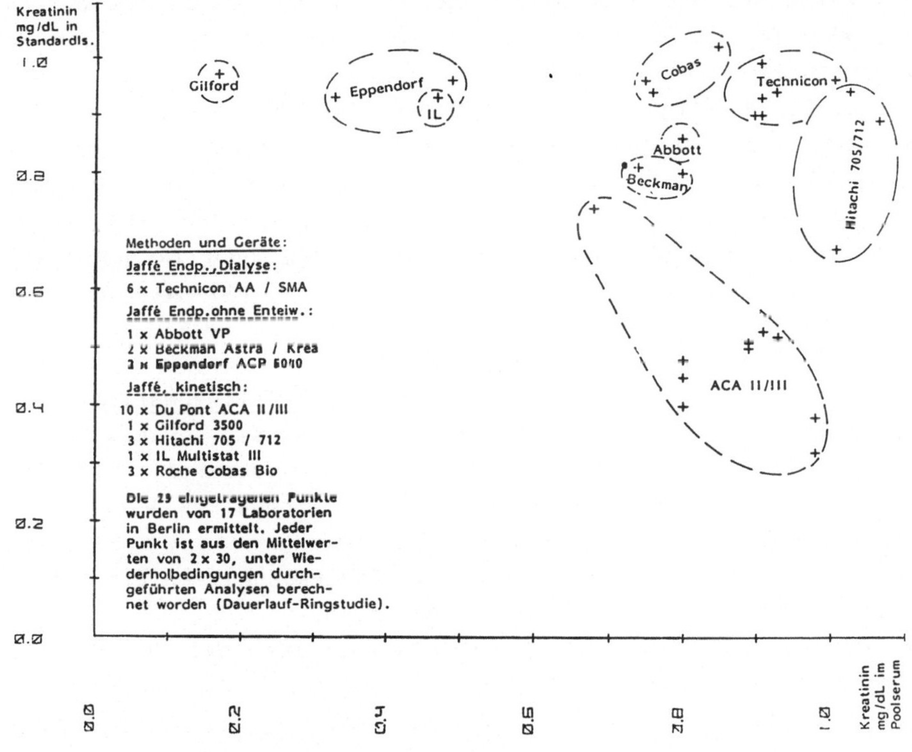

<u>Abb. 1</u>: Geräte- und methodenspezifische Matrixeffekte bei Kreatininanalysen. Die beobachteten Abweichungen, die in einer Dauerlauf-Ringstudie in Berlin 1982 gewonnen worden sind, sind u.E. auf die unterschiedlichen Reaktionszeiten bei der enzymatischen Methode zurückzuführen (Heller 1983)

Bewertung der Teilnehmerwerte
Vergleich der Zielwerte und Teilnehmerwerte

Bei diesen Versuchsbedingungen kann also nicht erwartet werden, daß die Teilnehmermittelwerte und die Zielwerte identisch sind. Umso bemerkenswerter ist bei vielen Bestandteilen die in den Gesamtübersichten der INSTAND-Ringversuche erkennbare Übereinstimmung der Teilnehmermittelwerte mit den Zielwerten, z.T. bis zu einer Nachkommastelle (Tab. 6,7,8).

Dies hat dazu geführt, daß in den meisten ausländischen Ringversuchen die Zielwerte aus den Ergebnissen der Teilnehmerkollektive berechnet werden, während sie in der Bundesrepublik aus den Werten der Referenzlaboratorien ermittelt werden müssen. Dies hat seine Vor- und Nachteile. Ein Nachteil liegt in dem erheblichen Aufwand, der bei der Zielwertermittlung durch Referenzlaboratorien aufgebracht werden muß; ein Vorteil ist darin zu sehen, daß durch die Zielwertermittlung Erfahrungen besonderer Art gesammelt werden können und eine Organisation vorhanden ist, die die Zielwertermittlung auch in den Richtigkeitskontrollproben ermöglicht, die nach den Richtlinien von "unabhängigen" Laboratorien erbracht werden müssen.

Um nun einen Vergleich zwischen Zielwerten und Teilnehmermittelwerten durchführen zu können, ist es notwendig gewesen, wahrscheinliche Ausreißer vor der statistischen Berechnung auszuschließen. Unter Ausreißern im Sinne der Statistik sind im allgemeinen Werte zu verstehen, die unter anderen Bedingungen als die Werte des Großteils der Teilnehmer zustande gekommen sind, z.B. Eintragefehler, Einheitenfehler, auch Proben- oder Ergebnisverwechslungen.
In den ersten siebziger Jahren sind als Ausreißer bei der Berechnung der Teilnehmermittelwerte und deren Streuungen die außerhalb der 10-fachen Standardabweichung liegenden Werte ausgeschlossen worden. Dabei haben sich unglaubwürdig hohe Variationskoeffizienten ergeben, deren Ursache meist in den oben erwähnten groben Fehlern, die nicht vollkommen eliminiert worden sind, gelegen hat. Erst als die außerhalb der 4-fachen Standardabweichung, damit meist auch außerhalb Bereiches des (Median • 1,4; Median/1,4) liegende Werte eliminiert worden sind, sind brauchbare Verteilungen bei den Teilnehmerkollektiven zustandegekommen, deren Mittelwerte und Streuungskriterien mit den Zielwerten und deren Standardabweichungen verglichen werden konnten (Abb. 2).

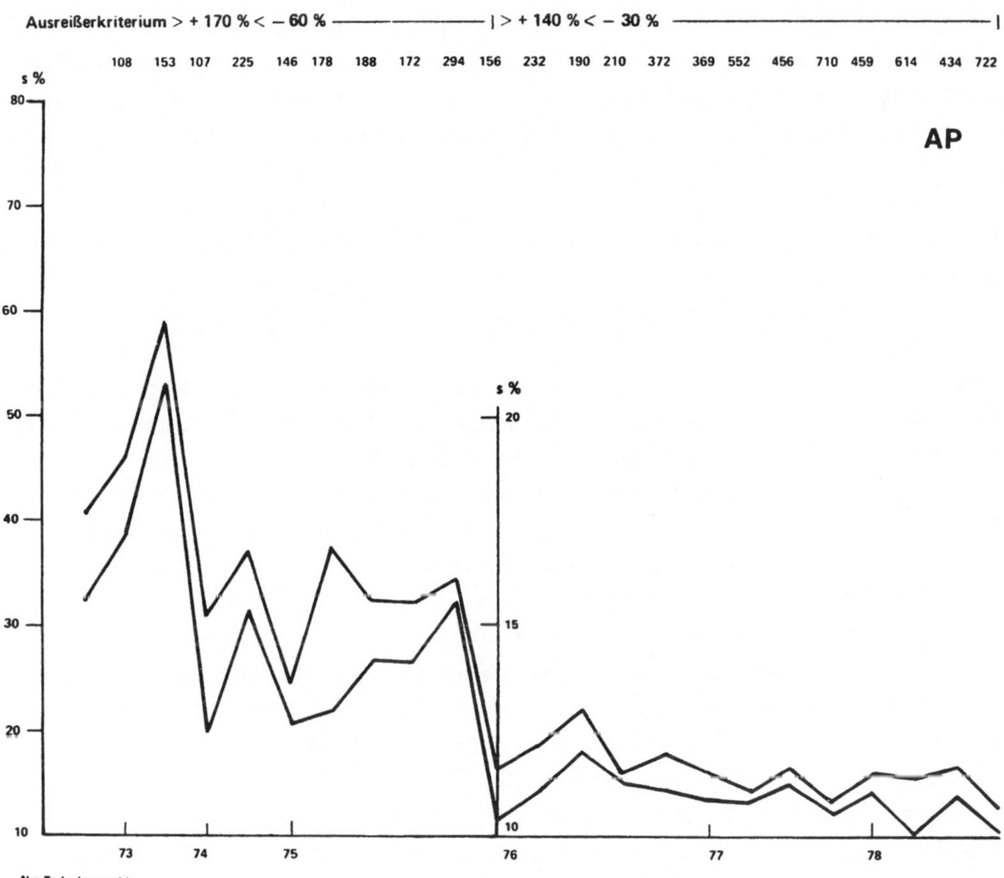

Abb.2 Veränderungen der gemittelten Standardabweichungen (S%) der Teilnehmerwerte in

Abb.2 Veränderungen der gemittelten Standardabweichungen(s%) der Teilnehmerwerte in INSTAND-Ringversuchen der Jahre 1972 bis 1979 bei
der AP unter unterschiedlicher Festlegung der Ausreißerkriterien:
bis 1976 etwa unter -60% über +170% des Medians, seit 1976 unter
-30% über +140%.
(Die Berechnung der mittleren Variationskoeffizienten($\overline{s\%}$) erfolgte als
gewichtete quadratische Mittel der k Einzelvariationskoeffizienten $s_i\%$
mit den Anzahlen der Freiheitsgrade n_i-1 nach der folgenden Formel :

$$s\% = \sqrt{\sum_{i-1}^{k} (n_i-1)(s_i\%)^2 \, / \, (\sum_{i-1}^{k} (n_i-k)}$$

In den INSTAND-Ringversuchen werden Methoden, deren Zielwerte, soweit sie ermittelt werden können, nahe beieinanderliegen, zusammengefaßt und Methoden, deren Zielwerte sich von diesen unterscheiden, gesondert zur Bewertung der Teilnehmerwerte herangezogen. Lassen sich, z.B. aus Kostengründen Zielwerte nicht für alle von den Teilnehmern angewendeten Methoden ermitteln, so bleibt keine andere Wahl, als den mit einer Referenz- oder ausgewählten Methode ermittelten Zielwert und ebenso den damit festgelegten 3s-Bereich zur Bewertung zu verwenden. Dies sollte jedoch eine Ausnahme bilden.

Es gibt aber noch andere Ausnahmesituationen, die sich nicht anders lösen lassen, beispielsweise dann, wenn neu eingeführte Methoden über den Handel bereits in die Laboratorien der Teilnehmer eingeführt und dort wegen ihrer "Neuheit" unter Hinweis auf eine "bessere Präzision", "einfachere Handhabung" und "geringere Kosten" bevorzugt werden, während diese von den Referenzlaboratorien noch nicht oder nicht in ausreichendem Umfang auf ihre Brauchbarkeit geprüft worden sind. Auch der umgekehrte Fall kommt vor, indem altbewährte Methoden noch längere Zeit von den Teilnehmern verwendet werden, während die Referenzlaboratorien bereits zu anderen, nach ihrer Erfahrung spezifischeren oder präziseren Methoden übergegangen sind und die "älteren" Methoden nicht mehr unter "Routinebedingungen" anwenden. In beiden Fällen ist es schwierig, sofort genügend Referenzlaboratorien zu finden, die Analysenwerte ermitteln. Deshalb sollte auch hier auf den von Ausreißern befreiten Teilnehmermittelwert zurückgegriffen werden. Voraussetzung für die Verwendung eines solchen Mittelwertes als Zielwert ist jedoch die Analyse durch mindestens 60 Teilnehmer.

Das Vorgehen, das hier bei klinisch-chemischen Analysenwerten verwendet wird, dürfte auch auf anderen Gebieten angewandt werden können, so in der Immunologie, in der sich große Unterschiede zwischen den verwendeten Methoden und Reagenzien zeigen.

Als Ausweg aus dem geschilderten Bewertungsproblem ist bereits mehrfach der Vorschlag gemacht worden, einen Zielwert aus "methodenunabhängigen Referenzwerten" zu ermitteln (Bergmeyer 1980, Stamm 1981). Boroviczény (1972) hat schon immer einen einzigen Zielwert für jeden Bestandteil gefordert und dies in der Hämatomorphologie bisher auch konsequent durchgeführt.

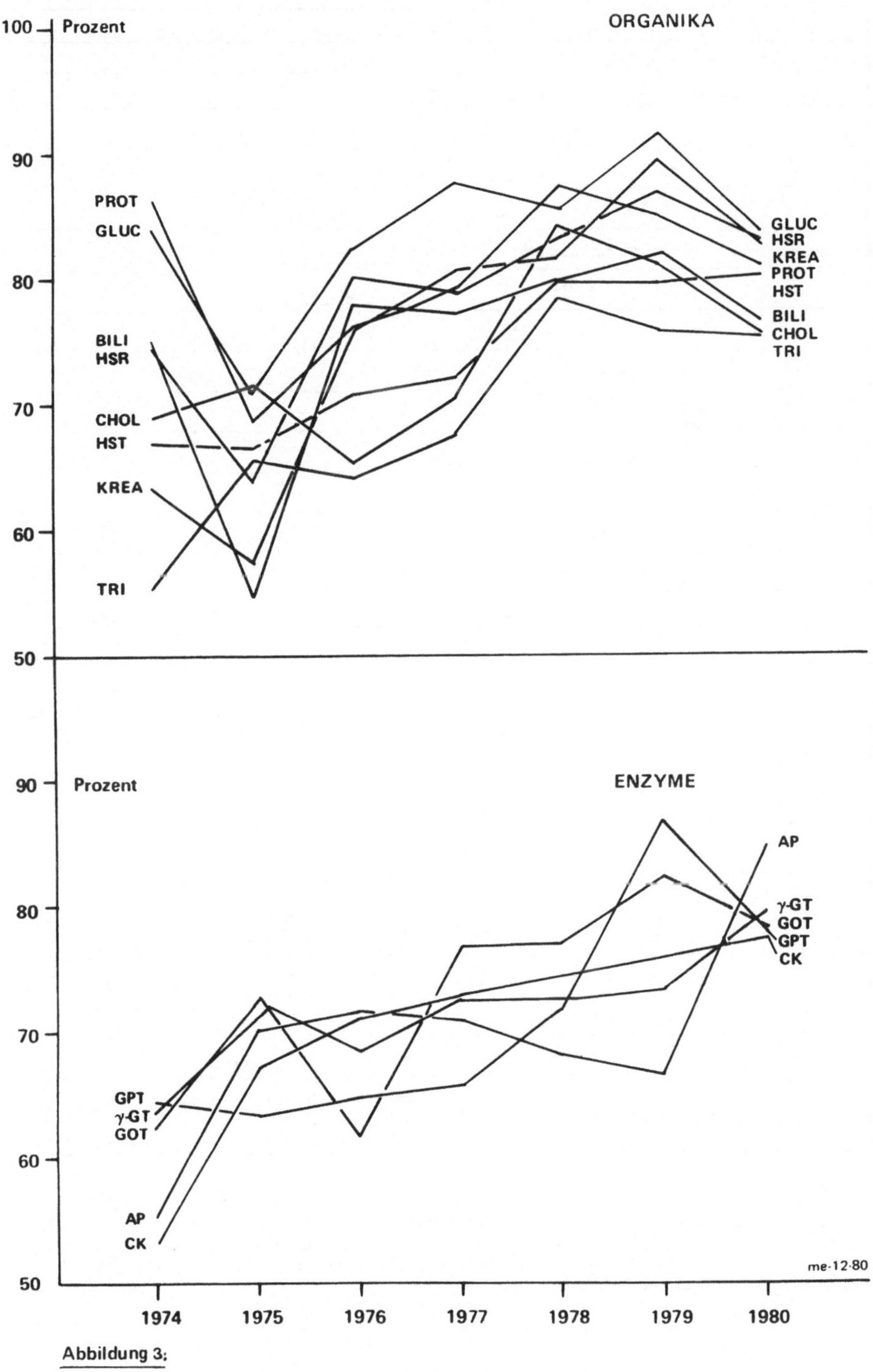

Abbildung 3:

ERFOLGSSTATISTIK der am häufigsten in INSTAND-Ringversuchen 1974 – 1980
von den Teilnehmern analysierten ORGANIKA und ENZYME

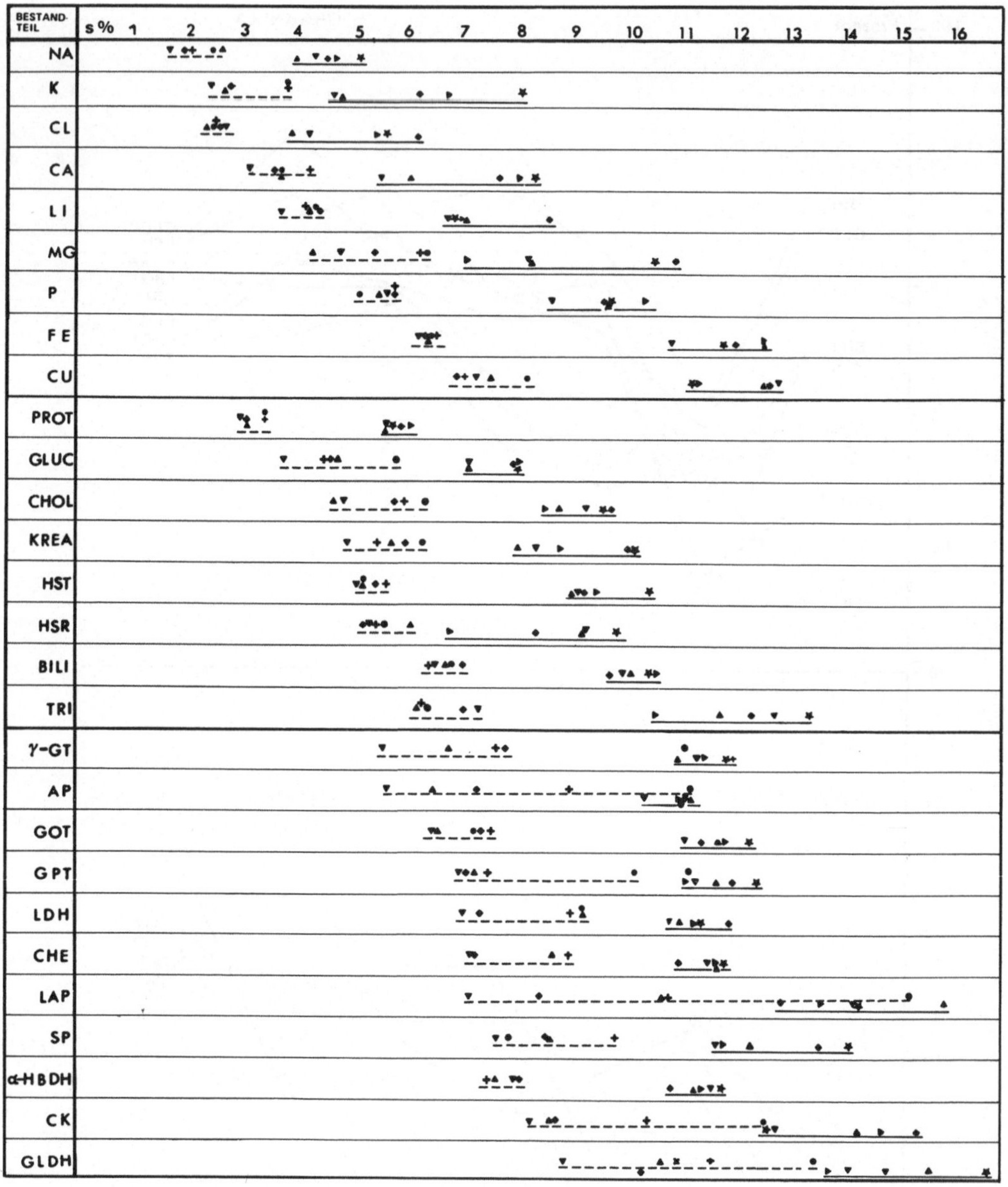

Abb. 4:

Vergleichende Gegenüberstellung der Jahresdurchschnittswerte der prozentualen relativen Standardabweichungen (VK's, $\bar{s}\%$) bei den am häufigsten in Zielwertermittlungen bzw.Ringversuchen der Jahre 1972 bis 1980 analysierten klinisch-chemischen Bestandteilen als 'gewichtete' Mittel der k Einzel-$s_i\%$ mit den Freiheitsgraden n-1

$$\bar{s}\% = \sqrt{\sum_{i-1}^{k}(n_i-1)(s_i\%)^2 \Big/ (\sum_{i-1}^{k}(n_i-k)}$$

<u>Obere Reihe</u>: Referenzlaboratorien   1972/73 •, 1974/75 +, 1976/77 ◆, 1979 ▲, 1980 ▼
<u>Untere Reihe</u>: Teilnehmer   1976 ◆, 1977 ✶, 1978 ▶, 1979 ▲, 1980 ▼

a)

Bestandteil Methode	1978 %	1983 %
Calcium		
Atomabsorption	13.6	12.0
Flammenemission	58.8	38.7
Fluorometrie	4.8	4.3
Komplexometrie	5.2	31.8
PHOT:Chloranilsäure-M	2.9	1.1
PHOT:GBHA-M	13.8	7.3
PHOT:MTB-M	2.9	4.3
Andere M	0	
Chlorid		
Coulometrie	37.1	42.5
Potentiometrie	1.1	1.6
Ionenselektive Elektr.	1.4	3.6
Titrimetrie	48.6	29.6
PHOT:TPZ	3.9	8.1
PHOT:Hg-rhodanid	4.6	10.9
Andere M	3.3	3.7
Kalium		
Flammenemission	71.8	57.6
Atomabsorption	6.3	6.2
Potentiometrie indir.	0	4.4
Ionenselektrive Elektr.	0	4.8
Andere M (PHOT)	21.9	27.0
Lithium		
Flammenemission	84.1	88.9
Atomabsorption	13.4	11.1
Andere M	2.5	0
Magnesium		
Atomabsorption	18.0	32.6
Komplexometrie	6.3	5.2
Fluorometrie	0	0
PHOT:Camalgit	2.8	5.2
PHOT:Xylidylblau	66.0	52.6
Andere M	6.9	4.5
Natrium		
Flammenemission	85.7	72.8
Atomabsorption	2.2	7.4
Potentiometrie	0	5.4
Ionenselektive Elektr.	4.3	6.2
Andere M	7.8	8.2
Eisen		
PHOT:Bathophenantr. n.E.	40.8	35.2
PHOT:Bathophenantr. o.E.	47.8	39.2
PHOT:Ferrozin-M	5.3	23.2
PHOT:TPZ-M	2.6	0.5
Atomabsorption	3.5	0.3
Elektrochemie	0	0.1
Andere M	0	0.5
Kupfer		
PHOT:Bathocuproin n.E.	96.7	87.1
Atomabsorption	3.3	10.0
Andere M	0	2.9

b)

Bestandteil Methode	1978 %	1983 %
Bilirubin		
PHOT:Azobilirubin	84.2	69.1
PHOT:Dichloranilin (DCA)	2.6	3.0
PHOT:Dichlorphenyl-diazonium (DPD)	12.5	19.6
Andere Methode	.7	8.3
Eiweiß, Gesamt		
PHOT:Biuret mit PLW	29.6	32.4
PHOT:Biuret ohne PLW	67.6	65.9
Andere M	2.8	1.9
Cholesterin		
CHOD/KAT	17.0	3.7
CHOD/PAP	56.2	83.1
CHOD/Jodid	2.8	4.3
CHOD/POL	.2	.4
Lieberman-Burchard	23.8	7.3
Andere M	0	1.2
Glukose		
Hexokinase	8.6	13.9
GLUC-DH	10.2	14.7
GOD/PAP	5.6	5.7
GOD/POD	10.2	4.2
GOD/Perid	59.3	55.7
GOD/POL	.5	1.6
Andere M	5.4	4.1
Harnsäure		
Uricase-UV	4.8	4.4
Uricase/Katalase	70.5	31.0
Uricase/Katalase/ALDH	1.5	14.0
Uricase/PAP	.9	6.6
Uricase/POD/FR	0	21.7
Uricase/POL	.3	.5
Phosphorwolframsäure	21.8	17.9
Andere M	.2	3.9
Harnstoff		
PHOT:Urease/Berthelot	57.4	57.8
PHOT:Urease/GLDH	20.9	11.2
PHOT:Diacethylmonoxim/DAM	14.4	25.2
Andere M	7.3	5.8
Kreatinin		
Jaffé n.Ads.an Fullererde	.6	5.7
Jaffé n.E. mit TES	44.3	52.8
Jaffé o.E.	27.5	7.5
Jaffé/KIN	22.8	30.4
ENZ	.7	1.8
Andere M	4.1	1.8
Triglyzeride		
Lipase/Esterase/vollenz.	76.8	65.6
ENZ/FR	6.4	24.5
ENZ/Glycerinbest.	15.6	5.1
Andere M	1.2	4.8

c)

Bestandteil Methode	1978 %	1983 %
Amylase		
ENZ Maltoheptaose	.0	42.0
ENZ Maltopentaose	0.8	1.0
ENZ Maltotetraose	6.8	39.0
CHROM.M. Cibachronblau	27.3	8.5
CHROM.M. Reacton Rot	10.2	1.5
CHROM.M. Amylochrome	12.5	2.7
Amylokl.M. Stärke,jod.	40.5	4.4
Amylokl.M. Amylose	0.8	0.5
Andere M	1.1	0.2
AP		
StM	94.6	93.9
Andere M	5.4	6.1
ChE		
KIN S:Butyrylthio-cholinjod	82.3	85.1
KIN S:Acetylthio-cholinjod	15.2	12.0
Andere M	1.5	2.9
CK		
StM m.GSH als AKT	6.8	4.8
StM m.NAC als AKT	91.1	93.7
Andere M	1.5	2.9
γGT		
StM KIN m. Y-Glutamyl-3-p-nitroanilid	21.2	17.4
StM KIN m. Y-Glutamyl-3-carboxy-4-nitro-anilid	79.1	80.6
Andere M	.7	2.0
GOT		
StM	93.3	95.2
Andere M	6.7	4.8
GPT		
StM	93.3	96.3
Andere M	6.7	3.7

Tabelle 1: Methodenauswahl durch die Teilnehmer an INSTAND-Ringversuchen in den Jahren 1978 und 1983 bei Elektrolyten und Spurenelementen (a), Substraten (c) und Enzymen (c)

Bestandteil	Methodengruppe 1	Methodengruppe 2	Methodengruppe 3
a) Calcium	Atomabsorption, Flammenphotometrie	Komplexometrie, Kresolphthalein-M Phot: Chloranilsäure-M	Phot: Glyoxal-bis-2-hydroxanil-M Phot: Methylthymolblau-M
Chlorid	Coulometrie , Potentiometrie Phot: Tripyridyltriazin-M	Jonenselektive Elektroden	Titrimetrie Phot: Quecksilberrhodanid-M
Kalium	Atomabsorption, Flammenphotometrie	Jonenselektive Elektroden	
Magnesium	Atomabsorption, Flammenphotometrie Potentiometrie, Camalgit-M	Phot: Xylidylblau-M	
Natrium	Atomabsorption, Flammenphotometrie Phot: Camalgit-M	Jonenselektive Elektroden	
Phosphat	Phot: Molybdänblau-M nach Enteiweißung	Molybdänblau-M ohne Enteiweißung Ammoniumvanadat-M	
Eisen	Phot: Bathophenantrolin-M nach Enteiweißung	Bathophenantrolin-M ohne Enteiweißung	
Kupfer	Phot: Bathocuproin-M	Atomabsorption	
b) Bilirubin	Phot: Azobilirubin-M Phot: Diazochloranilin (DCA)-M	Phot: Dichlorphenyldiazonium (DPD)-M	
Eiweiß, Gesamt-	Biuret-M mit Probenleerwert	Biuret-M ohne Probenleerwert	
Cholesterin	Enzymatisch: CHOD-PAP	Enzymatisch: CHOD-KAT, CHOD-Jodid	Phot: Liebermann-Burchard
Glukose	Enzymatisch: Hexokinase-M GLUC-DH-M, GOD-PAP-M, Polarographie	Enzymatisch: GOD-Perid	
Harnsäure	Uricase-UV-M*, Uricase-ALDH*	Uricase-Katalase-M Phot: Phosphorwolframsäure (PWS)-M	Uricase-PAP-M Peridochrom-M
Harnstoff	Urease Berthelot-M, Urease-GLDH	Phot: Diacetylmonoxim (DAM)-M	
Kreatinin	Jaffè nach Adsorption an Fullererde nach Enteiweißung Jaffè Endpunktreaktion nach Enteiweißung	Jaffè nach Adsorption an Fullererde ohne Enteiweißung Jaffè Endpunkreaktion ohne Enteiweißung	Jaffè kinetisch*
Triglyzeride	Lipase/Esterase-M vollenzymatisch	Enzymatischer Farbtest	Phot: nach alkal. Verseifung
c) Amylase	Enzymatisch mit Maltoheptaose Chromogene M mit Cibachronblau Amyloklastisch mit Stärke*	Enzymatisch mit Maltopentaose Chromogene M mit Reacton Rot Amyloklastisch mit Amylose	Enzymatisch mit Maltotetraose Chromogene M mit Amylochrome Einheitenabhängig
Cholinesterase	Standardmethode mit Butyrylthiocholinjodid	Standardmethode mit Acetylthiocholinjodid	
Y-Glutamyltrans- ferase (Y-GT)	Standardmethode mit Y-Glutamyl-3-p-nitroanilid*	Standardmethode mit Y-Glutamyl-3-carboxy-4-nitroanilid	
Kreatinkinase	Standardmethode mit GSH als Aktivator	Standardmethode mit NAC als Aktivator	
Alle Enzyme	25 °C	30 °C	37 °C

Tabelle 2: Methoden-,reagenzien*,einheitenbedingte Unterschiede der Teilnehmerwerte bei a)Elektrolyten und Spurenelementen b) Substraten und c) Enzymen

Abkürzungen: M=Methode, Phot:= Photometrische Methode

Bestandteil Methode Reagenz	$\bar{x}$	s%	N	$\bar{x}$	s%	N	$\bar{x}$	s%	N	$\bar{x}$	s%	N
Ca Atomabsorption	1.99	4.4	79	2.31	4.4	44	3.1o	4.9	44	3.56	4.4	73
Flammenphotometrie	1.9o	7.4	264	2.28	4.9	146	3.oo	5.o	146	3.58	6.8	234
Komplexometrie	1.97	7.7	206	2.29	7.3	119	3.13	7.1	119	3.71	8.5	194
Fluorometrie	1.88	5.2	27	2.23	6.1	18	2.96	4.9	18	3.44	4.7	36
Phot: GBDH-M	1.94	13.o	4o	2.05	14.6	13	2.71	15.3	13	3.35	17.3	29
Phot: MTB-M	2.o8	8.7	34	2.4o	7.8	26	3.o1	12.4	44	3.3o	12.4	44
Cl Coulometrie	66.9	3.4	1o5	85.1	3.5	6o	9o.9	2.7	8o	1o9	3?9	1o5
Potentiometrie	68.5	3.3	6	87.2	2.9	5	93.2	3.o	5	1o9	2?3	9
Ionenselekt.Elektroden	69.6	9.5	13	92.7	1o.0	7	93.5	2.8	7	112	2.3	9
Titrimetrie	71.1	6.6	66	91.8	6.4	47	97.1	4.3	47	113	5.6	73
Phot: TPZ-M	67.8	8.3	23	83.5	1o.2	13	88.6	6.7	1o	110	12.5	22
Phot: Hg-rhodanid-M	69.2	6.1	25	89.8	3.3	17	95.4	3.o	1o	113	13.6	27
K Flammenphotometrie	2.93	7.2	417	3.82	3.9	235	3.88	4.6	235	4.97	4.7	358
Atomabsorption	2.94	6.7	29	3.97	3.4	18	3.89	3.7	18	4.91	3.6	39
Potentiometrie	2.99	7.o	21	3.97	6.4	16	3.9o	2.8	16	4.97	2.8	28
Jonenselekt.Elektroden	3.o3	9.2	27	3.85	6.o	18	3.95	7.1	18	5.1o	5.8	3o
Li Flammenphotometrie	1.21	6.7	73	1.72	7.6	121	2.27	6.9	73	2.3o	6.6	128
Atomabsorption	1.3o	11.6	12	1.79	7.8	19	3.43	12.9	12	2.37	1o.1	16
Mg Atomabsorption	o.83	6.8	65	o.95	7.1	36	1.23	9.6	36	1.25	5.6	63
Flammenphotometrie	o.78	6.9	7	o.9o	9.1	5	1.21	8.7	5	1.21	2.6	1o
Phot: Camalgit-M	o.81	15.9	1o	1.o2	4.9	9	1.2o	16.8	9	1.19	13.5	10
Phot: Xylidylblau-M	o.95	12.1	97	o.95	13.5	7o	1.24	12.6	7o	1.3o	11.9	1o2
Na Flammenphotometrie	1o3	5.7	411	133	2.4	232	142	3.2	354	148	2.4	232
Atomabsorption	1o4	8.6	29	132	2.3	17	14o	3.7	36	148	1.6	17
Potentiometrie	1o2	3.5	19	135	3.1	14	143	1.6	26	151	2.3	14
Jonenselekt.Elektroden	1o4	3.2	27	134	1.7	18	147	4.3	3o	152	2.7	48
P Molybdänblau-M nach E*	o.98	11.o	59	1.32	7?8	47	1.79	7.3	56	1.8o	5.6	37
Molybdänblau-M ohnè E*	1.o6	12.9	86	1.48	7.7	65	1.88	7.3	85	1.87	9.5	61
Ammoniumvanadat-M	1.o4	11.3	94	1.47	7.6	72	1.89	7.4	74	1.87	7.2	55
Fe Phot: Bathophenantr.n.E	14.3	11.8	113	14.4	11.3	113	15.6	19.9	16	29.8	1o.4	174
Phot: Bathophenantr.o.E												
BI	14.5	18.7	11	14.8	1o.6	11	15.6	16.6	14	3o.1	15.7	15
ME	16.8	11.8	33	15.3	12.9	33	17.3	13-3	61	32.2	12.8	95
RO	19.7	11.2	22	17.4	13.o	22	18.1	1o.1	37	38.6	1o.8	29
BM	2o.1	11.9	54	17.3	1o.4	54	18.1	1o.2	112	39.2	8.9	95
Phot: Ferrozin-M												
RO	2o.5	8.5	61	17.2	9.2	71	2o.5	11.1	130	37.5	11.5	13o
Cu Phot:Bathocuproin	12.8	16.2	151	16.6	13.8	100	17.1	13.7	100	29.2	11.4	174
Atomabsorption	11.6	12.1	2o	15.o	6.5	1u	15.2	9.9	11u	27.7	6.9	20

Tabelle 3: Mittelwerte , Standardabweichungen und Teilnehmerzahlen bei methoden/reagenzienbedingten Unterschieden in 4 Kontrollproben, die 1983 in INSTAND-Ringversuchen eingesetzt worden sind. n.E.=nach Enteiweißung; o.E.=ohne Enteiweißung; m.Abz.=mit Abzug des freien Glyzerins; o.Abz.=ohne BM=Boehringer Mannheim; BI=Boehringer Ingelheim; LA=Dr.Lange Berlin; ME=Merck Darmstadt; RO=Roche Basel

Bestandteil Methode Reagenz			$\bar{x}$	s%	N	$\bar{x}$	s%	N	$\bar{x}$	s%	N	$\bar{x}$	s%	N
BIL	Azobilirubin		1.25	11.7	329	1.76	1o.3	666	2.34	11.o	329	3.o2	8.7	666
	Diazochloranilin (DAC)		1.27	14.5	24	1.79	13.5	28	2.29	1o.5	24	3.o1	8.9	28
	Dichlorphenyl(DPD)M		1.36	11.5	1o6	1.88	9.6	163	2.33	1o.o	1o6	3.21	8.4	163
CHOL	CHOD/KAT		1o1.3	11.5	19	112.7	9.4	22	147.9	1o.o	4o	178.o	9.2	11
	CHOD/PAP		1o4.4	8.8	473	117.4	8.3	772	157.o	9.o	878	183.5	8.5	473
	CHOD/JODID		99.6	4.6	32	113.9	1o.2	48	159.8	6.8	46	175.4	5.6	32
	LIEBERMANN-Burchardt		134,7	12.9	3o	149.2	14.3	55	198.4	1o.o	77	224.o	12.6	30
GLUC	Hexokinase		91.4	6.4	155	12o.1	6.4	1o4	189.o	7.o	1o4	344	6.4	168
	GLUC-DH		9o.3	6.6	177	118.o	7.7	114	183.o	7.8	114	34o	5.8	167
	GOD/PAP		89.2	8.6	48	12o	6.9	41	187	9.3	41	354	7.6	64
	Andere GOD-M		88.8	9.4	42	114	9.6	16	179	10.5	16	331	9.5	49
	GOD/Perid		86.o	7.2	447	116	7.4	251	177	7.8	251	338	6.8	533
	Polarographie		88.4	8.5	16	117	6.2	11	182	8.2	11	33o	4.o	17
HSR URIC	Uricase UV	BM	3.62	11.2	17	4.68	1o.o	8	9.1o	6.1	8	11.9	7.6	22
		RO	3.5o	5.6	22	4.76	6.8	13	8.67	8.4	13	11.7	7.o	18
	Uricase/KAT		3.52	11.3	266	4.4o	12.6	131	8.61	12.o	131	11.8	8.8	332
	Uricase/ALDH	BM	3.43	8.2	58	4.44	8.8	51	8.81	6.3	51	11.6	8.o	72
		ME	3.54	11.5	32	4.76	9.o	27	8.72	1o.3	27	11.4	12.7	37
	Uricase/PAP		3.9o	9.2	81	5.21	7.9	47	9.48	7.o	47	12.2	7.7	7o
	Peridochrom-M		3.97	9.8	232	4.94	7.6	143	9.23	7.o	143	11.8	7.4	23o
	PWS-M		4.o5	11.3	137	4.73	11.9	87	9.22	1o.5	87	12.7	9.5	189
HST UREA	Urease Berthelot n.E.		32.3	11.1	1o5	44.o	9.2	64	52.1	9.9	64	68.4	1o.4	14o
	o.E.		31.4	8.3	236	44.3	9.1	128	52.4	8.8	128	69.9	9.9	266
	Urease/GLDH		3o.5	8.9	169	43.2	8.2	128	51.8	7.2	128	68.o	6.7	177
	Diacetylmonoxim(DAM)		3o.8	9.o	68	42.2	1o.1	5o	5o.8	6.8	5o	67.3	9.2	79
KREA	Jaffé nach Adsorption an Fullererde	n.E.	1.45	12.2	38	1.63	8.6	38	1.69	1o.4	16	1.92	1o.2	16
		o.E.	1.36	14.6	27	1.34	15.5	21	1.58	15.4	14	1.83	16.2	14
	Jaffé Endpunkt-M	n.E.	1.45	7.8	443	1.6o	9.5	523	1.69	7.9	254	1.9o	8.0	254
		o.E.	1.46	13.7	59	1.51	15.4	78	1.73	12.2	41	1.91	14.5	41
	Jaffé kinetisch	LA	o.98	17.3	44	1.17	12.5	35	1.38	16.3	16	1.55	16.5	16
		ME	1.19	15.6	1o4	1.29	14.1	99	1.53	17.3	61	1.53	9.5	61
		BM	1.45	11.5	74	1.44	9.4	69	1.91	1o.5	57	1.75	6.9	57
	Andere Reagentien		1.4o	12.8	6o	1.39	9.8	71	1.87	11.7	42	1.71	9.4	42
TRI	Lipase/Esterase m.Abz.		69.8	13.4	41	73.2	9.9	81	128	1o.2	41	147	11.8	81
	o.Abz.		71.1	12.1	275	73.4	11.7	474	126	1o.2	275	151	1o.3	555
	Enzymat.Farbtest m.Ab.		72.2	13.8	4o	74.9	12.7	72	125	11.9	4o	151	9.6	79
	o.Abz.		73.4	1o.6	1o4	75.2	12.3	141	128	11.7	1o4	15o	9.1	159
	Nach alk.Verseif m.Ab.		81.2	13.o	2o	76.5	11.8	1o	139	13.2	2o	167	8.7	11
	o.Abz.		76.o	1o.9	23	8o.2	17.5	28	13o	12.1	27	165	15.2	38
EIW	Biuret-M	m. PLW	4.62	5.8	221	5.57	6.9	191	5.36	5.9	121	7.19	5.1	121
		o. PLW	4.74	5.5	41o	5.69	5.7	389	5.5o	5.1	234	7.26	5.3	234

Tabelle 4: Mittelwerte, Standardabweichungen und Teilnehmerzahlen bei methoden/reagenzienbedingten
Unterschieden in 4 Kontrollproben, die 1983 in INSTAND-Ringversuchen eingesetzt worden sind.
n.E.= nach Enteiweißung, o.E.= ohne Enteiweißung - m.Abz.= mit Abzug des freien Glyzerins, o.Abz.= ohne
m.PLW=mit Probenleerwet, o.PLW= ohne
BM=Boehringer Mannheim; BI=Boehringer Ingelheim; LA=Dr.Lange Berlin; ME=Merck Darmstadt; RO=Roche Basel

Bestandteil Methode Reagenz			$\bar{x}$	s%	N	$\bar{x}$	s%	N	$\bar{x}$	s%	N	$\bar{x}$	s%	N
c)Amylase														
Maltoheptaose			1o3	15.9	7o	254	13.1	56	28o	11.2	28	389	12.9	28
Maltopentaose			97	18.o	1oo	244	1o.8	11o	27o	9.8	64	39o	9.o	64
Maltotetraose			89	11.9	7	2o5	13.6	7	2o8	15.3	66	315	3.8	6
Cobachronblau			183	15.8	35	32o	13.9	23	327	17.8	12	446	15.7	12
Reactonrot			229	17.8	6	44o	16.3	7	512	19.6	4	618	12.8	4
Amylochrome			157	19.8	11	273	13.7	8	3o9	7.4	5	422	6.8	5
Amyloklast. STärke		BI	171	13.3	13	282	17.6	12	322	16.6	8	431	14.6	3
		LA	169	22.7	5	324	12.2	3	331	16.6	4	421	13.3	4
		ME	137	19.1	3	278	13.7	7	4o2		1	44o		1
		RO	1523	12.1	5	2224	11.4	5	2552	7.2	3	3437	8.2	3
AP Standardmethode		BM	54	13.8	561	166	1o.9	288	236	11.2	5o4	288	1o.9	288
		LA	51	14.6	41	166	14.8	33	214	12.4	31	282	17.4	23
		ME	55	11.2	148	162	8.8	9o	233	9.9	143	282	8.7	9o
CHE														
Butyrylthiocholinjodid		BM	2517	1o.2	18o	3o36	1o.3	113	3o99	1o.3	18o	3165	11.2	113
		ME	262o	1o.1	83	3o45	13.o	55	3122	11.3	75	3224	12.o	55
		DUPONT	2614	5.3	5	3o46	4.7	3	3o86	3.4	4	3o57	3.9	3
Acetylcholinjodid			1o24	12.4	5o	1122	11.6	3o	955	9.8	33	1o19	12.4	27
CK Standardmethode		m.GSH	32.4	24.o	29	6o.o	2o.1	2o	76.8	19.7	11	73.9	15.9	11
		m.NAC	39.2	14.6	388	82.4	12.5	384	74.1	12.8	228	76.6	13.3	223
y-GTStandardmethode		BM	21.9	1o.6	55	55,o	8.7	42	7o.9	8.2	42	83.7	11.o	59
	ALT	LA	21.5	16.o	58	51.3	11.7	27	68.4	14.8	27	8o.o	13.3	48
		ME	21.1	7.7	13	56.8	13.9	5	71.6	7.2	5	84.5	5.7	7
		RO	18.9	8.2	8	45.7	9.8	5	56.8	5.3	5	69.4	5.6	1o
Standardmethode	NEU	BM	21.8	11.6	677	52.2	9.5	335	69.5	9.3	335	84.1	8.4	589
		ME	22.1	9.9	136	53.2	7.5	79	68.9	7.2	79	83.9	7.4	12o
GOT(ASAT)		BM	21.o	12.7	755	29.6	12.8	387	3o.o	12.o	387	78.1	9.4	64o
		LA	22.5	15.7	78	31.8	14.1	41	31.5	15.9	41	78.o	1o.4	61
Standardmethode		ME	2o.6	11.2	117	29.2	11.5	69	3o.1	1o.1	69	79.1	9.2	1o8
GPT(ALAT)		BM	2o.7	13.1	765	32.1	1o.4	665	36.1	1o.4	656	7o.6	1o.1	39o
		LA	22.5	15.4	85	34.9	12.6	67	37.8	13.8	67	72.3	12.1	41
Standardmethode		ME	19.6	1o.9	118	31.1	11.o	68	34.8	1o.4	1o9	66.4	1o.o	68
SP,Gesamt														
p-Nitrophenylphosphat	37°C		11.3	14.3	151	15.6	13.o	294	23.8	13.4	151	37.1	11.o	275
Naphthylphosphat	25°C		5.o	11.o	18	7.9	13.o	17	12.2	15.7	18	15.8	12.3	23
Fast Red M.			7.4	18.o	3o	1o.5	18.3	34	17.2	19.o	3o	23.3	17.3	28
PSP														
p-Nitrophenylphosphat	37°C		2.5	19.2	138	5.5	16.2	271	9.3	18.2	143	9.4	16.5	249
Naphthylphosphat	25°C		1.7	18.2	15	4.4	15.6	16	7.4	8.5	15	7.3	17.3	21
Fast Red M			2.6	18.6	27	6.2	18.3	28	1o.7	13.9	27	1o.8	17.1	24

<u>Tabelle   5</u>: Mittelwerte, Standardabweichungen und Teilnehmerzahlen bei methoden/reagenzien
und Temperaturbedingten Unterschieden in 4 Kontrollproben, die 1983 in INSTAND-
Ringversuchen eingesetzt worden sind

BM=Boehringer Mannheim; BI=Boehringer Ingelheim; LA=Dr.Lange Berlin;ME=Merck Darmstadt;
RO=Roche Basel

RV	BESTANDTEIL	Probe 1/2/7/10		2/5/8/11		
		Ziel-wert	Teil-nehmer-wert	Ziel-wert	Teil-nehmer-wert	Teil-nehmer-
1.	NATRIUM 1-4	239.6	238.o	148.9	148.5	238
2.		136.7	136.8	144.8	144.o	355
3.		127.5	127.5	127.3	126.4	253
4.		131.9	133.3	125.8	127.o	420
1.	KALIUM 1-4	3.670	3.620	7.520	7.339	290
2.		7.500	7.431	13.60	14.07*	413
3.		3.410	3.400	3.310	3.308	256
4.		3.570	3.550	5.940	5.868	500
1.	CALCIUM 1-2	1.830	1.877	3.040	3.052	305
2.		1.890	1.904	1.860	1.866	433
3.		2.050	2.076	2.060	2.103	329
4.		1.940	1.973	3.140	3.077	510
1.	CHLORIDE 1-2	96.90	97.08	115.2	115.3	150
2.		95.80	96.40	95.30	96.37	219
3.		85.50	84.86	8o.50	79.84	172
4.		89.40	9o.38	87.60	88.76	276
1.	MAGNESIUM 1	0.820	0.903	1.980	1.994	75
2.		0.780	0.829	0.850	0.874	110
3.		0.490	0.495	0.260	0.243	35
4.		0.890	0.965	0.700	0.790	147
1.	LITHIUM	1.820	1.871	2.580	2.593	60
2.		1.240	1.204	1.240	1.228	82
3.		1.530	1.470	1.270	1.215	69
4.		1.570	1.577	1.190	1.168	94
1.	EISEN	13.70	14.09	43.90	44.71	230
2.		28.50	27.81	26.10	24.30	237
3.		15.40	15.66	17.50	17.13	184
4.		34.50	34.29	15.80	16.28	327
1.	KUPFER	18.10	17.46	16.80	17.02	80
2.		21.30	21.46	21.20	2o.88	80
3.		21.60	21.76	21.40	21.48	88
4.		2o.30	2o.84	18.70	18.01	123

Tab.6: Vergleich der Zielwerte und Teilnehmermittelwerte der Elektrolyte in den INSTAND-Ringversuchen 1977

Verwendete Methoden: Na,K,Ca,MG,LI: Flammenspektrophotometrie,Atomabsorption CL: Coulometrie, Jonenselektive Elektroden; Eisen und Kupfer: Bathopenantrolin- bzw. Bathocuproin-Methode.

RV	BESTANDTEIL	Probe 1/2/7/10 Ziel-wert	Teil-nehmer-wert	2/5/8/11 Ziel-wert	Teil-nehmer-wert	Teil-nehmer-zahl	Meth.	Ziel-wert	Teil-nehmer-wert	Ziel-wert	Teil-nehmer-wert	Teil-nehmer-zahl
1.	BILIRUBIN 1-3	1.050	1.098	5.430	5.257	605						
2.		1.090	1.041	1.030	0.971	897						
3.		1.760	1.755	2.420	2.410	486						
4.		1.350	1.345	4.470	4.537	1051						
1.	CHOLESTERIN 4	116.5	120.4	147.0	150.0	175	1,2	141.2	140.5	184.8	189.1	207
2.		124.5	123.2	122.2	121.3	246		142.6	144.2	142.9	142.5	316
3.		110.0	111.8	117.8	119.0	103		130.9	137.5	145.3	152.1	159
4.		123.8	122.9	105.8	106.8	793		137.7	137.1	137.7	137.5	341
1.	EIWEISS,GESAMT 1	5.350	5.385	5.940	5.945	243	2	5.320	5.379	5.700	5.810	113
2.		5.310	5.505	5.300	5.444	535						
3.		5.320	5.454	5.600	5.640	272		5.300	5.379	5.290	5.458	104
4.		5.370	5.358	5.470	5.397	443		5.090	5.200	5.180	5.258	193
1.	GLUKOSE 1-5	115.8	111.7	219.0	218.1	306	6	115.6	110.3	223.1	216.8	406
2.		121.2	118.2	100.9	96.66	232		115.7	115.3	95.90	93-62	694
3.		119.1	117.6	85.30	82.24	207		114.1	113.9	78.20	77.97	420
4.		110.6	106.4	215.7	209.6	341		103.9	102.4	213.2	209.4	746
1.	HARNSÄURE 3	3.030	2.996	7.160	7.215	417	1	3.120	3.084	7.390	7.846	168
2.		4.840	4.519	5.040	4.793	621		4.490	4.486	4.800	4.771	268
3.		5.320	5.170	5.270	5.082	462		5.640	5.347	5.400	5.371	155
4.		5.770	5.619	6.410	7.070	1102						
1.	HARNSTOFF	41.60	4o.53	99.40	99.12	448						
2.	1	42.10	42.59	43.10	42.91	480	2	4o.60	39.66	40.10	39.98	87
3.		49.00	49.62	47.80	46.93	431						
4.		41.40	41.54	105.8	107.6	758						
1.	KREATININ 5-7	1.730	1.754	6.490	6.592	367	4	1.610	1.576	5.660	5.614	61
2.		1.740	1.786	3.180	3.750	630		1.530	1.507	1.670	1.537	85
3.		1.870	1.802	1.840	1.779	457		1.520	1.555	1.400	1.423	94
4.		1.680	1:691	3.060	3.054	871		1.490	1.435	2.560	2.323	111
1.	TRIGLYZERIDE 1-4	93.70	91.42	393.5	388.6	537						
2.		133.0	133.2	125.8	125.8	781						
3.	2	109.6	106.8	140.4	136.0	431	3-5	101.0	101.5	131.3	130.4	40
4.	1,2	380.0	365.9	72.50	71.94	196	3,4	379.8	368.5	70.80	69.68	698

Tab.7: Vergleich der Zielwerte und Teilnehmermittelwerte der Substrate in den INSTAND-Ringversuchen 1977

Verwendete Methoden: Bilirubin: mit Azobilirubin-(1), Diazochloranilin-(2) und Dichlorphenyldiazonium-Methode (3), gemeinsam (1-3); Cholesterin nach Liebermann-Burchard/Pearson/Watson mit getrennter (1) bzw. gemischter Eingabe von Reagenz u. Schwefelsäure (2), enzymatisch (GOD/PAP) (4): Gesamt-Eiweiß: mit der Biuretmethode ohne Probenleerwert (1) bzw. mit (2); Glucose: Enzymatisch mit der Hexokinase-Methode (1), GLUC-DH (2), GOD/POD (3), GOD/PAP (5), gemeinsam (1-5) gegenüber GOD/Perid (4); Harnsäure: Photometrisch mit der Phosphorwolframsäure-PWS-Methode ohne bzw.mit Berücksichtigung des Probenleerwertes (1) , enzymatisch mit der Uricase-UV-,Katalase oder ALDH-Methode, gemeinsam (2,3) ; Harnstoff: Urease-Spaltung, Berthelot (1); Kreatinin: Jaffé kinetisch (5-7) , Pikrinsäure nach TES Enteiweißung (4); Triglyzeride nach Verseifung (,2), enzymatisch (3,4) entsprechend den Angaben im INSTAND-Leitfaden 1977

RV	BESTANDTEIL Meth.	Probe 1/2/3/10 Ziel-wert	Teil-nehmer wert	2/5/8/11 Ziel-wert	Teil-nehmer-wert	Teil-nehmer-zahl
1.	AP	198.2	200.6	136.8	134.0	368
2.		276,8	274.7	248.9	244.5	434
3.		125.2	118.5	155.7	146.9	453
4.		215.1	203.8	253.6	245.6	710
1.	CK	41.1	4o.43	121.3	120.8	270
2.		52,1	52,12	32.80	31.52	182
3.		112.4	110.3	54.90	51.43	259
4.		3o.10	31.30	122.6	117.7	398
1.	GOT	33.30	31.93	43.10	41.73	431
2.		21.80	22.40	25.00	26.51	591
3.		53.30	52.07	23.20	21.80	610
4.		23.20	24.61	42.40	42.59	953
1.	GPT	35.50	34.13	40.00	40.57	431
2.		27.00	27.68	65.00	63.64	590
3.		48.80	48.68	31.40	31.60	615
4.		27.70	28.53	42.60	42.97	948
1.	y-GT	33.10	32.15	64.40	63.37	382
2.		44.40	43.45	91.60	91.24	423
3.		13.00	12.70	15.80	15.24	648
4.		51.40	49.88	9.390	9.126	1001
1.	LDH	220.8	209.1	379.5	355.4	286
2.		191.8	189.7	237.6	235.9	311
3.		412.8	396.5	271.8	262.2	340
4.		196.2	185.8	336.4	334.4	502
1.	CHE	4548.	4515.	2800.	2790.	84
2.		3251.	3155.	3121.	3018.	71
3.		3289.	3310.	3o6o.	3o81.	70
4.		3o70.	2964.	3000	2980.	158
1.	GLDH	3.130	3.088	4.020	4.022	98
2.		9.550	9.773	8.770	8.976	127
3.		2.560	2.521	4.380	4.175	85
4.		9.660	9.603	2.070	1.977	157
1.	LAP	14.50	13.56	11.10	10.33	50
2.		32.50	30.54	31.60	30.21	67
3.		15.40	13.69	13.30	12.27	52
4.		51.20	47.73	10.80	11.00	77
1.	Ges.SP	11.90	11.33	15.40	16.34	224
2.		14.80	14.88	15.40	15.57	314
3-		5.120	5.127	1o.90	1o.98	126
4.		18.00	18.04	6.760	6.867	192

Tab.8: Vergleich der Zielwerte und Teilnehmermittelwerte der Enzyme in INSTAND-
Ringversuchen 1977. Verwendete Methoden: Standardmethoden

Qualitätskontrolle ist immer auch eine Qualitätsverbesserung.

Die Fortschritte, die durch die internen und externen Qualitätssicherungsmaßnahmen erreicht worden sind, zeigen sich eindrucksvoll in den Erfolgsquoten der Teilnehmer (Merten 1981), deren Zahl stetig zugenommen und bei den klinisch-chemischen und hämatologischen Bestandteilen in den Jahren 1980 bis 1982 einen Gipfel erreicht hat, sowie in der Verbesserung der Streuungsbereiche. Dies ist bei einer Reihe von Bestandteilen deutlich in den gemittelten Variationskoeffizienten der Jahre 1977 bis 1980 erkennbar (Abb. 3).

6.3 A.M. MONDORF, R. FELDMANN UND W. HEER (FRANKFURT): BEURTEILUNG DER RINGVERSUCHSTEILNEHMER AUS DER SICHT DES VERSUCHSLEITERS

Zur datenmäßigen Erfassung und Beurteilung von Ringversuchsteilnehmern ist ein umfassendes und erweiterungsfähiges EDV-Programm eine der wesentlichen Voraussetzungen. Mitarbeiter der Kassenärztlichen Vereinigung Hessen haben ein solches Programm erstellt und können mit diesem auf einer UNIVAC 1106 rechnen.

Mit diesem Programm wird der Teilnehmer eines Ringversuches über eine verschlüsselte Arztnummer erfaßt. Die eingesandten Ringversuchsergebnisse können nach Methoden, Herstellern von Reagenzien und Methoden, sowie verwendeten Meßgeräten gespeichert werden. Alle eingesandten Ergebnisse prüft das Programm sofort auf formale Fehler. Auf der Grundlage vorgegebener Zielwerte wird das Teilnehmerkollektiv bereinigt. Abweichungen von + 40% und mehr vom Zielwert werden eliminiert und danach Mittelwert und relative Standardabweichung des Kollektivs berechnet, für jeden Parameter auch für die unterschiedlichen Bestimmungsmethoden und die Ergebnisse verglichen. Zur Erleichterung der Beurteilung der Homogenität einer Bestimmungsmethode werden Histogramme in Form von Häufigkeitsverteilungen erstellt. Zeigt das Teilnehmerkollektiv in einer Bestimmungsmethode eine Mehrgipfligkeit, wird diese auf Teilkollektive unterschiedlicher Reagenzienhersteller untersucht.

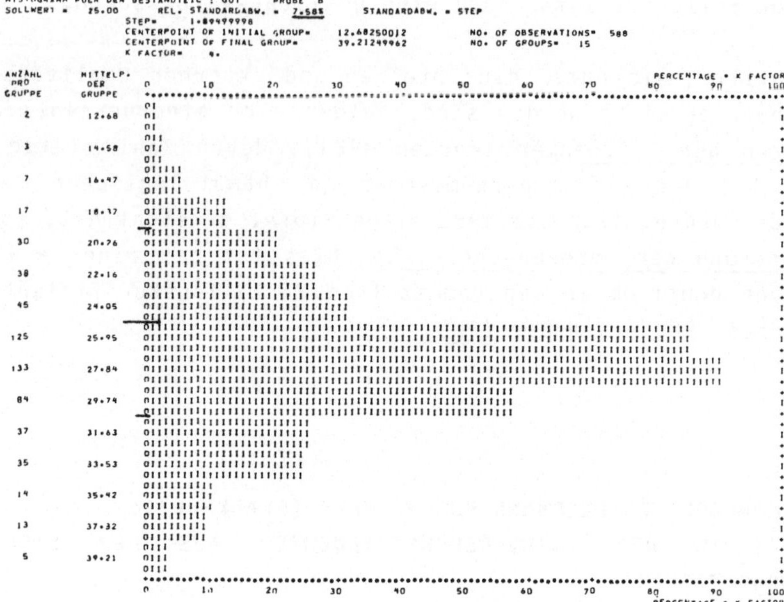

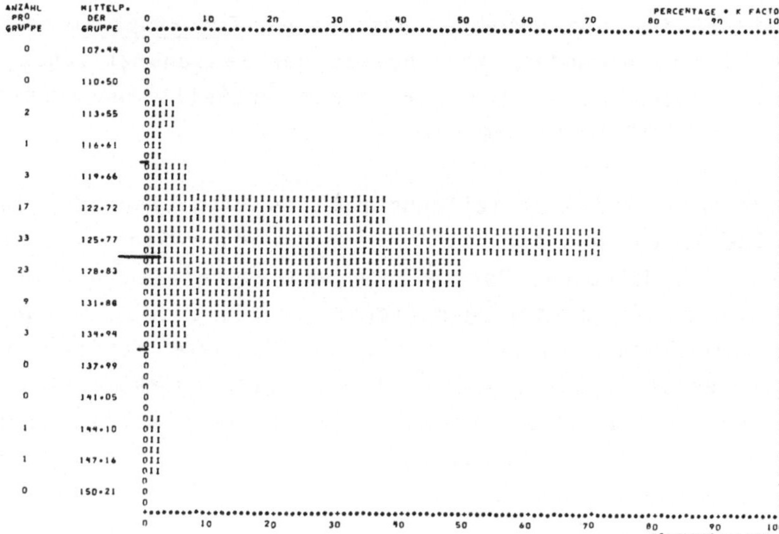

Abb. 1 und 2: Histogramme der Teilnehmerwerte in einem Ringversuch
für DOT und Natrium

ANZAHL DER NICHT IM HISTOGRAMM BERUECKSICHTIGTEN WERTE : 50 ! DAVON ZU NIEDRIG : 16 , ZU HOCH : 34

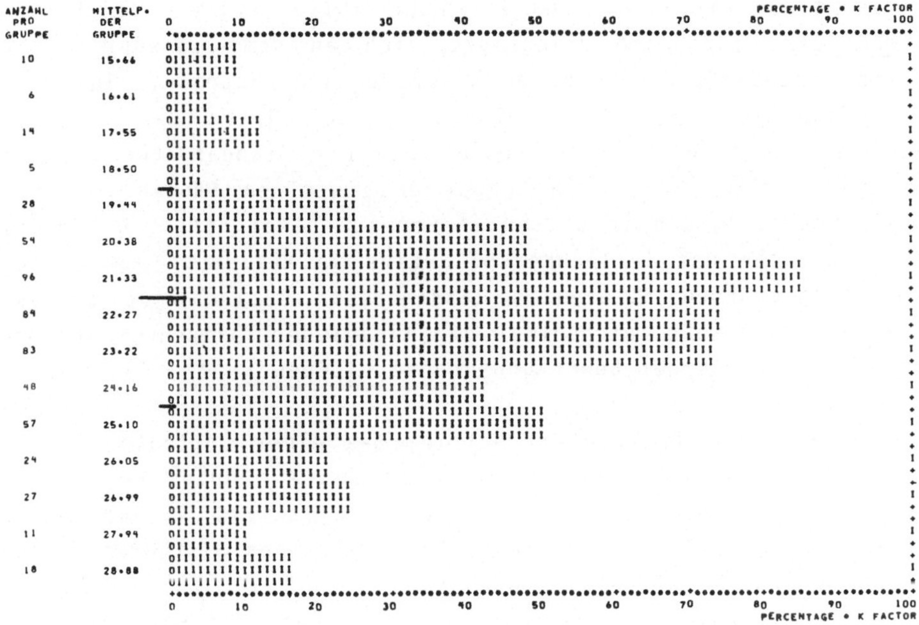

Abb.3: Histogramm für den Bestandteil GOT in Probe A mit Begrenzung der Teilnehmerwerte im 3s-Bereich

BESTANDTEIL: 1. GLUCOSE

METHODE	MITTELWERT A	MITTELWERT B	S% A	S% B	VERSUCHE	ERFOLGE A	ERFOLGE B	PROZENT A	PROZENT B	PROZENT GES.
0	183.63	71.45	11.16	19.55	647	597	592	92.27	91.50	86.09
1	185.35	72.41	7.06	6.58	22	21	22	95.45	100.00	95.45
2	185.62	73.70	6.84	11.42	55	50	48	90.91	87.27	83.64
3	200.16	78.42	13.13	22.90	27	22	23	81.48	85.19	74.07
4	193.19	75.45	12.33	12.53	23	18	20	78.26	86.96	73.91

BESTANDTEIL: 2. CHOLESTERIN

METHODE	MITTELWERT A	MITTELWERT B	S% A	S% B	VERSUCHE	ERFOLGE A	ERFOLGE B	PROZENT A	PROZENT B	PROZENT GES.
0	159.12	173.42	16.92	15.90	149	110	106	73.83	71.14	61.74
1	120.75	135.43	28.56	15.68	167	142	145	85.03	86.83	79.04
2	120.13	137.55	13.29	10.30	303	271	271	89.44	89.44	85.15
4	184.04	183.82	20.71	11.54	10	4	5	40.00	50.00	30.00

BESTANDTEIL: 3. GOT

METHODE	MITTELWERT A	MITTELWERT B	S% A	S% B	VERSUCHE	ERFOLGE A	ERFOLGE B	PROZENT A	PROZENT B	PROZENT GES.
0	45.35	25.73	15.39	26.40	607	567	490	93.41	80.72	78.58
1	45.96	27.76	6.20	22.09	5	5	4	100.00	80.00	80.00
4	45.83	30.23	19.40	39.93	3	3	2	100.00	66.67	66.67

BESTANDTEIL: 4. GPT

METHODE	MITTELWERT A	MITTELWERT B	S% A	S% B	VERSUCHE	ERFOLGE A	ERFOLGE B	PROZENT A	PROZENT B	PROZENT GES.
0	38.98	32.95	18.49	18.81	615	575	512	93.50	83.25	80.65
1	35.80	30.40	13.16	10.81	5	4	5	80.00	100.00	80.00
4	31.87	26.02	23.49	19.69	4	2	3	50.00	75.00	50.00

Abb.4: Zertifikats-Erfolgsstatistik, aufgeschlüsselt nach Methoden

<u>Abb. 1</u> zeigt das Histogramm des Teilnehmerkollektivs für den Bestand-
teil <u>GOT</u>. Das Histogramm orientiert sich an dem Zielwert und der
relativen Standardabweichung der Referenzlaboratorien. In dieser
Darstellungsweise liegt der Zielwert in der Mitte der vertikalen
Skala. Die Säulenbreite umfaßt eine relative Standardabweichung, im
vorliegenden Falle 7.58%. Die Länge der einzelnen Säulen entspricht
der Teilnehmerzahl, die in diesen 5%-Bereich hineinfällt. Die Häufigkeitsverteilungen des Teilnehmerkollektivs in Beziehung zum Zielwert
und den vorgegebenen 5%-Grenzen lassen sich optisch gut erfassen.
Dadurch läßt sich sehr leicht auch die Anzahl der Teilnehmer erkennen,
die außerhalb zulässiger Bewertungsgrenzen liegen.

In <u>Abb. 2</u> zeigt der Bestandteil <u>Natrium</u> bei einer optimalen Streuung
von s % = 2.4% der Referenzlaboratorien ein sehr gutes Ergebnis der
Teilnehmer. Der Mittelwert des Teilnehmerkollektivs stimmt mit dem
Zielwert ideal überein. Ein weiteres Beispiel eines Histogramms zeigt,
daß in diesem Fall der Zielwert der GOT mit 21.8 U/l von dem Teilnehmerkollektiv mit 23.06 U/l geringgradig abweicht. Von 615 Teilnehmern
haben in diesem Versuch 393 bestanden, d.h. 63.9% (Abb. 3).

Die <u>Auswertungsproblematik</u> stellt sich in jedem Ringversuch anders
dar. Die Möglichkeit, unterschiedliche Methoden in der Auswertung
zusammenzufassen, richtet sich überwiegend nach der Zusammensetzung
des Kontrollmaterials und ist im voraus nicht sicher festzulegen. Die
exakte Zuordnung der Werte setzt eine umfassende Analyse des Teilnehmerkollektivs zwingend voraus. Eine weitere Problematik ist dadurch
gegeben, daß die relativen Standardabweichungen der Referenzlaboratorien bei zuverlässigen Standardmethoden sehr eng liegen, und bei
Methoden, die von den Referenzlaboratorien nur für die Zielwertermittlung angefordert werden und im übrigen in diesen Laboratorien
unüblich sind, sehr weit gestreut ausfallen können. In diesen Fällen
können auch die Mittelwerte des Teilnehmerkollektivs und der Referenzlaboratorien deutlich differieren.

Das EDV-Programm erstellt gleichzeitig eine <u>Erfolgsstatistik</u>, die sich
auf alle Methoden, Einzelmethoden, Reagenzienhersteller und Metho-
denprinzipien bezieht.

In der <u>Abb. 4</u> sieht man, aufgetrennt nach grundsätzlichen Methoden, also Methoden 0 bis 4, entsprechend dem verwendeten Methodenschlüssel die Mittelwerte des Teilnehmerkollektivs, relative Standardabweichungen, Anzahl der Teilnehmer, Erfolge absolut und prozentual getrennt für beide Proben. In den Erfolgsstatistiken, die sich unter Berücksichtigung der einzelnen Hersteller auf die Einzelmethode beziehen, besteht die Möglichkeit, zu beurteilen, welche Methode die größeren Erfolgschancen hat und welche nicht.

Die Auswertung der Ringversuche der letzten Jahre läßt erkennen, daß erzieherische Einflüsse möglich sind. Unzuverlässige Methoden werden zunehmend eliminiert und durch empfohlene Standardmethoden ersetzt. Das gleiche gilt für die verwendeten Geräte, deren Qualität über diesen Weg einer positiven Selektion unterworfen zu sein scheint.

III ERFAHRUNGEN IN ANDEREN LÄNDERN

7 Ausländische Ringversuche

7.1 R.GILBERT (WATERBURY/CONN, USA):
EIN INTERNATIONALER VERGLEICH ZWISCHEN KLINISCHEN LABORATORIEN IN
WESTDEUTSCHLAND UND DEN VEREINIGTEN STAATEN
VORGETRAGEN VON BRADLEY E. COPELAND (CINCINNATI/OH, USA)

In einer vergleichenden Studie sind 2 Kontrollproben sowohl in dem
'Survey Program' des College of American Pathologists (CAP) als auch
in einem INSTAND-Ringversuch zu verschiedenen Zeiten eingesetzt worden. Die verwendeten Kontrollproben sind von der HYLAND Division
hergestellt worden. Präparation und Spezifikation derselben sind
ebenfalls von GILBERT (1978) beschrieben worden.

Von den Teilnehmern beider Organisationen sind 12 Analyte, und von
diesen 7 Analyte gleichzeitig vom National Bureau of Standards (NBS)
mit "definitiven Methoden" analysiert worden. Die U.S.-Ergebnisse enthalten auch Werte von Teilnehmern in Kanada, Australien und Japan und
einigen wenigen in anderen Ländern. Im CAP Computer Center sind
Mittelwerte und Variationskoeffizienten aus den U.S.-Daten nach
Ausschluß von außerhalb des $\pm$ 3s-Bereiches gelegenen Teilnehmerwerten
berechnet worden. In den INSTAND-Ringversuchen sind diese Ausschlußgrenzen durch den Bereich Mittelwert $\pm$40% festgesetzt worden. Die
Referenzwerte sind durch Referenzlaboratorien ermittelt worden.

Die Ergebnisse beider Gruppen sind für die 7 Analyte (Na, Ca, Cl, Li,
Mg, Fe), deren Definitivwerte durch das NBS ermittelt worden sind, in
Tab. 1 enthalten.

Die Variationskoeffizienten für diese 7 Analyte liegen bei beiden
Gruppen in vergleichbaren Bereichen, die Mittelwerte in noch engeren
Grenzen. Die prozentualen Unterschiede zu den NBS-Werten finden sich
in Tab. 2.

Die deutschen Teilnehmer zeigen geringe negative Bias für Natrium und gering positive für Kalium, so wie diese bei allen Spezimen in den USA beobachtet worden ist. Die Calciumwerte zeigen in beiden Gruppen negative Bias von annähernd 1%, die deutschen Referenzwerte vernachlässigbare Bias.

Identische Bias gegenüber den NBS Werten finden sich bei Chlorid, durchweg leicht positive Bias bei Lithium. Die größeren prozentualen Abweichungen von den NBS-Werten dürften in der niedrigen Lithiumkonzentration der Proben liegen. Die deutschen Werte für Magnesium lassen höhere Abweichungen als die der US-Werte erkennen. Ähnlich liegen bei beiden Untersuchungsgruppen die Unterschiede gegenüber den NBS-Werten beim Eisen.

Ein Vergleich der Ergebnisse für Glukose, Harnsäure und Harnstoff-N, Kreatinin und Gesamt-Protein ist in Tab. 3 zusammengestellt. Definitivwerte liegen für diese Analyse der Teilnehmer nicht vor.
Die Variationskoeffizienten der Teilnehmer liegen in ähnlichen Bereichen, bei den deutschen Referenzlaboratorien niedrig.
Die Mittelwerte für Glukose sind bei den deutschen Teilnehemern niedriger als bei den US-Werten, die Referenzwerte der deutschen Referenzlaboratorien näher zu den US-Werten. Der Unterschied der deutschen Teilnemer gegenüber denen der US Teilnehmer beträgt 8.5%. Die Harnsäure zeigt ein meist identisches Bild: höhere Werte bei den US-Werten, niedrige bei den deutschen Teilnehmern, Unterschiede 8.3%. Geringe Unterschiede finden sich bei Harnstoff-N, Kreatinin und Gesamt-Protein in beiden Proben.

Vom Standpunkt der Genauigkeit sind die Daten beider Gruppen ziemlich gleichwertig. Die Mittelwerte der Elektrolyte stimmen mit Ausnahme der Magnesiumwerte gut mit den Definitiv-Werten des NBS überein. Die Unterschiede bei Glucose und Harnsäure bilden möglicherweise eine Ausnahme: die US-Werte sind mit der in den USA bevorzugten Neocuprein-Methode, die der deutschen Teilnehmer mit der GOD-Perid-Methode ermittelt worden. Diese unterscheiden sich in ihren Ergebnissen deutlich von der Hexokinase-Referenzmethode. Die Ursachen für die Harnsäuredifferenzen sind nicht offensichtlich. Die Präzision in diesem Versuch läßt sich nicht sicher beurteilen.

	Probe	Anzahl der Laboratorien			VK % (s %)			Mittelwert			
		U.S. Teilnehmer	Deutsche Ref. Lab.	Deutsche Teilnehmer	U.S. Teilnehmer	Deutsche Ref. Lab.	Deutsche Teilnehmer	U.S. Teilnehmer	Deutsche Ref. Lab.	Deutsche Teilnehmer	NBS Werte
Natrium mmol/l	1	2000	16	243	1.2	1.6	3.8	143.20	142.30	142.10	143.60
	2	5297	16	244	1.5	1.2	3.7	137.00	137.20	136.90	137.40
Kalium mmol/l	1	2004	16	263	2.2	1.2	5.0	4.17	4.16	4.17	4.12
	2	5312	20	253	2.6	2.2	5.3	4.03	4.02	4.02	3.99
Calcium mg/dl	1	1967	17	270	3.6	3.8	6.3	9.62	9.76	9.63	9.74
	2	4934	18	270	4.4	5.0	7.4	9.77	9.88	9.79	9.89
Chloride mmol/l	1	1816	18	155	2.2	2.3	10.7	106.90	106.30	107.00	107.50
	2	4669	18	156	2.5	2.9	5.6	101.40	100.60	101.40	101.50
Lithium mmol/l	1	1073	12	59	20.0	9.3	11.0	0.48	0.46	0.47	0.45
	2	1251	12	69	23.3	10.1	10.2	0.42	0.44	0.43	0.42
Magnesium[1] mg/dl	1	1010	12	56	12.2	8.6	11.5	2.04	2.07	2.13	2.06
	2	1233	12	65	12.5	8.6	12.6	1.91	1.97	2.00	1.90
Eisen[2] µg/dl	1	1521	18	244	11.8	7.9	11.3	89.20	88.20	88.70	91.20
	2	1756	18	246	11.1	8.6	11.5	83.20	85.40	85.00	88.90

(1) Umrechnungsfaktor aus mmol/l ⟶ mg/dl x 2.431
(2) Umrechnungsfaktor aus µmol/l ⟶ mg/dl x 5.590

Tab. 1: Vergleich der Variationskoeffizienten und Mittelwerte bei 7 Analyten

Die Ergebnisse stammen von den Teilnehmern am CAP Survey Programm, von den Referenzlaboratorien und Teilnehmern im INSTAND-Programm, die Definitivwerte vom NSB National Bureau of Standards

	Probe	U.S. Teilnehmer	Westdeutschland	
			Ref. Lab.	Teilnehmer
Natrium	1	- 0.3	- 0.9	- 1.0
	2	- 0.3	- 0.1	- 0.4
Kalium	1	1.2	1.0	1.2
	2	1.0	0.7	0.7
Calcium	1	- 1.2	0.2	- 1.1
	2	- 1.2	- 0.1	- 1.0
Chloride	1	- 0.6	- 1.1	- 0.5
	2	- 0.1	0.9	- 0.1
Lithium	1	6.7	2.2	4.4
	2	0.0	4.8	2.4
Magnesium	1	- 1.0	0.5	3.4
	2	0.5	3.7	5.3
Eisen	1	- 2.2	- 3.3	- 2.7
	2	- 6.4	- 3.9	- 4.4

Tab. 2: Abweichungen der Werte amerikanischer und deutscher Teilnehmer und Referenzlaboratorien von den NBS-Werten in Prozent

	Probe	Anzahl der Laboratorien			VK % (s %)			Mittelwert		
		U.S. Teilnehmer	Deutsche Ref. lab.	Deutsche Teilnehmer	U.S. Teilnehmer	Deutsche Ref. Lab.	Deutsche Teilnehmer	U.S. Teilnehmer	Deutsche Ref. Lab.	Deutsche Teilnehmer
Glukose mg/dl	1	2035	16	859	6.8	7.1	8.2	92.70	86.10	85.60
	2	6381	16	859	6.6	6.8	7.8	95.40	92.30	89.40
Harnsäure mg/dl	1	1966	22	740	8.1	5.1	10.7	3.92	3.70	3.56
	2	5776	20	737	8.6	3.9	8.4	4.69	4.49	4.35
Harnstoff-N(1) mg/dl	1	2028	22	535	7.1	4.5	9.2	15.80	15.80	15.70
	2	6039	24	534	9.8	6.5	9.0	13.30	13.50	13.10
Kreatinin mg/dl	1	1974	28	657	14.5	8.7	10.2	0.95	0.97	0.96
	2	5188	26	660	14.1	6.7	9.9	1.15	1.18	1.17
Gesamt-Protein mg/dl	1	1982	14	236	3.0	2.1	5.4	6.27	6.23	6.27
	2	2237	14	237	3.1	2.4	5.2	5.79	5.82	5.82

(1) Umrechnungsfaktor aus Harnstoff mg/dl in Harnstoff-N mg/dl x 0.47

Tab. 3: Vergleich der Variationskoeffizienten und Mittelwerte bei 5 Analyten

Die Ergebnisse stammen von den Teilnehmern am CAP Survey Programm, von den Referenzlaboratorien und den Teilnehmern im INSTAND-Programm

EMPFEHLUNGEN DER 'COMMISSION OF WORLD STANDARDS (COWS)' DER 'WORLD ASSOCIATION OF SOCIETIES OF PATHOLOGY (WASP)' FÜR EINEN BEIPACKZETTEL ZU RICHTIGKEITSKONTROLLEN

Die 'COMMISSION ON WORLD STANDARDS' (COWS) hat in ihren Regionalsitzungen in Nordamerika (NEW ORLEANS) am 25. März 1979 und in Europa (BERlIN) am 2. Mai 1979 folgende Empfehlungen beschlossen, die vom BUREAU und der DELIGIERTENVERSAMMLUNG der 'WORLD ASSOCIATION OF SOCIETIES OF PATHOLOGY (WASP) anläßlich der regulären Sitzung in BERLIN am 29. April 1979 zur Kenntnis genommen worden ist:

Es wird allen Herstellern von Richtigkeitskontrollproben mit Nachdruck empfohlen auf den Beipackzetteln die folgenden Angaben zu machen:

1. Name des Analysenbestandteiles (und evtl. Kürzel) und der Größenart

2.a Den "richtigen Zielwert" (praktisch erreichbar beste Schätzung des wahren Wertes)

2.b Beliebig viele methoden-/geräte-/reagenzienabhängige Zielwerte

3. Standardfehler der Zielwerte (mit einem *, wenn nicht aus normalverteilten Einzelwerten geschätzt)

4. Einheit der Zielwerte

5. Anzahl der bestimmenden Laboratorien und der Einzelbestimmungen, die für jeden der Zielwerte verwendet worden sind.

7.2 F.W. FOFT (BIRMINGHAM/AL, USA):
ERMITTLUNG VON ZIELWERTEN IN REGIONALEN
QUALITÄTSKONTROLLPROGRAMMEN

Über die Erstellung von ZIELWERTEN in regionalen Qualitätskontrollprogrammen in den Vereinigten Staaten wird auf Grund von Informationen, die zum großen Teil von Dr. Gilbert (Waterbury/Conn.) und Dr. Rosenbaum (Springfield/Mass.) stammen, berichtet.

In den USA gibt es zwei Typen von Qualitätskontrollprogrammen: das "Survey Program" des College of American Pathologists (CAP) und die "Regionalen Qualitätskontrollprogramme". In dem Survey Programm des CAP werden mehrere Male jährlich, im allgemeinen einmal im Monat oder alle drei Monate, Proben aus einem großen Pool an Tausende von Laboratorien in den USA und anderen Ländern verteilt. Auch in den regionalen Survey Programmen werden ähnliche Proben in unterschiedlichen Zeiträumen versandt. Diese Programme ändern sich systematisch, so daß nicht vorauszusehen ist, wieviele Laboratorien sich an einem solchen Programm beteiligen. Die chemischen Proben sind etwa 2 Jahre haltbar, die hämatologischen Proben sind weniger stabil und können nur ein bis zwei Monate verwendet werden.

Die "Regionalen Programme" werden auf zwei Arten durchgeführt: Einige werden von den Reagenzienherstellern organisiert. Von diesen werden auch die Computeranalysen für alle statistischen Maßnahmen und für die Analysen der Teilnehmer durchgeführt. Die zweite Art wird vom CAP gefördert. Die Kontrollproben werden von unabhängigen Herstellern zur Verfügung gestellt, die Arbeitsanleitungen und Spezifikationen durch das Programm erstellten und überwachten, im Grund also durch das CAP. In dem Seminar über die Inspektion und Akkreditierung ist bereits darauf hingewiesen worden, daß dieses Programm nicht vollständig den Probenherstellern überlassen wird. Die Ergebnisse aus beiden Programmen werden miteinander verglichen, insbesondere die Bezugsdaten.

Es gibt drei Wege, solche Bezugsdaten (Zielwerte) für Kontrollmaterialien aufzustellen: Bei dem einen Programm ist der Herstellungsprozeß bekannt, indem eine bekannte Menge von Bestandteilen dem Pool zugegeben wird; da die meisten Pools aus humanen oder tierischem Serum die meisten Bestandteile bereits enthalten, ist es sehr schwer, die genaue Menge zu bestimmen. Eine Ausnahme bilden Proben, denen Drogen oder toxische Bestandteile zugegeben werden. Die Bestimmung der einzelnen Bestandteile kann über Referenzlaboratorien erfolgen, die zuverlässig und genau arbeiten. Diese Gewinnung von Bezugsdaten ist sehr teuer und wird daher nicht oft verwendet. Eine andere Methode, die regelmäßig in regionalen Programmen verwendet wird, verwendet Zielwerte, die von Teilnehmern stammen, die die eine oder andere Methode benutzen, die als Referenz- oder Vergleichsmethode ausgewählt worden ist. Die Zielwerte werden anhand der Mittelwerte, Standardabweichungen, Streuungskoeffizienten und der Standardabweichungszahl festgelegt. Unter der Standardabweichungszahl versteht man den Unterschied zwischen dem Wert eines Teilnehmers und dem Ergebnis aus allen Teilnehmerwerten und den Mittelwerten der Vergleichsgruppen (wenn genügend Daten zur Verfügung stehen). Zu den Zielwerten erhält jeder Teilnehmer statistische Datenanalysen aller Laboratorien, die die gleiche Methode anwenden. Hierdurch werden zusätzliche Informationen gegeben.

Wenn ein neuer Pool verwendet wird - im allgemeinen alle 18 Monate bei chemischen Proben - müssen die Daten erst ermittelt werden. Dies geschieht über monatliche, möglicherweise auch wöchentliche Analysen. Diese Daten werden einmal im Monat mitgeteilt. In den ersten beiden Monaten liegen noch keine statistischen Ergebnisse vor, so daß jedes Laboratorium seine eigenen vorläufigen Zielwerte aufstellen muß. Hierzu muß es Mehrfachanalysen zusammen mit Analysen in dem alten Pool durchführen. Der Kostenpunkt hat übrigens in den USA sowohl bei den Laboratorien als auch den Herstellern eine große Bedeutung.

Für die meisten Bestandteile scheinen die Zielwerte, die man mit den Referenzmethoden gewinnt, zuzutreffen. Weitere Studien müssen dieses weiter überprüfen.

7.3. M. M. MÜLLER (WIEN):
EXTERNE QUALITÄTSKONTROLLE IN ÖSTERREICH

Für die externe Qualitätskontrolle werden in Österreich seit 1970 klinisch-chemische Kontrollversuche nach dem WHITEHEAD'SCHEN Prinzip (1977) auf freiwilliger Basis durchgeführt. Bis 1980 sind diese Versuche von der österreicherischen Gesellschaft für Klinische Chemie (ÖGKC) gemeinsam mit dem Institut für Medizinische Chemie der Universität Wien (Vorstand: Prof. Dr. E. Kaiser) durchgeführt worden, wobei auch mit dem Aufbau der externen Qualitätskontrolle der hämatologischen Bestimmungen begonnen worden ist. Seit 1980 wird die externe Qualitätskontrolle von der österreicherischen Gesellschaft für Qualitätssicherung und Standardisierung medizinisch-diagnostischer Untersuchungen (ÖQUASTA) organisiert. Dies erfolgt in einigen Bundesländern in Zusammenarbeit mit den entsprechenden Ärztekammern.

Den Teilnehmern werden Qualitätskontrollprogramme für Klinisch-chemische, hämatologische und gerinnungsphysiologische Untersuchungen 4 bis 6 mal im Jahr angeboten. Außerdem sind seit 1982 probeweise Kontrollversuche für parasitologische Analysen (Nachweis von Toxoplasmose-Antikörpern, Stuhluntersuchung auf Protozoen und Helminthen) und für die Bestimmung der Röteln-Antikörper durchgeführt worden. Während am Beginn der Kontrollversuche 65 Laboratorien teilgenommen haben, sind es heute 543 Teilnehmer. Diese Zunahme ist wahrscheinlich darauf zurückzuführen, daß in einigen Bundesländern die Teilnahme an Kontrollversuchen von den Laboratorien nachgewiesen werden muß. Neben Laboratorien in Krankenhäusern und Instituten sind sowohl die Fachärzte für Labormedizin als auch die niedergelassenen Ärzte mit Praxislaboratorien in dem System der ÖQUASTA erfaßt.

Bei sämtlichen Kontrollversuchen stehen den Laboratorien 14 Tage zur Durchführung der Analysen zur Verfügung. Nur jene Ergebnisse werden statistisch ausgewertet, bei denen die Angaben zur Methodik vollständig sind. Im Durchschnitt beträgt die Rücksendequote 85%.

Qualitätskontrollprogramme

In <u>Tab. 1</u> sind die Details der einzelnen Programmtypen beschrieben. Der Arbeitsaufwand für die teilnehmenden Laboratorien ist relativ gering, da generell die Analysen als Einfachbestimmungen durchgeführt werden sollen.

Statistische Auswertung

Die den Teilnehmern übermittelte statistische Auswertung umfaßt neben dem Gesamtergebnis sämtlicher Parameter auch eine Individual-Auswertung.

1. Gesamtauswertung

Von allen eingegangenen Ergebnissen wird für jede Probe und jeden Parameter, nach Methoden aufgeschlüsselt, zunächst ein Rohergebnis berechnet. Resultate, die außerhalb des 2s-Bereiches liegen, werden eliminiert, und eine neuerliche statistische Auswertung durchgeführt, die die Grundlage der Individualauswertung darstellt. Für alle Teilnehmer werden anschließend pro Parameter und Probe, nach Methoden getrennt, folgende Kenngrößen berechnet:

N Anzahl der Analysen
$\bar{x}$ Mittelwert der Analysen
s Standardabweichung
$VK(\%)$ Variationskoeffizient

Nach unseren Erfahrungen können der korrigierte Mittelwert und die korrigierte Standardabweichung die kostspielige Ermittlung von Sollwerten und Vertrauensbereichen durch Referenzlaboratorien ersetzen; daher dienen die berechneten Kenngrößen ($\bar{x}_{korr}$ und s_{korr}) als Bezugsgrößen. Wie aus <u>Abb. 1</u> zu ersehen ist, weichen die Sollwerte bei der Bestimmung der Triclyzeride im physiologischen Bereich kaum vom $\bar{x}_{korr}$ des großen Kollektives der Kontrollversuchsteilnehmer ab. Bei einer pathologischen Konzentration sind größere Abweichungen zwischen Sollwert und $\bar{x}_{korr}$ festzustellen. Ob diese Unterschiede zwischen den Ergebnissen der Referenzlaboratorien und der Teilnehmer klinisch relevant sind, bleibt dahin gestellt.

Klinische Chemie: Programm A

Glukose	AP
Harnsäure	CK
Harnstoff	GOT
Kreatinin	GPT
Cholesterin	y-GT
Triclyceride	

zusätzlich Programm B:

Natrium	Amylase
Kalium	Lipase
Kalzium	
Magnesium	HBDH
Chlorid	LDH
Phosphat	P
Eisen	GLDH
Kupfer	LAP
Gesamt-Eiweiss	SP
Bilirubin	SPP

Hämatologie: Programm C

Hämaglobin
Hämatokrit
Erythrozyten
Leukozyten

Differential-Blutbild

Gerinnung: Programm D

Thromboplastinzeit
Partielle Thromboplastinzeit
Thrombinzeit
Thrombotest

Tab. 1: ÖQUASTA-Qualitätskontroll-Programme

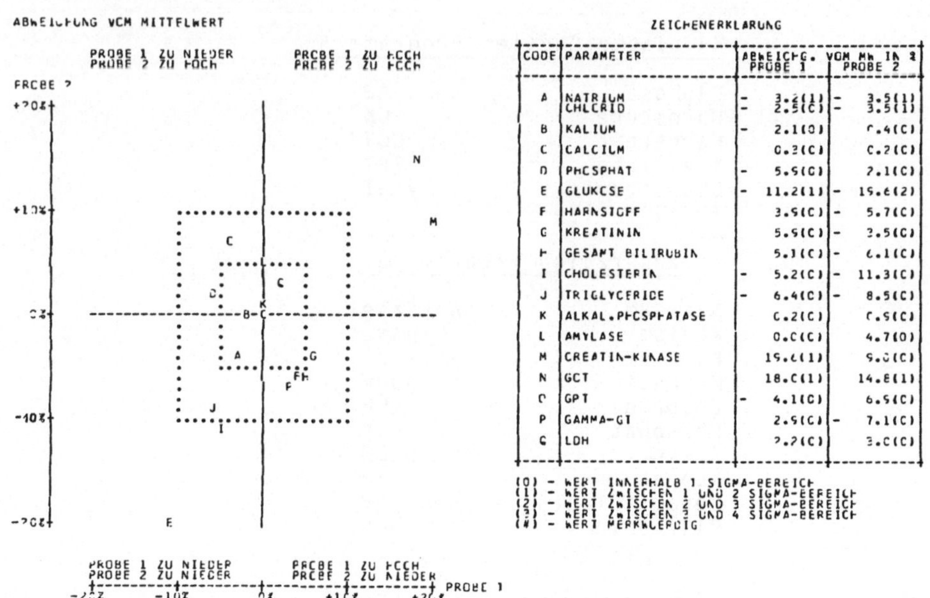

CODE	PARAMETER	ABWEICHG. VOM MW IN % PROBE 1	PROBE 2
A	NATRIUM	- 3.2(1)	- 3.5(1)
	CHLORID	- 2.5(0)	- 3.5(1)
B	KALIUM	- 2.1(0)	0.4(0)
C	CALCIUM	0.3(0)	0.2(0)
D	PHOSPHAT	- 5.5(0)	7.1(0)
E	GLUKOSE	- 11.2(1)	- 15.6(2)
F	HARNSTOFF	3.5(0)	- 5.7(0)
G	KREATININ	5.5(0)	- 3.5(0)
H	GESAMT BILIRUBIN	5.3(0)	- 6.1(0)
I	CHOLESTERIN	- 5.2(0)	- 11.3(0)
J	TRIGLYCERIDE	- 6.4(0)	- 8.5(0)
K	ALKAL.PHOSPHATASE	0.2(0)	0.5(0)
L	AMYLASE	0.0(0)	4.7(0)
M	CREATIN-KINASE	15.6(1)	9.0(0)
N	GOT	18.0(1)	14.8(1)
O	GPT	- 4.1(0)	6.5(0)
P	GAMMA-GT	2.5(0)	- 7.1(0)
Q	LDH	2.2(0)	3.0(0)

Abb.1: Individualauswertung der klinisch-chemischen Kontrollversuche

Gesamtauswertung	
Erythrozytenmorphologie	Anzahl
Normal	25
Anisozytose	74
Mikrozytose	2
Makrozytose	7
Poikilozytose	36
Polychromasie	40
Elliptozytose	1
Anulozytose	7
Sphärozytose	1
Targetzellen	7
Basophile Tüpfelung	27
Jolly-Körperchen	3
Thrombozytenmorphologie	
Normal	49
Pathologisch	29
Riesenplättchen	23
Diagnose	
Infektiöse Mononukleose	2
Linkverschiebung ohne nähere Angabe	11
Chronisch Myeloische Leukämie	86
Osteomyelofibrose/Sklerose	8
Thrombocythämie	1
Akute Leukämie	5
Makrozyläre Anämie ohne nähere Angabe	1
Sphärozytose	1
Klinische Daten unzureichend	2

Tab. 2: Hämatologischer Kontrollversuch H 013 vom 28.06.1983

Berechnung von "Scores"

der abgegebene Wert liegt

innerhalb $\pm$ s_{korr}	Score 0
zwischen $\pm$ s_{korr} und $\pm$ $2s_{korr}$	Score 1
zwischen $\pm$ 2 s_{korr} und $\pm$ 3 s_{korr}	Score 2
zwischen $\pm$ 3 s_{korr} und $\pm$ 4 s_{korr}	Score 3
außerhalb $\pm$ 4 s_{korr}	Score 4

Bewertung der Analysenresultate

als Kriterium der Zuverlässigkeit der Analysenresultate dient der Vertrauensbereich ($\pm$ 2 s_{korr})
des Gesamtkollektives unter Berücksichtigung der angewandten Methode.

Ergebnis innerhalb $\pm$ 2 s_{korr}	zufriedenstellend
Ergebnis außerhalb $\pm$ 2 s_{korr}	Überprüfung der Methodik
Ergebnis außerhalb $\pm$ 4 s_{korr}	Ergebnis merkwürdig

Tab. 3: Individual-Auswertung

Nach diesem Prinzip werden sämtliche numerischen Resultate der 3 Programme ausgewertet. Im Bereich der hämatologischen Kontrollversuche werden beim Differentialblutbild die Erythrozyten- und Thrombozyten- morphologie beurteilt, sowie eine klinische Diagnose gestellt. Die Gesamtergebnisse werden nur als Häufigkeitsverteilung angegeben, wie aus Tab. 2 ersichtlich ist.

2. Individualauswertung

Jeder Teilnehmer erhält neben der statistischen Gesamtauswertung aller Parameter eine Einzelauswertung, die folgendes umfaßt:

1. Rückmeldung der eigenen Analysenresultate mit Angabe der Methodik
2. Berechnung der prozentualen Abweichung der Einzelresultate vom $\bar{x}_{korr}$
3. Angabe von Scores für jedes Ergebnis bezogen auf s_{korr} (s.Tab. 3)
4. Graphische Darstellung der prozentualen Abweichung der Einzel- resultate für beide Proben in Form eines modifizierten YOUDEN-Plots (Abb. 2)
5. Bewertung der Analysenergebnisse im Hinblick auf deren Zuver- lässigkeit (s. Tab. 3) aufgrund der berechneten Scores.

Die Verwendung von 2 Proben mit meist unterschiedlichen Werten ermög- licht eine bedingte Aussage über die Präzision des Einzellaborato- riums. Liegt der abgegebene Analysenwert beider Proben im gleichen Vorzeichenbereich, d.h. oberhalb bzw. unterhalb von $\bar{x}_{korr}$, so spricht dies für eine gute Präzision der Analysen, wobei allerdings auch die Score-Werte berücksichtigt werden müssen (Tab. 4).

Parameter	Probe 1	Probe 2	Bemerkungen
Glukose	+0	-0	Richtigkeit: gut Präzision: mäßig
Harnstoff	+0	-2	Richtigkeit: schlecht Präzision: sehr schlecht
Harnsäure	+3	+3	Richtigkeit: sehr schlecht Präzision: gut
Eiweiß	+0	-1	Richtigkeit: mäßig Präzision: schlecht

Tab.4: Beurteilung des Einzellaboratoriums

Extrem hohe Scores mit gleichem Vorzeichen (über 2) weisen auf das Vorliegen eines systematischen Fehlers und somit schlechter Richtigkeit hin (Müller, M.M. (1977)).

Ergebnisse der Kontrollversuche

1. Klinisch-chemische Kontrollversuche

Vergleicht man die Ergebnisse des 1. Klinisch-chemischen Kontrollversuchs des Jahres 1970 mit jenen des 48. Kontrollversuchs des Jahres 1982 anhand der globalen Variationskoeffizienten der einzelnen Parameter, so läßt sich mit gewissen Einschränkungen die Entwicklung und der Stand der Zuverlässigkeit bzw. Vergleichbarkeit einiger wichtiger klinisch-chemischer Parameter in Österreich feststellen. Allerdings muß in diesem Zusammenhang darauf verwiesen werden, daß im zeitlichen Verlauf bedingt durch Zunahme der Anzahl der Teilnehmer große Schwankungen der VKs festzustellen waren (Müller, M.M. 1978)), wie beispielsweise im Jahre 1977, als ca. 200 neue Laboratorien an das System der externen Qualitätskontrolle angeschlossen worden sind. Damals ist bei einer Reihe von Parametern eine sprunghafte Verschlechterung der Vergleichbarkeit der Ergebnisse beobachtet worden. Dies hat Enzymaktivitätsbestimmungen und enzymatische Bestimmungen von Substraten betroffen (Kaiser, E. 1973, 1978)). Durch die regelmäßige Teilnahme an den Kontrollversuchen ist es jedoch innerhalb von ca. 1 Jahr zu einer merkbaren Verbesserung der Vergleichbarkeit gekommen. Dies deutet auf den positiven Effekt der externen Qualitätskontrolle.

Der globale Vergleich der Ergebnisse der letzten 12 Jahre zeigt ganz deutlich eine Verbesserung der Zuverlässigkeit und Vergleichbarkeit aller Parameter mit Ausnahme von Kupfer. Dieses gute Ergebnis ist sicherlich eine Folge der verbesserten Analytik (Reagenzien, Geräte, Automation), der heute allgemein anerkannten internen Qualitätskontrolle und des besser qualifizierten Laborpersonals (Tab. 5).

2. Hämatologische Kontrollversuche

Zwischen dem 1. Kontrollversuch im Jahre 1976 und dem 13. hämatologischen Kontrollversuch des Jahres 1983 läßt sich bei der Beurteilung des Blutbildes ebenfalls eine Verbesserung der Vergleichbarkeit erkennen, wobei die globalen Variationskoeffizienten größenordnungsmäßig jenen der Elektrolytebestimmungen der Klinischen Chemie ent-

Parameter	1970		1982	
	N	VK(%)	N	VK(%)
Natrium	29	7.3	82	2.5
Kalium	31	7.0	85	4.8
Calcium	28	8.4	36	5.4
Eisen	29	14.3	50	8.5
Magnesium	4	16.8	35	12.5
Kupfer	2	16.6	21	26.4
Chlorid	17	6.1	39	4.0
Phosphor	14	29.5	71	14.8
Glukose	45	43.7	378	9.1
Harnstoff	32	21.9	143	8.5
Kreatinin	30	17.8	271	12.6
Harnsäure	26	20.7	179	9.1
Gesamt-Protein	40	7.8	107	4.7
Bilirubin	43	18.2	191	14.1
Cholesterin	41	26.3	335	10.6
Alk. Phosphatase	38	33.3	268	11.5
GOT	43	36.3	335	20.5
GPT	41	67.9	335	17.2
LDH	25	32.6	152	10.0

Tab. 5: Vergleich der globalen Variationskoeffizienten der Rundversuche 1970/1982

Parameter	1976		1983	
	N	VK(%)	N	VK(%)
Hämoglobin	97	4.2	169	2.1
Hämatokrit	88	9.2	110	5.4
Erythrozyten	94	5.9	156	5.4
Leukozyten	103	13.5	147	10.7

Differential-Blutbild 1980/1983

Zellart	1980		1983	
	N	VK(%)	N	VK(%)
Stabkernige	51	61.5	108	47.9
Polymorphkernige	70	14.7	109	19.7
Eosinophile	70	38.1	112	255.9
Basophile	39	40.3	106	548.8
Monozyten	67	42.3	109	86.8
Atypische Lympho- und Monozyten	20	128.9	109	418.2
Lymphozyten	68	16.6	108	33.4

Tab. 6: Vergleich der globalen Variationskoeffizienten der
Hämatologischen Kontrollversuche 1976/1983

sprechen, also sehr niedrig sind. Das verhältnismäßig schlechte Ergebnis der Leukozytenzählung könnte auf das zur Verfügung stehende Kontrollblut zurückzuführen sein, welches für die Bestimmung mittels Zählkammer eher ungeeignet ist. Da jedoch ca. 1/3 der Teilnehmer diese Methodik anwenden, ist eine weitere Senkung des Variationskoeffizienten nicht zu erwarten (Tab. 6).

Obwohl die Teilnehmer für die Kontrolle des Differentialblutbildes einen gefärbten bzw. ungefärbten Blutausstrich zugesandt erhalten, sind die Abweichungen und damit die Variationskoeffizienten der einzelnen Zellpopulationen zum Teil sehr groß. Die Ergebnisse der Zählung der stabkernigen, der polymorphkernigen Granulozyten und der Lymphozyten können noch als einigermaßen vergleichbar angesehen werden. Bei den anderen Zellarten stellt sicherlich der geringe prozentuale Anteil an der Gesamtzahl der Zellen ein Problem dar. Außerdem scheint bei der Beurteilung des Differentialblutbildes noch keine einheitliche bzw. exakte Klassifizierung der Zellen allgemein gültig zu sein.

3. Gerinnungsphysiologische Kontrollversuche

In Tab. 7 sind die Ergebnisse der hämostaseologischen Kontrollversuche (1. und 10. Kontrollversuch) der Jahre 1980 und 1983 gegenübergestellt. Durch die Vielzahl der eingesetzten Reagenzien ergibt sich neben den statistischen Problemen bei der Auswertung der Analysenergebnisse auch die mäßige Vergleichbarkeit von Resultaten verschiedener Laboratorien. Aus klinischer Sicht wäre eine Standardisierung und Vereinheitlichung der angewandten Methoden erstrebenswert.

Parameter	1970		1982	
	N	VK(%)	N	VK(%)
Thromboplastin-zeit	31	15.8	55	15.0
Partielle Throm-boplastinzeit	36	15.0	55	23.9
Thrombinzeit	26	14.9	31	10.3

Tab. 7: Vergleich der globalen Variations-Koeffizienten der Gerinnungs-Kontrollversuche 1980/1983

Schlußfolgerung

Die Bedeutung der externen Qualitätskontrolle von Laboratoriumsuntersuchungen steht heute außer Zweifel. Gerade die Ergebnisse der letzten
Jahre zeigen, daß die Teilnahme an Kontrollversuchen die Laboratorien
zu einer Verbesserung ihrer Analytik (Reagenzien, apparative Ausstat-
tung, interne Qualitätskontrolle) motiviert, was eine bessere Vergleichbarkeit der Analysenresultate zur Folge hat. Dies sollte zu
einer Senkung der Kosten im Bereich der Laboratorien beitragen.
Allerdings muß auf dem Gebiet der Enzymmologie, Hämatologie (Differentialblutbild) und der Gerinnungsphysiologie eine weitere Vereinheitlichung und Standardisierung der Methoden und Meßbedingungen
angestrebt werden.

7.4 M. MILTÉNYI* (BUDAPEST/UNGARN): RINGVERSUCHE IN UNGARN

Wenn man einen Überblick über die Situation in Ungarn geben will, muß
man wissen, daß das Gesundheitswesen in Ungarn anders als in der
Bundesrepublik Deutschland organisiert ist. Wir haben eine straffe
staatliche Organisation. Es gibt keine privaten Laboratorien. Im Jahr
1981 sind etwa 26 Millionen klinische chemische Untersuchungen durchgeführt worden, von diesen ein Viertel in den Laboratorien der Uni-
versitäten und staatlichen Institutionen und Dreiviertel in städti-
schen und ländlichen Krankenhaus- und Ambulanzlaboratorien. Alle
Laboratorien werden von Laborfachärzten geleitet und sind untereinander staatlich organisiert. Die vorhandenen etwa 300 klinisch-chemischen Laboratorien sind in etwa 45 integrierten Einheiten zusammengefaßt. Dies ist, von der Qualität her gesehen, natürlich von
Vorteil, nicht aber immer vom Patienten aus gesehen. Die Leiter der
Laboratorien bürgen seit 20 Jahren für die Qualität der Arbeit.

---

*Vorsitzender der Ungarischen Gesellschaft für Laboratoriumsdiagnostik

Zentrale Ringversuche als Qualitätskontrolle sind zwischen 1970 und 76 auf freiwilliger Basis durchgeführt worden. Unsere Gesellschaft für Laboratoriumsdiagnostik hat ein Qualitätskontroll-Komittee gebildet. Mit den von den Firmen Gödecke, Freiburg und Boehringer, Mannheim geschenkten Kontrollmaterialien hat die Gesellschaft jährlich 2-3 Ringversuche organisiert. Die Ergebnisse sind durch die Zentraldatenbank der Universität Budapest ausgewertet worden. Jedes Jahr sind die Resultate einmal mit allen Teilnehmern diskutiert worden.

1975 ist das Landesinstitut für Laborwesen organisiert worden, dessen Direktor Prof. Dr. E. Endroczi ist. Das Institut leitet jetzt auf staatlicher Basis die ständige Qualitätskontrolle. Ringversuche werden dreimal pro Jahr durchgeführt. Alle Laboratorien sind verpflichtet, an Ringversuchen teilzunehmen. Über die Resultate hat Prof. E. Endroczi 1982 publiziert. Hierin finden sich folgende Variationskoeffizienten der verschiedenen Parameter für das Jahr 1982 wie folgt:

Chemische Parameter	1980	1981	1982
Na	3,2	2,9	2,5
K	4,9	3,8	4,9
Ca	10,5	9,3	8,6
Cl	5,0	5,0	3,9
anorg. Phosphor	14,1	19,7	9,5
Glukose	13,0	12,4	7,0
Karbamid	10,4	13,3	8,4
Gesamt-Protein	6,1	5,2	5,2
Cholesterin	8,9	17,4	13,8
Creatinin	14,7	12,4	22,7

7.5 J. KRAWCZINSKI (WARSCHAU/POLEN):
RINGVERSUCHE IN POLEN

In der Organisation des Gesundheitswesens in den verschiedenen Ländern
gibt es gewisse Unterschiede. In Polen ist es z.B. erlaubt, in be-
grenztem Maßstab ärztliche Praxis auszuüben, und es gibt auch private
Laboratorien. Diese Laboratorien sind aber fast ausschließlich sehr
klein und primitiv und nehmen nur 5% aller Laboratorien ein. Praktisch
spielen sie im Gesundheitswesen in Polen keine wesentliche Rolle.

Ich muß betonen, daß seit einigen Monaten in unserem Land die Qualitätskontrolle der quantitativen Laboruntersuchungen, besonders der
klinisch-chemischen Parameter für alle Laboratorien einschließlich der
Privatlaboratorien, obligatorisch geworden ist.

Die obligatorische Qualitätskontrolle in Polen umfaßt sowohl die
interne als auch die externe Laborkontrolle. Genaue Vorschriften
regulieren den gesamten Gang der Kontrolle. Es werden immer die
Genauigkeit und die Präzision der Ergebnisse kontrolliert.

Zur Qualitätskontrolle wird fast ausschließlich das in Polen seit
einigen Jahren hergestellte Kontrollmaterial gebraucht. Der Hersteller
ist das "Staatliche Institut für biologisch-diagnostische Produkte"
(Biomed - Filiale Krakow). Bis jetzt werden aus menschlichen Seren
folgende Kontrollseren produziert:

    Serostandard N - für den normalen Bereich
    Serostandard P - für den pathologischen Bereich
    Serostandard 0 - für die Präzisionskontrolle

Serostandards N und P unterliegen der staatlichen Metrikation, die am
Anfang 8 Analyte umfaßt hat und jetzt 14 Analyte im Blut einschließt,
die am häufigsten in Routineprogrammen bestimmt werden. Leider sind
darunter bis jetzt keine Enzyme. Serostandard 0 ist nicht metriziert.
Die Metrikation der Serostandards N und P wird auf folgende Weise
durchgeführt:

Vier Referenzlaboratorien - nicht immer dieselben -, die als solche durch die staatliche Expertengruppe für Laboratoriumsdiagnostik anerkannt worden sind, erhalten von jeder Produktionsserie soviel Material, daß es möglich ist, an zwei verschiedenen Arbeitstagen in Doppelbestimmungen die Konzentrationen von je 14 Analyten zu bestimmen. Die Konzentration wird mit denselben standardisierten Methoden bestimmt.

Ich muß hier noch beifügen, daß in Polen seit 20 Jahren Methodenvereinheitlichung und Standardisierung von Routinemethoden eingeführt ist.

Auf diese Weise bekommt man für jeden Bestandteil 2x2x4, also 16 Werte, die statistisch bearbeitet werden. Es wird vorausgesetzt, daß der Unterschied zwischen den Mittelwerten von 2 verschiedenen Tagen nie die 5%-Grenze überschreiten darf. Aus diesen 16 Werten werden Mittelwert, Standardabweichung und Variationskoeffizient ausgerechnet. Der Variationskoeffizient darf die Hälfte der von Tonks vorgeschlagenen Prozentvariation nicht überschreiten. Zum Ausrechnen der gegebenenfalls korrigierten Mittelwerte, die bereits als Sollwerte zu betrachten sind, werden alle Werte ausgewählt, die sich im Bereich: Mittelwert $\pm$1 Standardabweichung befinden. Diese korrigierte Standardabweichung wird als zugelassener Streuungsbereich betrachtet.

Alle Referenzlaboratorien kontrollieren ihre Methoden mit anderen Kontrollseren, z.B. Versatol, Precinorm u.a.

Die von uns eingeführte Berechnungsprozedur hat sich über einige Jahre gut bewährt und in der täglichen Praxis gute Dienste geleistet.

8   LABOR-, INSPEKTIONS- UND ANERKENNUNGSPROGRAMME DES COLLEGE OF
     AMERICAN PATHOLOGISTS (CAP)

8.1 H.J. PETERS (COLUMBUS, GEORGIA, USA):
     INSPEKTIONS- UND ANERKENNUNGSPROGRAMM DES CAP

Das Inspektions- und Anerkennungsprogramm (I&A program) des College of
American Pathologists (CAP) ist ungefähr 20 Jahre alt. Es ist vom
College of American Pathologists, einer Berufsorganisation der Pathologen in den USA, organisiert worden. Mit diesem Programm hatte man
die Absicht, die Qualität der Leistungen der Laboratorien zu verbessern und die Genauigkeit und Verläßlichkeit der Testergebnisse für
Ärzte und Patienten zu garantieren. Das College hat ungefähr 7000
Mitglieder, die in allen Bereichen des Pathologen tätig sind: im
niedergelassenen, Lehr- und Regierungsbereich.

Das I&A-Programm ist ein Programm der Oberbegutachtung, dem sich zur
Zeit ca. 1400 Laboratorien (von ca. 6500 insgesamt in den USA) frei-
willig angeschlossen haben. Es gibt noch andere Programme, wie die von
Center for Disease Control (CDC) und Joint Commission of Accreditation
Hospital (ICAH), aber kein anderes, das von Pathologen geplant und un-
terhalten wird.
Die I&A-Kommission ist eine der Ausschüsse des CAP-Rates für Qualitätssicherung (CAP Council for Quality Assurance) und dem Board of
Honours des CAP verantwortlich. Durch diesen Rat hat die Kommission
für Inspektion und Anerkennung Zugang zu anderen Programmen, die über
Qualitätsleistungen in Laboratorien berichten. Dies ermöglicht umfassende und miteinander verknüpfte Programme und sichert auch die best-
mögliche Leistung in der Pathologie.

Es wird kein Druck auf die College-Mitglieder ausgeübt, damit sie dem
I&A-Programm beitreten. Wie schon erwähnt, ist die Teilnahme frei-
willig. Wenn ein Laboratorium jedoch einmal die Entscheidung gefällt
hat, an diesem Programm teilzunehmen, erklärt es sich damit auch
bereit, sich seinen Regeln zu unterwerfen.
Die I&A-Kommission besteht aus einem Vorsitzenden und einer Anzahl von
Bezirks- und Spezialbeauftragten, die für bestimmte geographische
Gebiete der USA verantwortlich sind. Der Bezirksbeauftragte wird von
Staatsbeauftragten unterstützt, die für die Bundesstaaten verantwort-

lich sind. In der Gulf Region nehmen z.B. ca. 240 Laboratorien an diesem Programm teil und berichten dem Bezirksbeauftragten über die verschiedenen Staatsbeauftragten. Die Staats- und Bezirksbeauftragten arbeiten mit Inspektoren. Ein Inspektor ist ein Pathologe, der Mitglied des CAP ist und an einem Labor-Seminar oder Workshop zur Schulung von Inspektoren teilgenommen hat. Außerdem ist er Mitglied eines Labors, das vom CAP anerkannt worden ist. Diese Inspektoren sind für die tägliche Überwachung und die "Beinarbeit" verantwortlich, die die Basis für das Programm bilden.

Ein Laboratorium, das an diesem Überwachungsprogramm teilnehmen möchte, legt dem Zentralbüro des College einen Antrag vor. Der Erstantrag ist ausführlich und muß eine komplette Liste der Einrichtungen des betreffenen Labors sowie eine Liste des leitenden- und des technischen Personals enthalten, das dem Direktor des Laboratoriums bei den Arbeitsabläufen assistiert. Ist der Fragebogen eingegangen, wird das Laboratorium auf den Prüfplan des Staatsbeauftragten gesetzt, der dann einen Inspektor anweist. Der Inspektor verabredet einen passenden Termin mit dem Laborleiter. Die Inspektion muß innerhalb von sechs Wochen nach Eingang des Antrags durchgeführt werden, es sei denn, dies ist aus außergewöhnlichen Gründen nicht möglich. Es hängt vom Umfang der Möglichkeiten ab, ob der Inspektor selbst inspiziert oder in Begleitung einiger seiner Mitarbeiter die Prüfung vornimmt. Der Inspektor hat verschiedene Dokumente zur Verfügung, die bei ihm bei der Ausführung seines Auftrages behilflich sind. Das eine ist ein Buch mit der Aufschrift "Standards for Accreditation of Medical Laboratories". Die Standards zeigen die laufenden Definitionen und Forderungen auf, die an Laboratoriumsverfahren gestellt werden. Zur Zeit gibt es acht Standards; diese behandeln im allgemeinen Laboratoriumsverfahren, Personalfragen, klinische Chemie, Bakteriologie, Zytologie und anatomische Pathologie, Autopsie-Dienste, Transfusionen und die Beziehung von Laboratorium zu klinischen Dienstleistungen. Das zweite Dokument ist ein Handbuch für Inspektoren, das jene Aspekte umreißt, die der Inspektor während seiner Überprüfung beachten muß. Das dritte Dokument, das dem Prüfer vertraut sein muß, ist die "Inspektions-Checkliste". Dieses Papier hat ca. neun Unterteilungen und verzeichnet mit einigen tausend Punkten alle Fragen betreffend Laborverfahren. Sektion I behandelt das Laboratorium im allgemeinen, Sektion II die Hämatologie, Sektion III klinische Chemie und Harnanalysen, Sektion IV Bakteriologie, Sektion V Blutbank, Sektion VI Immunologie und Serologie,

Sektion VII Nuklearmedizin, Sektion VIII anatomische Pathologie und Sektion IX Zytogenese.

Die vorliegende Begehungsinspektion wird mit einer zusammenfassenden Konferenz abgeschlossen, die einen der wichtigsten Teile des Oberbegutachtungsprozesses darstellt. Sie liefert die Gelegenheit, weitere Überlegungen und Ideen zwischen dem Inspektor und dem geprüften Laboratorium auszutauschen. Dabei erlaubt sich der Prüfer kein Urteil über die Qualifikation des Laboratoriums für eine Anerkennung.

Später wird die Checkliste, die als Leitfaden durch die Inspektion benutzt wird, einem Computer-Zentrum zugesandt, das einen Ausdruck der gefundenen Unzulänglichkeiten vorbereitet; dieser wird dann dem entsprechenden Labor zur Verfügung gestellt. Die Auflistung gibt mehrere Abstufungen der Mängel an. Ein Mangel der "Phase 0" stellt nur eine Information dar und erfordert keine Korrektur. Ein Mangel der "Phase 1" wird für wichtig erachtet, soweit dies die Führung des Labor-Service betrifft. In diesem Fall wird eine Korrektur gefordert. Mängel der "Phase II" müssen berichtigt werden und zeigen die Hauptmängel auf -, bevor eine Anerkennung erteilt werden kann. Sobald das Labor den Ausdruck mit den Mängelerscheinungen erhalten hat, wird von diesem erwartet, daß es innerhalb von 30 Tagen dem Bezirksbeauftragten antwortet und ihm mitteilt, ob die Behebung der Mängel vorgenommen wurde oder nicht, oder wie - mit Hilfe eines Aktionsplans - und wann die Mängel korrigiert werden. Der Bezirksbeauftragte wird dann den gesamten Bericht durcharbeiten. Wenn dieser ihn zufriedenstellt und das Labor den Standards entspricht, wird es der Kommission zur Anerkennung empfohlen. Dabei ist es ungewöhnlich, daß ein Laboratorium keine Mängel der Phase II aufweist. Einige Labors zögern die Überprüfung hinaus, weil sie meinen, sie könnten nicht bestehen; aber dies ist ein falscher Zugang. Die Anerkennung wird normalerweise für zwei Jahre erteilt. In dem dazwischenliegenden Jahr wird das Labor gebeten, die Checkliste ohne ein Prüfteam zur Selbsteinschätzung zu vervollständigen.

In unserem Programm gibt es mehrere Punkte, die kommentiert werden sollten. Um an diesem freiwilligen Überwachungsprogramm teilnehmen zu können, muß speziell eine Verbesserung der Personalbesetzung angegangen werden. Diese Forderungen, zusammen mit denen der I&A-Kommission, werden durch staatliche- und Bundesgesetze festgelegt. Dies gilt auch für die Qualifikation des in Laboratorien tätigen technischen und Fachpersonals.

Das Laboratorium muß auch an einer externen Qualitätskontrolle oder einem Leistungstest-Programm aller Bereiche teilnehmen, in denen es überprüft und anerkannt werden möchte. In den USA stehen mehrere Leistungstest-Programme zur Verfügung. Sie sind eine Voraussetzung dafür, um am I&A-Programm teilnehmen zu können. Zur Zeit gibt es ca. 9000 Teilnehmer an diesem Ringversuchsprogramm. Das Leistungstest-Programm liefert dem Labor periodisch diverses Analysenmaterial und erwartet vom Laboratorium die Übersendung der Ergebnisse an das Computer-Zentrum zur Bearbeitung und Auswertung. Für alle Proben, die numerische Antworten erfordern, müssen diese innerhalb zweier Standardabweichungen liegen, um akzeptiert zu werden. Wenn es den Laboratorien nicht gelingt, annehmbare Werte beim Leistungstest zu erhalten, müssen sie schriftlich Zeugnis darüber ablegen, wenn eine Verbesserung des betreffenen Fehlers erzielt worden ist. Ein anderer Aspekt des Anerkennungsprogramms ist die interne Qualitätskontrolle. Es wird von den Laboratorien erwartet, daß sie ein internes Qualitätskontroll-programm haben und dies auch zufriedenstellend dokumentieren können. Interne Qualitätskontrolle besteht aus laufenden Kontrollmustern, Formblättern, Standards usw.. Sie erfordert die Verfügbarkeit von adäquaten Arbeitsverfahren und ein Zeugnis davon, daß das Instrumentarium sorgfältig überprüft und gewartet wird. Diese diversen Punkte werden vom Inspektor während einer Inspektion überprüft. Besondere Aufmerksamkeit wird auch der Arbeitsdurchführung und den Durchführungsgrenzen eines Laboratoriums gewidmet, wie z.B. Kühlschränken, Inkubatoren und Spektrophotometern. Die Dokumentierung korrekter technischer und sonstiger Ausführungen ist absolut erforderlich.

Da die USA zur Zeit kein umfassendes nationales Gesundheitsprogramm haben, zahlen sowohl die Bundes- wie auch Staatsregierungen Entschädigungen an bestimmte Bevölkerungsgruppen für ärztliche Leistungen. Es ist deshalb nicht überraschend, daß besonders die Bundesregierung sehr strenge Forderungen an klinische Laboratorien stellt und Regierungsbehörden Laboratoriumsverfahren und -arbeitsweisen streng überwachen. Zur Zeit ist das Anerkennungsprogramm des CAP das einzige private Organ, das von der Bundesregierung bevollmächtigt ist, Laboratorien zu überwachen, die Bundeslizenzen oder Zulassung beantragt haben. Dies ist im Laboratories CLIA 1967 niedergelegt. Es ist eine der ersten Beschlüsse des Kongresses gewesen, der alle Laboratorien umfaßt, die am zwischenstaatlichen Handel teilnahmen. Die bundesstaatlichen Kranken- und Sozialversicherungsorgane sind wegen der großen Summen von Steuergeldern, die zur Patientenversorgung über diese Programme investiert werden, immer an Laboratoriumsverfahren sehr interessiert. JCAH hat der Medicare-Behörde verantwortlich zu bescheinigen, daß Krankenhäuser und Krankenhauslaboratorien zufriedenstellend und standardgerecht arbeiten. Vor kurzem hat die JCAH das I&A-Programm des College of American Pathologists anerkannt und jedes Labor, das vom I&A-Programm des College's anerkannt wird, wird automatisch auch von der Joint Commission anerkannt. Die Joint Commission trägt die Verantwortung dafür, die Gleichwertigkeit mit dem CDC (CLIA)-Programm zu sichern. Viele Einzelstaaten, die Lizenzgesetze für Laboratorien haben, halten die vom CAP verbreiteten Standards für besser als ihre eigenen. Deshalb ist das Überwachungs- und Anerkennungsprogramm auf der Basis der Gegenseitigkeit akzeptiert. Die junge Geschichte der I & A-Commission und des CAP ist äußerst interessant, weil sie die Entwicklung der Gesetze, Regeln und Festlegungen für Laboratorien des Landes widerspiegeln . Die Laboratoriumsmedizin ist in den USA nicht der einzige Medizinzweig, aber sicher derjenige, der am strengsten von der Regierung geregelt worden ist. Hier muß wieder betont werden, daß dieses Programm auf Freiwilligkeit beruht. Es ist kein lizenzierendes oder gesetzlich vorgeschriebenes Programm, es sei denn, irgendeine Einrichtung wünscht die Anerkennung zu Konzessionszwecken auf gegenseitiger Basis.

Wir sind davon überzeugt, daß die Teilnahme an einem solchen Programm, wie es das CAP anbietet, nützlich ist und die Qualität der Laboratoriumsmedizin verbessert hat. Die Kommission (bestehend aus den Bezirksbeauftragten, die sich viermal im Jahr treffen) verbringt viele Stunden damit, neue Standards für die Laboratoriumsverfahren zu entwickeln und festzulegen, immer in Kontakt mit den jüngsten Fortschritten der medizinischen Wissenschaft.

Jedes Mal, wenn eine neue Methode notwendig wird, können Verfahren leicht verändert, verbessert oder abgeleitet werden. Die Kommission wird dabei von Hilfskomitees für verschiedene Spezialzweige der Laboratoriumsmedizin unterstüzt. Diese Komitees dienen als Informationsquelle über den neuesten Stand der Dinge. Während es schwierig sein mag, die Wirkung eines Inspektions- und Anerkennungsprogramms auf die Qualität von Laboratoriumsverfahren abzuschätzen, hat die Erfahrung gezeigt, daß am Programm teilnehmende Laboratorien besser organisiert sind, besseren Service liefern, festere und bessere Regeln und interne Vorschriften haben, die Fehler sehr erschweren. Diejenigen von uns, die sich seit Jahren dem I&A-Programm angeschlossen haben, nehmen

daran teil, weil es mehr eine Oberbegutachtung als eine Regierungs-
verordnung oder Reglementierung ist. Die Teilnahme daran fordert, daß
ein jeder von uns bei seiner Arbeit auf dem Laufenden bleibt. Es macht
uns zu besseren Laboratoriumsleitern und besseren Pathologen. Nehmen
wir als Prüfer teil, so ist die Lernerfahrung, die wir durch die
Überprüfung anderer Laboratorien machen, von unermeßlichem Wert, ist
motivierend und gibt neue Ideen für die Verbesserung der eigenen
Leistungen.

Die Kosten eines solchen Programms sind relativ gering. Die aktuelle
Prüfgebühr beträgt nur einige hundert Dollars. Sie ist der Größe eines
Labors angepaßt. Sie ist entweder Teil der Kosten, die der Bundesregierung entstehen, oder der Kosten der Joint Commission, die sie für
ähnliche Anerkennungsdienste erhebt. Die niedrigen Kosten sind nur
deshalb möglich, weil das Programm freiwillig ist und die Prüfer und
I&A-Kommissare nicht für die Arbeitszeit bezahlt werden, die sie für
die Kommissionsbelange investieren. Die Anerkennung für die Teilnahme
an diesem Programm besteht darin, daß Kredite für laufende Weiterbildung gewährt werden. Solche Kredite sind ziemlich wichtig, besonders
in Bezug auf die Wiedereintragung und Rezertifikation eines Fachman-
nes.

Von Jahr zu Jahr erhöht sich die Zahl der am Programm teilnehmenden
Laboratorien; speziell ist es so während des laufenden Jahres gewesen.
Ein beträchtlicher Anstieg der Anzahl von Leistungen, die Voraussetzung für die Teilnahme am Programm sind, wird erwartet, begründet
durch einige Änderungen der Bundesgesetze und -vorschriften.
Vielleicht möchten Sie einiges über die Nachteile oder Mißbilligungen
von Seiten der Teilnehmer hören. Es hat mich immer überrascht, wie
klein die Zahl der unzufriedenen Personen tatsächlich ist. Sie ist
verschwindend klein. Wenn Fragen bezüglich des Programms auftauchen,
so betreffen sie im allgemeinen nicht das Programm direkt, sondern
sind meist durch Persönlichkeitsdifferenzen zwischen den Prüfern und
der geprüften Leistung bedingt.

So ist der Inspektor ein sehr wichtiges Glied im ganzen Prozeß. Dies
erfordert besondere Bemühungen von Seiten des Kommissars, den Inspektor in nahem Kontakt mit neuen Entwicklungen zu halten und ihn auszu-
bilden, damit sichergestellt ist, daß er ein guter und ehrlicher
Prüfer ist und in gewissen Zeitabständen sein Wissen auffrischen kann.

Die Inspektorenausbildung ist eine kontinuierliche Verantwortung der Kommission wie auch des Staates. Spezielle Ausbildungsseminare werden häufig abgehalten, um den Prüfern Inspektorenvorgang zu erleichtern.

Zusammenfassend ist zu sagen, daß das I&A-Program des CAP sich aus einer kleinen Gruppe von Leuten, die an der Qualität der Laboratoriumsmedizin interessiert gewesen sind, zu einer großen Gruppe von Teilnehmern entwickelt hat, die die Qualität der amerikanischen Laboratoriumsmedizin beweisen.

8.2 J.W. FOFT (BIRMINGHAM, ALABAMA, USA): INSPEKTIONS- UND ANERKENNUNGSPROGRAMM, BETRACHTET MIT DEN AUGEN EINES EHEMALIGEN BEZIRKSBEAUFTRAGTEN (REGIONAL COMMISSIONER)

Die Gründe für die Bildung einer I&A-Kommission sind in dem allgemeinen Wunsch zu suchen, die Arbeitsqualität von Laboratorien durch die Einführung eines Oberbegutachtungsverfahrens zu verbessern, das von Pathologen für Pathologen ausgeführt wird. Dabei ist es wichtig, zu betonen, daß sie nur zu diesem Zweck und nicht auf Verlangen irgendeiner Regierungsbehörde gegründet worden ist. Später wird noch darüber gesprochen werden, inwieweit das Bundesgesetz die Richtlinien des Programms geändert hat; es ist jedoch in keiner Weise verantwortlich dafür, noch hat es irgenwie entscheidend dessen Grundkonzept mitgeformt.

Zu Beginn des Programms sind das Begutachtungsverfahren und die Überprüfung selbst von einer kleinen Gruppe von eingeweihten Personen durchgeführt worden, die Beratung und Kriterien für eine verbesserte Laboratoriumsarbeit geliefert haben. Die nicht genau definierten Abweichungen von einem Prüfer zum anderen haben zur Entwicklung einer Inspektoren-Checkliste (Prüfer-Checkliste) geführt. Für den Erfolg eines fortlaufenden Programms ist eine solche Checkliste untentbehrlich. Sie ist hilfreich beim Überwachen nicht zu versäumender, wichtiger Aspekte des Untersuchungsverfahrens und trägt beträchtlich zur Übereinstimmung innerhalb des Programms bei, wie dies ohne sie nicht erreicht hätte werden können. Sie ist inzwischen zu ihrem jetzigen

Stand von einigen tausend in Laboratoriums-Abteilungen aufgeteilten Punkten angewachsen. Sie ist jedoch flexibel genug, um auf gewisse, in den einzelnen Laboratorien praktizierte Verfahren Rücksicht nehmen zu können.

In der frühen Phase des Programms hat es keine gut definierten Beurteilungskriterien gegeben, mit deren Hilfe der Prüfer Erfolg oder Mißerfolg eines Laboratoriums durch die Checkliste hätte beurteilen können. Die Checkliste dient als stillschweigend inbegriffener Standardsatz. Es liegt in der Entscheidung eines jeden Prüfers (Inspektors), wie er sie interpretiert. Dies führt allerdings zu weiteren Widersprüchen, und die Kommission hat beträchtliche Mühe gehabt, zu sehen, wie gut die Inspektion die wahre Situation in einem Laboratorium wiederspiegelt. Ich erinnere mich an viele Diskussionen darüber, was die Anwendung von Standards nun eigentlich effektiv bedeutet. Manchmal stimmen wir bei einem Treffen einem Verfahren zu, nur um es bei der nächsten Sitzung wieder zu ändern oder gar zu verwerfen. Ganz offensichtlich ist, daß die Entwicklung von Standards eine außerordentlich wichtige Errungenschaft der Kommission gewesen ist.

Die Verwaltungs- und Führungsstruktur der Kommission ist wesentlich für ihren Erfolg. Für die erfolgreiche Arbeit der Kommission steht vermutlich als Wichtigstes der Kommissionsvorsitzende. Als ich mich 1969 der Kommission als Bezirksbeauftragter (Regional Commissioner) angeschlossen habe, ist gerade ein neuer Chairman ernannt worden. Der vorige Vorsitzender hat die Kommission fähig geleitet und die Hauptverantwortung für die Entwicklung der Checkliste getragen. Aber er ist wegen anderer Verpflichtungen gezwungen gewesen, von seinen Aufgaben zurückzutreten.

Der dann ernannte Vorsitzende ist General Joe M. Blumberg gewesen, der sich kurz zuvor von seinem aktiven Dienst in der U.S. Armee zurückgezogen hatte. Für viele Jahre ist er aktiver Mitarbeiter des College of American Pathologists (CAP) und auch während zweier Perioden Mitarbeiter des Regierungsausschusses gewesen. In ihrer Kontrollfunktion fordert die Kommission große Bemühungen von allen, die ihr beigetreten sind. Es ist sehr bald ersichtlich gewesen, daß der vom Chairman geforderte Zeitaufwand fast ebenso groß wie der aller Bezirksbeauftragten zusammen ist. General Blumberg ist diesen Erfordernissen mit sehr viel Eifer und Geschicklichkeit entgegen getreten. Dabei sind ihm die vielfältigen Kontakte, die zu Pathologen und anderen in der Pathologie Tätigen seit Jahren gehabt hat, sehr hilfreich gewesen. Er hat nicht nur die Bezirksbeauftragten geleitet und ihnen beigestanden, sondern auch zahlreiche Mitteilungen von jenen erhalten, die an diesem Programm interessiert gewesen sind. So hat er als Bindeglied zwischen diesen beim CAP Board of Governors, den Zulassungsbehörden der Bundesregierung und anderen agiert. Da die Beauftragten über die ganze Nation verstreut sind und ihre Mitarbeit auf freiwilliger Basis beruht, ist es unbedingt notwendig, in der Position des Vorsitzenden einen starken, zentralen Stützpunkt zu haben.

Der Erfolg des Programms hängt auch sehr davon ab, daß die eingeweihten Bezirksbeauftragten bereit sind, Zeit und Aufwand zu investieren, wo es um die Organisation ihrer Bezirke und die Aufrechterhaltung des Programms geht. Als ich das erste Mal Bezirksbeauftragter geworden bin, haben meine Erfahrungen als Modell sowohl für das "wie" wie auch das "wie nicht" ein Bezirksbeauftragter zu sein hat, gedient. Zu jener Zeit hat es in der Gulf States Region ungefähr 50 Laboratorien gegeben. Sie sind unvollkommen, was den Anerkennungsprozeß betrifft, und dies aus Gründen, beginnend mit dem ersten Schritt, eine auf die Ergebnisse der Untersuchung basierende Entscheidung zu treffen. Dies ist klar ersichtlich geworden, denn der vorherige Bezirksbeauftragte ist dieser Verantwortung des Auftrags nicht gerecht geworden. Ein Jahr ungefähr ist nötig gewesen, um einen festen Inspektorenring zu bilden, schwebende Prüf- und Anerkennungsverfahren zu vollenden, sowie andere, neu am Programm teilnehmende Laboratorien im Gleichschritt zu halten. Wenn ein Bezirksbeauftragter innerhalb seiner Aufgabe gut organisiert, bleiben im allgemeinen nur wenige Laboratorien zurück. Ich habe fast nie mehr als 10 Laboratorien dieser Art gehabt, obwohl die Zahl der eine Anerkennung suchenden Laboratorien ständig gestiegen ist.

Die Inspektoren (Beauftragte, Prüfer) sind natürlich lebenswichtig für den Erfolg des Programms, sie sind sozusagen die Soldaten an der vordersten Front. Es sind Leute, die gebeten werden, ihre Zeit und ihre Mühe diesem freiwilligen Vorhaben zu widmen, und die - mit ganz wenigen Ausnahmen - hier auch außergewöhnliche Dienste leisten. Allerdings gibt es gewisse Probleme, die den Richtlinien des Programms gesetzesmäßig angehören.

Unter diesem Ausgangspunkt ist das Problem eine freiwillige Oberbegutachtung. Die Prüfer sind Pathologen. Wie schon gesagt, und um diesen Punkt besonders hervorzuheben, hat die Wahl von ausübenden Pathologen den Vorteil, sehr bewanderte und kompetente Personen zur Verfügung zu haben, die durch eigene Erfahrungen mit den Verfahren eines Laboratoriums bestens vertraut sind.

Vom größten Nachteil ist es jedoch, daß, je mehr Prüfpersonen teilnehmen, desto größer die Wahrscheinlichkeit der Widersprüche innerhalb des Untersuchungsprozesses wird. Dieses Problem ist ziemlich verringert worden, indem man die schriftlichen Standards und die detaillierte Checkliste entworfen hat.

Sehr hilfreich sind auch mehrere weiterbildenen Workshops für Prüfpersonen gewesen. Anfangs, kurz bevor ich Bezirksbeauftragter geworden bin, hat man ein Programm für die schnelle Erhöhung der Zahl der Inspektoren entworfen. Die CAP hat damals die Kosten für diejenigen, die an Seminaren und Workshops teilgenommen haben, übernommen. Dieses Programm ist sehr erfolgreich und führt schnell zur Schulung ausreichender Prüfpersonen, die den Erfordernissen gerecht werden können.

In der Verantwortung des Bezirksbeauftragten und der Kommission liegt auch die Überwachung der Arbeitsqualität der Prüfer. Wir stellen sehr schnell fest, daß die Laboratorien selbst durchaus gewillt sind, uns Mitteilung zu machen, wenn nach ihrer Ansicht der Inspektionsvorgang Mängel aufzeigen soll. Selten hat es Klagen darüber gegeben, daß die Überprüfung zu anspruchsvoll oder streng gewesen ist. Fast immer haben die Klagen zu unregelmäßige oder nachlässige Arbeit der Prüfer betroffen. Dabei sind Kommentare typisch gewesen, daß der Prüfer ankäme, mit dem Laboratoriumsleiter schwätze, den er vermutlich gut gekannt hat, Kaffee tränke, um dann mit der Bemerkung zu verschwinden, daß jemand, der so gut sei wie der Laboratoriumsleiter, auch ein gutes Labor leite. Die Teilnehmer des Programms tun dies, weil sie ehrlich den Wunsch haben, ihre Laboratorien zu verbessern und nicht nur eine Plakette an der Wand hängen zu haben. Wegen des guten Widerhalls der Laboratorien, die ein solches Prüfverfahren über sich ergehen haben lassen, und wegen des Eifers der Kommission und der Bereitwilligkeit der mitarbeitenden Prüfer, hat dieses Problem größtenteils dezimiert werden können, so daß es heute nur noch selten auftritt. Auch der Weiterbildungsvorgang ist auf entscheidende Weise verbessert worden, so daß die Workshops realen Arbeitssituationen entsprechen, in denen die Teilnehmer diesen Untersuchungsprozeß in einem wirklichkeitgetreuen Labor unter der Leitung und Überwachung einer erfahrenen Aufsichtsperson durchlaufen.

Von Anfang an bis heute hat es gewisse Bedenken gegeben, die bezüglich des Inspektions- und Anerkennungsprogramms geäußert worden sind. Viele Laboratorien versäumen es, die Anerkennung anzufordern und geben als Begründung oder Entschuldigung an, daß ihre Laboratorien den Erfordernissen nicht entsprechen würden und sie befürchten müßten, dadurch auf die "schwarze Liste" zu kommen. Diese Rechtfertigungen sind schwer zu akzeptieren, weil das Programm ja dafür sorgen soll, gerade diese vorgebrachten Bedenken zu beseitigen, d.h. Verbesserung der Qualität der Laborverfahren durch die Entwicklung von Kriterien für höhere Qualität und bessere Überwachung der Laboratorien zu erreichen, um zu sehen, ob sie den Kriterien entsprechen. Dieser Vorgang ist ausgesprochen erzieherisch, da er ganz klar die Dinge ankündigt, die für eine solche Qualität erforderlich sind. Andererseits gibt es keine offizielle Bestrafung dafür, wenn der Standard nicht ganz erreicht wird. Selten gibt es Laboratorien, die nicht Fehler der Phase II aufweisen, die korrigiert werden müssen, um die Anerkennung zu erhalten. Dies tritt sogar auf Laboratorien zu, die schon einmal vorher am Programm teilgenommen haben. Es kommt allerdings auch nicht vor, daß ein Laboratorium sich nicht selbst in Einklang mit den Standards bringen kann. Aber es ist gerade die Überwachung durch die Kommission und den Inspektor, die uns alle die Dinge, die Grundlage für eine gute Praxis in der Pathologie sind, aufmerksamer beachten läßt.

Die Bundesregierung hat im Jahr 1967 den "Clinical Laboratories Improvement Act 1967" herausgegeben, der die Forderung stellt, daß alle an bedeutender, zwischenstaatlicher Laboratoriumsarbeit beteiligten Laboratorien eine Lizenz des Center for Disease Control (CDC) besitzen müssen. Es ist die gesetzliche Vorkehrung getroffen worden, die all jenen Programmen, deren Standards gleichwertig oder höherwertig als die vom CDC vorgeschlagenen sind, erlaubt, anstelle einer bundesstaatlichen Lizenz die Anerkennung zu erteilen. Seit Inkrafttreten dieses Gesetzes hat das CAP-Programm einen gleichwertigen Status erhalten. Zu Anfang ist es das einzige Programm gewesen, dem diese Gleichwertigkeit erteilt worden ist, doch später haben auch andere Programme diesen Status erhalten. Das CDC-Programm selbst beschäftigt nur wenige Personen, die zum größten Teil eingetragene Medizintechniker sind. Von einigen, sowohl aus Bundeskreisen wie auch gelegentlich von Pathologen, wird der Anspruch erhoben, daß wegen der ausgesucht guten Inspektoren das Programm gleichgestimmter und deshalb besser sei. Es ist richtig, daß das CDC-Programm eine sichtbar größere Übereinstimmung aufweist, aber durch die begrenzte Zahl der Prüfer und bis zu einem gewissen Grad auch durch seinen Werdegang ist es auch strenger. Es ist auch nicht so gut auf Gebieten der Pathologie anwendbar, wo der Pathologe direkt beteiligt ist, wie z.B. der chirugischen Pathologie oder bei Autopsien. Die Stärke des CAP-Programms besteht jedoch darin, daß es ein echtes System der Oberbegutachtung darstellt, welches von Pathologen für andere Pathologen gemacht ist. Dieser Meinung sind all jene, die in verschiedenem Umfang damit zu tun haben.

Andere Bedenken bezüglich des Programms sind die gelegentlichen, nicht exakt definierten Kriterien. So fordern z.B. einige Posten der Checkliste periodische Kontrollen und Kalibrierung der Instrumente. Spezifische Zeitabstände sind jedoch nicht angegeben. In den meisten Fällen ist dies vernünftig, weil die Häufigkeit der Kontrollen von Instrument zu Instrument verschieden ist, in welchem Ausmaß ein Instrument beansprucht wird usw.. Für einen verständigen Prüfer wird dies selten zum Problem anwachsen.

Obgleich Unzulänglichkeiten der Phase II zur Disqualifikation führen können, ist dies doch kein so streng gedachter Standard. Eine Erfordernis ist, daß der Laborbereich und die Laboratoriumseinrichtung, wie z.B. Arbeitsplätze, angemessen sind. Ein Gelegenheitslabor leidet meist unter beengten Raumverhältnissen und ist manchmal vollkommen unmodern ausgestattet. Wenn ein Laboratorium trotzden eine hohe Qualität bei seinen Verrichtungen, in seinen Berichten und in der Qualitätskontrolle aufzeigt, wenn es den Erfordernissen des Krankenhauses und der Ärzte, die das Labor benutzen, entspricht, und wenn dies eine vorübergehende Situation mit in allernächster Zukunft in Aussicht stehender Behebung darstellt, dann garantiert die Kommission im allgemeinen eine Anerkennung für zumindest eine Periode. Auf der anderen Seite wird die Anerkennung verweigert, wenn die geforderte Qualitätsleistung zu sehr gestört ist.

Außer für die Laboratorien, die eine Anerkennung anstelle einer Lizenz von irgendeiner Ordnungsbehörde wünschen, erteilt das Programm keine Strafe für Nichtübereinstimmung. Man glaubt, daß die Identifikation strenger Kriterien genügt, um einem Laboratoriumsleiter zu zeigen, was er tun muß, damit sein Labor anerkannt ist, und daß die meisten die nötigen Schritte dafür unternehmen. In der Tat ist dies, mit einigen Ausnahmen, fast immer der Fall, so daß es sehr wenige Laboratorien gibt, die den Forderungen des Programms nicht entsprochen hätten; und dies trotz eines hohen Aufwandes an Zeit, Mühe und Geld.

Die Grundlage dieses Vortrags sind meine Erfahrungen sowohl als Bezirksbeauftragter wie auch als Direktor zweier Laboratorien, die über mehrere Jahre hinweg anerkannt gewesen sind. Es handelt sich hier um ein außerordentlich wichtiges Programm, das viele Aspekte der technologischen Führung eines Laboratoriums prüft. Es vereint das Urteil der gesamten Berufssparte der Pathologen und all der Personen, die mit ihnen als Teil des Laboratoriumsteams mitarbeiten. Es ist nicht nur zufriedenstellend zu wissen, daß ihre Laboratorium eine gut getane Arbeit beglaubigt bekommt, es liegt ebenso viel Befriedigung darin, anderen damit in der Funktion eines Inspektors oder Commissioners helfen zu können. Oft ist dies harte und langwierige Arbeit; aber sie ist immer lohnend und im allgemeinen erfreulich.

IV DIE RICHTLINIEN DER BUNDESÄRZTEKAMMER

9 Bericht über ein Workshop zur internen Qualitätskontrolle DER DEUTSCHEN GESELLSCHAFT FÜR LABORATORIUMSMEDIZIN VOM 1. MAI 1979

9.1 W. THEFELD (BERLIN): ERFAHRUNGEN UND KRITIK ZUR INTERNEN QUALITÄTSKONTROLLE

Der Workshop "Erfahrungen und Kritik zur internen Qualitätskontrolle" wurde durchgeführt, da in letzter Zeit zunehmend Kritik an den Richtlinien der Bundesärztekammer geübt wurde. Es werden Änderungsvorschläge gemacht und auf eine Überarbeitung der Richtlinien gedrängt. Die Veranstaltung sollte Gelegenheit dazu bieten, die unterschiedlichen Standpunkte in Bezug auf die interne Qualitätskontrolle darzulegen und zu diskutieren.

Die zusammenfassende Darstellung des Workshops, die ich Ihnen jetzt geben möchte, ist nicht abgestimmt mit den Kollegen, die daran teilgenommen haben. Sie gilt damit nur meinen persönlichen Eindruck wieder.

Der Workshop ist gegliedert in einen Vortragsteil und eine anschließende Podiumsdiskussion. Der Vortragsteil hat mit einem Referat von Herrn Stamm (München) "Die interne Qualitätskontrolle nach den Richtlinien der Bundesärztekammer" begonnen. Herr Stamm hat darin die von ihm mehrfach publizierten Begründungen für die Richtlinien dargelegt. Anhand neuer Untersuchungen konnte er anschaulich zeigen, daß die Präzision bei der Bestimmung klinisch-chemischer Werte in verschiedenen Chargen eines Kontrollserums unterschiedlich ist; d.h. die Matrix eines Kontrollserums ist neben den eingesetzten Standardmaterialien und Reagenzien für die erreichte Präzision mitbestimmend. Eine valide Präzisionskontrolle kann nur durchgeführt werden, wenn für jedes Kontrollserum laborinterne Präzisionskontrollgrenzen entsprechend den Richtlinien bestimmt werden.

Herr Henny (Vandoeuvre-lès-Nancy) sprach über "Möglichkeiten der internen Qualitätskontrolle neben der statistischen Kontrolle mit Kontrollproben". Nach Herrn Henny ist die Doppelbestimmung von Pa-

tientenseren nicht effektiv. Als sehr gutes ergänzendes Kontrollsystem
hat sich dagegen die "daily mean" - bzw. "average of normals"-Methode
erwiesen. Bedingung sind allerdings mehr als 30, besser mehr als 50
Analysen pro Tag. Der Nachteil ist, daß die Kontrollergebnisse erst am
Ende des Untersuchungstages vorliegen.

Herr Haeckel (Hannover) brachte in seinem Vortrag "Erfahrungen bei der
Anwendung der Richtlinien der Bundesärztekammer in einem Zentrallab-
oratorium" zum Ausdruck, daß seiner Meinung nach keine grundsätzlichen
Probleme bezüglich der Richtlinien existieren. Herr Haeckel gab
Anregungen zur Häufigkeit und Stellung von Präzisionskontrollproben in
der Serie. Eine Serie aus mehr als 3-5 Proben sollte eine Anfangs- und
eine Endkontrolle haben. Längere Serien sollten in Segmente geteilt
werden, die einzeln abgesichert werden. Um das Präzisionskontrollsys-
tem empfindlicher zu machen, empfahl Herr Haeckel, bei der Berechnung
der Kontrollgrenzen Mittelwerte aus Doppelbestimmungen zu verwenden.

Um zu zeigen, ob und wie weit die Richtlinien der Bundesärztekammer
für quantitative Bestimmungen allgemein einsetzbar sind, wurden zwei
Gebiete der Laboratoriumsmedizin beispielhaft gewählt. Herr von
Boroviczény (Berlin) trug über die interne Qualitätskontrolle in der
Hämatologie und Herr Gries (München) über die interne Kontrolle von
Bindungsanalysen vor. Herr von Boroviczény verwies auf die geringe
Haltbarkeitsdauer von Kontrollblutpräparationen, die eine Anwendung
der Richtlinien bezüglich der Präzisionskontrolle nur modifiziert
erlaubt. Um auf die sogenannte Vorperiode von 20 Tagen zur Bestimmung
des Mittelwertes und der Standardabweichung verzichten zu können,
empfahl Herr von Boroviczény die Quotientenkarte. Herr Gries wies auf
die extremen Schwierigkeiten in der internen Qualitätskontrolle von
Bindungsanalysen hin, die wahrscheinlich erst durch eine Standardisierung der Methoden behoben werden können.

Herr von Boroviczény gab dann eine grobe, zusammenfassende Darstellung
der Kritik an den Richtlinien. Kritik wurde nach Meinung von Herrn von
Boroviczény von Anfang an geübt
- an der Orthographie und am Stil
- wegen juristisch unklaren bzw. fehlerhaften Formulierungen

- aus fachlicher Sicht, besonders auch im Hinblick auf seither erfolgte Nomenklaturfestlegungen
- aus Praktikabilitätsgründen.

Herr von Boroviczény vertrat die Ansicht, daß eine Überarbeitung bzw. Weiterschreibung der Richtlinien fällig ist.

Herr Rotzler (Heidelberg) stellte in dem letzten Referat einen Änderungsvorschlag zur Durchführung der internen Qualitätskontrolle vor. Er ist der Meinung, daß das derzeitige System nicht praxisorientiert ist. Der entscheidene Punkt in dem Vorschlag ist, daß Richtigkeit und Präzision an einer Kontrolle bestimmt werden, wobei die Präzisionsgrenzen extern vorgegeben werden. Der Vorschlag ist publiziert.

Zu betonen ist, daß in keinem der Vorträge die statistische Qualitätskontrolle selbst in Frage gestellt wurde; strittig war nur die Form der Anwendung.

Die anschließende Podiumsdiskussion beschäftigte sich mit den folgenden Fragen:
- Gleiche Kontrollen für Präzision und Richtigkeit?
- Tägliche Absicherung des gesamten Meßbereiches?
- Darf bei der Richtigkeitskontrolle der Zielwert dem Untersucher bekannt sein?
- Präzisionskontrolle mit eigenen oder fremden Kontrollgrenzen?
- Sollten sich die Kontrollgrenzen an der biologischen Variation bzw. der klinischen Relevanz orientieren?
- Ist bei der Richtigkeit eine Korrektur der z.Zt. festgelegten, maximal zulässigen Abweichung vom Sollwert notwendig?
- Wie oft und wo sollen Präzisionskontrollen in der Serie durchgeführt werden? Sollen diesbezügliche Kriterien in den Ausführungsbestimmungen festgeschrieben werden?
- Wie wertvoll sind die "Außer Kontrolle"-Kriterien der Richtlinien?
- Welche ergänzenden Kontrollmaßnahmen sind zu empfehlen?

Nicht zu überbrückende Gegensätze gab es in der Diskussion vor allem bei den Fragen, ob man externe Kontrollgrenzen für die Präzision nehmen darf und ob man die Grenzen in Bezug auf die biologische Variation bzw. die klinische Relevanz wählen sollte. Herr Rotzler, der sich mit seinem Änderungsvorschlag für die externen Grenzen einsetzte, wurde im Laufe der Diskussion, in der auch Herr Hengst (Berlin) als Statistiker gehört wurde, in eine isolierte Position gedrängt.

Bei den anderen Diskussionspunkten konnte ich keine entscheidenen Probleme feststellen. Ihre Diskussion führte trotzdem - wie zu erwarten- durch die bewußt in Bezug auf die Meinungen heterogen gewählte Zusammensetzung der Teilnehmer - nicht zu konkreten, allgemein akzeptierten Empfehlungen.

Der Workshop hat jedoch trotzdem, glaube ich, seinen Zweck erfüllt:

1) Durch die Vorträge wurde ein guter Überblick über den derzeitigen Stand in der internen Qualitätskontrolle gegeben

2) Durch die in der Diskussion erfolgte Gegenüberstellung der Argumente von Befürwortern und Kritikern der Richtlinien konnte sich eine breite Zuhörerschaft ein wesentlich besseres Bild über die Validität der einzelnen Kritikpunkte machen, als es vorher z.B. über Publikation möglich war

3) Das im Workshop gebotene Material kann für den zuständigen Ausschuß der Bundesärztekammer bei der anstehenden Überarbeitung der Richtlinien hilfreich sein.

9.2 A. ROTZLER, (HEIDELBERG): REFERAT VOM 1.5.1979 QUALITÄTSSICHERUNG IM PRAXISLABOR AUS DER SICHT DES NIEDERGELASSENEN ARZTES

Im Folgenden sollen einige Gedanken und Vorschläge zur internen Qualitätskontrolle, vor allem aus der Sicht des niedergelassenen Arztes, vorgetragen werden.

Kritik und Änderungswünsche richten sich nicht gegen die Qualitätskontrolle an sich; die Notwendigkeit der Qualitätssicherung wird von den Ärzten auch im niedergelassenen Bereich eindeutig bejaht, um so mehr als die Erfahrungen der vergangenen Jahre deutliche Qualitätsverbesserungen zeigen. Auch wird die interne Qualitätskontrolle als integraler und wichtigster Bestandteil der Qualitätssicherung gesehen. Die Änderungsvorschläge setzen lediglich an der vorgeschriebenen Form an, wie sie in den Richtlinien der Bundesärztekammer sowie in deren Ausführungsbestimmungen und Erläuterungen festgesetzt sind. Das jetzt vorgeschriebene Verfahren weist unseres Erachtens besonders für das Labor des niedergelassenen Arztes einige Nachteile auf, die für die interne Qualitätskontrolle im Verhältnis zu aufwendig und für den Zweck nicht unbedingt notwendig erscheinen.

Auch von anderer Seite wird nach den bisherigen Erfahrungen die Meinung vertreten, daß die Anforderungen der Richtlinien der internen Qualitätssicherung nur von den Zentrallaboratorien der Kliniken und großen Krankenhäusern in vollem Umfang erfüllbar sind.
Unserer Auffassung nach sollte eine Form gefunden werden, die
- einen vertretbaren Aufwand
- ein aktuelles Bild über die Beherrschung des analytischen Verfahrens
- gleiche Maßstäbe für alle Labors bringt.

Die Trennung der Maßnahmen in Präzisionskontrolle einerseits und Richtigkeitskontrolle andererseits bietet keine überzeugenden Vorteile.
Die Präzisionskontrolle in der gegenwärtigen Form ist
- zunächst vergangenheitsorientiert
- personenbezogen, d.h. von den Mitarbeitern abhängig
- läßt systematische Fehler, die außerhalb des Systems liegen, nicht erkennen
- besonders für kleinere Labors unpraktikabel (lange Vorperiode).

Dem Aufwand, der jedem einzelnen Labor zur Berechnung von $\bar{x}$, s, s% und der Kontrollgrenzen erwächst, steht kein entsprechender Gewinn an Information gegenüber.

Aus diesem Grund stellen wir ein abgewandeltes Modell zur Diskussion, das folgendermaßen charakterisiert wird:
- Richtigkeit und Präzision werden durch den gleichen Arbeitsschritt kontrolliert. Das Ergebnis wird in einer Kontrollkarte eingetragen. Etwaige Maßnahmen (Wiederholen, bzw. Freigabe der Laborwerte) können aufgrund der Lage des Kontrollwertes bereits von der ersten Untersuchung an sofort getroffen werden. Rechenarbeiten entfallen.

Bei diesem System sind ein
- zuverlässiger "Zielwert" und
- praktikable und aussagekräftige Kontrollgrenzen erforderlich.

Der prozentuale Bereich der Kontrollgrenzen sollte nicht aus der eben untersuchten Periode errechnet, sondern für jeden Parameter festgelegt werden.

Die Zuverlässigkeit des Zielwertes muß durch geeignete Verfahren bei der Ermittlung gewährleistet werden. Dieser Aspekt, der übrigens bisher in den Richtlinien verhältnismäßig wenig Gewichtung erfahren hat, wäre noch gesondert zu diskutieren. (Inzwischen ist von Fachgesellschaften und Industrie eingehend über Zielwertermittlungsmodelle beraten worden).

Mit der Wahl fester prozentualer Toleranzbereiche für die einzelnen Parameter würde das Ziel der "Vergleichbarkeit" der Laborergebnisse stärker als bisher betont. Diesem Punkt kommt gerade aus der Sicht der Labors niedergelassener Ärzte wichtige praktische Bedeutung zu. Durch die Wahl eines Systems mit zuverlässigem Bezugswert und realistischen einheitlichen Toleranzgrenzen wird die interne Qualitätskontrolle vereinfacht, ohne daß sich für die Befundstellung ein Nachteil ergibt.

In der Festlegung der Toleranzgrenzen steckt zugegebenermaßen einige Problematik. Unserer Meinung nach gibt es aber ausreichend definierbare und abwägbare Faktoren, die eine solche Maßnahme realisieren lassen. Dabei sind im wesentlichen zwei Gesichtspunkte entscheidend, nämlich der Stand der Technik und der "The State of the Art".
Der bisher angesammelte Erfahrungsschatz aus Methodenstudien, interner Qualitätskontrolle und vor allem aus den Ringversuchen sollte es ermöglichen, derartige Grenzen zu definieren. Diesem "technisch unter Praxis-Bedingungen Erreichbarem" muß die diagnostische Notwendigkeit bzw. klinische Relevanz gegenübergestellt werden. Dies bedeutet, daß weitere Verbesserungen der Präzision dort anzustreben sind, wo die klinischen Interpretationsmöglichkeiten dies sinnvoll erscheinen lassen.

Da jedes Ergebnis zur Diagnose oder Therapiekontrolle eines Patienten verwendet wird, sind dies die eigentlichen Maßstäbe für die Anforderungen an Methode, Geräte und Labors. Dabei scheinen durchaus auch bei einigen Analyten (z.B. Elektrolyte) engere Grenzen als bisher angebracht.
In praxi sollten diese Grenzen
- für jeden Analyten
- in regelmäßigen Abständen

- unter Berücksichtigung der beiden oben erwähnten Aspekte
diskutiert und gegebenfalls neu festgelegt werden.

In diesem Gremium sollten vertreten sein
- Kliniker und niedergelassene Ärzte
- Klinische Chemiker und Laborärzte
- Geräte-, Reagenzien- und Kontrollprobenhersteller.

Der fortgesetzte Dialog sollte eine laufende Anpassung an die technische und medizinische Weiterentwicklung erlauben.

In der praktischen Durchführung würde die interne Qualitätskontrolle
folgendermaßen ablaufen:
In jeder Serie (auch Notfalluntersuchungen) wird eine Kontrollprobe
mit bekanntem Zielwert mitgeführt. In Labors, die größere Serienlängen
als 20 Proben eines Parameters haben, sollte nach unserer Auffassung
nach jeweils 10 Proben eine Kontrollprobe eingesetzt werden.

Die Kontrollprobe soll vorzugsweise an der Grenze des Normalbereichs
(Entscheidungsbereich) liegen, da dies für den Arzt die häufigste
Fragestellung ist. Zur Überprüfung im pathologischen Bereich wird
vorgeschlagen, bei jeder 4. Serie eine entsprechende Kontrollprobe
(Richtigkeitskontrollprobe) mitzuführen.

Die Auswertung erfolgt einfach durch Registrierung und Dokumentation
des gemessenen Wertes und Auftragen des Punktes in einer Kontrollkarte. Wir bevorzugen eine Kontrollkarte, in der die prozentuale Abweichung vom Zielwert immer im gleichen Maßstab dargestellt ist. Dies
wird errreicht durch eine Form der Kontrollkarte, die ein vorgegebenes
Netzpapier (prozentuale Abweichung) mit aufklebbaren Proportionalska-
len für die Einheit des Meßwertes kombiniert. Diese Karte ist zuerst
von der KV Hessen eingeführt und auch von den KVen in Baden-Württenberg in modifizierter Form empfohlen worden. Auf der Karte sind auch
die (prozentualen) Abweichungen zum Zielwert angegeben. Der Bezug zu
den Meßwerten, die ja primär nicht als Prozentzahlen vorliegen,
erfolgt ohne Rechenarbeit über eine geeignete Skala, die an die rechte
Seite der Karte geklebt wird. Der Maßstab der Skala ist so gewählt,
daß der Sollwert auf den Punkt 0%-Abweichung zu liegen kommt und die
Meßwerte rechts absolut aufgetragen und links als Prozentabweichung
abgelesen werden können.

Die Bewertung, ob eine Serie "unter Kontrolle" ist, erfolgt jederzeit sofort anhand der Lage des Kontrollpunktes. Liegt dieser außerhalb der vorgebenen Grenzen, so muß die Untersuchung wiederholt werden. Bei nochmaligem Wiederfinden des Kontrollwertes außerhalb des Toleranzbereiches muß nach der Ursache gesucht werden. Die Kontrollkarte erlaubt wie bisher die Feststellung von Trends und systematischen Abweichungen. Solange jedoch der einzelne Meßwert der Kontrollprobe innerhalb der vorgegebenen Toleranzgrenzen liegt, werden die Meßwerte auch für die Patientenproben akzeptiert. Freilich sollten auch bei der Erkennung von Trends und systematischen Abweichungen schon rechtzeitig Maßnahmen zur Behebung getroffen werden.

Wenn man Ringversuchsergebnisse als Indikator für die Laborqualität betrachtet, so kann man die Feststellung treffen, daß Labors aus Baden-Württenberg, die die interne Qualitätskontrolle meist nur in Form der Kontrollkarten registrieren, vergleichbare VKs und gleiche Erfolgsquoten erzielen wie andere Kollektive. Mit anderen Worten: Labors, die bei der internen Qualitätskontrolle die Berechnung von $\bar{x}$, Standardabweichung und Kontrollgrenzen durchführen, weisen keine besseren Leistungen auf.

9.3 M. HENGST (BERLIN):
DISKUSSIONSBEITRAG ZUM REFERAT VON A. ROTZLER "QUALITÄTSSICHERUNG IM PRAXISLABOR AUS DER SICHT DES NIEDERGELASSENEN ARZTES" 1.5.1979

Die von Herrn Rotzler vorgetragenen Gedanken zur internen Qualitätskontrolle widersprechen in wesentlichen Punkten den Grundsätzen der - vom Gesetzgeber vorgeschriebenen - statistischen Qualitätssicherung und damit auch - und vor allem - den Interessen der Patienten. Weder lassen sich nach den Vorschlägen von Herrn Rotzler die zweifellos bestehenden Mängel der geltenden "Richtlinien" beheben, noch ein "aktuelles Bild" von der Genauigkeit oder Ungenauigkeit eines Analysenverfahren gewinnen, da entscheidene Begriffe und Überlegungen der statistischen Qualitätssicherung offensichtlich verwechselt oder nicht berücksichtigt werden!

So wird z.B. in den Vorschlägen nicht zwischen den Begriffen "Toleranzgrenzen" und "Testgrenzen" unterschieden. Toleranzgrenzen sind aus klinisch-diagnostischen oder auch aus juristischen Gründen fest vorgegebene Grenzwerte, mit denen die "Brauchbarkeit" eines Analysenverfahrens für klinisch-chemische Untersuchungen bereits während der Einrichtung einer laborinternen Qualitätssicherung beurteilt wird, die aber nicht - wie Testgrenzen - über Beibehaltung oder Ablehnung statistischer Hypothesen im Rahmen der routinemäßigen Qualitätssicherung "entscheiden" können. Testgrenzen dagegen sind "kritische Werte" der Prüfgrößen für Präzision und Richtigkeit eines Meßsystems. Sie werden bei "genau arbeitenden" Analysensystemen nur mit einer kleinen Wahrscheinlichkeit unter- oder überschritten und müssen für jedes zu kontrollierende Meßsystem gesondert bestimmt werden! Daher ist der Vorschlag, Präzision und Richtigkeit von Meßsystemen unterschiedlicher Laboratorien an Hand fester "Toleranzgrenzen" laufend überwachen zu wollen, im Rahmen einer korrekten statistischen Qualitätssicherung einfach undiskutabel!

Auch der Vorschlag, jeweils an Hand nur eines Meßwertes zu entscheiden, "ob eine Serie unter Kontrolle ist", berücksichtigt nicht, daß bei laborinternen "Genauigkeitskontrollen" laufend zwei Hypothesen zu testen sind, denn bei "genau arbeitenden Meßsystemem" dürfen sowohl Lage wie Streuung der Meßwerte nur zufällig variieren! Die entsprechenden Prüfgrößen - Mittelwert und Standardabweichung - sind aber per definitionem nur durch Mehrfachbestimmungen zu ermitteln. Man benötigt also für Präzisions- und Richtigkeitskontrollen jeweils mindestens Doppelbestimmungen (unter Wiederholbedingungen), aus denen dann die Prüfgrößen berechnet und in gesonderten Testdiagrammen beurteilt werden müssen. Wählt man für die Kontrolle nach dem Vorschlag von Herrn Rotzler ein Richtigkeitskontrollserum, genügt allerdings jeweils eine Doppelbestimmung, aus der als Prüfgröße der Streuung die Differenz und als Prüfgröße der Lage der Mittelwert beider Meßwerte berechnet und in einem kombinierten $\bar{x}$d-Diagramm getestet werden. Die Testgrenzen beider Diagramme lassen sich aus der Wiederholvarianz des Meßsystems berechnen, die aus den Meßergebnissen eines "Vorlaufs" von mindestens 20 Messungen unter Wiederholbedingungen geschätzt werden muß. Damit entfiele dann auch die von Herrn Rotzler - zu Recht - kritisierte lange Vorperiode. Der mit diesem Vorlauf verknüpfte "Aufwand" ist allerdings unabdingbar und daher auch im Rahmen einer selbstverständlichen Sorgfaltspflicht durchaus zumutbar. Die hier skizzierte simultane Präzisions- und Richtigkeitskontrolle eines

Meßsystems läßt sich jedoch mit den im Referat entwickelten Vorschlägen <u>keinesweges</u> verwirklichen!

9.4 A. ROTZLER (Heidelberg):
ERWIDERUNG

Der Beitrag von Prof. Hengst stellt wieder rein theoretische Überlegungen in den Vordergrund und geht nicht auf den aufgezeigten Vorschlag für eine praktische Durchführung der laborinternen Qualitätssicherung ein.

Sicherlich können z.B. die angeführten "Toleranzgrenzen" nicht Angelegenheit der laborinternen Qualitätskontrolle des niedergelassenen
Arztes sein. Die "Brauchbarkeit" eines Analysenverfahrens für eine
klinisch-chemische Untersuchung muß bereits vor der Einführung eines
neuen Testverfahrens sichergestellt sein.

In den Richtlinien werden übrigens je Serie eine Kontrollprobe und
nicht, wie von Prof. Hengst, Mehrfachbestimmungen gefordert. Auch die
Präzision eines Analysenverfahrens im jeweiligen Labor wird ja entsprechend dem gemachten Vorschlag mit der Kontrollkarte mitgeprüft.

V ENTWICKLUNGSTENDENZEN

10.1 H.J. JESDINSKY (DÜSSELDORF):
WEITERE ENTWICKLUNG DER ZIELWERTERMITTLUNG – GEDANKEN DES STATISTIKERS

Ausgangspunkt

Die Diskussion um die Zielwertermittlung ist in Deutschland in den letzten Jahren intensiv geführt worden. Die statistischen Aspekte und die klinisch-chemischen Grundlagen waren Gegenstand zweier Kleinkonferenzen in Freiburg (Schwabl, 1982) und München, wo vorher anläßlich der "Biochemischen Analytik" einem Expertengremium der IFCC eine Reihe von Thesen vorgelegt worden waren (Stamm, 1982).
Im folgenden werden unter Berücksichtigung dieser Ergebnisse die künftig möglichen Entwicklungen erörtert.

Rahmenbedingungen

Zielwerte werden für Kontrollproben, die als Richtigkeitskontrollprobe in der internen Qualitätskontrolle verwendet werden sollen, benötigt, oder man braucht sie für die Kontrollproben, die in Ringversuchen verwendet werden. Trotz der im Grunde gleichen Aufgabe, nämlich der Richtigkeitskontrolle, ergeben sich, insbesondere seitens der Probenhersteller, unterschiedliche Gesichtspunkte. Zur Deklaration der **Richtigkeitskontrollproben** benötigt der Hersteller den Zielwert. Der Zielbereich ist dann durch Richtlinien festgelegt (Richtlinien der Bundesärztekammer, 1974). Würde der Zielwert einmal nicht richtig bestimmt, so müßte es zu Reklamationen der Kunden kommen. Der Hersteller kann die Kunden beraten, z.B. bezüglich der zu verwendenden Reagenzien oder Methoden. Nie erhält der Hersteller jedoch ein vollständiges Bild davon, wie die Werte seiner Kunden von dem deklarierten Gehalt abweichen.
Anders bei **Ringversuchen.** Der Versuchsleiter braucht außer dem Zielwert einen Zielbereich, in dem die Teilnehmer des Ringversuchs liegen müssen. Gewöhnlich ist eine Zertifikatvergabe – mit finanziellen Folgen für die Teilnehmer – von dem Ansetzen des Zielbereichs abhängig. Falls Zielwert oder Zielbereich nicht stimmen, kann der Versuchsleiter die Erfahrungen, die das gesamte Teilnehmerkollektiv vermittelt, zusätzlich heranziehen.

Der Bedarf an Richtigkeitskontrollproben für die interne Qualitätskontrolle ist nun ein Vielfaches höher als der Bedarf an Proben für
Ringversuche - die Richtlinien sehen interne Richtigkeitskontrollen in
jeder 4. Serie vor, während die Teilnahme an Ringversuchen, sofern
nicht strengere Regelungen auf Länderebene bestehen, nur einmal
jährlich obligat ist. Hieraus resultiert das starke Interesse der
Hersteller an einer Kodifizierung des Verfahrens zur Ermittlung des
Zielwerts, weniger des Zielbereichs, während die Ringversuchsleiter
mehr an der Festlegung des Zielbereichs interessiert sind, dabei aber
in der günstigen Lage sind, die Verteilung der mit dieser Probe
erhaltenen Werte aus einer großen Stichprobe (der Ringversuchsteilnehmer) zu kennen.

Trends in der statistischen Planung und Auswertung

Für den Fall normalverteilter Fehlerkomponenten in einem zweistufigen
hierarchischen linearen Modell hat man einfache Lösungen. Der **Zielwert**
ist der arithmetische Mittelwert, seine Genauigkeit wird durch ein
Konfidenzintervall beschrieben, dessen Grenzen dadurch gegeben sind,
daß man ein Vielfaches der Standardabweichung des Mittelwerts von
diesem substrahiert bzw. zu diesem addiert. Diese Auswertverfahren
sind seit langem Inhalt der Standardlehrbücher (z.B. Searle, 1971).
Sie gehen auch in einschlägige internationale Empfehlungen ein (vgl.
ISO/REMCO 99, 1983) und seien hier nur kurz für die balanzierten Fälle
dargestellt (s. Anhang 1).

Weniger bekannt ist die Wahl eines bei gegebenem Aufwand **optimalen**
Versuchsplans (optimal im Sinne der Minimierung der Varianz des
Zielwerts). Es zeigt sich, daß die Wahl der Anzahl der Serien je
Laboratorium in einfacher Weise von dem Verhältnis der Varianzkomponente der Abweichungen zwischen Laboratorien zu derjenigen der Abweichungen zwischen Serien sowie dem Verhältnis der "Kosten", ein
neues Referenzlaboratorium zu gewinnen, zu den Kosten, eine zusätzliche Serie durchzuführen, abhängt (s. Anhang 2). Entsprechend hängt
die Anzahl der Wiederholungen je Serie von den Verhältnissen der
Varianzkomponenten der Abweichungen zwischen Serien und denen zwischen
Wiederholbestimmungen sowie den zugehörigen Kostenverhältnissen ab. Je
größer die Laborkomponente, desto mehr Laboratorien sollten beteiligt
werden. Je höher der Aufwand für die Hinzugewinnung eines Referenz-

laboratoriums ist, desto weniger wird man trotz evtl. hoher Laborkomponente die Anzahl der Referenzlaboratorien vergrößern.

Der Versuchsleiter der Zielwertbestimmung soll seine **Referenzlaboratorien** auch **überwachen.** Dies ist durch laufende Kontrolle der Varianzkomponenten möglich. Die Stichprobenfehler der Varianzkomponentenschätzer sind von der Größe der Komponenten abhängig, sie nehmen mit der Größe zu. Idealerweise ist die Laborkomponente gleich null. Selbst in diesem Fall benötigt man eine gewisse Anzahl von Referenzlaboratorien, um eine genügend genaue Überwachung durchführen zu können. (s. Anhang 3).

In der Zukunft werden quantitative Überlegungen der beschriebenen Art an Bedeutung gewinnen. Die Grenzen der Praktikabilität sind allerdings dann überschritten, wenn so für jeden Bestandteil andere Versuchspläne zur Gewinnung der Zielwerte gefordert würden. Hier wird man für gewisse Gruppen von Bestandteilen einheitlich vorgehen müssen.

Von Herstellerseite wurde neulich die Auswertung mit **nichtparametrischen Verfahren** empfohlen (Passing, Bablok, Glocke, 1981). So vieles auch für die Anwendung dieser Verfahren, bei denen man die Voraussetzung der Normalverteilung aufgeben kann, sprechen mag, so ist doch der Verzicht auf eine quantitative Analyse der Fehlerkomponenten ein hoher Preis. Zudem sind die Unterschiede hinsichtlich der Schätzung des Zielwertes praktisch unerheblich. Eine größere Bedeutung werden nichtparametrische Verfahren in den hier zu untersuchenden Fragen daher vermutlich nicht gewinnen.

Anders wird man die Zukunft der sogenannten "robusten" Schätzer beurteilen. Eine "Primitiv-Version" solcher Methoden, die seit etwa 15 Jahren von Huber und seinen Mitarbeitern propagiert werden, kann man bereits in den seit eh und je praktizierten Verfahren der Entdeckung und Eliminierung von "Ausreißern" erblicken. Mit den immer leistungsfähigeren Rechnern kommen nun die **robusten Verfahren** auch auf die Laboratoriumsmedizin zu (vgl. Hill und Dixon, 1982). Die Grundidee der robusten Verfahren, die eindeutig zu den parametrischen gehören, ist das Ansetzen einer Verlustfunktion, die weiter abgelegene Meßwerte geringer bewertet. Dies steht in starkem Gegensatz zu den Kleinste-Quadrate-Schätzern, die bei den erwähnten Normalverteilungsmodellen in der Varianzanalyse eine große Rolle spielen und bei denen gerade die weit abgelegenen Werte besonders stark gewichtet werden.

254

Die Prinzipien und ein einfaches Beispiel sind im Anhang 4 erwähnt. Bei der Erweiterung auf mehrstufige lineare Modelle treten nicht unerhebliche Schwierigkeiten auf, die außer einem weiten Spielraum in der Wahl der Gewichtungsfunktion auch in numerischen Problemen und der Rechenzeit liegen können. Sicherlich werden derartige Hemmnisse durch den technischen Fortschritt bald weniger ins Gewicht fallen.

Die Gefahren dieser Entwicklung sind abzusehen: Durch auch dem Statistiker schwer nachvollziehbare Rechenprozeduren kann die "Datennähe" verlorengehen. Die Verführung, sich einem blinden Algorithmus anzuvertrauen, der alle Meßfehler glättet, ist mächtig; sie kann die Sorgfalt bei der Messung und bei der Dokumentation der Meßwerte untergraben.

Trends in der Analytik

Fortschritte in den Sachwissenschaften haben Rückwirkungen auf die anzuwendenden statistischen Modelle. Insofern sollen Bestrebungen, die Analytik zu verbessern, hier kurz Erwähnung finden.
Ein großes Hindernis in der Qualitätskontrolle sind methoden- oder reagenzien- bzw. geräteabhängige Analysenergebnisse. Sie gefährden die gemeinsame Auswertung der Teilnehmerwerte im Ringversuch, wenn erkennbare "Mischkollektive" vorliegen. Es ist daher zum einen das Bestreben der Hersteller, entweder von den Ringversuchsleitern getrennte Auswertungen mit methodenbezogenen Zielwerten zu fordern, um ein schlechtes Abschneiden ihrer Kunden in der externen Qualitätskontrolle abzuwenden. Auf der anderen Seite wird an der Entwicklung spezifischer Methoden gearbeitet (Referenzmethoden) oder man strebt zumindestens eine Standardisierung an derart, daß die verwendeten Methoden gleichartigere Ergebnisse liefern (Bergmeyer, 1981).
Die Forderung getrennter Auswertungen für verschiedene Methoden ist nur solange unbedenklich, als die methodenbedingten Abweichungen in einer Größenordnung bleiben, welche für die klinischen Entscheidungen unerheblich ist (andernfalls würde die wesentliche Idee der externen Qualitätskontrolle aufgegeben). Falls die Größenordnung der Methodenunterschiede für die Klinik tatsächlich irrelevant ist, könnten auch ungenauere Methoden toleriert werden. Hier setzen die Bestrebungen der Herstellerfirmen ein, Standards zu entwickeln. Wenn dabei das analytische Prinzip nicht mehr deklariert wird, der Anwender also seine Test-Kits "blind" einsetzt, so ist dies für den klinischen Chemiker unbefriedigend. Treten tatsächlich einmal erhebliche Abweichungen auf,

so wird man die Ursachen hierfür kaum aufklären können. Das bedeutet aber, daß der Umgang mit "Ausreißern" nicht entsprechend dem oben empfohlenen Verfahren, das eine Klärung der Ursache vorsieht, erfolgen kann: Man müßte ohne Erklärung Ausreißer streichen. In diesem Scenario einer zukünftigen Entwicklung könnte die universelle Verwendung von **Test-Kits nach dem Black-box-Prinzip** eine Ehe mit den automatisierten robusten Verfahren eingehen. Die Folge wäre eine totale "Entmündigung" des Laboratoriumsarztes.

Wandlungen in der externen Qualitätskontrolle?

Im folgenden wird auf mögliche Weiterentwicklungen in der externen Qualitätskontrolle eingegangen.

Im Ausland wird z.T. die Beurteilung allein auf Grund der **Ergebnisse** eines Ringversuchs vorgenommen. Man beurteilt also die Teilnehmer an ihren eigenen Ergebnissen. Dabei müßte man auf den Fortschritt der Qualitätsverbesserung in der Gesamtheit vertrauen, um nicht auf dem gegenwärtigen Stand stehenzubleiben oder gar abzusinken, was bei diesem System ebenfalls möglich wäre. Die Erfahrung zeigt allerdings, daß ein Absinken der Qualität in den letzten 10 Jahren nicht erfolgt ist, eher trifft das Gegenteil zu (Merten, 1981 b). Trotzdem bleibt es unbefriedigend, den anzulegenden "Maßstab" aus der zu beurteilenden Gesamtheit zu beziehen, anstatt ihn von außen zu setzen. In dieser Hinsicht sind die Richtlinien der Bundesärztekammer konsequent.

Blickt man auf die quantitative Seite des Problems (Anhang 5), so muß man nachdenklich werden: Die Genauigkeit innerhalb der Referenzlaboratorien (σ_T^2, σ_W^2) muß erheblich, die Übereinstimmung zwischen den Referenzlaboratorien müßte praktisch vollständig sein ($\sigma_L^2 = 0$), um zu rechtfertigen, daß 1000 Teilnehmerlaboratorien an den Ergebnissen von 6 Referenzlaboratorien beurteilt werden. Die Probenhersteller sehen die Problematik offenbar auch von dieser quantitativen Seite, sie begrüßen es ausdrücklich, wenn eine Probencharge zusätzlich zu der üblichen Zielwertbestimmung in Referenzlaboratorien auch einmal in einem Ringversuch gelaufen ist.

So erklärt sich auch das Bedürfnis der Ringversuchsleiter, vor einer endgültigen Bewertung der Ringversuchsteilnehmer die Ergebnisse dieser Teilnehmer anzuschauen; ein Vorgehen, das sich bewährt hat und gelegentlich zur Klärung auftretender Fehler, auch gerade der methodenbedingten, beigetragen hat.

Anhang 1: Das lineare Modell

Legt man einen balanzierten Plan, der für jedes der m Laboratorien an
t Tagen (Serien) je r Bestimmungen unter Wiederholbedingungen innerhalb der Serie vorsieht, zugrunde, so kann man zu den N=rtm Werten

$$X_{ijk} = \mu + L_i + T_{ij} + W_{ijk}$$

$$i=1,\ldots,m$$
$$j=1,\ldots,t$$
$$k=1,\ldots,r$$

die Varianz des Schätzwerts von μ, $\bar{X}_{\ldots}$, mit Hilfe der Varianzkomponenten σ_L^2, σ_T^2 bzw. σ_W^2 für die Abweichungen L_i des i-ten Laboratoriums,
T_{ij} der j-ten Serie innerhalb des i-ten Laboratoriums bzw. W_{ijk} der
k-ten Wiederholbestimmung angeben als

$$Var\ (\bar{X}_{\ldots}) = \sigma_L^2/m + \sigma_T^2/mt + \sigma_W^2/mtr$$

Die Varianzkomponenten werden aus den mittleren Abweichungsquadrat-
summen

$$MQ_L = tr \sum_i (\bar{X}_{i..} - \bar{X}_{\ldots})^2/(m-1)$$

$$MQ_T = r \sum_i \sum_j (\bar{X}_{ij} - \bar{X}_{i..})^2/m(t-1)$$

$$MQ_W = \sum_i \sum_j \sum_k (X_{ijk} - \bar{X}_{ij.})^2/mt(r-1)$$

geschätzt als

$$s_L^2 = (MQ_L - MQ_T)/tr$$
$$s_T^2 = (MQ_T - MQ_W)/r$$
$$s_W^2 = MQ_W$$

Anhang 2: Optimale Versuchspläne

Um $Var(\bar{X}_{\ldots})$ bei festem N zu minimieren, benötigt man "Kosten" c_L, c_T
bzw. c_W für die Einbeziehung eines Referenzlaboratoriums, einer Serie
bzw. einer Wiederholbestimmung. Der optimale Versuchsplan hat, nehmen
wir der Einfachheit halber die Anzahlen für große N angenähert stetig
an, für r,t und m die Lösungen

$$r_{opt} = \sqrt{c_2/q_2}, \quad t_{opt} = \sqrt{c_1/q_2}, \quad m_{opt} = N/(r_{opt}\,t_{opt})$$

wobei $c_2 = c_T/c_W$, $q_2 = \sigma_T^2/\sigma_W^2$, $c_1 = c_L/c_T$, $q_1 = \sigma_L^2/\sigma_T^2$

Praktisch kann man nur einen Plan nehmen, in dem statt r_{opt}, t_{opt} und m_{opt} jeweils die nächstliegende ganze Zahl zwischen 1 und N gewählt wird.[1]

Beispiel 1:

$N=60$, $\sigma_L^2 = \sigma_T^2 = \sigma_W^2$, $c_L=100$, $c_T=4$, $c_W=1$

Es folgt $q_2=q_1=1$, $c_2=4$, $c_1=25$ und damit

$$r_{opt}= \sqrt{4/1} = 2, \quad t_{opt}= \sqrt{25/1} =5, \quad m_{opt} = 60/(2\cdot 5) = 6$$

Beispiel 2:

$N=40$, $\sigma_L^2:\sigma_T^2:\sigma_W^2 = 8:1:1$, $c_L:c_T:c_W=100:2:1$

Es folgt $q_2=1$, $q_1=8$, $c_2=2$, $c_1=50$, woraus

$$r_{opt}= \sqrt{2/1} \approx 1.4, \quad t_{opt} = \sqrt{50/8} = 2.5, \quad m_{opt} = 40/(2.5\sqrt{2}) \approx 11,2$$

Hier wird man einem unbalanzierten Plan mit 6 Laboratorien, die in je 3 Serien nur eine Bestimmung durchführen und 5 Laboratorien, die in je 2 Serien je zwei Bestimmungen durchführen ($N=38$, $\sum_i t_i=28$, $m=11$) einen ausgewogenen Plan, in dem 10 Laboratorien in je 2 Serien je 2 Bestimmungen oder in je 4 Serien je eine Bestimmung durchführen, vorziehen.

Bemerkung: Bei $r=1$ im letzten Beispiel kann man weder σ_W^2 noch σ_T^2 schätzen, sondern nur deren Summe, ein Umstand, der für eine Überwachung der Größe der einzelnen Varianzkomponenten von Nachteil ist.

---

[1] Man kommt dem optimalen Plan oft näher, wenn man r oder t nicht konstant wählt (unbalanzierte Pläne)

Anhang 3: Genauigkeit der Varianzkomponentenschätzer

Kann man Normalverteilung der Abweichungen voraussetzen, so läßt sich
die Genauigkeit der Varianzkomponenten anhand der - für große Stich-
probenumfänge geltenden - Stichprobenvarianzen der Varianzkomponenten-
schätzer angeben.

Hier sollen für einige Beispiele die Ergebnisse angeführt werden, die
allgemeine Darstellung ist verhältnismäßig aufwendig (Searle, 1971).

Die ungefähren Größenverhältnisse der Stichprobenvarianzen der
Varianzkomponenten für verschiedene Konstellationen zeigt Tabelle 1.
Man erkennt, wie ungenau die Varianzkomponenten, insbesondere die-
jenigen für Abweichungen zwischen Laboratorien, geschätzt werden.

Nach Tabelle 1 ist bei einem "guten" Meßsystem die Varianzkomponente
für die Labor-bedingte Streuung bei dem üblichen Plan mit einer Stichprobenvarianz behaftet, die mehr als 10mal so groß ist, wie die Stichprobenvarianz der Wiederholfehlerkomponente, bei dem Plan mit 15
Referenzlaboratorien liegen beide Stichprobenvarianzen in derselben
Größenordnung. In Variationskoeffizienten VK der Varianzkomponenten
ausgedrückt, hat man - wegen $\mathrm{Var}\,(\hat{\sigma}_W^2) = \sigma_W^4/15$ für beide Versuchspläne -
bei dem ersten Plan $VK_L = \sqrt{10.25/15} = 83\%$, bei dem zweiten Plan
$VK_L = \sqrt{0.95/15} = 25\%$ (Bei dem "unbefriedigenden" Meßsystem würden
sich die Werte $\sqrt{413.45/15}/8 = 65\%$ bzw. $\sqrt{21.95/15}/8 = 15\%$ für den
Variationskoeffizienten der Laborkomponente ergeben).

Anhang 4: Robuste Schätzer - Einführung

Robuste Schätzer des Lageparameters sollen an einem einfachen Beispiel
illustriert werden.
In Abb. 1 sind für drei Beobachtungswerte der Serumkonzentration des
Kaliums in mg/dl $x_1=4.0$, $x_2=5.1$, $x_3=5.3$ und $a=0.2$ die Schadenfunktionen

$$S_1 = \sum_{i=1}^{3} |x_i - m|$$

Bewertung des Meßsystems	Verhältnis der Varianzkomponenten $\sigma_L^2 : \sigma_T^2 : \sigma_W^2$	Plan 1 m=6,t=5,r=2		Plan 2 m=15,t=r=2	
		Q_L	Q_T	Q_L	Q_T
ideal	0 : 0 : 1	0.07	0.56	0.03	0.05
fast ideal	0 : 1 : 1	0.65	3.06	0.24	0.32
gut	1 : 1 : 1	10.25	3.06	0.95	0.32
unbefriedigend	8 : 1 : 1	413.45	3.06	21.95	0.32

Tabelle 1: Relative Stichprobenvarianzen Q_L und Q_T der Varianzkomponenten-Schätzer bei zwei Versuchsplänen.
$Q_L = \mathrm{Var}(\hat{\sigma}_L^2) / \mathrm{Var}(\hat{\sigma}_W^2)$, $Q_T = \mathrm{Var}(\hat{\sigma}_T^2) / \mathrm{Var}(\hat{\sigma}_W^2)$

Ringversuchsteilnehmer / Referenzlaboratorien	Bewertung		
	noch relativ gut	unbefriedigend	sehr mangelhaft
Bewertung $\sigma_L^2 : \sigma_T^2 : \sigma_W^2$ (VK)	10:2:2*(9.3)	20:2:2*(12.2)	20:10:10*(15.8)
ideal 0:0:1 (2.5)	840	1440	2400
fast ideal 0:1:1 (3.5)	280	480	800
gut 1:1:1 (4.3)	64 [120]	110 [216]	184 [360]
annehmbar 2:1:1 (5.0)	36 [76]	62 [130]	104 [218]

* Varianzkomponenten τ_L^2, τ_T^2, τ_W^2 in Vielfachen der Referenzlaborkomponenten

Tabelle 2: Sinnvolle Teilnehmerhöchstzahlen in Ringversuchen bei Verwendung einer Kontrollprobe mit Zielwertermittlung nach Plan 1 aus Anhang 3 (Werte für Plan 2, soweit verschieden, in [ ]). Der Anschaulichkeit wegen in ( ) hinzugefügte Variationskoeffizienten können mit einer beliebigen positiven Konstanten multipliziert werden

$$S_2 = \sum_{i=1}^{3} (x_i - m)^2$$

$$S_W = \sum_{|x_i - m| < a} (x_i - m)^2 + a^2 \cdot n'$$

$$S_H = \sum_{|x_i - m| < a} (x_i - m)^2 + 2a \sum_{|x_i - m| \geq a} |x_i - m| - a^2 \cdot n'$$

n' Anzahl der Werte, für die gilt $|x_i - m| \geq a$

darstellt. Den Lageparameter schätzt man als dasjenige m, für das die Schadenfunktion minimiert wird. Bei S_1 werden die Abstände, bei S_2 die Abstandsquadrate minimiert. Die zu robusten Schätzern führenden S_W und S_H sind S_2-Modifikationen zur schwächeren Wichtung von "Ausreißern". Bei S_W legt man alle außerhalb eines Streifens der Breite 2a gelegenen Werte auf den Rand dieses Streifens. S_H läßt außerhalb dieses Streifens nur noch lineares Ansteigen zu. Sie nehmen ihr Minimum entsprechend im

Median $\tilde{x}$ =5.1,
arithmetischen Mittelwert $\bar{x}$ = 4.8,
Windsorschätzer x_W = 5.2 bzw. im
Huberschätzer x_H = 5.05

Der Windsorschätzer ist mit dieser Wahl von a bei n=3 der in vielen Kreisen recht beliebte Mittelwert der beiden näher zusammenliegenden Werte - auch für dubiose Praktiken gibt es also Modelle!

Würde man im vorliegenden Beispiel mit einem auf der Standardabweichung fußenden Ausreißerkriterium arbeiten, so könnte man den Wert 4.0 nicht eliminieren, denn x_1 liegt innerhalb der 2s-Grenze
(s=0.7, $\bar{x}$-2s = 4.8 - 1.4 = 3.4 < 4.0). Der Windsorschätzer und etwas "sanfter" der Huberschätzer schließen nie Werte aus, sondern mindern den Einfluß des abgelegenen Wertes auf andere Weise.
Bei S_W und S_H kommt es auf die "vernünftige" Wahl von a an. Empfohlen wird $\sigma < a < 2\sigma$. Bei einem VK von 2.5% (für Kalium) träfe dies mit a=0.2 bei μ=5 hier gerade zu.

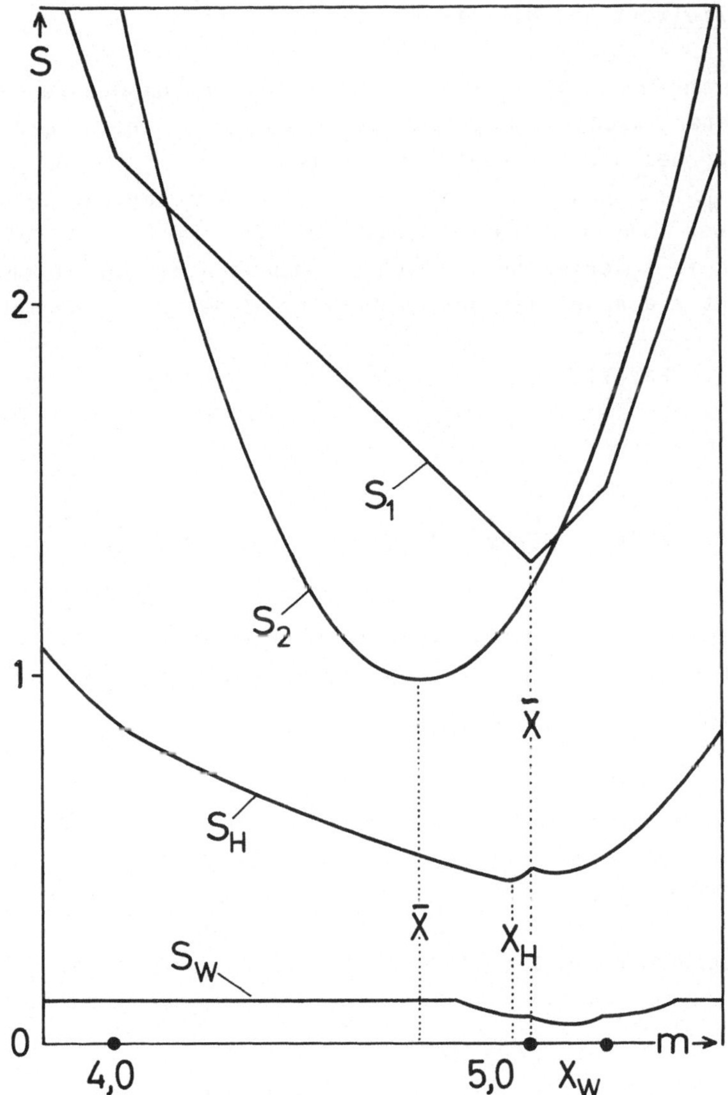

Abbildung 1:   Verlauf der Schadensfunktion S für 4 Schätzprinzipien
des Lageparameters m einer Verteilung
Beispiel mit 3 Meßwerten (s. Text)

Anhang 5: Zielwert und Mittelwert der Teilnehmer eines Ringversuchs

Bezeichnet man mit σ_W^2, σ_T^2 bzw. σ_L^2 die Varianzkomponenten für Abweichungen unter Wiederholbedingungen, zwischen Serien bzw. zwischen Laboratorien bei den Referenzlaboratorien, die den Zielwert ermitteln, umd mit τ_W^2, τ_T^2 bzw. τ_L^2 die entsprechenden Varianzkomponenten im Kollektiv der Ringversuchsteilnehmer, so ist der von m Referenzlaboratorien in je t Serien bei r-fachbestimmungen in der Serie ermittelten Zielwert X genauer als der Mittelwert $\overline{Y}$ der n Teilnehmer, wenn

$$\mathrm{Var}(\overline{X}) < \mathrm{Var}(\overline{Y}),$$

das heißt aber

$$\frac{n}{m}\,\sigma_L^2 + \frac{n}{mt}\,\sigma_T^2 + \frac{n}{mtr}\sigma_W^2 < \tau_L^2 + \tau_T^2 + \tau_W^2$$

Da die Faktoren vor den Varianzkomponenten der linken Seite (Referenzlaboratorien) üblicherweise weit größer als 1 sind, muß insbesondere σ_L^2 sehr viel kleiner als τ_L^2 sein.

In Tabelle 2 sind für den am häufigsten genannten Versuchsplan (6 Laboratorien/5 Serien/Doppelbestimmungen) die kritischen Teilnehmeranzahlen, bei denen der Zielwert dem Mittelwert der Teilnehmer gerade noch überlegen ist, angeführt. Man erkennt, wie unrealistisch die Forderungen an die Referenzlaboratorien bei den üblichen Ringversuchsteilnehmeranzahlen von über 1000 werden.

VI   DISKUSSIONSBEITRÄGE ZUM THEMA 'ZIELWERT – SOLLWERT'

Zu I (GRUNDLAGEN: 1.1, 1.2, 1.3 Statistik) und
   II (PRAXIS DER BESTIMMUNG UND ANWENDUNG DES ZIELWERTES)
   4.1 Präzision und Akkuranz hämatologischer und klinisch-
       chemischer Analysen, gleichzeitig zu
   5.1 bis 5.8 Zielwertermittlung und
   6.1 und 6.2 Beurteilung der Ringversuchsteilnehmer aus der
       Sicht des Statistikers und des Versuchsleiters

Zu 1.1

An der Diskussion zu den Vorträgen **HENGST** und **WILRICH** haben sich ne-
ben **JESDINSKY** als Diskussionsleiter und den beiden Referenten die
Herren **BORNER, v.BOROVICZÉNY, EßER, MERTEN, RAPPOPORT,** Frau **RÖSLER-
ENGLHARDT** und Herr **SCHUMANN** vor allem zu den Begriffen: Richtigkeit,
Genauigkeit, Vergleichbarkeit, den Einflußgrößen auf die Präzision,
Fragen der Messungen unter Wiederholbedingungen und Vergleichsbeding-
ungen, Definition der Ausreißer und der klinischen Relevanz
geäußert.

Genauigkeit könne nicht an einem einzigen Wert (wie von Teilnehmern
an Ringversuchen) beurteilt werden, sondern nur an Informationen
über die Streuung der Meßwerte. Man könne die Genauigkeit grundsätzlich mit einer einzigen Doppelbestimmung schätzen: der Vertrauensbereich sei aber dann so groß, daß man damit nichts anfangen könne.
Erst in 3 Monaten konsequenter Durchführung könne die erforderliche
Zahl von Doppelbestimmungen und damit eine Schätzung mit ca. 90 Freiheitsgraden durchgeführt werden. Damit könne man dann eine vernünftige Kontrollkarte für die Präzisionskontrolle anlegen. Teste man die
Differenzen der einzelnen Doppelbestimmungen in einem von HENGST gezeigten Wahrscheinlichkeitsnetz, so werde man für sehr viele Meßmethoden feststellen können, daß sie normalverteilte Fehler haben. Mit
Hilfe des Cochrantestes könne man dann prüfen, ob sich die einzelnen
Varianzen nur zufällig unterscheiden und zu einer Gesamtschätzung
zusammengefaßt werden dürfen.

Varianz: Bei der Definition müsse genau angegeben werden, unter welchen Bedingungen sie bestimmt wurde. Man habe sich international einerseits auf Bestimmungen unter Wiederholbedingungen (unmittelbar
hintereinander am gleichen Gerät, an der gleichen Probe) und ander-
rerseits unter Vergleichsbedingungen mit lediglich dem gleichen Untersucher und dem gleichen Labor in verschiedenen Serien geeinigt
(MERTEN/HENGST).

Die Bestimmung in der Serie, in der jeder Wert hintereinander doppelt bestimmt werde, sei eine "Mehrfachbestimmung unter Wiederholbedingungen" (EßER/HENGST).

Für die Präzisionskontrolle müsse man Messungen unter Wiederholbedingungen nach DIN 1319 fordern, d.h. alle Messungen am gleichen Objekt, vom gleichen Untersucher, am gleichen Gerät und innerhalb einer kurzen Zeitspanne durchführen. Die "Tag-zu-Tag-Varianz" sei keine "Bestimmung unter Wiederholbedingungen", hier könnten sich Schwankungen einschleichen, die auf einer Verschiebung der Lage beruhen und die man nur erkennen und isolieren könne, wenn die "Wiederholpräzision" bekannt sei.

Vergleichbarkeit habe in der statistischen Normung einen ganz bestimmten Sinn bekommen, der sprachlich nicht sehr gut sei: Vergleichbarkeit sei die Übersetzung des englischen "reproducibility" und werde definiert als "Betrag, der vom Absolutwert der Differenz zweier unter Vergleichsbedingungen gewonnener Einzelergebnisse mit einer vorgegebenen Wahrscheinlichkeit nicht überschritten wird". Im Grunde genommen sei das eine Grenzdifferenz (HENGST).

Zur **Doppelbestimmung**: In Zielwertermittlungen und Ringversuchen wird die Frage gestellt, ob Einfach- oder Doppelbestimmungen, sogar Mehrfachbestimmungen gemacht werden dürfen: Wenn die Referenzlaboratorien mehr Analysen je Bestandteil durchführen, so würde man in Wirklichkeit keine Einzelwerte, sondern Mittelwerte von Mehrfachbestimmungen erhalten. Dies würde die Berechnungen und Interpretationen verfälschen, sodaß man den Referenzlaboratorien empfehlen müsse, auf diese zur nicht deklarierten Mittelwertbildung durchgeführten Mehrfachbestimmungen zu verzichten, da sie wenig zur Verbesserung der Gesamtpräzision der Zielwertermittlungen beitragen (HENGST). Leider müsse man die eingesandten Werte bei den Teilnehmern in Ringversuchen akzeptieren. Bei den Referenzlaboratorien seien dagegen exakte Vorschriften von dem Versuchsleiter gegeben (MERTEN/SCHUMANN). Man habe bei den Referenzlaboratorien die Erfahrung gemacht, daß diese das vorgegebene Modell einhalten. Selbst als "Ausreißer" zu bezeichnende Werte seien von manchen Referenzlaboratorien mitgeteilt worden. Mehrfachbestimmungen bei Teilnehmern an Ringversuchen würden unvermeidbar gemacht, aber nicht einzeln, sondern gemittelt mitgeteilt (v. BOROVICZÉNY).

Bei **Zielwertermittlungen** rühre der Hauptanteil an der **Gesamtvarianz** von der Varianz zwischen den Laboratorien her; das dürfe aber nicht dazu verleiten, wie es hin und wieder geschehe, den Einfluß der anderen Faktoren nicht mehr zu berücksichtigen. Die nachfolgende Abbildung zeige, wie man die einzelnen Standardabweichungen "geometrisch" addieren müsse, um die **Gesamtstandardabweichung** zu erhalten. Diese Darstellung zeige, wo man ansetzen müsse, wenn man die Gesamtstandardabweichung verkleinern wolle. An diesem Beispiel könne man untersuchen, worauf der hohe Anteil der Laborkomponente an der Gesamtstreuung beruhe. Ebenso lasse sich eine Verringerung der Gesamtvarianz als ein so oft gepriesener technisch-wissenschaftlicher Fortschritt in einer solchen Darstellung fast nachmeßbar veranschaulichen.

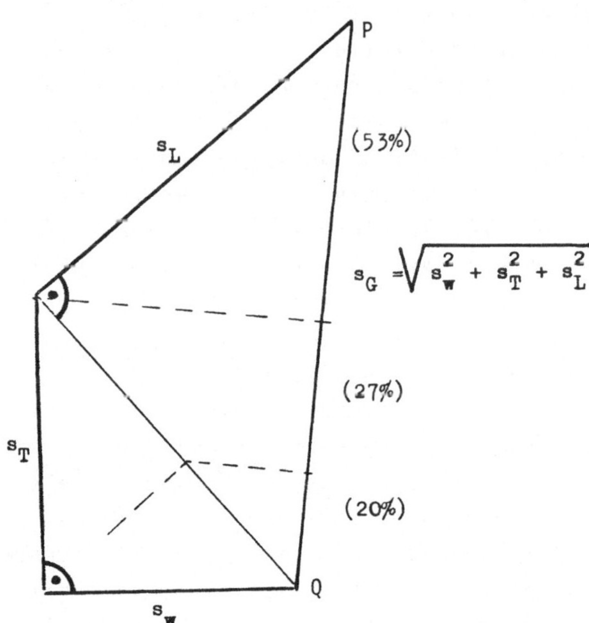

Abb. 1: "Geometrische Addition" der Standardabweichungen, die auf die Einflüsse der Wiederholbedingung (W), der Serie bzw. des Tages (T) und der Referenzlaboratorien (L) zurückgehen. Die Aufteilung der Strecke PQ gibt das Verhältnis der Varianzkomponenten $s_W^2 : s_T^2 : s_L^2$ wieder

In Übereinstimmung mit Jesdinsky müsse auf die Notwendigkeit hingewiesen werden, bei der Planung sogenannter Zielwertbestimmungen in Richtigkeitsproben die wenigen statistischen Regeln zu beachten, die bei der Ermittlung "richtiger Werte" von "Gebrauchsnormalen" eingehalten werden müssen (HENGST).

Die Meinungen zum **Ausreißerkriterium** seien sehr unterschiedlich. Eine Eliminierung von Werten sei bei der Schätzung der Kenngrössen aus den Teilnehmerkollektiven unbedingt erforderlich, um diese zutreffend beschreiben zu können. Zu Ausreißern gehörten stärkergradige Abweichungen, z.B. durch Dezimalfehler, Probenverwechslung, Einheitenfehler (**MERTEN**). Man könne sie eliminieren, müsse aber dann die Zahl der Ausreißer angeben. Man könne nicht grundsätzlich sagen, es gäbe keine Ausreißer (**BORNER, SCHUMANN**), müsse aber wissen, wieviele Ausreißer man hinauswerfen wolle. Es gebe in der Analytik Bestrebungen, grundsätzlich mit Computerprogrammen nach Ausreißern zu suchen. In einer Publikation der American Society for Testing Materials (Philadelphia) über "Treating outlying observations" werde vorgeschlagen, in Stufen vorzugehen. Dabei werde klar, daß aus irgendwelchen Gründen Werte nicht in das Kollektiv der anderen Werte gehören können. Andere Werte würden aus dem Rahmen fallen, so daß auch dem Untersucher sofort eine technische Begründung auffalle. Andererseits könne aber dem betreffenden Wert eine Begründung nicht angesehen werden, so daß man nach statistischen Ausreißertests greifen müsse. Diese hätten allerdings einen Haken: Sie setzten immer eine bestimmte Verteilung, in 99 % der Fälle eine Normalverteilung, voraus. Wenn man die Verteilung nicht kenne, lasse sich das Problem auch statistisch nicht ohne weiteres lösen. In dem Entwurt DIN ISO 25 (März 1978) "Präzision von Prüfverfahren - Bestimmung von Wiederholbarkeit und Vergleichbarkeit" heißt es im Abschnitt 11.6.5: Bleiben Irrläufer und/oder statistische Ausreißer übrig, die weder erklärt werden noch als zu einem Ausreißerlabor gehörend verworfen werden konnten, so werden die Irrläufer als korrekte Werte beibehalten und die statistischen Ausreißer entfernt, es sei denn, der Statistiker hat gute Gründe, sie zu behalten". Bei den **Teilnehmerwerten in INSTAND-Ringversuchen** seien unter Berücksichtigung von Methoden- und Reagenzienunterschieden bei Verwendung eines Ausreißerkriteriums (Eliminierung aller Werte außerhalb des Mittelwertes ± 70 %, etwa der 10-fachen Standardabweichung entsprechend) festgestellt worden, daß die Variationskoeffizienten große Streuungen erkennen ließen und die

3s-Bereiche teilweise bis in Minuswerte reichen würden. Als Ursache sei festgestellt worden, daß grobe Fehler nicht vollständig von der Berechnung ausgeschlossen worden seien. Es müßte also ein Weg gesucht werden, um ein reales Bild der Kenngrößen zu erhalten. Erst als vor der Berechnung eine Logarithmierung der Einzelwerte erfolgt und das Ausreißerkriterium auf den Bereich (Median x 1,4/1,4) gesetzt worden sei, sei ein Vergleich der Zielwerte und der Teilnehmermittelwerte möglich geworden. Die Ausreißeranzahl habe dabei anfangs im Durchschnitt zwischen sieben und acht Prozent gelegen (MERTEN).

RAPPOPORT weist darauf hin, daß es in den Programmen des CAP bestimmte Modelle gäbe, die klärten, ob Verwechslungen, mathematische Fehler u.a.m. vorliegen. Es gebe Teilnehmer, die stets denselben Fehler machten. Es sei dies eine Frage der Erziehung: Man müsse mitteilen, warum solche Werte Ausreißer seien und den Teilnehmern entsprechende Kommentare geben.

HENGST fordert, daß bei gezielten Untersuchungen auch entsprechend gezielte Versuchspläne angewendet werden.

Abweichungen ließen sich nicht vermeiden (BORNER). Sie seien jedoch bei den klinisch-chemischen Bestandteilen relativ selten. Ein Beispiel sei die Glukose, die bei Verwendung der GOD-Perid-Methode stets etwas niedrigere Werte als die Hexokinase, GlUC-DH- u.a. Methoden zeigen, oder auch das Cholesterin, für das die Liebermann-Burchard-Pearson-Watson-Methoden stets unterschiedlich höhere Werte als die enzymatischen Methoden ergeben. Dabei müsse man berücksichtigen, daß in der Bundesrepublik nur noch wenige Teilnehmer diese Methoden verwenden, während sie in den Ostblockstaaten wegen der viel teureren enzymatischen Methoden bevorzugt in Technicongeräten eingesetzt werden (v.BOROVICZÉNY/MERTEN).

Zu 2 (Methodologie und Einflußgrößen)

An Hand der nachstehenden Tabelle hat WILRICH folgende Thesen diskutiert:

CALCIUMBESTIMMUNG
(nach Angaben auf dem Beipackzettel zu einem Kontrollserum)

Nr. Methode	Gerät	richtiger Wert mval/l	Wiederholstandard- abweichung mval/l	%
1 Atomabsorption		3,95	0,150	3,8
2 Flammenphotometer	1	3,85	0,125	3,2
3 Flammenphotometer	2	3,80	0,125	3,3
4 Photometrie		4,20	0,200	4,8
5 Fluorimetrie		3,90	0,125	3,2
6 Naßchemisch		4,25	0,175	4,1

These 1: Dem Patienten ist nicht damit gedient, daß für die Calcium-bestimmung sechs (oder mehr) Verfahren mit unterschiedlicher Richtig-keit und unterschiedlicher Präzision zur Verfügung stehen, weil da-durch der Vergleich mehrerer Untersuchungsergebnisse erschwert oder unmöglich gemacht wird.

These 2: Das mögliche Gegenargument gegen These 1, die Unterschiede der Verfahren seien im Vergleich zu den intrapersonellen Schwankung-en vernachlässigbar gering und können daher hingenommen werden, ent-schuldigt vermeidbare Unterschiede unter Hinweis auf unvermeidbare Schwankungen.

These 3: Der mögliche Gegenvorschlag gegen These 1, richtige Werte und Wiederholstandardabweichungen methoden- und geräteunabhängig festzulegen, würde die Unterschiede nicht beseitigen, sondern wegen deren Nichtberücksichtigung die Verwendung ungenauer oder verfälsch-ter Werte erleichtern.

These 4: Es ist Aufgabe der betroffenen Fachnormenausschüsse, eine Methodenauswahl (von ein oder höchstens zwei Methoden) zu treffen, wobei u.a. folgende Auswahlkriterien berücksichtigt werden sollten:

a) Präzision
b) Beeinflußbarkeit durch andere Methode (z.B. andere vorhandene
   Stoffe)
c) Schwierigkeit der Bestimmung
d) Kosten der Bestimmung

<u>These 5</u>: Bei gleicher Methode können die Hersteller verschiedener
Geräte durchaus verpflichtet werden, die Geräte so aufzubauen, daß
sie gleiche Präzision und Richtigkeit haben.

<u>These 6</u>: Bei der Methodenauswahl sollten die Gesichtspunkte a) und
b) stärker als der Kostengesichtspunkt berücksichtigt werden, weil
sich dadurch ein dem Patienten zugute kommender Druck zur Gründung
von Laborgemeinschaften ergibt.

<u>These 7</u>: Die Hersteller von Kontrollproben und Geräten sollten ihre
Angaben so machen, daß sie für den Verwender verständlich sind. Da
bei sollten die Begriffsbenennungen denen entsprechen, die in der
Statistik üblich sind. Beispiele für die Verwendung von Begriffsbenennungen, die in Verbindung mit Kontrollproben in unüblicher Weise
verwendet werden, sind 'Sollwert' und 'Vertrauensbereich'.

2.1 Meßgeräteanforderungen
2.2 Fehleranalyse photometrischer Messungen
2.3 Photometerüberprüfung
2.4 Referenzmethode für die Bestimmung der Erythrozytenpartikel-
    konzentration)

<u>Zu 2.1</u>

Dem Vortrag von BAUMGARTEN folgt eine lebhafte Diskussion, an der neben BORNER als Diskussionsleiter AUSLÄNDER, v.BOROVICZÉNY, EßER,
HAJDU, HAKER, HOFFMEISTER, JUNG, LANGE, MATTHES, NINK und WEYER teilgenommen haben.
Es wird gefragt,
- ob überhaupt eine Eichung notwendig sei,
- warum nicht die Teilnahme an Ringversuchen eichrechtliche Maßnahmen bezüglich der Meßgeräte entbehrlich machen würde,

- ob alle Meßgeräte, die in der Heilkunde verwendet würden, zulassungspflichtig seien,
- ob eine generelle Einzeleichung und regelmäßige Nacheichung aller
  medizinischen Meßgeräte geplant sei,
- welche Meßgeräte in die Eichpflicht genommen würden,
- wieweit die Eichbehörden überhaupt in der Lage seien, die Vielzahl
  der Photometer in einer angemessenen Zeit zu eichen,
- welche Abstufungen es geben werde und ob bestimmte Baumuster zugelassen würden.

Vorerst gebe es Denkmodelle: Zulassung, Ersteichung, Nacheichung,
Service. Diese würden davon abhängen, was man bei einer Zulassungsprüfung feststelle (BAUMGARTEN).
Im Entwurf zum neuen Eichgesetz stehe die Zulassungspflicht aller in
der Medizin angewandten Meß- und Zählgeräte, eine regelmäßige Wartung durch einen vom Hersteller autorisierten Fachmann und eine regelmäßige interne und externe Qualitätskontrolle (Kontrollkarten-
führung und Ringversuchsteilnahme) überall dort, wo dies möglich
sei. Für die Physikalisch-Technische Bundesanstalt (PTB) sei dies
allerdings noch Neuland. Sie befasse sich z.Zt. mit Blutkörperchen-
zählgeräten und Photometern, einfachen und vollmechanisierten Geräten, um Erfahrungen zu sammeln und daraus schließen zu können, wie
im Einzelfall vorzugehen sei. Es sei auch ein Beraterausschuß bei
der PTB geplant, in dem Benutzer und Hersteller vertreten sein sollten. Die z.Zt. vertretene Auffassung, die staatlichen Stellen soweit
wie möglich von der Kontrolle der Meßgeräte fernzuhalten, müsse man
im Sinne eines besseren Schutzes vor Meßfehlergeräten und der damit
verbundenen Konsequenz von Fehldiagnosen ändern. Wenn Ärzte die Untersuchungsergebnisse ihrer Kollegen anzweifelten und erneut Analysen ermitteln ließen, so müsse man sich fragen, - wenn man davon
ausgehe, daß der Untersucher genau arbeite -, ob die Meßgeräte so
gut in Ordnung seien, daß eine staatliche Kontrolle überflüssig er-
scheine. Dies lege den Schluß nahe, daß das Vertrauen in die Meßgeräte geringer sei als vorgebracht werde.

Im Raume ständen auch die Aussagen von MONDORF, die unwidersprochen
hingenommen worden seien: Danach gebe es offensichtlich Meßgeräte,
mit denen eine Laborantin auch bei sehr sauberer Arbeitsweise letzt-
endlich zu keinem Erfolgsergebnis beim Ringversuch kommen könne,
weil die Geräte nicht in Ordnung seien. Zwar könnten Zufallstreffer

zu richtigen Ergebnissen führen. Es sei aber offensichtlich nicht so, daß mit Mängeln behaftete Geräte grundsätzlich auf das Bestehen bei Ringversuchen keinen Einfluß hätten. Außerdem müsse man sich vor Augen halten, daß nicht jedes Labor derzeit an Ringversuchen teilnehme. Übergeordnete Kontrollen fehlten gänzlich, so daß Meßgerätezulassungen und Kontrollen gerade hier besonders wichtig seien. Ein Minimum an staatlicher meßtechnischer Unterstützung sei also durchaus gerechtfertigt.

Nach dem Stand des Eichgesetzes müsse man davon ausgehen, daß sehr viele Meßgeräte, die der Eichpflicht unterliegen, in ihrer Bedeutung stark in den Hintergrund getreten seien, da große Krankenhäuser überwiegend Automaten verwendeten. Diese seien von der Eichpflicht ausgenommen, weil sie unter den § 30 fallen. Das Eichgesetz gehe hier aber an der Praxis vorbei, so daß im Eichrecht alle Meßgeräte erfaßt werden müßten, die Meßdaten in irgendeiner Form lieferten. Dazu gehörten auch Dosiergeräte und Photometer, nicht nur Waagen. Bei Personenwaagen liege die Beanstandungsquote in Berlin bei ca. 5,5 %. Diese Waagen müßten repariert werden, weil in der Regel die Schneiden nicht mehr in Ordnung seien. Nehme man bei den Blutmeßgeräten als ein typisches Beispiel einen Ausfall von nur 2 - 3 % an, dann würde man sagen können, es sei ja eigentlich alles in Ordnung. Dieser Rückschluß sei jedoch völlig falsch. Denn dann komme man auf den alten Zustand zurück, bei dem 50 % falsch registrierende Geräte verwandt würden. Wenn es keine Prüfpflicht bei Autos gäbe, würde man dann mit seinem Auto niemals zum TÜV fahren und notwendige Instandsetzungen unterlassen ? (BAUMGARTEN).

Mit Fragen, ob **Photometer** geeicht werden sollen oder nicht, sei das Amt überfordert, meinte NINK. Es würden z.Zt. Überlegungen dahingehen, im Rahmen des Eichgesetzes alle Meßgeräte, die in der Heilkunde verwendet würden, zulassungspflichtig zu machen. Wie die Zulassung durchgeführt werden solle, müsse von Fall zu Fall überlegt werden. Die Eichung sei nur eine der denkbaren Möglichkeiten. Es sei klar, daß die meisten der noch immer komplizierter werdenden Geräte in der Medizin, u.a. auch die Geräte in der Labormedizin und klinischen Chemie, eine Eichung im herkömmlichen Sinne nicht zulassen würden. Man könne diese Geräte nicht plombieren und sie daraufhin etwa 2 bis 5 Jahre lang sich selbst überlassen.

Man müsse überlegen, wie man die angewandte Technik verbessern, unter Umständen vereinheitlichen und gleichzeitig auch eine Qualitätssicherung erreichen könne. Es sei z.Zt. in keiner Weise möglich, daß die PTB sich z.B. ein fabrikneues Gerät ansehe und sage, das sei wunderbar, das werde zugelassen, daß man aber gleichzeitig dieses Gerät seinem Schicksal überlasse. Wenn man ein solches Gerät zulasse, müsse man gleichzeitig ein Verfahren entwickeln, welches eine dauerhafte Funktionssicherheit gewährleisten könne. Ein solches Verfahren könne die Eichung sein. Aber auch andere Methoden, beispielsweise Instandhaltung und Kalibrierung über Servicestellen oder einen industrieeigenen Service oder die von Baumgarten erwähnte Inanspruchnahme der schon bewährten Einrichtungen wie z.B. der Ringversuche, die eine wesentliche Rolle bei der Gerätekontrolle spielen könnten, seien denkbar (NINK).

Für BORNER und viele andere sei es ein Alptraum, wenn mit Vorschriften und Berechtigungsscheinen alles in deutschem Perfektionismus ersticke. Die Performance solcher Meßgeräte lasse die Forderung nicht zu, daß man die Gerätefunktion immer wieder nachprüfe. Aber sei es nicht ausreichend, zu sagen, man prüfe ein Baumuster ? Es gebe - dafür sei man dankbar - ja auch die erwähnten Alternativlösungen. Für ihn sei ein Photometer ein relativ zuverlässiges Instrument. Er glaube, daß nur 10 % der Varianz auf das Photometer zurückzuführen sei und daß z.Zt. jede Art von Volumendosiergeräten kritikanfälliger sei. FÜHR unterstützt, auf die Frage, ob er eine Meßgeräteeichung für notwendig halte, mit einem eindeutigen "Nein". Bei einer Prüfung von Hämoglobin-Standardlösungen in 9 Laboratorien habe sich herausgestellt, daß der Variationskoeffizient innerhalb dieser Laboratorien etwa 1 % betragen habe, also sehr gering gewesen sei. AUSLÄNDER weist auf Untersuchungen hin, in denen die Präzision der Gesamt-Hämoglobinbestimmung aufgeschlüsselt worden sei. Die geringste Fehlerquote sei dabei beim Photometer gefunden worden. NINK erinnert daran, daß es Verfahren gebe, bei denen keine Volumenmeßgeräte verwendet werden müssen, wenn man eichen wolle. Er könne sich allerdings im Augenblick nicht vorstellen, daß ein Photometer in dem Sinne, unter dem "Eichen" verstanden würde, eichfähig sei.

v.KLEIN-WISENBERG betont, daß bei den bestehenden Photometerringver-
suchen ein relativer Fehler von 2,5 % zugrundegelegt werde, wenn auf
das Extinktionsniveau von 0,4 bezogen werde. D.h., man müsse nach
den Ergebnissen, die Erfolgsquoten von ungefähr 80 % aufweisen, davon ausgehen, daß die Streuung zwischen den Laboratorien unter 2 %
eingehalten werde. Somit sei der photometerbedingte Fehler am Gesamtfehler von untergeordneter Bedeutung. Wenn regelmäßig an Ringversuchen teilgenommen werde, so sei zumindest eine Nacheichung nicht notwendig. Man müsse, so BAUMGARTEN, Erfahrungen mit Geräten unter
Nennung des Herstellers und Gerätetyps veröffentlichen, was von Mondorf wegen der möglichen Folgen als unmöglich abgelehnt wurde. Meßgeräte, die in einem Ringversuch ständig Abweichungen zeigten, seien
eben nicht "in Ordnung". Dennoch solle man einen staatlichen Ein-
griff bzw. eine staatliche Kontrolle als eigene Absicherung auffas-
sen.

Die Bedienungsseite könne nach HOFFMEISTER stark vernachlässigt werden; dabei solle aber besonderer Wert auf die Temperaturkontrolle gelegt werden, die mehrfach angesprochen wurde (BAUMGARTEN).

Als Hersteller von Meßgeräten (LANGE) interessiere, was wirklich für
den entsprechenden Verwendungszweck notwendig sei: So genau wie nötig und nicht so genau wie möglich. Möglich sei heute recht viel.
Jeder Anwender müsse prüfen, welche Anforderungen er stellen müsse.
Die Kosten für höhere Genauigkeit würden dabei nicht proportional,
sondern exponentiell ansteigen. Die Anforderungen an die Genauigkeit
von Meßgeräten müssten aus dem Kreis der ärztlichen Anwender und
nicht aus dem der Hersteller stammen. Ob eine Eichung sinnvoll sei,
könne erst beantwortet werden, wenn man überhaupt eine Vorstellung
habe, um wieviel der Preis eines solchen Gerätes erhöht werde. BAUM-
GARTEN weist in diesem Zusammenhang darauf hin, daß sich dies im
Rahmen der Zulassung ergeben würde. Bei der Zulassungsprüfung müsse
man dann erst sehen, ob überhaupt eine Eichung möglich sei. Vielleicht reiche bereits die Zulassungsprüfung aus.

Wenn man hier von Photometern spreche (WEYER), so meine man zunächst
das übliche Spektralphotometer-Basisgerät für manuelle Bedienung,das
von allen Seiten zugängig sei, und bei Prüfmöglichkeiten denke man
an Spezifikationen wie Wellenlängenrichtigkeit, Halbwertsbreite,
Falschlichtanteil und alles, was von v. Klein-Wisenberg dargelegt
worden sei. In dem mehrfach erwähnten Photometer-Ausschuß der PTB

seien Anwender der beiden Fachgesellschaften der Klinischen Chemie und der Labormedizin, der Hersteller und der Experten der PTB vertreten, um Fragen der Spezifikation und Anforderungen an Photometer zu besprechen. Als erstes Ergebnis seien für alle Photometer Grundspezifikationen herausgestellt worden, die für problemlose Methoden (Extinktionsmaximum auf breitem Plateau) in gutem Empfindlichkeitsbereich der Photoquelle bzw. im günstigen Bereich der spektralen Energieverteilung der Lichtquelle erfüllbar seien. Ganz andere Anforderungen müssten aber bei heiklen Verfahren gestellt werden. Am Anfang aller Überlegungen über Photometerspezifikationen müsse ein Methodenkatalog mit Angabe der zu erwartenden Meßprobleme stehen. Einen eigenen Problemkreis würden die Großgeräte im Laboratorium darstellen, in denen ein großer und ständig zunehmender Teil einen schwer beurteilbaren, dem Benutzer kaum zugänglichen Photometerbaustein enthalte. Es sollten hier Anforderungen und deren Überprüfung praktikabel gemacht werden, wobei ernsthaft ein Bedarf hierfür bestehe. Gerade bei Großgeräten, die einer black box ähneln, würden die Proben eingegeben und am Ende das Ergebnis ausgedruckt. Eine Prüfmöglichkeit für die Meßeinheit und deren Arbeitsweise sei dringend zu wünschen. Diese müsse nicht unbedingt in Eichpflicht und Eichvorschriften münden; es könnten aber für das jeweilige Gerät ein **Prüfkatalog** und eine **Checkliste** erarbeitet werden, an Hand derer der Benutzer wesentliche Spezifikationen kontrollieren und ständig überwachen könne.

HAJDU bezweifelt, daß von der Verbraucherseite ein Interesse an Eichmaßnahmen bestehe. Er meint, jeder Anwender müsse in der Lage sein, sein Gerät beim Kauf auf seinen Zustand zu prüfen und zu entscheiden, ob er es gebrauchen könne oder nicht. Damit sei aber der größte Teil der ärztlichen Anwender überfordert (MERTEN).

Bei der Vielfalt der zu eichenden und eichfähigen Geräte sei im Labor eine sinnvolle laufende Kontrolle der Geräte von außen überhaupt nicht praktikabel. So viele Service-Leute ständen gar nicht zur Verfügung, und die Laborarbeit würde von derartigen Kontroll- und Eichmaßnahmen erheblich behindert. Die Arbeit im Laboratorium setze sich aus einer Reihe aneinandergeknüpfter technologischer Tätigkeiten zusammen. Man könne im Besitz des besten täglich geeichten Photometers sein und erhalte trotzdem schlechte Werte, wenn im Laufe des Tages der Pipettierautomat in seiner Funktion gestört sei (WEYER).

LANGE gibt zu, daß im Laufe der Zeit Dejustierung und Veränderung von Geräten tatsächlich gegeben seien. Hier stelle sich die Frage, in welchen Grenzen sie toleriert werden könnten. Bedauerlich sei von der Herstellerseite, daß eine regelmäßige Wartung und gegebenenfalls Nachjustierung im reinen Ermessen der Benutzer liege. Regelmäßige fachkundige Wartungen seien dazu geeignet, Abweichungen zu erkennen und abzustellen, die irgendwann die Toleranzgrenzen überschreiten würden. Solange nicht Vorschriften für eine Geräteprüfung von staatlicher Seite erfolgten, sollten für jedes Gerät Wartungsvorschriften in jedem Laboratorium vorliegen, die es den Anwendern erlaubten, regelmäßige Prüfungen selbst durchzuführen. v. BOROVICZÉNY weist auf entsprechende Grundvorschriften des amerikanischen "Begehungs- und Zulassungssystems" hin, über das von Peters und Foft in diesem Band berichtet worden ist.

Abschließend wird von BAUMGARTEN festgestellt, daß eine Novellierung des Eichrechts mit Sicherheit nicht von heute auf morgen für alle Geräte die Zulassungspflicht einführen werde. Es müsse andere Wege geben, die möglicherweise eine Entwicklung von 10 oder 15 Jahren bräuchten. Im Grunde genommen sei aber doch am Rande der Erörterungen angeklungen, daß hier mit Sicherheit keine neue Einnahmequelle geschaffen werden solle. Vielmehr bestehe ein permanentes Unbehagen, daß man die Waage im Ladengeschäft eiche und hier wisse, daß man zu richtigen Meßergebnissen komme, während im Bereich der Medizin immer neue Verfahren und Meßgeräte auf den Markt kommen, aber niemand kontrolliere, ob mit diesen richtig gemessen werde. Das Hauptproblem sei die Zulasssungsprüfung. Denn sie unterstütze den Arzt am meisten, weil diese ungeeignete Geräte aussondere. Sie sei folglich keine Maßnahme gegen den Arzt, sondern für ihn. (Siehe Band 4 der INSTAND- Schriftenreihe: Geräteevaluation. In Vorbereitung).

Zu 2.2

Im Zusammenhang mit dem Vortrag von v.KLEIN-WISENBERG und AUSLÄNDER haben sich neben den Diskussionsleitern (BORNER, MERTEN) BAUMGARTEN, BORNER, FÜHR, HAJDU, LANGE, NINK, THOM und WEYER beteiligt.

Wenn man, so Weyer, über Photometer spreche, so meine man zunächst einmal das übliche Spektral-Photometer-Basisgerät für manuelle Bedienung, das von allen Seiten zugänglich sei, und bei den Prüfmög-

276

lichkeiten denke man an Spezifikationen wie Wellenlängenrichtigkeit,
Halbwertsbreite, Falschlichtanteil und alle die Dinge, die von dem
Vortragenden (v. KLEIN-WISENBERG) dargelegt worden seien.

In dem jetzt mehrfach erwähnten Photometerausschuß der PTB (in den
er erst zu einem späteren Zeitpunkt hineingekommen sei), arbeiteten
von den Anwesenden LANGE, v. KLEIN-WISENBERG, FUHR und die Herren
von der PTB, sowie Vertreter der beiden Fachgesellschaften der klinischen Chemie und Labormedizin, dazu als Vertreter der Hersteller
HERRMANN, LANGE, TAUSCH und WEILAND mit, um Fragen der Spezifikation
und Anforderungen an Photometer zu besprechen. Ein erstes Ergebnis
sei, daß es für alle Photometer Grundspezifikationen gebe, die für
problemlose Methoden (Extinktionsmaximum auf breitem Plateau in gutem Empfindlichkeitsbereich der Photozelle bzw. im günstigen Bereich
der spektralen Energieverteilung der Lichtquelle, Extinktionen um
0,3 herum usw.) relativ leicht erfüllbar seien. Ganz andere Anforderungen an ein Photometer müßten bei heiklen Verfahren gestellt werden, etwa bei der Kreatininbestimmung mit ihrer Messung an einer
steilen Flanke oder bei Aktivitätsbestimmungen, z.B. von GLDH, CK-MB
usw., in denen nur sehr geringe Extinktionsdifferenzen je Minute zu
erwarten seien, aber exakt erfaßt werden müßten. Am Anfang aller
Überlegungen über Photometerspezifikationen müsse ein Methodenkatalog mit Angabe der zu erwartenden Meßprobleme stehen (siehe
BAUMGARTEN, Geräteeichung).

Von **NINK** seien Berechnungen über die systematischen und sonstigen
Fehler angestellt worden. Wieweit werde die spektrale Empfindlichkeit des Empfängers berücksichtigt, oder werde diese als konstant
angesehen ? Die spektrale Geräteempfindlichkeit (Durchlaßcharakte-
ristik der gesamten Meßanordnung), so **v.** KLEIN-WISENBERG , werde
einmal als Dreiecksfunktion angenommen, und zwar mit einer Halbwertbreite, die in bestimmtem Verhältnis zur Bandenbreite stehe. Ein anderes Mal werde sie mit gleicher Halbwertbreite als Gauß-Funktion
angenommen. Es würden sich nach numerischer Integration der Produkte
aus spektralem Transmissionsgrad und spektraler Gerätefunktion über
das Wellenlängenintervall Abweichungen, auf Extinktionen bezogen, in
der Größenordnung von halben Prozenten, also nicht besonders bemerkenswert, ergeben. Allerdings treffe die Voraussetzung einer symmetrischen Verteilungsfunktion bei großen Bandbreiten der spektralen
Aussonderungseinrichtung nicht mehr in voller Strenge zu.

Wieweit sei die räumliche Inkonstanz einer Spektrallampe durch die Benutzer eines Photometers zu beeinflussen ? Wenn man z.B. eine Quecksilberlampe vernünftig justiere, und zwar so, daß man den mittleren Bereich des leuchtenden Teils in die Mitte des Spaltes bringe, dann habe man doch einen erheblichen Einfluß auf die Genauigkeit. FÜHR: Dies habe er gerade bei Fluoreszenzmessungen und nephelometrischen Messungen beobachtet. Er achte darauf, daß die Lampe nicht nach dem Maximum, sondern nach der Ruhe des Ausschlags justiert werde. Er wähle also mit dem Spalt den Teil des Brenners heraus, der besonders ruhig sei, selbst dann, wenn er nicht das Maximum der Intensität einstelle. Dazu v. KLEIN-WISENBERG: Die Kontinuumstrahler würden keine Schwierigkeiten hinsichtlich der räumlichen Konstanz der Abbildung der Strahlungsquelle auf den Eintrittsspalt oder die Eintrittsluke bieten. Bei den Wolframlampen sei die Wendel fixiert. Bei den Deuteriumlampen werde die Strahlung durch einen Schlitz in der zylindrisch geformten Anode abgestrahlt. Laserquellen seien geometrisch von vornherein stabil. Bei Quecksilberentladungslampen neige indessen der Bogen zum Auswandern in der Vertikalachse. Es müsse dafür Sorge getragen werden, daß stets Flächenelemente gleichverteilter Intensität zur Abbildung gelangen.

Von HAJDU wird auf Messungen mit monochromatischen Geräten mit zwei Wellenlängen entweder mit sehr hartem Licht oder mit zwei voneinander unabhängigen Systemem hingewiesen. Ob hier die monochromatischen oder/und die Lichtfehler kompensiert oder potenziert würden ? v.KLEIN-WISENBERG: Man müsse hier unterscheiden: Wenn zwei Wellenlängen sehr weit auseinander liegen, benutze man die zweite Wellenlänge, um eine Untergrundkompensation vorzunehmen. Dies beruhe auf sehr vielen Voraussetzungen und korrigiere nur konstante Untergründe. Denn wenn man Streulicht habe, gehe dies bei relativ großen Teilchendurchmessern mit einer niedrigeren als der vierten Potenz der Wellenzahl einher, sodaß man korrekterweise mit derselben Wellenlänge messen solle. Ein anderes Verfahren messe mit zwei relativ nahe nebeneinander liegenden Wellenlängen. Auch damit bewirke man eine Untergrundkompensation. Der Prozeß führe bei konstanten Versuchsbedingungen (Verstärkereinstellung usw.) zu einer Differenzierung des monochromatisch gemessenen Meßsignals. Bei konstanter Verstärkereinstellung werde der konstante Faktor, der Intensitätsfaktor, nicht verändert.

Im Zusammenhang mit den von INSTAND durchgeführten Photometerkontrollen ergeben sich folgende Fragen: In welchem Umfang halte v. Klein-Wisenberg es nach den bisherigen Erfahrungen für sinnvoll, weiter so zu verfahren ? Wie lege er den Zielwert fest ? Lege er ihn für ein bestimmtes Gerät oder für viele Geräte fest ? Gebe es hier Unterschiede ? Müßten die festgelegten Zielwerte zwingend für alle Photometer angenommen werden oder, wie unter Vergleichsbedingungen, Unterscheidungen gemacht werden ?

Naturgemäß dürfe man nur unter spezifizierten Meßbedingungen Zielwerte festlegen (v. KLEIN-WISENBERG). Dann müsse man allerdings Einheitlichkeit voraussetzen. Es würden Wellenlänge und Schichtdicke, bezogen auf Rechtecküvetten, spezifiziert. Wenn es sich ergebe, daß ein Photometer - ein solcher Fall liege vor - nur mit einem einzigen Filter in einer Wellenlänge zu finden sei, die von der gewünschten Wellenlänge abweiche, so komme man hier natürlich zu systematischen Differenzen, die bei den jetzt laufenden Ringversuchen mit diesen Instrumenten durch eine Korrektur nach einer gesonderten Information durch die Absorptionscharakteristik der Probe ausgeglichen werden. Alle übrigen Geräte sollten den gleichen Wert haben, da es ja Substanzen wie Hämoglobin, NADH oder NADPH gebe, die über Extinktionskoeffizienten den Meßwert liefern.

THOM meint, dies gelte sicherlich für die Cyanhämoglobinmethode. Aber bei den Ringversuchen würde ja Vollblut als Kontrollprobenmaterial verwendet, und die korpuskulären Bestandteile würden erhebliche Streuverluste ergeben. Diese seien von sehr unterschiedlichem Ausmaß, je nachdem, wie weit eine Rechtecküvette von der Photozelle entfernt sei. Wenn man also bei Hämoglobincyanidlösungen immer die gleiche Extinktion messe, würden bei verschiedenen Photometertypen bei der Blutprobe mit unvermeidbaren Streulichtverlusten unsystematische Unterschiede auftreten. Z.B. genüge bei einem Eppendorf- oder Zeiss-Photometer der normale Anteil an Leukozyten im Normbereich, um etwa einen Streulichtverlust von 3 % hervorzurufen. Dies könne seiner Meinung nach nicht vernachlässigt werden.
Hierzu v. KLEIN-WISENBERG: Im Grunde genommen sei dies richtig. Der Anwender müsse wissen, was für ein Gerät er kaufe, und er solle, wenn er häufig trübe Lösungen zu messen habe, den Abstand zwischen Küvette und Photoempfänger möglichst gering halten, um diesen Einfluß auszugleichen. Er werde dies aber vermeiden, wenn er mit einer Cyanmethämoglobinlösung, die durch ein 0,3 m Filter gegeben worden

sei - wie dies in Ringversuchen erfolge - arbeite. Zur Zielwertfestlegung: Diese erfolge bei der Cyanmethämoglobinprobe nach dem üblichen Procedere des Standardvermessens. Bei der Testlösung für das im
UV gemessene Kaliumpikrat lasse sich glücklicherweise die Substanz
in Eisessig umkristallisieren, leicht wasserfrei erhalten und direkt
durch Einwaage in 5 millimolarer Natronlauge herstellen. Die Extinktionskoeffizienten seien von v. Halban und Kortüm gemessen worden
und in mehrfacher Wiederholung von ihm bestätigt worden.

LANGE: In der Vergangenheit seien wiederholt Ringversuche mit Hämoglobincyanidlösungen durchgeführt worden. Dort sei die Vorzugswellen-
länge 546 Hg angeboten worden. Aber in der Gebrauchsanweisung stehe,
und zwar wiederholt, daß man im Bereich von 540 bis 560 nm messen
könne. Beim Betrachten der Kurve sei es unschwer zu erkennen, daß
hier bei 560 nm bereits ein Abfall von etwa 20 % zu beobachten sei.
Er müsse deshalb darauf hinweisen, da ein Gerät seines Hauses, das
einen Filter von 560 nm habe, in ca. 15.000 Exemplaren noch am Markt
sei. Die Kunden machten die Ringversuche, weil sie ihnen angeboten
würden und weil es ja auch ein Farbtest sei, in gutem Glauben, daß
es auch sinnvoll sei. Hier müsse dieser Filter bei der Bewertung berücksichtigt werden. Es sei sicher keine unbillige Forderung, wenn
jeder Verwender für jeden Filter einen Wert eintragen könne. Er
(LANGE) möchte dies nur deshalb erwähnen, weil das genannte Gerät
eben das weitaus verbreitetste in Deutschland sei. Der verwendete
Filter beruhe auf Naturkonstanten des Urans und des Didyms. Er könne
seit 20 Jahren und auch heute noch in genau gleicher Weise hergestellt werden, sodaß die Werte sehr reproduzierbar seien. Er bitte
auch in diesem Kreise,für Messungen mit diesem Gerät einen besonderen Zielwert aufzunehmen, wenn solche Versuche wiederholt würden.

v. KLEIN-WISENBERG entgegnete, daß er bereits vorher, ohne die Firma
Lange beim Namen zu nennen, diesen Fall erwähnt habe. Es sei völlig
klar, daß man hier eine Korrektur vornehmen müsse. Es sei nur noch
nicht klar, wie diese Korrektur erfolgen und in ein Rechenprogramm
eingegeben werden könne, es sei denn, die Benutzer würden eine gesonderte Information dazu geben. Andererseits würde er es für möglich
halten, Filterphotometer dadurch zu kennzeichnen, daß sie spektrale
Bandbreiten von weniger als 30 nm haben. Spektralphotometer solle
man nur solche Geräte nennen, die spektrale Bandbreiten von weniger
als 2 nm aufweisen. Demgegenüber sei das von Lange verwendete Filter

mit einer spektralen Bandbreite von, er glaube, 15 nm bei der speziellen Wellenlänge von 560 nm außerordentlich geeignet und sei ein
recht guter monochromatischer Filter. Manche Interferenzfilter seien
wesentlich breitbandiger, so daß man sehr wohl auf diesen besonderen
speziellen Fall eingehen könne. Es sei dennoch nicht wünschenswert,
wenn man eine gesonderte Zielwertermittlung vornehme. Denn dieses
spezielle Gerät habe eine Rundküvette mit nicht ganz definierter
Schichtdicke. Aber man könne natürlich rechnerisch für jeden Geräte-
typ einen Zielwert festlegen und den Benutzern mitteilen, daß für
sie ein von anderen Geräten abweichender Zielwert gelte.

Zu 2.3

Zum Referat von Herrn AUSLÄNDER zur Überprüfung photometrischer
Messungen machte BORNER noch eine generelle Bemerkung. Man solle
sich davor hüten, etwas in Ringversuchen auszuprobieren, was nicht
hundertprozentig getestet sei. Er habe rein zufällig auch mit dieser
Farbsubstanz Temperaturmessungen gemacht. Er wolle die Versuche von
Herrn Ausländer gar nicht schlecht machen - er fände sie sehr gut
und interessant - es bestehe allerdings ein Unterschied zwischen einem Versuch im eigenen Labor und in einem Ringversuch. Im Falle dieser Temperaturmeßlösungen bestehe eindeutig das Problem der exakten
Kalibrierung, der Extinktion bei einer absoluten Temperatur. Das
zweite sei, er habe also die Originalmethode, die in Clinical Chemistry beschrieben sei, verwendet, die ein dreimal so hohes Signal gebe wie die vorgetragene Methode, aber er glaube nicht, daß man weniger als einen halben Grad Temperaturunterschied messen könne. Er würde warnen, so etwas auszuschicken, wenn gleichzeitig hochgestochene
Forderungen in Form einer Temperaturpräzision von 0,05 Grad für
enzymatische Messungen international erhoben werden. Damit, etwas
Unausgereiftes herauszuschicken, würde sich INSTAND sicher keinen
Gefallen tun.

Zu 2.4

THOM weist darauf hin, daß man die Zellsuspension keinesfalls in
Kunststoffröhrchen aufschwemmen dürfe, da sich sonst Zellen an die
Röhrenwand anlagern und somit das Zählergebnis verfälschen können.

Er betont auch, daß die Technik des Durchmischens einen großen Einfluß auf das Zählergebnis habe. Die für die Erythrozytenzählung ausgearbeitete Referenzmethode sei nicht ohne weiteres auch für Leukozyten-, Blutplättchen- oder andere Zellzählungen anwendbar. Vielmehr müsse die Methode für jede Zellart neu überdacht, entsprechend modifiziert und experimentell erprobt werden. Wichtig sei, daß bei einer Zielwertermittlung mindestens zwei unabhängige Laboratorien eingesetzt werden.

Zu 3 (DIE KONTROLLPROBE):
   3.1 bis 3.6 (Herstellung, Beschaffenheit, Vergleichbarkeit und
   Qualitätssicherung von Kontrollproben durch Hersteller und
   Versuchsleiter)

<u>Zu 3.1 bis 3.6</u>

Zur Kontrollprobe werden an Hersteller und Versuchsleiter Fragen zur Zielwertermittlung und den Angaben der Hersteller in den Beipackzetteln gestellt (BORNER, EßER, FÜHR, HAJDU, THEFELD).
Es werde offensichtlich, daß der Hersteller bei einer oder mehreren Referenzinstitutionen Zielwerte ermitteln lasse, diese aber mit eigenen, nicht über Referenzinstitutionen mitgeteilten Zielwerten in den Beipackzetteln aufführe (EßER).
Die enthielten eine Vielzahl von methoden- und geräteabhängigen Zielwerten und würden den Verwender irritieren. Hierdurch werde eine 'gründliche Untersuchung' dokumentiert. Auch würden Werte, die durch Sollwertorganisationen über Referenzlaboratorien gewonnen werden, durch Fettdruck hervorgehoben. Es werde aber nicht klar, welche von den mitgeteilten Werten 'richtig' seien. Der 'wahre' Wert könne nur mit einer 'anspruchsvollen' Methode, z.B. einer Referenzmethode erhalten werden. Ob es nicht möglich sei, Zielwerte, die zwar mit verschiedenen Methodologien ermittelt worden seien, aber einen engen Streuungsbereich aufweisen, zusammenzufassen und dadurch die Möglichkeit schaffen, sich in der Bewertung für denselben Bestandteil auf einige wenige Zielwerte zu konzentrieren ?

Von den Kontrollprobenherstellern wird hierzu angeführt, daß die Verwender Werte für eine bestimmte Methode und ein bestimmtes Gerät, oft auch in Verbindung mit bestimmten Reagenzien wünschen. Ob dies

282

sinnvoll sei, sei eine andere Frage. Eine Firma, die für verschiedene Methoden besondere Zielwerte angebe, sei stets anderen überlegen, die dies nicht tun (BRETTSCHNEIDER).
Man müsse den Verbraucher dahinbringen, daß er einem Kontrollserum,
bei dem er nur einen einzigen Wert für einen Bestandteil finde, das
gleiche Vertrauen entgegenbringe, wie einem Kontrollserum, für das
3, 4 oder auch 5 und mehr Werte für einen Bestandteil angegeben
würden (v. THUN). Es seien aber doch zuverlässige Methoden bekannt,
wie z.B. die definitiven oder Referenzmethoden. Auch könne man Werte
in etwa dem gleichen Bereich zusammenfassen, auch wenn sie mit verschiedenen Methoden ermittelt worden seien, so wie dies z.Zt. in den
Ringversuchen von INSTAND erfolge.

Zur Frage von BORNER, was in den "Waschzetteln" ausgedruckt werde,
wird von EßER darauf hingewiesen, daß in dem Waschzettel, den
Herr BRETTSCHNEIDER erwähnt habe, offenbar eine Kombination mit einer weiteren Zielwertermittlung enthalten sei. Dies lasse vermuten,
daß der Hersteller gleichzeitig von mehreren Referenzinstitutionen
Zielwerte ermitteln lasse und dann mit seinen eigenen kombiniere und
erst dann in den Waschzettel einbringe. BRETTSCHNEIDER stimmt dem
zu: Es gebe zwei Arten von Zielwerten mit dem eigenen (VDGH-)Modell
und den Referenzinstitutionen der Deutschen Gesellschaft für Klinische Chemie (DGKC) sowie von INSTAND. Diese würden fett ausgedruckt.
Die normal ausgedruckten Zielwerte würden über Laboratorien, die im
Sinne der Bundesärztekammer als Referenzlaboratorien anerkannt worden seien, bzw. über eigene, firmeneigene Laboratorien, die ebenfalls in Zielwertermittlungen durch Versuchsleiter herangezogen würden, ermittelt. Grundsätzlich würde, wie im Falle der Hexokinase-
oder der GOD-Perid-bestimmung über Referenzinstitutionen ermittelt;
darüberhinaus könnten von diesen keine 'gerätespezifischen' Zielwerte, z.B. Werte mit der o-Toluidin- oder polarographischen Methode
erhalten werden. Zielwerte mit solchen Methoden hätten aber in den
USA und in anderen Ländern eine große Bedeutung. Dazu wird von MER-
TEN ergänzt, daß häufig für die Bestimmung mit 'älteren Methoden'
und ebenso mit 'neu auf den Markt kommenden' Methoden zum Zeitpunkt
der Zielwertermittlung keine oder noch keine Referenzwerte zur
Verfügung stehen.

HAJDU schneidet das Problem an, wieweit man nicht besser zum Primär-
standard zurückkehren solle, bei dem eine Einwaage, mit einem geeigneten Lösungsmittel versetzt, eine eindeutige Definition der In-

haltsstoffe gebe und wieweit bei lyophilisierten oder total dialysierten Proben die Matrix noch der einer Patientenprobe gleiche.

Nach v. THUN erfolgt bei einer "totalen Dialyse" keine Veränderung der Proteine, da nachträglich bei der Analyse der einzelnen Bestandteile keine signifikanten Veränderungen gegenüber dem Ausgangsmaterial festgestellt werden konnten.

Jede Probe habe eine andere Matrix (v. BOROVICZENY). Mit Hilfe der von ihm eingeführten und viele Jahre benutzten Quotientenkontrollkarte sei es möglich, die verschiedensten Proben zur Präzisionskontrolle und Richtigkeitskontrolle einzusetzen, wobei diese nur wenig um den Quotienten 1 herum mit ihren Werten lägen, woraus zu schließen sei, daß diese sehr schön harmonisierten. Es müsse in den verschiedenen Kontrollproben geprüft werden, wieweit man mit verschiedenen Bestimmungsmethoden zu übereinstimmenden Ergebnissen komme.

FüHR konnte bestätigen, was Clotten in einer ausführlichen Studie 1966/67 - über die auf dem Laboratoriumskongreß in Karlsruhe berichtet worden sei - zu den verschiedensten Eisen-Bestimmungsmethoden und Reagenzien festgestellt habe, - daß die Eisenbestimmung ohne Eiweißfällung der nach Eiweißfällung überlegen sei. Außerdem habe er beobachtet, daß in Beilagezetteln ganz unterschiedliche Werte ohne und nach Eiweißfällung angegeben würden. Im Gegensatz zu Patientenseren würde im Autoanalyzer in einem beliebigen Kontrollserum, das er verwendet habe, noch nach 80 Minuten die Extinktionsanzeige weiter zunehmen. Er fordere von jedem Versuchsleiter, daß die von Ringversuchsteilnehmern angewandten Methoden sämtlich vorher mit verschiedenen Reagenzienkontrollproben analysiert würden. Die Probenhersteller müßten versuchen, ihre Kontrollproben weiter zu verbessern.

Von THEFELDT wird auf die Unterschiede in den Beipackzetteln hingewiesen, die für identische Methoden, beispielsweise bei optimierten Enzymbestimmungsmethoden, einmal einen Wert einer Referenzinstitution, z.B. der DGKC, zum anderen im Zusammenhang mit dem Hinweis auf Boehringer Mannheim oder Merck, beide für "optimierte Methoden", aber verschiedene Werte angeben würden, obwohl z.B. für die GOT nur ein einziger Wert bei einer identischen Methodengrundlage gelten müsse. Da sei kein "Lehrprozeß" notwendig, wie von Ausländer gesagt worden sei, sondern umgekehrt: Eine solche Angabe sei eine Gefahr.

Die Benutzer würden darin bestärkt, unterschiedliche Methoden zu nehmen. Würde man weniger Methoden angeben, würde man schneller zur Vereinheitlichung einer Methode kommen. Die Ursache liege darin, daß die beiden Referenzinstitutionen sich bei ihrer Zielwerterstellung nach den Richtlinien der BÄK richten, während bei Firmenwerten eigene Laboratorien oder die anderer Kollegen mitwirken. In diesem Zusammenhang wird auf die Empfehlung der Commission on World Standards vom März 1979 (COWS der WASP), in Europa vom Mai 1979 (s.S. 220), hingewiesen (v.BOROVICZÉNY).

Zu II (PRAXIS DER ERMITTLUNG UND ANWENDUNG DES ZIELWERTES)
> **4. Der Ringversuch:**
> **4.2** Qualitätssicherung und Zielwertermittlung qualitativer und quantitativer Analysenergebnisse und
> **4.3** Beurteilung qualitativer Merkmale in Ringversuchen

<u>**Zu 4.2**</u> (siehe auch unter 1.1 bis 1.3 und 4.1 und 4.6)

v. KLEIN-WISENBERG: In der Klassifikation von **v. BOROVICZÉNY** (Seite 118) würden quantitative Merkmale weiter unterteilt in Ereignis- und **Zustandsmerkmale.** Während "Ereignis" zweifellos ein in der Wahrscheinlichkeitsrechnung gut bekannter und damit für die Statistik notwendiger Begriff sei, spreche er sich gegen die willkürliche Benutzung des Begriffs "Zustand" für ein immanentes Beschaffenheitsmerkmal (mithin für eine **Talität**) aus. Spätestens seit Carathéodory (1909) sei die Thermodynamik eine axiomatische Wissenschaft, wie sie vordem nur die euklidische Geometrie gewesen sei. Dort sei **Zustand** (engl. state, lat. status) definiert als

Inbegriff sämtlicher Größen eines physikalischen Systems, die es in jedem Zeitpunkt in seinen Eigenschaften und seinem (dynamischen) Verhalten eindeutig beschreiben und einander zugeordnete Werte haben (Meyers Lexikon 1969)

mit der Rechenvorschrift

.. Zustand eines Systems ist durch einen Satz von Meßwerten festgelegt, sodaß das Ergebnis jeder weiteren Messung an dem System aus diesen berechnet werden kann. Eine Größe, deren Differential ein vollständiges Differential der Zustandsvariablen ist, heißt Zustandsfunktion (Münster, 1969)

Die **Zustandsvariablen** würden - als physikalische Größen - auch Zustandsgrößen genannt. Vereinbar mit dem Vorbehaltsgebrauch dieses

Wortes durch die Thermodynamik seien Wortverbindungen wie quanten-
mechanischer Zustand, Zustandsdiagramm, Zustandssumme, Zustands-
vektor u. dgl.

Der Komplementärbegriff zu Ereignis sei nicht Zustand, sondern Beschaffenheit (condicio oder qualitas), wie man aus dem Synonym fol-
gern könne
   Zustand: Beschaffenheit, augenblickliche Lage (Wahrig, 1968) und
wiederum im lateinischen Wörterbuch unter status einerseits, unter
condicio und qualitas andererseits nachschlagen könne.
Er könne seines Erachtens die fehlerhafte Anwendung des Begriffes Zustand nur bei M. Hengst (1967) finden. Da er (Hengst) in einer persönlichen Mitteilung vom 22. Oktober 1982 den physikalisch-chemi-
schen Begriff "intensive Größe" durch die Definition verzerre, indem
er behaupte, diese ließe sich nicht sinnvoll addieren, was nun für
die intensiven Größen Molenbruch und Partialdruck gewiß nicht zutref-
fe, müsse er sich für seine eigenen Fehlanwendungen von altehrwürdi-
gen Vorbehaltsworten vorhalten lassen, was er selbst ihm ins Stamm-
buch geschrieben habe.
   "Bevor Sie nicht unmißverständlich formulieren, was Sie mit Ihrer
   Neubildung eigentlich meinen, können Sie nicht erwarten, daß man
   Ihre Neuschaffung (gemeint war die Talität) als notwendig akzeptiert."

Zu 4.3

Zu diesem Vortrag haben sich v. BOROVICZEŃY, FÜHR, HAUCK, MERTEN
und SCHÜTZ geäußert.
Die Blutgruppenbestimmungen seien durch Richtlinien geregelt. In diesen sei auch vorgeschrieben, daß man stets zwei verschiedene Test-
systeme verwenden müsse. Wenn man Doppelbestimmungen durch zwei Untersucher vornehmen lasse und die Ergebnisse vergleiche, sehe man
immer, wo unterschiedliche Ergebnisse zustande kommen würden. Man
könne dann nach den Ursachen forschen. Eine Fehlerquote von 2 % im
ABO-System könne man nicht verstehen. Analysenfehler dürfe man bei
Blutgruppen- und Antikörperbestimmungen jedoch nicht unterschätzen.
Bei qualitativen Aussagen gebe es nur die Möglichkeit, mit 'Ja' oder
'Nein' oder mit 'Richtig' oder 'Falsch' zu entscheiden. Diese Beurteilung sei aber davon abhängig, was als 'richtig' oder 'falsch' de-

finiert werde, z.B. bei den Antikörpern: Wenn man bei einem Antikörpersuchtest nur den positiven indirekten Coombstest als 'positiv'
ansehe, erhalte der Untersucher, der einen Fermenttest verwende und
eine Kontrolle mit Patientenerythrozyten mitführe und nur dabei ein
'positives' Ergebnis erhalte, die Beurteilung 'falsch', obwohl er
diesen Befund dann im 2. Arbeitsgang bei der Differenzierung als
'unspezifisch' angeben würde. Sobald man Blutkörperchen verschicke,
gebe es zweifellos Probleme. Die Antikörper seien, da sie im Serum
versandt würden, absolut stabil. Die Blutkörperchen könnten dagegen
bei falscher Lagerung hämolysieren. Sie seien jedoch in einem
Stabilisator suspendiert, so daß ihre Haltbarkeit bei richtiger
Lagerung 40 bis 50 Tage garantiert werden könne.
Die Verschlüsselung mache manchmal Schwierigkeiten. Diese könne man
aber durch die Betrachtung der Ergebnisse klären. Man solle Proben,
deren Ergebnisse das Computerprogramm nicht voraussehe, z.B. "A
intermediär", nur in Ringversuchen auf einer gehobenen Stufe, d.h.
mit höheren Anforderungen an die Teilnehmer, verwenden. Fehler im
ABO-System dürfe man nicht verallgemeinern. Es könnten Eintragefehler oder Verwechslungen, auch technisch bedingte Fehler, vorliegen.
Fehler seien also weniger durch die Bestimmung verursacht, sondern
meist "Verkehrsunfälle".

Zu 5 (Zielwertermittlung) und 6 (Beurteilung der Ringversuchsteil-
    nehmer) siehe unter den Diskussionen unter I und II

VII BIBLIOGRAPHIE ZUM THEMA ZIELWERT-SOLLWERT-ZIELBEREICH

Acland JD, Lipton S (1967) Precision in a clinical chemistry laboratory. J Clin Pathol 20:780

Adams TH, Meuson RC, Caputo MJ, Doumas B (1979) The effect of control
   sera turbidity on intervial precision and instrument performance.
   Technical Discussion Number 44, Deerfield, Illinois, Hyland Diagnostics, Division of Travenol Laboratories, Inc.

Agnesse ST, Spierto FW, et al (1983) Evaluation of four reagents for
   delipidation of serum. Clin Biochem 16:98

Ahmed S, Lippel K, Bachorik PS, Muesing R, Weidman St, Winn C (1979)
   External quality control survey of triglyceride (triacylglycerol)
   analyses performed by 12 lipid research clinics. Clin Chem 25:880

Aitchison J, Habbema JDF, Kay JW (1977) A critical comparison of two
   methods of statistical discrimination. Appl Statist 26:15

Albath W (1982) Präanalytische Phase im Labor. Teilschritt Blutgewinnung. Gruppenpraxis 1:4

Albertini A, Bolleli G (1982) Italian external quality-control for
   protein and steroid hormones. In: Radioimmunoassay and related
   procedures in medicine 1982. IAEA, Vienna, p 629

Amador E (1968) Quality control of the reference sample method. Am
   J Clin Pathol 50:360

Amazon K, Soloni F, Rywlin AM (1981) Separation of bilirubin from hemoglobin by recording derivative spectrophotometry. Am J Clin Pathol 75:519

Amelung D, Hofmann L, Otto L (1966) Untersuchungen zur Haltbarkeit
   der Ferment-Aktivität im Serum. Dtsch Med Wochenschr 91,851

American Society for quality control, Statistical committee (1973)
   Glossary and tables for statistical quality control. Milwaukee, WI

Anand VS, White JM, Nino HV (1975) Some aspects of specimen collection and stability in trace element analysis of body fluids. Clin
   Chem 21:595

Anderson TW (1958) An introduction to multivariate statistical analysis, John Wiley and Sons, Inc. New York, p 11

Andrews S, Cooke PR, Went I (1983) A quality-control scheme for ward-
   based blood glucose estimations. Med Lab Sciences 40:279

Anido G, van Kampen EJ, Rosalki SB (1973) Progress in quality control
   in clinical chemistry. Transactions of the V international symposium, Geneva, April 10-11. Hans Huber Publ., Bern Stuttgart Vienna

Anido G, van Kampen EJ, Rosalki SB, Rubin M (1975) Quality Control in clinical chemistry. Transactions, Geneva, April 23-25. Walter de Gruyter, Berlin, New York

Appel W (1977) Arzneimittelwirkungen in der Laboratoriumsmedizin: Arzneimittelwechselwirkungen. Tempo Medical 7:12

Arkin CF (1981) The T-test and clinical relevance. Is your β error showing? Amer J Clin Pathol 76:416

Arthur GL, Rawnsley HM (1977) Statistical analysis of method comparison studies. Advanced clinical chemistry check sample No. ACC-23. CCE Council on clinical chemistry, American Society of Clinical Pathologists 1977

Artmann C (1983) Erfahrungen mit einem neuen Kontrollblut für die Hämatologie. Lab Med 7:312

Aschir H (1977) Interne Qualitätskontrolle im Routinelabor. MTA Zschr dvta 22:1

Astle L, Potter R, Burkart JA (1980) An investigation of rheumatoid factor detection kits for their accuracy and reproducibility. FDA Final report TR 1601

Bachorik PS (1982) Collection of blood samples for lipoprotein analysis. Clin Chem 28:1375

Bachorik PS, Most B, Lippel K, Albers JJ, Wood PDS (1981) Plasma lipoprotein analysis: Relative precision of total cholesterol and lipoprotein-cholesterol measurements in 12 lipid-research-clinics laboratories. Clin Chem 27:1217

Bacus JW (1973) The observer error in peripheral blood cell classification. Am J Clin Pathol 59:223

Bailly M, Bretaudiere JP (1973) Quality control organization in the Paris district hospital laboratories - Utilization of results with a view to standardization of methods. p 175 In: Anido G, van Kampen EJ, Rosalki SB (eds) Progress in quality control in clinical chemistry. Transactions of the V international symposium, Geneva. Huber, Bern

Bailly M, Bretaudiere JP, Dumont G et al (1975) Du comportement des serum utilisè pour le controles de qualité interlaboratoire. In: organisation des laboratoires - Biologie prospective. 3ème colloque de Pont-a-Mousson. p 63 In: Siest G (ed) L'expansion scientifique francaise, Paris

Bailey M, Capel BJ (1983) Contained clinical chemical analysis of hazardous specimens. Lab Practice 32: 142

Bairrington JD, Peterson EW, Emil W (1968) The one-stage prothrombin time: alterations due to changes in pH. Am J Med Technol 34:437

Bais R, O'Laughlin PD, et al (1983) Preparation and characterization of a human matrix suitable for quality control or refernce materials. Pathology 15:15

Balows A, Isenberg HD (1969) Quality control in the clinical microbiology laboratory. A roundtable discussion. General Diagnostics Division of Warner-Lambert Pharmaceutical Co.

Balows A, Hall CT, Gavan TL (1977) p 29 In: Bondi A,Bartola JT, Prier JE (eds) Standardization and quality control of disc susceptibility testing in the United States in the clinical laboratory as an aid in chemotherapy of infectious disease. University Park Press, Baltimore, Maryland

Banez EI, Triplett DA, Koepke J (1980) Laboratory monitoring of heparin therapy - The effect of different salts of heparin on the activated partial thromboplastin time. An analysis of the 1978 and 1979 CAP hematology survey. Am J Clin Pathol 74 (Suppl):569

Barnett RN (1965) A scheme for the comparison of quantitative methods Am J Clin Pathol 43:562

Barnett RN (1971) Clinical laboratory statistics. Little, Brown & Co. Boston.

Barnett RN, Youden WJ (1970) A revised scheme for the comparison of quantitative methods. Am J Clin Pathol 54:454

Barnett V, Lewis T (1978) Outliers in statistical data. John Wiley & Sons, Chichester

Barnett RN, McIver DD, Corton WL (1978) The medical usefulness of statistical tests. Am J Clin Pathol 69:520

Barnes BA, Teears RJ, Bloch DM, Batsakis JG (1977) Serum lithium. A CAP survey perspective. Am J Clin Pathol 68(Suppl):162

Barr WT (1978) Technical quality control in histopathology. J Clin Pathol 31:996

Barry AL (1974) The role of NCCLS in standardization of susceptibility techniques. Current techniques for antibiotic susceptibility testing. p 47 In: Balows A (ed) Springfield, Illinois, C C Thomas

Barry AL (1967) One microbiologist's approach to quality control in clinical microbiology, Second round table on quality control in Clinical Microbiology. In: A Balows, HD Isenberg. Presented at the annual meeting of the American Society for Microbiology, New York

Barry AL, Feeney KL (1967) Quality control in bacteriology through media monitoring. Am J Med Technol 33:387

Barry AL, Jones RN, Gavan TL (1978) Evaluation of the micro-media systems for quantitative antimicrobial susceptibility testing,a collaborative study. Antimicrob Agents Chemother 13:61

Bartlett R (1967) Experience with a quality control program in a clinical laboratory; second round table on quality control in clinical microbiology. In: Balows A, Isenberg HD. Presented at the annual meeting of the American Society for Microbiology, New York

Bartlett RC (1974) Medical microbiology: Quality, cost, and clinical relevance. Wiley-Interscience, New York, NY

Bartlett R, Irving WR Jr, Rutz C (1970) Quality control in clinical microbiology. Revised edition. ASCP Commission in Continuing Education, Chikago

Bartlett RC (1975) Functional quality control. p 145 In: Prier JE, Bartola JT, Friedman H (eds) Quality control in microbiology. University Park Press, Baltimore, MD

Bartlett RC, Allen VP, Blazevic DJ, Dolan CT, Dowell VR, Gavan TL, Tuhorn SL, Lombard GL, Matsen JM, Melvin DM, Sommers HM, Suggs MT, West BS (1978) In: Inhorn SL (ed) Quality assurance practices for health laboratories. American Public Health Association, Washington DC

Batsakis JG (1981) Report on the blood gas/pH conference. Pathologist 35:153

Batsakis JG (1982) Analytical goals and the College of American Pathologists. Am J Clin Pathol 78(Suppl): 678

Batsakis JG, Aronsson RS, Walker WA, Barnes B (1976) Serum albumin. A CAP survey. Am J Clin Pathol 66(Suppl): 238

Batsakis JG, Lawson NS, Gilbert RK (1982) Report on the quality assurance programs of the College of American Pathologists. Am J Clin Pathol 77(Suppl)512

Batstone GF et al (1983) Theophylline essay on dried blood spots. Lancet I:109

Bauer K, Gabl F (1979) Hemmung der Serum-Cholinesterase durch Kunststoff-Serumfilter Seraclear. Med Lab 32:170

Baumgarten D (1976) Füllmengenkontrolle bei vorverpackten Erzeugnissen. defazet 3:102

Bayse D (1979) Clinical chemistry proficiency testing. Past and future. Adv Autom Anal 1:217

Beck-Oostendorp E, Köchli HP, Degiampietro P, Colombo JP (1981) Erprobung von drei Lipasemethoden. Med Lab 34:77

Beeler MF, Bondreau DA (1977) CAP interlaboratory survey of analytic balances. Am J Clin Pathol 68(Suppl) 207

Beeler MF, Sappenfield RW (1983) Screening program evaluation. Am J Clin Pathol 79:135

Beeler MF, Lancaster RG (1975) CAP survey to assess the extent of stray light problems in precision spectrophotometry. Am J Clin Pathol 63(Suppl) 953

Beeser H, Merten R, Drescher H, Fischer J (1975) A german prothrombin time proficiency testing program. Thrombos Diathes haemorrh (Stuttg) 33:152

Beeser H, Fischer J, Merten R (1975) Progress in proficiency testing in the one stage prothrombin time in the federal republic of germany. Thrombos Diathes haemorrh (Stuttg) 34:364

Beeser H, Fischer J (1981) Qualitätssicherung in der Hämostaseologie. p 135 In: Merten UP (ed) Qualitätssicherung in der Laboratoriumsmedizin. INSTAND Düsseldorf

Behrensmann RD, Ludewigs M, Rotzler A (1975) Qualitätsverbesserung durch Ringversuche. Diagnostik 8:581

Bergen J, Hirsch H (1976) Vorschläge für eine fortlaufende graphische Darstellung von Ringversuchsergebnissen. J Clin Chem Clin Biochem 14:461

Bergmeyer HU (1974) Grundlagen der enzymatischen Analyse, 1. Aufl. Verlag Chemie, Weinheim

Bergmeyer HU (1981) Thoughts on standardization in the eighties. J Clin Chem Clin Biochem 19:109

Bergmeyer HU, Brent E, Gawehn K, Michal G (1974) Handling of biochemical reagents and samples. p 165 In: Bergmeyer HU (ed) Methods of enzymatic analysis. Verlag Chemie Weinheim Academic Press, Inc. New York, London

Bergmeyer HU, Busch EW (1979) Metabolic and drug influence on enzymatic assay procedures. Int. Congr. Clin. Chem., Mexico 1979

Bermes EW Jr, Erviti V, Forman DT (1976) Statistics, normal values, and quality control. p 83 In: Tietz N (ed) Fundamentals of clinical chemistry. W B Saunders Co., Philadelphia PA

Biesecker JL, Rippey JH (1981) Performances of urine pregnancy tests on College of American Pathologists survey specimens. Am J Clin Pathol 78(Suppl): 544

Biometrisches Wörterbuch (1969) 2. Aufl. VEB Deutscher Landwirt-
    schaftsverlag Berlin
Biswas CK, Ramos JM, Kerr DNS (1981) Heparin effect on ionised cal-
    cium concentration. Clin Chim Acta 116:343
Bjaeldager PAL, Jensen AH, Larsen E, Lauritsen OS, Paulew PE, Tjur T,
    Uldall A (1981) Interlaboratory comparison of acid-base. Variables
    in human blood and in quality control materials.Clin Chim Acta
Björkhem J (1982) On accuracy in clinical chemistry.   116:289
    J Clin Lab Invest 42:97
Björkhem J, Blomstrand R, Lantto O, et al (1976) Toward absolute me-
    thods in clinical chemistry: Application of mass fragmentography
    to high-accurate analyses. Clin Chem 22:1789
Björkhem J et al (1981) Accuracy of some routine methods used in cli-
    nical chemistry as judged by isotope dilution mass spectrometry.
    Clin Chem 27:733
Blazevic DJ, Hall CT, Wilson ME (1976) Practical quality control pro-
    cedures for the clinical microbiology laboratory. CUMITECH No. 3,
    Washington DC. American Society for Microbiology
Bodansky A (1931-1932) Paradoxical increase of phosphatase activity
    in preserved serum. Proc Soc Exp Biol Med 29:1292
Boehringer Mannheim Arbeitsanleitungen 1/80 Nr. 280.084.8 u.280.085.8
Boehringer Mannheim (1979) Qualitätssicherung - Fehlersuche
Boehringer Mannheim (1979) Probennahme, Probenvorbereitung, Probenver-
    wahrung. Informationsschrift
Boehringer Mannheim (1980) Qualitätssicherung - Medikamenteneinflüsse
Bojanovski D, Wippermann B, et al (1981) Accuracy and reproducibility
    of a quantitative electrophoresis of plasma lipoproteins: interla-
    boratory comparison and verification by ultracentrifugation.
    Clin Chim Acta 116:381
Bokelund H, Winkel P, Statland JE (1974) Factors contributing to in-
    tra-individual variation of serum constituents: III. Use of rando-
    mized duplicates to evaluate sources of analytic error.
    Clin Chem 20:1507
Boroviczény KG von (1966) Standardization. Documentation and normal
    values in haematology. Bibl haemat. Karger, Basel
Boroviczény KG von (1966) On the standardization of the blood cell
    counts. Standardization in Haematology III. Bibl haemat 24:2
Boroviczény KG von (1971) Zum Problem der Blutabnahme für Laborato-
    riumsuntersuchungen. Arbeitsmedizin Sozialmedizin Arbeitshygiene
    6:250

Boroviczény KG von (1974) Das Eichgesetz und die gesetzliche Durchführung der Qualitätskontrolle. Kassenarzt H.4
Boroviczény kG von (1974) Kontrola jakosei badan w malych laborato-
  riach diagnostycznych. Diagn lab 1D Nr 6
Boroviczény KG von, Merten R (1974) Impact of hematology and chemistry surveys on the medical laboratories in West Germany. Read before the joint seminar of the College of American Pathologists and
  the World Association of Societies of Pathology, Washington
Boroviczény KG von (1976) Highly accurate (assured) values in medical laboratories. p 239. Proceedings of the IX world congress of
  anatomic and clinical pathology, Sydney Oct 13-17, 1975. Excerpta
  Medica, Amsterdam
Boroviczény KG von (1976) Die Qualitätssicherung im medizinischen
  Laboratorium. PTB-Mitt 86:86
Boroviczény KG von (1980) Qualitätssicherung des Blutbildes. Gruppenpraxis 7:20
Boroviczény KG von (1981) Qualitatssicherung in der Hämatomorphologie. p 87 In: Merten UP (ed) Qualitätssicherung in der Laboratoriumsmedizin INSTAND Düsseldorf
Boroviczény KG von, Merten R (1971) Systematik der Qualitätskontrolle im medizinischen Laboratorium. 3. Präzisionskontrollen, Kontrollproben und Kontrollkarte. Ärztl Lab 17:384
Boroviczény KG von, Merten R (1971) Systematik der Qualitätskontrolle im medizinischen Laboratorium. 4. Präzisions-und Richtigkeitskontrollen, Standardsubstanzen, Standardlösungen und Kontrollproben, Bezugskurven und Bezugskurvenfaktoren, Eichen, Justieren und
  Kalibrieren. Ärztl Lab 17:416
Boroviczény KG von, Merten R (1972) Statistik der Qualitätskontrolle
  im medizinischen Laboratorium. 6. Doppelbestimmungen. Ärztl Lab
  18:26
Boroviczény KG von, Merten R (1972) Systematik der Qualitätskontrolle im medizinischen Laboratorium. 7. Probentausch und Ringversuche. Ärztl Lab 18:58
Boroviczény KG von, Merten R (1972) Systematik der Qualitätskontrol-
  le im medizinischen Laboratorium. Medicus-Verlag, Berlin
Boroviczény KG von, Klein-Wisenberg A von, Merten R, Merten UP,
  Schumann V (1976) Accuracy assessment and target values. p 237 in:
  Finck ES, Clayton-Jones (eds) The effects of environment on cells
  and tissues. Preceedings of the IX World Congress of Anatomic and
  Clinical Pathology Sidney 1975. Excerpta Medica Amsterdam Oxford

Boroviczény CG de, Harnoth C, Sauer C, Söker M, Wolf I (1980) Reference method for red blood cell counts. Poster presented at the 18th congress of the International Society of Haematology at Montreal 1980

Boucher BJ, Burrin JM, et al (1983) A collaborative study of the measurement of glycosylated haemoglobins by several methods in seven laboratories in the united kingdom. Diabetologia 24:265

Boutwell JH (1970) Quality control - Clinical chemistry. Center for disease control. Atlanta GA

Boven T, Abraham K, Baumann H, Rösler-Englhardt A (1983) HDL-Cholesterinbestimmung mit verschiedenen Präzipitationsverfahren. Lab Med 7:89

Bowers GN Jr, Kelley ML, McComb RB (1967) Precision estimates in clinical chemistry. I. Variability of analytical results in a survey reference sample related to the use of a nonhuman serum alkaline phosphatase. Clin Chem 13:595

Bowers GN Jr, McComb WH (1975) Selected method. Clin Chem 21:1988

Bowers GN, Burnett RW, McComb RB (1975) Selected method: Preparation and use of human serum. Control materials for monitoring precision in clinical chemistry. Clin Chem 21:1830

Bowers GN jr, Burnett RW, McComb RB (1977) Preparation and use of human control materials monitoring precision in clinical chemistry. Selected methods. Clin Chem 8,21

Bowers GN Jr, McComb RB, Upretti A (1981) 4-Nitrophenyl phosphate - characterization of high-purity materials for measuring alkaline phosphatase activity in human serum. Clin Chem 27:135

Bowie L, Esters F, Bolin J, Gochman N (1976) Development of an aequeous temperature - indicating technique and its application to clinical laboratory instrumentation. Clin Chem 22, 449

Boyd JC, Lacher DA (1982) A multi-stage Gaussian transformation algorithm for clinical laboratory data. Clin Chem 28:1735

Boyd JC, Bruns DE, Renoe DW, Savory J, Wills MR (1983) Medical education in laboratory testing: An approach incorporating the students own laboratory results. Am J Clin Pathol 79,211

Boyde TRC, Kwong EML (1983) Aspartat aminotransferase isoenzymes - differential kinetic assay in serum. Clin Chim Acta 128:95

Bradley JV (1968) Distribution free statistical tests. Prentice Hall, Englewood Cliffs, NJ

Brand JT, Triplett DA (1981) Laboratory monitoring heparin. Effects of reagents and instruments on the activated partial thromboplastin time. Am J Clin Pathol 76(Suppl) 530

Brand G (1983) Theory sampling. 1. Uniform inhomogeneous material. Analyt Chem 314:6

Brandt JT, Triplett DA (1981) Laboratory monitoring of heparin. Effects of reagents and instruments on the activated partial thromboplastin time. Am J Clin Pathol 76, 530

Bretaudiere JP, Cerruau B, Boulu R, Bailly M (1974) Are quality-control sera reliable for assessment of laboratory accuracy in collaborative surveys? Consequences for laboratory accreditation. Clin Chem 20:877

Bretaudiere JP, Bailly M (1976) Use and limitations of control in enzyme activity measurements. p 227 In: Tietz et al (eds) Proc 2nd Int Symp Clin Enzymol. Am Assoc Clin Chem. Washington DC 1976

Bretaudiere JP, Dumont G, Rej R, Bailly M (1981) Suitability of control materials. General principles and methods of investigation. Clin Chem 27:798

Bretaudiere JP, Rej R, Drake P, Vassault A, Bailly M (1981) Suitability of control materials for determination of alpha-amylase activity. Clin Chem 27:806

Breuer H, Jungbluth D, Marschner I, Röhle G, Scriba PC, Wood WG (1978) The current state of external quality control surveys in the German F Republic in the field of peptide hormone radioimmunoassays, "Radioimmunoassay and related procedures in medicine", IAEA Vienna II, 81

Brittin GM, Brecher GB, Johnson CA, Elashoff RM (1969) Stability of blood in commonly used anticoagulants. Am J Clin Pathol 52:690

Brittin GM, Brecher GB, Johnson CA (1969) Elimination of error in hematocrit produced by excessiv EDTA. Am J Clin Pathol 52:780

Brojer B, Moss DW (1971) Changes in the alkaline phosphatase activity of serum samples after thawing and after reconstitution from the lyophilized state. Clin Chim Acta 35:511

Brosious EM, Zucker S (1970) Preparation of quality control specimens for erythrocyte counting, hematocrit and hemoglobin determinations Am J Clin Pathol 53:474

Brosious EM, Schmidt RM, Koepke JA (1978) Hemoglobinopathy testing. A report of the 1976 and 1977. College of American Pathologists survey. Am Clin Pathol 70(Suppl)563

Broughton PMG (1969) Allowable and achievable limits of precision. Ann Clin Biochem 6:109

Broughton PMG, Raine DN (1969) Quality control in clinical chemistry. Ann Clin Biochem 6:88

Broughton PMG, Annan W (1971) Measurement of analytical precision in clinical chemistry. Clin Chim Acta 32:433

Brown GD, Palkuti HS (1979) A precision study of a photo-optical factor VIII assay technic. Am J Clin Pathol 72:204

Brown SS (1975) Acceptability of definitive, reference and routine methods. p 417 In: Anido G, van Kampen EJ, Rosalki SB, Rubin M (eds) Quality control in clinical chemistry. Walter de Gruyter Verlag

Brown SS, Healy MJR, Kearns M (1981) Report on the interlaboratory trial of the reference method for the determination of total calcium in serum. J Clin Chem Clin Biochem 19:395, 413

Bruckner A, Picinic D (1979) Säure-Basen- und Blutgasbestimmungen mit einem neuen mikroprozessorgesteuerten Gerät und die Frage der Qualitätskontrolle. Ärztl Lab 25:274

Bruckner A, Moreth M (1983) Vergleich und Gegenüberstellung zweier kinetischer UV-Tests und dreier Endpunktmethoden mit Visualisierung der NAD-abhängigen Reaktion mittels Tetratoliumsalzen zur Bestimmung von Triglyzeriden im Serum.J Clin Chem Clin Biochem 21:97

Brydon WG, Roberts LB (1972) The effect of haemolysis on the determination of plasma constituents. Clin Chim Acta 41:435

Buchanan A (1981) Preservation of 24 hour urine collections. New Zealand J Med Lab Technol 35:84

Bürgi W (1974) Aktuelle Probleme der Qualitätskontrolle in der klinischen Chemie. Med Lab 27:105

Büttner H (1972) Statistische Qualitätskontrolle und Ringversuche in der Klinischen Chemie. PTB-Mitt 82:12

Büttner H, Hansert E, Stamm D (1974) Statistical analysis control and assessment of experimental results. Bd I:318 In: Bergmeyer HU (ed) Methods of enzymatic analysis. 2nd ed. Academic Press New York Ldn

Büttner J, Borth R, Boutwell JH, Broughton PMG, Bowyer RC (1978) Provisional recommendation on quality control in clinical chemistry. Part 5. External quality control. Clin Chim Acta 83:189, reprinted in J Clin Chem Clin Biochem 16:259 and Clin Chem 24:1213

Büttner J, Borth R, Boutwell JH, Broughton PMG, Bowyer RC (1979) Approved recommendation (1978) on quality control in clinical chemistry. Part 1. General principles and terminology. Clin Chim Acta 98:129, reprinted in J Clin Chem Clin Biochem 18:69 (1980)

Büttner J, Borth R, Boutwell JH, Broughton PMG, Bowyer RC (1980) Approved recommendation (1978) on quality control in clinical chemistry. Part 2. Assessment of analytical methods for routine use. Clin Chim Acta 98:145, reprinted in J Clin Chem Clin Biochem 18:78

Büttner J, Borth R, Boutwell JH, Broughton PMG, Bowyer RC (1981) Approved recommendation (1979) an quality control in clinical chemistry. Part 3. Calibration and control materials. Clin Chim Acta 109:105, reprinted in J Clin Chem Clin Biochem 18:855

Büttner J, Borth R, Boutwell JH, Broughton PMG, Bowyer RC (1980) Recommendation (1979) in quality control in clinical chemistry. Part 4. Internal quality control. Clin Chim Acta 83:189, reprinted in J Clin Chem Clin Biochem 18:535

Bull BS (1975) A statistical approach to quality control. p 111 In: Lewis SM, Coster JF (eds) Quality control in haematology. Academic Press, London

Bundesärztekammer (1971, 1974) Richtlinien der Bundesärztekammer zur Durchführung der statistischen Qualitätskontrolle und von Ringversuchen im Bereich der Heilkunde, aufgestellt auf Grund § 6 (?) Satz 2 der Verordnung über Ausnahmen von der Eichpflicht vom 26.6. 1970 (Bundesgesetzblatt I, S. 960) im Benehmen mit der Physikalisch-Technischen Bundesanstalt und den zuständigen Behörden. Dtsch Ärztebl 68:2228 (1971) u. 74:595 (1974)

Burke MD (1980) Medical education and laboratory use. Am J Clin Pathol 79, 260

Burkhardt F (1979) Ergebnisse der Keimisolierung mit einem neuen Versandsystem für bakteriologische Abstriche. Ärztl Lab 25:198

Burkhardt F (1983) Standardisierung medizinisch mikrobiologischer Untersuchungen. Notwendigkeit - Möglichkeiten - Grenzen. Forum Mikrobiologie 6:146

Burkhardt RT, Batsakis JG (1978) An interlaboratory comparison of serum total protein analyses. Am J Clin Pathol 70(Suppl) 508

Burnett RW (1975) Accurate estimation of standard deviations for quantitative methods used in clinical chemistry. Clin Chem 21:1935

Burnett RW (1981) Quality control in blood pH gas analysis by use of a tonometered bicarbonate solution and duplicate blood analysis. Clin Chem 27:1761

Burns (1952) cit in: Adams, J Opt Soc Am 42:716 nach Grey DE, Dieke GK (eds) Atomic and molecular physics. Am Inst Physics Handbook, New York, 1963, Chapt. 7, p 124

298

Burtis CA, Begovich JM, Watson JS (1975) Factors influencing evaporation from sample cups, and assessment of their effect on analytical error. Clin Chem 21:1907

Burtis CA, Seibert LE, Baird MA, Sampson EJ (1977) Temperature dependence of the absorbance of alkaline solutions of 4-nitrophenyl phosphate - A potential source of error in the measurement of alkaline phasphatase activity. Clin Chem 23:1541

Butts WC (1982) Quality control statistics. Clinically significant reference intervals. Am J Med Technol 48:587

Caddell JL, Erickson M, Byrne PA (1974) Interference from citrate using the titan yellow method and two fluorometric methods for magnesium determination in plasma. Clin Chim Acta 50:9

Calbiochem-Behring Corporation (1979) Commercial kit procedure. Calbiochem-Behring Corp., LaLolla, CA

Cali JP (1978) Definitive methods in clinical chemistry - theory and practice. Abstracts. Xth international congress on clinical chemistry, Mexico City. p 30

Caragher TE, Grannis GF (1977) Design of quality-control specimens for use with a small multi-channel analyzer. Clin Chem 23:2011

Caraway WT, Kammeyer CW (1972) Chemical interference by drug and other substances with clinical laboratory test procedures. Clin Chim Acta 41, 349

Caraway WT (1962) Chemical and diagnostic specificity of laboratory tests. Effects of hemolysis, lipemia, anticoagulants, medications, contaminants, and other variables. Am J Clin Pathol 37:445

Caraway WT (1971) Accuracy in clinical chemistry. Clin Chem 17:63

Caraway WT, Kammeyer CW (1972) Clinical interference by drug and other substances with clinical laboratory test procedure. Clin Chim Acta 41:349

Carman H, van Dalen A, van Kampen EJ, Keoga H, Lüdin E, Orjasaeter H, van der Plocy P, Staab HJ (1981) Interlaboratory investigation on the CEA assay (Roche) with column filtration dialysis and ultrafiltration techniques. J Clin Chem Clin Biochem 19,961

Cartwright H (1982) Standards for laboratory accreditation. Pathologist 36:641

Casey HL (1967) Importance of control mechanisms in diagnostic serology. Sec round table on quality control in clinical microbiology. In: Balows A, Isenberg HD (eds) New York

Casey HL (1969) Importance of control mechanisms in diagnostic serology. In: Balows A, Isenberg HD (eds) Quality control in clinical
microbiology laboratory. A roundtable discussion. General diagnostics Division of Warner-Lambert Parmaceutical Co.

Castagnola M, Caradonna P, Salvi ML, Pellicano R, Rosetti D (1983)
The chromatographic separation of glycosylated haemoglobins: a comparison between macro- and micromethods. J Clin Chem Clin Biochem
21:223

Cattaneo M, Chahil A, Somers S, Kinlough-Rathbone RL, Packham MA,
Mustard JF (1983) Effect of aspirin and sodium salicylate on
thrombosis, fibrinolysis, prothrombin time and platelet survival
in rabbits with indwelling aortic catheters. Blood 61:353

Cavill I (1971) Quality control in routine haemoglobinometry. J Clin
Pathol 24:701

Cavill I, Ricketts C, Fisher J, Walpole B (1979) An evaluation of two
methods of laboratory quality control. Am J Clin Pathol 72:624

Cembrowski GS, Westgard JO, Conover WJ, Toren EC (1979) Statistical
analysis of method comparison data. Testing normality. Am J Clin
Pathol 72:21

Channing Rodgers RP (1981) Quality control and data analysis in bin-
der-ligand assay. Scientific Newsletters Inc. Anaheim CA

Chatterjee G, Maaser R (1971) Ein Vergleich von Hämoglobin- und Häma-
tokrit-Bestimmungen im Blut aus dem Ohrläppchen und aus der Fin-
gerbeere von Kindern. Dtsch Med Wochenschr 96:789

Chinn EK, Batsakis JG, Pilon H, Delberg K (1978) Serum creatinine.
A CAP survey. Am J Clin Pathol 70(Suppl)503

Cho HW, Meltzer HY (1979) Factors affecting stability of isoenzymes
of creatine/phosphokinase. Am J Clin Pathol 71,55

Christensen RL, Triplett DA (1983) Factor Assay (VIII and IX) results
in the College of American Pathologists survey program (1980-1982)
Am J Clin Pathol 80(Suppl)633

Clark DA, Rozell PR et al (1983) Evaluation of a kit to measure HDL
cholesterine (HDL-C) in serum. Clin Chem 29,1311

Cochran WC (1963) Sampling techniques. 2nd ed. John Wiley. New York

Cohen A (1979) Effect of time on haematologic values in prediluted
capillary and venous blood. Am Soc Clin Pathol 7413:306

Cohen AC Jr (1959) Simplified estimators for the normal distribution
when samples are singly censored or truncated. Technometrics 1:217

300

Cohen AC Jr (1961) Tables for maximum likelihood estimates: Singly truncated and singly censored samples. Technometrics 3:535

Cohen J (1977) Statistical power analysis for the behavioral sciences Revised edition. Academic Press, New York

Cohen R, Bizollon CA (1979) An interlaboratory quality control in France: A two year survey. p 295 In: Bizollon CA (ed) Radioimmunology, (1979), Elsevier-North Holland, Amsterdam

Cohle SD, Saleen A, Makkaoui DE (1981) Effects of storage of blood on stability of hematologic parameters. Am J Clin Pathol 76:67

College of American Pathologists (1971) Quality evaluation program 1971 Survey manual p 11. Chikago

Collet D, Lewis T (1976) The subjective nature of outlier rejection procedures. Appl Stat 25:228

Colombo JH, Peheim E, Keller H, Bostjanic W, Woschnagg B, Siest G, Henny J, Kaehler H, Wieland J, Oette K, Schindler J, Wisser H, Koller PU, Poppe WA (1983) Erfahrungen mit Kombinationsstreifen visuell und reflektometrisch im Vergleich zum Urin-Sediment. Lab Med 7:184

Conover WJ (1971) Practical nonparametric statistics. John Wiley and Sons, New York

Conover WJ (1972) A Kolmogorov goodness-of-fit test for discontinuous distributions. J Am Stat Assoc 67:591

Conteras TJ, Hunt SM, Lionetti FJ, Valeri CR (1978) Preservation of human granulocytes. III. Liquid preservation studied by electronic siting. Transfusion 18:46

Cook, IJY (1972) The collection of specimens and choice of containers with special reference to leakage and aerosol tests. Med Technol 2 No 12

Copeland BE (1957) Standard deviation. A practical means for the measurement and control of the precision of clinical laboratory determinations. Am J Clin Pathol 27:551

Copeland BE, Skendzel LP, Barnett RN (1972) Interlaboratory comparison of university hospital laboratories using results of the 1968 CAP clinical chemistry survey. Am J Clin Pathol 58:281

Copeland BE (1973) Quality control in clinical chemistry. Revised. American Society of Clinical Pathologists, Chicago, Ill

Copeland BE (1974) Statistical tools in clinical pathology. In: Davidsohn I, Henry JB (eds) Clinical diagnosis by laboratory method. (15th ed) W B Saunders Co., Philadelphia, PA

Copeland BE, Rosenbaum JM (1972) Organization, planning, and results of the Massachusetts Society of Pathologists regional quality control program. Am J Clin Pathol 57:676

Corry JEL (1982) Quality assurance and quality control of microbiological culture media. Proceedings of the symposion held on 6th and 7th september 1979 in Calas de Mallorca, Spain. GIT Ernst Giebeler Darmstadt

Cummings GH, Howell PT (1983) External quality assessment in clinical chemistry. Med Lab Sci 40:269

Custer EM, Meyers JL, Poffenberger PL, Schoen J (1983) The storage stability of 3-Hydroxybutyrate in serum, plasma, and whool blood. Amer J Clin Pathol 80:375

Daniel WW (1974) Biostatistics: a foundation for analysis in the health sciences. John Wiley & sons, Inc New York

Deacon AC, Dawson PJG (1979) Enzymic assay of total cholesterol involving chemical or enzymic hydrolysis - A comparison of methods. Clin Chem 6:976

Decaux G, Efira A, Dhaeneu N, et al (1982) Interference of serum tonicity with the measurement of red cell mean corpuscular volume. Acta Haematol 67,62

Dechatelet LRC, McCall C, Cooper MR, Shirley PS (1972) Inhibition of leukocyte acid phosphatase by heparin. Clin Chem 18:1532

Degenaar CP (1983) The use of albumin in the direct phosphat determination. Clin Chem Acta 131:155

Delaney CJ, Leary ET, Raisys VA, Kenny MA (1976) Proficiency testing for blood-gas quality control. Clin Chem 22:1675

DeLeenheer, et al (1983) External quality control of clinical chemistry laboratories in Belgium. Clin Chim Acta 133:1

Demacker PNM, Hijmans AGM, Sommeren-Zondag DF, Jansen AP (1982) Stability of frozen liquid control sera for assay of cholesterol in high density lipoprotein. Clin Chem 28:155

Deodhar SD, Braun WE, Cawley LP, Keitges PW, Nakamura RM, Penn G, Reynoso G, Tucker III ES (1978) Immunology. p.747 In:Inhorn SL (ed) Quality assurance practices for health laboratories. American Public Health Association, Washington DC

Deutsches Arzneibuch (1968) 7 Aufl. Diagnostische Laboratoriumsmethoden, Akademie-Verlag, Berlin

Deutsche Gesellschaft für Qualitätssicherung: DGQ-Schrift Nr. 16-30. Qualitätsregelkarten

302

Dhanoa MS (1982) A basic computer program which tests for normality
     and the presence of outliers: Some modifications. Lab Practice 31:
     330
Diamond I (1983) A quality systems approach to laboratory assessment.
     Pathologist 254
Diamond I, Hamlin WB (1984) How to prepare for an inspection. Patholo-
     gist 38,31
Dick W, Cullmann W (1980) Die vollenzymatische Kreatinbestimmung im
     Vergleich zur kinetischen Bestimmung nach Jaffé. Ärztl Lab 26:250
Dickgießer A, Trendelenburg Chr, Kruse-Jarres JD (1981) Praktikable
     und zuverlässige Probengewinnung auf Filterpapier für die Glucose-
     bestimmung im Kapillarblut. Med Lab 34:143
Dilena BA, Penberthy LA, Fraser CG (1983) Six methods for determining
     urinary protein compared. Clin Chem 29:553
DiSilvio TV, Lawson NS, Haven GT, Gilmore BF (1983) Stability of mean
     assay values of magnesium and iron in lyophilized quality control
     serum: A study based on data from the quality assurance service
     (QAS) of the College of American Pathologists. Am J Clin Pathol
     80(Suppl)563
Dixon WJ (1953) Processing data for outliers. Biometrics 9:74. p 53
     In: Documenta Geigy 7.Aufl. 1968
Dixon M, Paterson CR (1978) Posture and the composition of plasma.
     Clin Chem 24:824
Dobrow DA, Amador E (1970) The accurarcy of commercial enzyme refe-
     rence sera. Am J Clin Pathol 53:60
Documenta Geigy (1968) Wissenschaftliche Tabellen, p 53 und 274
Doerffel K (1965) Beurteilung von Analysenverfahren und Ergebnissen.
     Springer, Berlin Heidelberg New York - Bergmann, München 2. Aufl.
Dolan CT (1974) A summary of the 1962 mycology proficiency testing of
     the CAP. Am J Clin Pathol 61(Suppl)990
Dols JLS, Zanten AP van (1983) Clinical applications of differences
     between two recommended procedures for determinating of aspartate
     aminotransferase. Clin Chem 29:523
Dombrose FA, Barnes CC, Gaynor JJ, Elston RC (1982) A lyophilized
     human reference plasma for coagulation factors. Evidence for sta-
     bility of factors I, II, V, and VII through XII. Am J Clin Pathol
     77(Suppl)32
Dorsey DB (1963) Quality control in hematology. Am J Clin Pathol 40:
     457

Dreskin RB, Sommers HM, Edson D (1982) A review of the CAP proficiency surveys for mycobacteriology 1975 - 1981. Am J Clin Pathol (Suppl) 78:673

Duckworth JK, Gregg DP (1984) How and when the accreditation program began, and where it is today. Pathologist 38,23

Duden (1976) Das große Wörterbuch der deutschen Sprache. Dudenverlag Bibliographisches Inst Mannhein Wien Zürich

Duncan B, Geary T (1973) A method for analyzing results of medical laboratory proficiency surveys. Pathology 5:91

Dunkel D (1979) Qualitätssicherung - Fehlersuche. Boehringer Mannheim DGQ-Schrift Nr 16-30, Qualitätsregelkarten, 3. Aufl.

ECCLS Document (1982) Standard for quality assurance programmes. Part 3: External quality assessment in microbiology. 2, No 6

ECCLS-Paper (1983) 3rd Draft standard for specimen collection 3 No 1

Edwards GC (1983) How much quality control is enough. Clin Chem 29: 732

Eggers H (1982) Richtlinien über die Arbeitsweise und die medizinischen Erfordernisse bei der Erbringung von Laboratoriumsuntersuchungen. Laboratoriumsmedizin 5:84

Ehnert W (1979) Die sogenannte 'Standardabweichung' in der Serie. Qualitätskontrolle - Kritik und Verbesserungsvorschläge. Lab Med 3,78

Eilers RJ (1975) Principles of total quality control. In: Lewis SM, Coster JF (eds) Quality control in haematology. Academic Press, London

Eilers RJ (1975) Quality assurance in health care: Missions, goals, activities. Clin Chem 21:1357

Eisenhart C (1963) Realistic evaluation of precision and accuracy. J Res Nat B Stands 67:C 161

Eisenhart C (1947) The assumptions underlying analysis of variance. Biometrics 3:1

Eisenwiener HG (1978) Voraussetzungen zur Erzielung zuverlässiger Laboratoriumswerte. 2. Teil: Leerwerte und deren Berücksichtigungsmöglichkeiten. Med Lab 31:137

Eisenwiener HG, Keller M (1979) Absorbance measurement in cuvettes lying longitudinal to the light beam. Clin Chem 1:117

Eisenwiener HG, Kindbeiter JM (1982) Konsekutiv-Meßverfahren: Eine Variante zur Richtigkeitskontrolle bei Einzel-, Profil- und Notfallbestimmungen. J Clin Chem Clin Biochem 20,191

Eisenwiener HG, Bablock KW, Bardorff W, Bender R, Markowetz D, Passing H, Spaethe R, Specht W (1983) Präzisionsangaben beim Methodenvergleich. Lab Med 7:273

Ekins RP (1978) Basic concepts in quality control. "Radioimmunoassay and releated procedures in medicine". IAEA, Vienna II, 6

Ekins RP (1979) Assay design and quality control, p 239 In: Bizollon CA (ed) Radioimmunology. Elsevier-North Holland, Amsterdam

Eldjarn L (1968) Control solutions in clinical chemistry. Z Anal Chem 243:766

El-Dorry HFA, Medina H, Bacila M (1972) Interference of phenothiazine compounds in the colorimetric determination of inorganic phosphate. Ann Biochem 47:329

Elevitch FR (1977) Analytical goals in clinical chemistry. CAP Aspen conference, 1976. College of American Pathologists, Skokie Ill.

Elevitch FR, Barnett R, Boroviczény KG von, et al (1979) Analytical goals in clinical chemistry: Their relationship to medical care. Am J Clin Pathol 71:624

Elin RJ, Johnson E, Chesler R (1982) Four methods for determinating urin acid compared with a candidate reference method. Clin Chem 28:2098

Elion-Gerritzen WE (1978) Requirement for analytical performance in clinical chemistry. Ph D Thesis, Rotterdam

Elion-Gerritzen WE (1980) Analytic precision in clinical chemistry and medical decisions. Am J Clin Pathol 73:183

Ellis RJ (1976) Manual of quality control procedures for microbiological laboratories. Center for Disease Control, Atlanta, GA

Ellis RJ (1981) Quality control procedures for microbiological laboratories. 3rd ed. US Department of Health and Human Services. Public Health Service Center for Disease Control, Atlanta GA

Ellis RJ, Johnson E, Cheslar R (1982) Four methods for determining uric acid compared with a candidate reference method. Clin Chem 28:2098

Elser RC, Sitler J, et al (1982) A flexible and versatile program for blood-gas quality control. J Clin Pathol 78,471

Elveback LR, Taylor WF (1969) Statistical methods of estimating percentiles. Ann NY Acad Sci 161:538

Endröczi E, Szabo A (1979) Lesson drawn from the quality control performed in the years 1977/78. Orszagos Laboratoriumi Intezet, VI:37

Endröczi E, Szabo A (1981) Results of quality control in the years 1979/80. Országos Laboratóriumi Intézet VIII:50

EOQC (1976) Glossary of terms used in quality control. 4h ed. Cassells Wörterbuch. Cassell & Company Ltd., 12 Aufl. 7. Neudruck, Sonderausgabe 1978 des Compact Verlag München

Erhardt F, Marschner I, Pickhardt RC, Scriba PC (1973) Verbesserung und Qualitätskontrolle der radioimmunologischen Thyreotropin-Bestimmung. J Clin Chem Clin Biochem 11, 381

Eßer F (1982) Standardisierung im präanalytischen Bereich - Erfahrungen mit dem Vacutainer-Blutentnahmesystem. Gruppenpraxis 1:17

Esraels ED (1982) Partial thromboplastin time in the presence of heparin. A rapid polybrene neutralization method. Am J Clin Pathol 77:321

Euro Reports and Studies 36 (1981) External quality assessment of health laboratories. Regional Office for Europe, World Health Organization, Copenhagen

Evans DMD, Shelley G, Cleary B, Baldwin Y (1974) Observer variation and quality control of cytodiagnosis. J Clin Pathol 37:945

Falch DK (1981) Clinical chemical analysis of serum obtained from capillary versus venous blood using microtainers and vacutainers. Scand J Clin Lab Invest 41:59

Fasce CF jr, Copeland WH, Rej, Vanderlinde RE (1972) Suitability of various enzyme preparations for interlaboratory survey. p 3 In: Tietz NW (ed) Proceedings of the international seminar and workshop on enzymology. Chicago, IL

Fasce CF Jr, Rej R, Copeland WH, Vanderlinde RE (1973) A discussion of enzyme reference materials: Applications and specifications. Clin Chem 19:50

Feld RW, Brown LF, Neri BP, Witte DL (1978) Effect of temperature on creatine kinase levels found for lyophilized controls and reference sera. Clin Chem 24:2039

Felding R, et al (1981) The stability of blood, plasma and serum constituents during simulated transport. Scand J Clin Lab Invest 41:35

Fenner O (1974) Die Qualitätskontrolle in der Heilkunde. Kassenarzt 10, 579

Filip DJ, Eckstein JD, Sibley CA (1974) Observations on diagnostic kits for the determination of the plasma fibrinogen. Am J Clin Pathol 62:32

Finkle BS (1983) Quality assurance in analytical toxicology. J anal toxicol 7:158

Finley PR, Dye JA, Lichti DA, Byers JM, Williams RJ (1978) Laboratory suggestions. Am J Clin Pathol 69:615

Fischer H, Ferber F, Fritzsche W, Siedentopf HG, Spielmann W (1965) Preservation of human blood in the liquid state; the practical importance of some new media. Bibl Haemat 23,616

Fischer J, Beeser H (1977) Calibrated plasmas, surveys and standardization of prothrombin time: A model practised in the Federal Republic of Germany. Thromb Haemost 38:290

Fischer J, Beeser H (1980) Kalibrierungsplasmen zur Standardisierung der Thromboplastinzeit. Blut 40:53

Fodor AR, (1968) Microbiological reagents in search of precision. Health Lab Sc 5:5

Folsom AR, Kuba K, Luepker RV, Jacobs DR, Frantz ID (1983) Lipid concentrations in serum and EDTA-treated plasma from fasting and non fasting normal persons, with particular regard to high-density lipoprotein cholesterol. Clin Chem 29:505

Foster PR, Dickson AJ, et al (1982) Processing human plasma to prepare products suitable for clinical use. Chem Industr 22:887

Fraser CG, Fudge AN, Penberthy LA (1978) Evaluation of precision using lyophilized quality control materials. Ann Clin Biochem 15:121

Frayn KN, Maycook PF (1983) Sample preparations with ion-exchange resin before liquid-chromatographic determination of plasma catecholamines. Clin Chem 29:1426

Frajola WT, Maurukas J (1976) A stable liquid human reference serum. Health Lab Sci 13:25

Friedel R, Mattenheimer H (1970) Release of metabolic enzymes from platelets during blood clotting in man, dog, rabbit and rat. Clin Chim Acta 30:37

Friedman SB, Philips S (1981) Inaccurate concepts regarding statistics. Pediatrics 68:644

Fuchs PC, Dolan CT (1981) Summary and analysis of the mycology proficiency testing survey of the College of American Pathologists 1976 - 1979. Am J Clin Pathol 76:538

Führ J, Kessler AC, Munz E, Benozzi A (1980) Vorschlag zur Prüfung von Kalibrierseren im Routinelaboratorium. Ärztl Lab 26:119

Fulford KM, Taylor RN, Prybyszewski (1978) Reference preparation to standardize results of serological test for rheumatoid factor. J Clin Micro 7:434

Fuller WA (1976) Introduction to statistical time series. Wiley & Sons, New York

Fyffe IA (1982) A readily available source of serum for use as a precision quality-control material for ionized calcium measurement by ion-selective electrodes. J Automatic Chem 4:79

Gärtner R, Horn K, König A, Schatz H (1983) The first external quality control survey (EQCS) for antithyroglobin- and antimicrosomal antibody determination. J Clin Chem Clin Biochem 21:373

Galen RS (1981) Quality assurance. Med Technol 47:965

Garratty G (1970) The effects of storage and heparin on the activity of serum complement with particular reference to the detection of blood group antibodies. Am J Clin Pathol 54:531

Garton S, Larsen AE (1972) Effect of hemolysis on the partial thromboplastin time. Am J Med Technol 38:408

Gaskell SI, Collins CI, et al (1983) External quality assessments of assays for cortisol in plasma: use of target data obtained by gas chromatography mass spectrometry. Clin Chem 29:862

Gavan TL (1974) A summary of the bacteriology portion of the 1972 basic, comprehensive and special, College of American Pathologists (CAP) quality evaluation program. Am J Clin Pathol 61(Suppl(971

Gavan TL, King JW (1970) An evaluation of the microbiology portions of the 1969 basic, comprehensive and special College of American Pathologists proficiency testing surveys. Am J Clin Pathol 54:514

Gavan T, Jones RN, Barry AL (1980) Evaluation of the sensititre system for qualitative antimicrobial drug susceptibility testing: a collaborative study. Antimicrob Agents Chemother 17:464

Gavan TL, King JW (1970) An evaluation of the microbiology portions of the 1969 basic, comprehensive and special College of American Pathologists proficiency testing surveys. Am J Clin Pathol 54:514

Gebelein H, Heite HJ (1951) Statistische Urteilsbildung. Springer, Berlin Göttingen Heidelberg

Geiger W (1976) "Grenzwerte" - oder die fatale '$\pm$ Toleranz"? DIN-Mitteilungen 55:596. Beuth-Verlag, Berlin

Geiger W (1977) Jeder Mangel ist ein Fehler - aber nicht umgekehrt. Werkstatt und Betrieb 110, 782 Carl Hanser, München

Geiger W (1978) "Normiert beurteilt - leicht verständlich" 22nd EOQC-conference Dresden 1:285

Geiger W (1979) Die Abweichung und der Fehler. Feinwerktechnik & Meßtechnik 87,1

Geisinger KR, Geisinger KF, Wakely PE, Batsakis JG (1980) Serum chloride - a CAP survey. Am J Clin Pathol 74(Suppl)546

308

Gend JMWA van (1982) Fresh human blood as the source of a regional
    quality survey programme in haematology. Am Clin Biochem 19:438
Gent CM van, Voort HA van der, Bruyn AM de, Klein F (1977) Choleste-
    rol determinations: A comparative study of methods with special
    reference to enzymatic procedures. Clin Chim Acta 75:243
Gerbet D, Richardot PH, Auget LC, Maccario I, Cazalet D, Raichvarg D,
    Ekindjan OG, Yonger I (1983) New statistical approach in biochem-
    ical comparison, studies by using westlake's procedures and its
    application to continuous-flow, centrifugal analysis and multi-
    player films analysis techniques. Clin Chem 29:1131
Gesetz über das Meß- und Eichwesen (Eichgesetz) vom 11. Juli 1969
    (Bundesgesetzblatt vom 15. Juli 1969 Teil I, 759-770 - Verordnung
    über Ausnahmen von der Eichpflicht (Eichpflicht-Ausnahmeverord-
    nung) vom 26. Juni 1970, Bundesgesetzblatt vom 30. Juni 1970 Teil
    II, 960-965, in der Fassung der Bekanntmachung vom 11. Dezember
    1976 (Bundesgesetzblatt Part I 3704)
Giampietro O, Navalesi R, Buzzigoli G, Boni C, Benzi L (1980)Decrease
    in plasma glucose concentration during storage at -20°C. Clin Chem
    26:1710
Gilbert RK (1970) Analysis of the 1969 chemistry survey of the Colle-
    ge of American Pathologists. Am J Clin Pathol 54:463
Gilbert RK (1972) The 1971 chemistry survey program. CAP Chicago, Ill
Gilbert RK (1973) Survey data 72-chemistry. CAP Chicago, Ill
Gilbert RK (1974) The size and the source of analytic error in clini-
    cal chemistry. Am J Clin Pathol 61(Suppl)904
Gilbert RK (1974) Survey data 73-chemistry. CAP Chicago, Ill
Gilbert RK (1975) Survey data 1974. Chemistry Skokie. College of Ame-
    rican Pathologists, Skokie, Ill
Gilbert RK (1975) Progress and analytic goals in clinical chemistry.
    Am J Clin Pathol 63(Suppl)960
Gilbert RK (1976) A comparison of participant mean values of duplica-
    te specimens in the CAP chemistry survey program. Am J Clin Pathol
    66:184
Gilbert RK (1978) Accuracy of clinical laboratories studied by compa-
    rison with definitive methods. Am J Clin Pathol 70(Suppl)450
Gilbert RK (1979) A comparison of participant mean values of duplica-
    te specimens in the CAP chemistry survey program. Am J Clin Pathol
    72:365
Gilbert RK, Sheehan L (1978) Evaluation of non-core laboratories. Am
    J Clin Pathol 70(Suppl)481

Gilbert RK, Rosenbaum IM (1979) Accuracy in interlaboratory quality
    control programs. Am J Clin Pathol 72(Suppl)260

Gilbert RK, Platt R (1980) The measurement of calcium and potassium
    in clinical laboratories in the United States, 1971 - 1978. Am J
    Clin Pathol 74(Suppl)508

Gilmer PR, Williams LJ (1980) The status of methods of calibration in
    hematology. Am J Clin Pathol 74:600

Gindler EM (1975) Some nonparametric statistical tests for quick eva-
    luation of clinical data. Clin Chem 21: 309

Ginsburg AD, Aster RH (1972) Changes associated with platelet aging.
    Thromb Diath Haemorrh 27:407

Glasser L, Bosley GS, Boring JR (1971) A systematic program of quali-
    ty control in clinical microbiology. Am J Clin Pathol 56:379

Glenn GC (1978) The CAP urine chemistry survey program for 1977. Am J
    Clin Pathol 70(Suppl)513

Glenn GC (1979) Evolution of the urine chemistry survey program of
    the CAP. Am J Clin Pathol 72:299

Glenn GC, Hathaway TK (1979) Urinary chemistry. A new CAP program.
    Am J Clin Pathol 68(Suppl)153

Glenn GC (1980) The results of analyte enhancement and use of supp-
    lied urine protein standard on the CAP urine chemistry survey pro-
    gram. Am J Clin Pathol 74(Suppl)531

Glenn GC (1983) The advanced urine chemistry survey. Am J Clin Pathol
    80(Suppl)570

Glenn GC, Hathaway TK (1976) Effects of specimen evaporation on qua-
    lity control. Clin Chem 15:1039

Glenn GC, Hathaway TK (1977) Urinary chemistry. A new CAP program. Am
    J Clin Pathol 68(Suppl)153

Glenn GC, Hathaway TK (1979) Quality control by blind sample analy-
    sis. Am J Clin Pathol 72:156

Goguel A (1971) Le contrôle de qualité au laboratoire central
    d'hématologie. Feuillet de biologie 12:49

Goguel A, Beuzard A, Speth J, Guerit D (1972) Exchanges interlabora-
    toires: un moyen de contrôle de qualité en hématimétrie. p 207
    In: Acutalités Hématologiques, sixiéme série Paris, Masson

Goguel A, Guerit D, Beuzart A, Speth J (1972) Trois ans d'échanges
    de prélèvéments pours le contrôle de qualité interlaboratoire
    en hématimétrie. Biologie prospective IIe Colloque de Pont-à-
    Mousson. L'Expension scientifique francaise (ed)

Goldsmith KLG (1975) Quality control in blood transfusion. Proc Roy Soc Med 68:60

Gore SM (1981) Statistics in question: assessing methods - confidence intervals. Br Med J 283:660

Gorka G, Häusler H (1983) Zur Problematik eines Sollwerts für verschiedene Bestimmungsmethoden der γ-Glutamyltransferase. J Clin Chem Clin Biochem 21:395

Govenlock AH (1969) Results of interlaboratory trial in Britain (1969) In: Broughton PNG, Raine DN (eds) Quality control in clinical biochemistry. Ann Clin Biochem 6:126

Grams RR (1983) Metamorphosis of a dinosaur or The future role of the clinical pathologist. Pathologist 37:23

Grannis GF (1976) Interlaboratory survey of enzyme analyses. I. Preliminary studies. Am J Clin Pathol 66(Suppl)206

Grannis GF (1976) Studies of the reliability of constituent target values in a large interlaboratory survey. Clin Chem 22:1027

Grannis GF (1977) Interlaboratory survey of enzymatic analyses. II. Intermediate studies. Am J Clin Pathol 68(Suppl)142

Grannis GF (1978) Use of survey-validated reference materials (survey serum) to establish target values of quality control pools. Am J Clin Pathol 70(Suppl)580

Grannis GF, Grümer H-D, Lott JA, Edison JA, McGabe WC (1972) Proficiency evaluation of clinical chemistry laboratories. Clin Chem 18:222

Grannis GF, Miller WG (1976) On the design of clinical chemistry quality-control sera. Clin Chem 22:500

Grannis GF, Sherman ML (1977) Can quality-control sera be distinguished from patients' sera by appearance? Clin Chem 23:300

Grannis GF, Massion CG (1978) The 1977 College of American Pathologists enzymology survey. Principal findings. Am J Clin Pathol 70(Suppl)487

Grannis GF, Lott JA (1978) An interlaboratory comparison of analyses of clinical specimens. Am J Clin Pathol 70(Suppl)567

Grannis GF, Massion CG, Batsakis JG (1979) The 1978 College of American Pathologists survey of analyses of five serum enzymes by 450 laboratories. Am J Clin Pathol 72:285

Grant EL, Leavenworth RS (1972) Statistical quality control. McGraw-Hill, New York

Green AE, Hyde RD, Smith D (1976) Regional quality control. J Clin Pathol 29:724

Gries G, Kley R, Lorenz H (1979) Erfahrungen mit Ringversuchen bei Bindungsanalysen (Radio- und Enzymimmunoassays etc.) Therapiewoche 29,5327

Gries G, Horn K (1981) Qualitätssicherung in Bindungsanalysen, p 179 In: Merten UP (ed) Qualitätssicherung in der Laboratoriumsmedizin. Tagungsvorlage INSTAND 1981

Griffin CW (1971) Quality control procedures manual for BBL prepared Media. BioQuest, Div of Becton, Dickinson and Co, Cockeysville Md.

Griffiths A, Hebdige S, Perucca E, Richens A (1981) Quality control in drug measurement. Ther Drug Monit 2:51

Grigo J (1977) Mikrobielle Reinheit von Wirk- und Hilfsstoffen. Pharm Technol 3(Suppl)13

Grindon AJ, Eska PL (1977) Error rate, precision, and accuracy in immunohaematology. Transfusion 17:425

Grubbs FE (1950) Sample criterion for testing outlying observations. Ann Math Stat 21:27

Grubbs FE (1969) Procedures of detecting outlying observations in samples. Technometrics 11:1

Gruber W (1975) Discussion: International criteria for clinical laboratory materials. In: Anido G, van Kampen EJ, Rosalki SB, Rubin I (eds). Quality control in clinical chemistry. Transactions of the VIth international symposum Geneva. W de Gruyter, Berlin New York,

Gruber W, Möllering H, Perras L (1977) Isolation, pH-optima and apparent Michaelis Constants of highly purified enzymes from human and animal sources. J Clin Chem Clin Biochem 15:565

Gruber W, Hundt D, Klarwein M, Möllering H (1977) Comparison of control material containing animal and human enzymes origin III J Clin Chem Clin Biochem 15,579

Guder WG (1976) Einfluß von Probennahme, Probentransport und Probenverwahrung auf klinisch-chemische Untersuchungsergebnisse. Ärztl Lab 22:69

Guder WG (1977) Gewinnung und Sicherung des Untersuchungsmaterials für klinisch-chemische Untersuchungsergebnisse. Med Welt 28,1249

Guder WG (1980) Einflußgrößen und Störfaktoren bei klinisch-chemischen Untersuchungen. Internist 21:533

Guder WG (1981) Standardisierung der Methoden zur Probennahme und Probenvorbereitung bei Enzymaktivitätsbestimmungen im Blut. Lab Med 5 A+B,233

Guy LR, Neitzer GM, Klein RE (1977) Quality control - how much is enough? Transfusion 17:183

Haas RG, Mushel S (1982) Modified Dupont aca calcium method for hemo-
lyzed specimens. Am J Clin Pathol 77:216

Häbisch HJ (1982) Vacuplast 2 - das System der sicheren Blutgewinnung
Gruppenpraxis 1:31

Haeckel R (1975) Qualitätssicherung im medizinischen Labor. Deutscher
Ärzte-Verlag, Köln

Haeckel R (1976) Zur Probenverwechslung bei Laboruntersuchungen. Der
praktische Arzt 2:323

Haeckel R (1981) Statistische Verfahren beim Methodenvergleich. Med
Lab 34:8

Haeckel R (1981) Assay of creatinine in serum, with use of fuller
earth to remove interferents. Clin Chem 27:179

Haeckel R (1982) Empfehlungen zur Anwendung statistischer Methoden
beim Vergleich klinisch-chemischer Analysenverfahren. J Clin Chem
Clin Biochem 20:107

Haeckel R, Rotzler A (1977) Photometer für die ärztliche Praxis. Band
1 des Zentralinstitutes für die kassenärztliche Versorgung in der
Bundesrepublik Deutschland. Deutscher Ärzte-Verlag, Köln

Haeckel R, Sonntag O, Külpmann WR, Feldmann U (1979) Comparison of 9
methods for the determination of cholesterol.J Clin Chem Clin Biochem 17:565

Haeckel R, Höpfel P (1980) Fehlersuche bei photometrischen Messungen
im medizinischen Laboratorium. Dtsch Ärztbl 1:11

Haeckel R, Schneider B (1983) Detection of drift effects before cal-
culating the standard deviation as a measure of analytic inpreci-
sion. J Clin Chem Clin Biochem 21:491

Hafkenscheid ICM, Ven-Jongekrijg (1983) Stability test of six enzymes
for internal quality control. Enzyme 29, 239

Hall PE (1978) The World Health Organization's programme for the
standardization and quality control of radio-immuno-assay of
hormones in reproductive physiology. Horm Res 9:440

Hall PE, Ekins RP, Rodbard D, Jeffcoate SL (1978) Standardization and
quality control of radioimmunoassays. In: "Radioimmunoassays and
related procedures in medicine". IAEA, Vienna II, 3

Hanafusa N (1969) Denaturation of enzyme protein by freeze-thawing
and free drying. p 117 in: Freezing and freeze-drying of microorga-
nisme. Univ of Tokio Press, Tokio

Handschuh GJ, Donovan KL (1979) Creatine Kinase Measurement in the
1977 CAP enzymology survey: Anomalies explained. Clin Chem 25:2003

Hanok A, Kuo J (1969) The stability of a reconstituted serum for the assay of fifteen chemical constituents. Clin Chem 14,58

Hansell JR, Haven GT (1979) Changes in level of precision of comman ligand assays during a seven-year interval. Am J Clin Pathol 72:320

Hansell JR (1979) A laboratory intercomparison on commercial digitoxin kits. Am J Clin Pathol 72(Suppl)346

Hansert E, Stamm D (1980) Determination of assigned values in control specimens for internal accuracy control and for interlaboratory surveys. J Clin Chem Clin Biochem 18:461

Hanson DJ (1974) The relationship of College of American Pathologists clinical standard solutions to National Bureau of Standards standards reference materials. Am J Clin Pathol 61(Suppl)916

Hanson JE, Clausen JL, Mohler JG, VanKessel AL, Severinghaus J (1982) Blood gas proficiency: A multilaboratory comparison of an aqueous solution and a fluorocarbon containing emulsion. Clin Chem 28:1818

Hanson JE, Stone ME, Ong ST, Van Kessel AL (1982) Evaluation of blood gas quality control and proficiency testing material by tonometry. Am Rev Respir Dis 125:480

Hanson MR, Polesky HF (1983) Radioimmunoassay and enzyme immunoassay methods for detecting viral hepatitis markers. Am J Clin Pathol 80(Suppl)590

Hansten PD (1974) Arzneimittel-Interaktionen. Aus dem engl. übersetzt von Gugler R, Hengstmann JH, Hippokrates Verlag, Stuttgart

Harding HB (1965) Part II. Quality control in microbiology. Hosp. Topics, 43:79

Harding HB (1965) Quality control in microbiology. Hosp.Topics, 43:77

Harff GA (1983) Albumin determination with bromcresolpurple: Improvisation, comparison of methods and quality control. J Clin Chem Biochem 21,679

Harm K, Rehpinning W, Domesie A, Voigt KD (1979) Falsch positive Werte bei der Vielfachanalyse: Eine Erhebung an Referenz- und Patientenkollektiven. J Clin Chem Clin Biochem 17:517

Harms CS, Triplett DA, Koepke JA (1978) Factor VIII (antihemophilic factor) assay results in the 1976 College of American Pathologists survey program. Am J Clin Pathol 70(Suppl)560

Harris EK (1979) Statistical principles underlying analytic goal setting in clinical chemistry. Am J Clin Pathol 72:374

Harris EK, Yasaka T (1983) On the calculation of a "reference change" for comparing two consecutive measurements. Clin Chem 29:25

Hartmann AE, Juel RD, Barnet RN (1981) Long term stability of a stabilized liquid quality control serum. Clin Chem 27:1448

Hartmann AE (1982) Vial-to-vial variation of a stabilized liquid quality control serum. Am J Clin Pathol 78:345

Haseloff OW, Hoffmann HJ (1970) Kleines Lehrbuch der Statistik. Walter de Gruyter Berlin

Hassemer DJ, Laessig RH, Westgard JO, Carey RN, Schwartz TH(1975) The
effect of hard vs soft (H/S) glass blood drawing equipment and serum contact time on laboratory test. (Abstr) Clin Chem 21:953

Hata N, Ito M, Mizuta H, Nose D, Miyai K (1983) Enzyme immunoassay of
thyroxin-binding globulin in dried blood samples on filterpaper.
Clin Chem 29:1437

Haug H, Immich H, Klein-Wisenberg A von, Müller H, Rotzler A, Sieder
N (1978) Qualitätskontrolle - Kritik und Verbesserungsvorschläge.
Änderungsvorschläge zur Durchführung der Qualitätskontrolle in den
ärztlichen Laboratorien. Diagnostik 2 A+B:149

Hauser W (1974) The 1972 Nuclear medicine survey. Radionuclide identification and activity measurement. Am J Clin Pathol 61(Suppl) 943

Hauswaldt C, Schröder U (1973) Differentialblutbilder im EDTA-Blut.
Dtsch Med Wochenschr 98:2391

Haven GT (1974) Outline for quality control decision. Pathologist
28:373

Haven GT, Hansell JR, Haven MC (1978) Reproducibility of mean values
of duplicate specimens in the basic ligand assay survey. Am J Clin
Pathol 70(Suppl)532

Haven GT, Lawson NS, Moore TD (1979) Stability of mean values of or-
ganic analytes in lyophilized quality control serum. A study utilizing data from the quality assurance service (QAS) program of
the College of American Pathologists. Am J Clin Pathol 72:274

Haven GT, Tholen DW, Oxley DK (1983) Source of analytic variation in
ligand assay: A study based on data from the 1976 and 1981 basic
ligand assay surveys of the College of American Pathologists. Am J
Clin Pathol 80(Suppl)615

Haven GT, Lawson NS, Ross JW (1982) Quality control in the 1980's.
Clin Lab Ann, Vol 1. p 209 in: Homberger HA, Batsakis JG (eds)
New York, Appleton-Century-Crofts

Hayaski T, Tsuchiya H, Naruse H (1983) The stabilization of α-Keto
acids in biological samples using hydrazide gel column treatment.
Clin Chem Acta 132:231

Healy MJR (1972) Statistical analysis of radioimmunoassay data. Biochem J 130:207

Healy MJR (1979) Qutliers in clinical chemistry quality control schemes. Clin Chem 25:675

Heiler S (1980) Robuste Schätzung im linearen Modell, In:Robuste Verfahren (Nowak H, Zentgraf R, eds) Springer Verlag, Berlin

Helden WCH van, Visser RWJ, Van Den Bergh FAJTM, et al (1979) Comparison of intermethod analytical variability of patient sera and commercial quality control sera. Clin Chim Acta 93:335

Heller S (1983) Qualitätssicherung im Notfallabor. Lab med 7:118

Hengst M (1967) Einführung in die mathematische Statistik. BI-Hochschultaschenbuch 42/42a, Mannheim, p 29

Henny J, Siest G, Schiele F, Steinmetz J (1982) Use of reference concept for the interpretation of laboratory tests: drug effects on plasma gammaglutamyltransferase. In: Siest G, Heusghem C (eds) Gammaglutamyltransferases: Advances in biochemical pharmacology. Masson, Paris

Henson DE, Codling BW, McCartney JC (1976) Interlaboratory histological evaluation: a new approach to quality control in anatomic pathology. College of American Pathologists 1976 Skokie Ill.

Hermann GA, Herrera NE, Hauser W (1980) The College of American Pathologists phantom series - An assessment of current nuclear imaging capabilities. Am J Clin Pathol 74(Suppl)591

Herrera L (1958) The precision of percentiles in establishing normal limits in medicine. J Lab Clin Med 52:34

Hill MA, Dixon WJ (1982) Robustness in real time: A study of clinical laboratory data. Biometrics 38, 377

Hoffmann JP, Richterich R (1970) Die Eliminierung von Trübungen bei der Bestimmung von Plasmaproteinen mit dem Biuretreagenz. Z Klin Chem Klin Biochem 8:595

Hoffmann GE, Hermeyer J, Schmidt R, Weiss L (1979) Störung der Retikulozytenfärbung durch Citrat und EDTA. Ärztl Lab 12:317

Hoffmann GE, Weiss L (1983) Influence of bilirubin on the determination of acid phosphatase in serum. J Clin Chem Clin Biochem 21:31

Hollander M, Wolfe DA (1973) Nonparametric statistical methods. J Wiley & Sons, New York

Hollender A (1970) A simple method for concentrating serum by freezing and thawing. Scand J Clin Invest 25:63

Holt JT, DeWandler MJ, Arvan DA (1982)   Spurious elevation of the
     electronically determined mean corpuscular volume and hematocrit
     caused by hyperglycemia. Am J Clin Pathol 77:561
Homolka J (1982) The main targets of clinical biochemistry for the
     seventh five-year plan in the Czech Socialist Republic. Biochemia
     Clinica Bohemoslavaca 11
Horder M (1980) Assessing quality requirement in clinical chemistry.
     Report by a project group initiated by the Nordic Clinical Chemi-
     stry Project (NORDKEM). Scand J Clin Lab Invest 40:155
Horn K, Marschner I, Scriba PC (1976) Erster Ringversuch zur Bestim-
     mung der Konzentrationen von L-Trijodthyronin (T3) und L-Thyroxin
     (T4) im Serum: Bedeutung für die Erkennung methodischer Fehler-
     quellen. J Clin Chem Clin Biochem 14:353
Horwath I, Molnar M, Paksi A (1974) Results of quality control in the
     year 1972/1973. Lab Diagn (Budap) 1:3
Howanitz PJ (1982) Biases with liquid quality control sera. Patholo-
     gist 36:395
Howanitz PJ, Howanitz JH, Lamberson HV, Tiersten D, Lansky H   (1983)
     Analytical biases with liquid quality control material. Am J Clin
     Pathol 80(Suppl)643
Huber PL (1972) Robust statistics - a review. Ann Math Stat 43:1041
Huland GH, Nunn JF, Paterson GM (1970) Calibration of polarographic
     electrodes with glycerol/water mixtures. Br J Anaesth 42:9
Humphrey JH, Batty I (1974) Internal reference preparations for human
     serum IgG, IgA and IgM. Clin Exp Immunol 17:708
Hunter WM, McKenzie I (1979) Quality control of radioimmunoassays for
     proteins: The first two a half years of a national scheme for se-
     rum growth hormone measurements. Ann Clin Biochem 16:131
Hunter WM, McKenzie I (1979) A national quality control scheme for
     serum hGH assays. p 269 In: CA Bizollon (ed) Radioimmunology 1979
     Elsevier-North Holland, Amsterdam
Hutt V, Klöe HU, Wechsler JG, Ditschuneit H (1982): Three different
     methods for estimating high density lipoportein cholesterol. Clin
     Chim Acta 128:173
IFCC (1977) Provisional recommendation on quality control in clinical
     chemistry. Part 3. Calibration and control materials. J Clin Chem
     Clin Biochem 15:233
IFCC (1980) Approved recommendation (1978) on quality control in
     clinical chemistry. Part 1 and 2. J Chem Clin Biochem 18:69 u. 78

IMSL-library (1980) Reference manual. Int Mathematical & Statistical Libraries Inc., Houston, TX

Inhorn SL (1979) Quality assurance practices for health laboratories. Interdisciplinary books & periodicals. American Public Health Association, Washington DC: Interdisciplinary Books and Periodicaes and the Layman

Instand-Leitfaden zu den Ringversuchen 1972 p 56, 1980 p 39

International Symposium on Statistic. Quality control in the analytical laboratory (1968). Zschr anal Chem 243, 751

International Organization for Standardization: Precision of test methods - determinations of repeatability and reproducibility. Draft International Standard ISO/DIS 5725 (1977)

ISO 2602 Statistical interpretation of test results - estimation of mean - confidencal interval

ISO 2854 Statistical interpretation of data - techniques of estimation and tests relating to means and variances

ISO 2859 Sampling procedures and tables for inspection by attributes

ISO 2859 Add. 1 General information on sampling inspection, and guide to the use of the ISO 2859 tables

ISO 3207 Statistical interpretation of data - determination of a statistical tolerance interval

ISO 3494 Statistical interpretation of data - power of tests relating to means and variances

ISO 3534 Statistics - vocabulary and symbols 1972

ISO 3951 Sampling procedures and charts for inspection by variables for percent detective

ISO/DIS 5479 Normality tests

ISO 5725 (1981) Precision of test methods: Determination of repeatability and reproducibility by inter-laboratory tests.

ISO/REMCO (July 1983): Draft ISO Guide 35. General and statistical principles for the certification of reference materials. Chapter 3 - Certification by interlaboratory consensus. Revision of ISO/REMCO 88

Itano M (1976) College of American Pathologists. Comprehensive survey bonus option. Iron-binding capacity. Am J Clin Pathol 66(Suppl)244

Itano M (1978) CAP comprehensive chemistry. Serum iron survey. Am J Clin Pathol 70(Suppl)516

Itano M (1979) College of American Pathologists. Comprehensive chemistry. Serum iron survey. Am J Clin Pathol 70(Suppl)513

318

Itano M (1980) CAP blood gas survey - First year's experience. Am J
    Clin Pathol 74(Suppl)535
Itano M (1983) College of American Pathologists: Blood gas survey
    1981 and 1982. Am J Clin Pathol 80(Suppl) 554
Jain NC, Sneath TC, Budd RD (1977) Blind proficiency testing in urine
    drug screening: the need for an effective quality control program.
    J Anal Toxicol 1:142
Jaffe ML, Rodbard D, (1979) RIA Quality control program, NIH, Bethes-
    da, MD
Jansen AP, Kampen EJ van, Leijnse B, Meijers CAM, Munster PJJ van
    (1977) Experience in the Netherlands with an external quality con-
    trol and scoring system for clinical chemistry laboratories. Clin
    Chim Acta 74:191
Jansen RTP, Jansen AP (1980) A coupled external/internal quality con-
    trol program for clinical laboratories in the Netherlands. Clin
    Chim Acta 107:185
Jansen RTP, et al (1983) Standards versus standardised methods in en-
    zyme assay. Ann Clin Biochem 20:52
Jansen RTP, et al (1983) Variance reductions in analytical processes
    in the clinical laboratory by digital filtering.
    Ann Clin Biochem 20:174
Jeffcoate SL (1982) Use of Youden plot for internal quality control
    in the immunoassay laboratory. Am Clin Biochem 19:435
Jeffcoate SL, Das REG (1977) Interlaboratory comparison of radioimmu-
    noassay results. Ann Clin Biochem 14:258
Jeffcoate SL (1981) Who shall control the controllers? A personal
    view. Ann Clin Biochem 18, 1
Jefferson H, Dalton HP, Escobar MR, Allison MJ (1975) Transportation
    delay and the microbiological quality of clinical specimens. Am J
    Clin Pathol 64:689
Johnson DE, McGuire SA, Milliken GA (1978) Estimating σ^2 in the pre-
    sence of outliers. Technometrics 20:441
Jones RN (1980) Antimicrobial susceptibility test evaluations, 1977-
    79 discs, instruments, and the MIC. Pathologist 34:73
Jones RN (1981) Status of the art: past, present and antimicrobial
    susceptibility testing trends as monitored by the CAP laboratory
    proficiency surveys. Pathologist 35:423

Jones RN, Barry AL, Gavan TL (1980) The evaluation of the sensititre microdilution antibiotic susceptibility system against recent clinical isolates: a three laboratory collaborative study. J Clin Microbiol 11:426

Jones RN, Thornsberry C, Barry AL, et al (1980) The evaluation of the Septor[TM](BBL) microdilution antibiotic susceptibility testing system: a collaborative investigation. J Clin Microbiol 13:184

Jones RN, Edson DC, Marymont JV (1982) Evaluations of antimicrobial susceptibility test proficiency by the College of American Pathologists survey program: a clarification of quality control recommendations. Am J Clin Pathol 77:168

Jones RN, Edson DC (1982) Interlaboratory performance of disk agar diffusion and dilution antimicrobial susceptibility tests 1979 - 1981. A summary of the microbiology portion of the College of American Pathologists (CAP) surveys. Am J Clin Pathol 78(Suppl)651

Jones RN, Edson DC (1982) The ability of participant laboratories to detect penicillin-resistant pneumococci. Am J Clin Pathol 78(Suppl)659

Jones RN, Edson DC, Gilmore BF and the CAP Microbiology Resource Committee (1983) Contemporary quality control practices for antimicrobial susceptibility tests: a report from the microbiology portion of the College of American Pathologists surveys program. Am J Clin Pathol 80(Suppl)622

Jones RN, Edson DC and the CAP Microbiology Resource Committee (1983) Special topics in antimicrobial susceptibility testing: test accuracy against methicillin resistant staphylococcus aureus, pneumo cocci and the sensitivity of β-lactamase methods. Am J Clin Pathol 80(Suppl)609

Juel R (1977) Serum Osmolality. A CAP survey analysis. Am J Clin Pathol 68(Suppl)165

Juel R (1979) The 1978 College of American Pathologists therapeutic drug monitoring interlaboratory survey program. Am J Clin Pathol 72(Suppl)306

Jung K, Pergande M, Schreiber G, Schröder K (1983) Stability of enzymes in urine at 37°C. Clin Chim Acta 131:185

Junge B, Hoffmeister H, Feddersen HM, Röcker L (1978) Standardisierung der Blutentnahme: Einfluß der Stauung auf 33 Blut- und Serumbestandteile. Dtsch Med Wochenschr 103:260

Juul P (1967) Stability of plasma enzymes during storage. Clin Chem 18:416

320

Kaiser E (1978) Nationale Enzymrundversuche. Berichte der ÖGKC 1/3:
    202

Kaiser E, Müller MM (1973) Quality control in clinical enzymology.
    Proc 5th Int Symp Clin Enzymol 1:159

Kaiser H (1965) Zum Problem der Nachweisgrenze. Z Anal Chem 209:1

Kaiser H (1973) Grundlagen zur Beurteilung von Analysenverfahren. In:
    Houben-Weyl (ed) Methodicum chimicum, Vol 1, Stuttg

Kambli VB, Barnett RN (1974) Control of accuracy of CAP clinical
    standard solutions. Am J Clin Pathol 61(Suppl)912

Kampen EJ van, Zijlstra WG (1981) Haemoglinometry: from estimation of
    refence method. J Clin Chem Clin Biochem 19:517

Karjalainent EJ, et al (1983) Analysis of external quality assessment
    results in three dimensions. Ann Clin Biochem 20:183

Katan MB (1982) Standardization of serum cholesterol assays by use of
    serum calibrators and direct addition of Lieberman-Burchard reag-
    ent. Clin Chem 28:683

Kaufmann RA, Tietz NW (1980) Recent advances in measurement of amyla-
    se activity - A comparative study. Clin Chem 26:846

Kaufmann-Raab J, Jonen HG, Jähnchen E, et al (1976) Interference by
    acetaminophen in the glucose-oxidase-peroxidase method for blood
    glucose determination. Clin Chem 22:1729

Kawakami Y, Yoshikawa T (1981) A control system for arterial blood
    gases. J Appl Physiol 50:1362

Keitges PW (1976) Proficiency testing and clinical laboratory immuno-
    logy, p 918. In: Rose NR, Friedman H (eds) Manual of clinical im-
    munology. American Society for Microbiology, Washington DC

Keitges PW (1983) The pathologist as a clinical consultant with com-
    puters - An update. Pathologist 37:319

Keitges PW, Koepke JA (1971) Report on hematology photomicrograph
    transperancies 1965-1969. Am J Clin Pathol 55:291

Keller H (1975) Lagerungsbedingte Fehler bei der Bestimmung von 11
    Parametern in heparinisiertem Vollblut und Plasma. Z Klin Chem
    Klin Biochem 13:217 (Lit)

Keller H (1979) Problems of identification in the clinical laboratory
    state of the art and other considerations. J Clin Chem Clin Bio-
    chem 17:57

Keller H, Gessner U (1980) Systematik der Deviationsursachen kli-
    nisch-chemischer Analysen. Med Lab 33:139

Keller H, Gessner U (1981) Zur Frage der Validität klinisch-chemi-
    scher Befunde. Med Lab 34:31

Keller H, Staber G (1983) Arzneimittel-Interferenzen bei klinisch chemischen Testen. Lab Med 7:164

Kelly DT, Kelly ME (1981) Current practices in quality control. Med Technol 47:957

Kenny MA, Delaney CJ, Raiseys VA (1973) A proficiency testing and quality control programme for blood gas analyses. Clin Chem 19:649

Kim H, Skodon S, Barnett RN (1974) Performance of "kits" used for the clinical chemical analysis of salicylates in serum. Amer J Clin Pathol 61(Suppl)936

Kim EK, Logan JE (1978) A scheme for the evaluation of methods in clinical chemistry with particular aplications to those measuring enzyme activities. Part I: Clin Biochem 11:238, Part II: Clin Biochem 11:244

Kirberger E, Keller H (1973) Lagerungsbedingte Fehler bei Creatinin-bestimmungen. Z Klin Chem Klin Biochem 11:205

Kirkwood TBL, Rizza CR, Snape TJ, Rhymes IL, Austen DEG (1977) Identification of sources of interlaboratory variations in factor VIII assay. Br J Haematol 37:559

Klaus G (1965) Wörterbuch der Kybernetik. Fischer Handbücher 1073, Frankfurt/M Hamburg

Klein B, Weissmann M (1958) Study of dialyzed reconstituted dried serum as a clinical chemistry standard. Clin Chem 4:194

Klein-Wisenberg A von (1975) Qualitätskontrolle im ärztlichen Laboratorium. Schnellverfahren zur Schätzung von Verteilungsparametern. GIT p 929, 1066

Klein-Wisenberg A von (1976) Statistical models and confidence intervals in the assessment of target values. p 242 In "Proceedings of the IX World Congress of Anatomic and Clinical Pathology" Excerpta Medica Amsterdam

Klein-Wisenberg A von, Boroviczény KG von (1967) Standardisierung der Photometrie am Beispiel der Hämoglobinbestimmung. GIT 11:1060

Knowles RC, Moore TD (1979) Quality control of agar diffusion susceptibility tests. Data from the quality assurance program of the CAP Am J Clin Pathol 72(Suppl)365

Knowles RC, Moore TD (1980) Quality control of agar diffusion susceptibility tests. Data from the quality assurance service microbiology program of the College of American Pathologists. Am J Clin Pathol 74(Suppl)581

Knowles RC, Gilmore BF (1981) Quality control of agar diffusion susceptibility tests. Data from the quality assurance service microbiology program of the College of American Pathologists. Am J Clin Pathol 74:590

Knowles RC, Gilmore B (1983) Quality control of agar diffusion susceptibility tests: Data from the quality assurance service microbiology program of the CAP. Am J Clin Pathol 80(Suppl)603

Koch CD, Arnst E (1979) Prozeßrechnerüberwachte Qualitätskontrolle im medizinischen Laboratorium. Ärztl Lab 25:112

Koch CD, Burkhardt H, Wepler R, Blersch H (1983) Einfluß thermischer und mechanischer Belastung auf 17 klinisch-chemische Parameter. Lab Med 7:23

Kocoshis TA, Triplett DA (1979) CAP survey results for factor VIII assays (1977-1978) Am J Clin Pathol 72:346

Koepke JA (1970) The 1969 survey of prothrombin time. Am J Clin Pathol 54(Suppl)502

Koepke JA (1970) Immunohaematology proficiency testing 1966-1969. Am J Clin Pathol 54(Suppl)508

Koepke JA (1971) Clerical errors in surveys. Bull Soc Am Pathol p 193

Koepke JA (1975) Interlaboratory trials: The quality control survey programme of the College of American Pathologists. p 53 In: Lewis SM, Coster JF (eds) Quality control in haematology.Academic Press, London

Koepke JA (1975) The partial thromboplastin time in the CAP survey program. Am J Clin Pathol 63(Suppl)990

Koepke JA (1977) The calibration of automated instruments for accuracy in hemoglobinometry. Am J Clin Pathol 68(Suppl)180

Koepke JA (1977) A delineation of performance criteria for differentiation of leukocytes. Am J Clin Pathol 68(Suppl)202

Koepke JA (1982) The use of proficiency testing results in the coagulation laboratory. Laboratory evaluation of coagulation. Am Soc Clin Pathol Press p 368

Koepke JA, Eilers RJ (1966) Survey of red cell parameters in 1,600 United States hospitals. Bibl Haematol 27:137

Koepke JA, Thakur K (1972) Laboratory proficiency in blood banking: the variability of blood bank reagents for blood typing. Vox Sang 22:222

Koepke JA, Rodgers JL, Ollivier MJ (1975) Preinstrumental variables in coagulation testing. Am J Clin Pathol 64:591

Koepke JA, Gilmer PR Jr, Filip DJ, Eckstein JD, Sibley CA (1975) Studies of fibrinogen measurement in the CAP survey program. Am J Clin Pathol 63(Suppl)984

Koepke JA, Gilmer PR Jr, Triplett DA, O'Sullivan MB (1977) The prediction of prothrombin time system performance using secondary standards. Am J Clin Pathol 68(Suppl)191

Koepke JA, Protextor TJ (1981) Quality assurance for multichannel hematology instruments: Four years' experience with patient mean erythrocyte indices. Am J Clin Pathol 75:28

Komjathy ZL, Mathies JC, Parker JA, Schreiber HA (1976) Stability and precision of a new ampouled quality-control system for pH and blood-gas measurements. Clin Chem 22:1399

Korpmann RA, Bull BS (1976) The implementation of a robust estimator of the mean for quality control on a programmable calculator or a laboratory computer. Am J Clin Pathol 65:252

Krämer K, Sachs V (1982) Zu Problemen der Qualitätssicherung bei Blutgruppen- und Antigenbestimmungen. Lab med 6:147

Kreutz FH (1973) Auswirkungen der Probennahme auf klinisch-chemische Untersuchungsergebnisse. p 149 In: Lang H, Rick W, Roka (Hrsg) Optimierung der Diagnostik. Springer, Berlin, Heidelberg, New York

Kubasik NP, Ricotta M, Hunter T, et al (1982) Duration and temperature of storage or serum analyte stability: Examination of 14 selected radioimmunassay procedures. Clin Chem 28:164

Kuchmak M, Taylor L, Olansky AS (1981) Low lipid level reference sera with a human serum matrix. Clin Chim Acta 116:125

Kuhtahl E (1976) Zur Problematik des unerwarteten Laborergebnisses. Dtsch Gesundh.wesen 31,1592

Kurtz SR, Copeland BE, Straumfjord JV (1977) Guidelines for clinical chemistry quality control based on the long-term experience of sixty-one university and tertiary care referral hospitals. A reappraisel. Am J Clin Pathol 68:463

Kuse R, Hausmann K (1973) Vergleichende halbautomatische Leukozytenzählung im Venen-, Ohrläppchen- und Fingerbeerenblut. Dtsch Med Wochenschr 98:1904

Kwa SB, Ariff KB (1966) Blood banking errors: a two year prospective survey. Singapore Med J 7:178

Ladenson JH (1977) Direct potentiometric analysis of sodium and potassium in human plasma: Evidence of electrolyte interaction with a non protein, proteinassociated substance(s). J Lab Clin Med 90:65

Laessig RH, Pauls FP, Schwartz TA (1972) Long term preservation of serum specimes collected in the field for epidemiological studies of biochemical parameters. Health Lab Sci 9:16

Laessig RH, Schwartz TH, Indriksons AA, Miran DE (1972) A study of statistical techniques applied to changes during storage of serum specimens for multiphasic screening. Health Lab Sci 9:269

Laessig RH, Schwartz TH, Paskey TA, Indriksons AA (1975) A proposed blind routine quality control system for multi-channel analysis. Am J Clin Pathol 64:225

Laessig RH, Indriksons AA, Hassemer DJ, Paskey TA, Schwartz TH (1976) Changes in serum chemical values as a result of prolonged contact with the clot. Am J Clin Pathol 66:598

Laessig RH, Hassemer DJ, Paskey TA, Schwartz TH (1976) The effects of O.1 and 1.0 percent erythrocytes and hemolysis on serum chemistry values. Am J Clin Pathol 66:639

Laessig RH, Westgard JO, Carey RN, Hassemer DJ, Schwartz TH, Feldbruegge DH (1976) Assessement of a serum separator device for obtaining serum specimens suitable for clinical analysis. Clin Chem 22:235

Lambrecht J, Seidel D (1974) Enzymdiagnostik bei Patienten mit Hyperlipidämie: Beseitigung von Plasmatrübungen durch selektive Polyanionenpräzipitation von Plasma-Lipoproteinen. Z Klin Chem Klin Biochem 12:154

LaMotte LC (1977) The impact of laboratory improvement programs in laboratory performance: The CLIA 67 experience.Health Lab Sci 14:213

LaMotte LC Jr (1981) The issue of quality personal.Med Technol 47:971

Langley FA (1978) Quality control in histopathology and diagnostic cytology. Histopathology 2:3

Lantto O, Björkheim I, Blomstrand R, Kallner A (1980) Interlaboratory evaluation of four RIA-kits for determination of plasma cortisol with special reference to accuracy: Influence of matrix in calibration standards. Clin Chem 26:1899

Lappin TRJ, Sanderson FM (1970) An artificial leukocyte control suspension. J Clin Pathol 23:65

Lappin TRJ, Farrington CL, Nelson MG, Merrett JD (1979) Intralaboratory quality control of hematology: Comparison of two systems. Am J Clin Pathol 72:426

Lauber K (1980) Bestimmung von Eisen im Serum: Methodenvergleich Teepol/Dithionit/Bathophenanthrolin gegen Guanidin/Ascorbinsäure/Ferrozin. J Clin Chem Clin Biochem 18:147

Lawson NS, Haven GT (1976) The role of regional quality control programs in the practice of laboratory medicine in the United States. Am J Clin Pathol 66:268

Lawson NS, Haven GT, Moore TD (1977) Long-term stability of enzymes, total protein, and inorganic analytes in lyophilized quality control serum. Am J Clin Pathol 68(Suppl)117

Lawson NS, Haven GT, Moore TD (1978) Long-term stability of glucose in lyophilized quality control serum. A study utilizing data from the quality assurance service (QAS) program of the College of American Pathologists. Am J Clin Pathol 70(Suppl)523

Lawson NS, Haven GT, Ross JW (1980) Regional quality assurance for the 1980's current status and future directions. Am J Clin Pathol 74:552

Lawson NS, Haven GT, DiSilvio TV, Gilmore BF (1981) Stability of sodium and potassium in lyophilized quality control serum. Am J Clin Pathol 76:581

Lawson NS, Haven GT, DiSilvio TV, Gilmore BF (1982) Glucose stability in lyophilized chemistry quality control serum. A study of data from the quality assurance service (QAS) program of the College of American Pathologists. Am J Clin Pathol 78(Suppl)597

Lawson NS, Haven GT, Williams GW (1982) Analytic stability in clinical chemistry control materials. CRC Crit Rev Lab Sci 17:1

Layton JM (1983) Requirements for accreditation of programs. Pathologist 37:97

Leary ET, Delaney CJ, Kenny MA (1977) Use of equlibrated blood for internal blood-gas quality control. Clin Chem 23:493

Leck I, Gowland E, Poller L (1974) The variability of measurements of prothrombin time ratio in the British national quality controls: a follow-up study. Br J Haemat 28:601

Lee VW, Willis C (1982) Activity of human and nonhuman amylases on different substrates used in enzymatic kinetic assay methods - a pitfall in interlaboratory quality control. Am J Clin Pathol 77:290

Legge DG, Shortman L (1968) The effect of pH on the volume, density and shape of erythrocytes and thymic lymphocytes. Brit J Haemat 14:323

Lehnert G, Rutenfranz J, Szadkowski D, Valentin H (1981) Richtlinie zur Durchführung der statistischen Qualitätssicherung bei arbeitsmedizinisch-toxikologischen Analysen. Arbeitsmed Sozialmed Praeventivmed 16:56

Lenahan JG, Phillips GE (1966) Some variables which influence the activated partial thromboplastin time assay. Clin Chem 12:269

Letellier G, Gagné M (1980) Study of drug differences with biochemical tests in an interlaboratory quality control program. p 175 In: Siest G, Young PS (eds): Drug measurement and drug effects in laboratory health science. Karger, Basel

Letellier G, Desjarlais F (1982) Study of seasonal variation for eighteen biochemical parameters over a four-year period. Clin Biochem 15:206

Lever M, Munster DJ (1977) A design for interlaboratory quality-control programs. Clin Biochem 10:65

Lever M, Munster DJ, Walmsley TA, Stewart AW (1981) Analytical error in clinical laboratories as assessed by an interlaboratory survey. Ann Clin Biochem 18:28

Lewis RNAH (1979) Variations in the sensitivity of proteins to the protein assay procedures. Analyt Biochem 99:136

Lewis SM, Burgess BJ (1966) A stable standard suspension for red cell counts. Lab Pract 15:305

Lewis SM, Burgess BJ (1969) Quality control in hematology: report of inter-laboratory trials in Britain. Br Med J 4:253

Lewis SM, Stoddard CTH (1971) Effects of anticoagulant and containers (glass & plastic) on the blood count. Lab Pract 20:787

Lewis SM, Coster JF (eds) (1975): Quality control in haematology.

Liappis N, Beeser H, Fritsche C, Hildenbrand G (1981) Einfluß von Alter, Geschlecht und Antikonzeptiva auf die mit Hilfe der kinetischen Nephelometrie bestimmten IgA-, IgG-, IgM-, α-1-Antitrypsin-, Haptoglobulin- und Transferrin-Konzentrationen im Serum von gesunden Erwachsenen. Lab Med 5:73

Liappis N, Beeser H, Fritsche C (1983) Einfluß von Alter, Geschlecht und Antikonzeptiva auf die rate-nephelometrisch bestimmten Konzentrationen von α2-Makroglobulin, C 3, C 4, Coeruloplasmin, Properdin Faktor B und saures α1-Glykoprotein im Serum gesunder Erwachsener. Lab Med 7:66

Lillifors HW (1967) On the Kolmogorov-Smirnov test for normality with mean and variance unknown. J Am Stat Assoc 62:399

Limonard CBG (1979) A quality control program to evaluate accuracy and precision of clinical chemistry determinations. Clin Chim Acta 95:353

Limonard CBG (1980) Quality control in clinical chemistry and dynamics of analytic proceses. Dissertation Krips repro meppel, Netherland

Lindgren BW (1976) Statistical theory. 3rd edition. New York, Macmillan Pub Comp.

Linsell WD (1982) Clinical pathologists - a threatened species? J Clin Pathol 35:249

Little RR, England JD, Wiedmeyer HM, Goldstein DE (1983) Effects of whole blood storage on results for glycolysated hemoglobin as measured by ion-exchange chromatography, affinity chromatography and colorometry. Clin Chem 29:1113

Lippel K, Ahmed S, Albers J, et al (1978) External quality control survey of cholesterol analyses performed by 12 lipid research clinics. Clin Chem 24:1477

Lippi U, Cappelletti P (1983) Quality control of mean platelet volume A Chimera ? Am J Clin Pathol 79:648

lloyd PH (1978) Techn Bulletin No. 39: A scheme for the evaluation of diagnostic kits. Ann Clin Biochem 15:136

Loewen J, Johnson DS (1983) Comprehensive hematology survey 1982. H-B Summing Up 12:10

Löwenstein G (1974) Qualitätssicherung ist unabwiegbar. Ärztl Praxis 46:23

Logan JE (1981) Criteria for kit selection in clinical chemistry/ Clin Biochemistry. Contemporary Theories and Techniques, Vol 1

Logan JE, Allen RH (1968) Control serum preparations. Clin Chem 14:437

Lohff MR (1980)Preliminary observations on the quality assurance service therapeutic drug monitoring program. Am J Clin Pathol 74:542

Lohff MR, DiSilvio FV, Ross JW, Lawson NS, Gilmore BF (1982) Analytical clinical laboratory precision. State of the art for selected enzymes. Am J Clin Pathol 78:634

Lombarts AJP (1983) A simple inexpensive quality control material for platelet counts. Ann Clin Biochem 20:121

Lombarts AJP, Leijnse B (1983) White blood cell control of longterm stability. Clin Chim Acta 128:79

Lott JA (1974) Laboratory personnel: the most important aspect of quality control. Med Instr 8:22

Lott JA, O'Donnell NJ, Grannis GF (1981) Interlaboratory survey of enzyme analyses III. Does College of American Pathologists' survey serum mimic clinical specimen? Am J Clin Pathol 76(Suppl)554

Lott JA, Wenger WC, Massion CG, Homburger HA (1982) Interlaboratory survey of enzyme analyses. IV Human versus porcine tissue as source of creatine kinase for survey serum. Am J Clin Pathol 78(Suppl)626

Lott JA, Massion CG (1982) The College of American Pathologists enzyme survey: a summary. Proceedings, Aspen conference on clinical enzymology. College of American Pathologists, Skokie, Ill

Lott JA, Massion CG (1983) Enzyme survey: A summary. Proc Aspen Conf Clin Enzymol. CAP p 233

Lott JA, Gilmore BF, Massion CG (1983) Interlaboratory survey of enzyme analyses:A simplified method of reporting participant's data. Am J Clin Pathol 80(Suppl)577

Louderback A (1975) International criteria for diagnostic material. p 385 in: G Anido et al (eds) Quality control in clinical chemistry. Walter de Gruyter, New York

Louderback A, Szatkowski P, Matthews H (1977) A stable whole blood pH/blood gas control employed for monitoring measured and calculated parameters. 29th national meeting of the American Association of Clinical Chemistry, Chicago.

Louderback AL, Szatkowski P (1980) The coefficient of analyses, a new figure of merit for laboratory performance. Clin Chem 26:774

Lubran MM (1973) Accuracy and precision in clinical chemistry. Ann Clin Lab Sci 3:465

Ludewigs M, Rotzler A, Völkert E (1978) Bewertung von Ringversuchsergebnissen. Diagnostik 11:163

Lutze G, Urbahn H (1978) Präzisionskontrolle bei der Bestimmung der Gerinnungsfaktoren VII und IX im Plasma und im Serum. Zschr Med Lab Diagn 19:312

Maas AHJ, Veefkind AH, Camp RAM van den, Teunissen AJ, Winckers EKA, Jansen AP (1977) Evaluation of ampouled tonometered buffer solutions as a quality control system for pH, pCO_2 and pO_2 measurements. Clin Chem 23:1718

Maddocks J, Hann S, Hopkins M, Coles GA (1973) Effect of methyldopa on creatinine estimation. Lancet 1:157

Majewski E, Söker J (1977) Uber Ringversuche. MTA Zschr dvta 11:435

Makino T (1983) A potential problem on comparison of plasma with serum for zinc content. Clin Chem 29, 1313

Malan PG (1979) Results from some external quality control schemes. p257 In: Bizollon CA (ed) Radioimmunology,Elsevier Press,Amsterdam

Malloy M (1975) The other side of quality control. Lab Managm 13:22

Mandel J (1959) The interlaboratory evaluation of testing methods. ASTM Bull. Am Soc Testing Matr., Philadelphia, PA 19103

Mandel J (1964) The statistical analysis of experimental data. Interscience-Wiley, New York, NY

Mandel J (1971) Repeatability and reproducibility. Mater Res Stand 11:8

Marbach EP, McLean M, Scharn M, Jones T (1975) Sodium iodoacetate as an antiglycolytic agent in blood samples. Clin Chem 21:1810

Marchand A, Van Lente F, Galen RS (1983) Automated differential leucocyte counters: A comparison of three systems.J Clin Lab Autom 3:19

Maritz JS (1981) Distribution-free statistical mathods, Chapman and Hall, London

Marks V (1983) Clinical biochemistry nearer the patient. Br Med J 286:1166

Marschner I, Herndl R, Scriba PC (1975) Comparison of the spline algorithm with other methods for the calculation of radioligand assays 57th am meeting of the Endocrine Society, June 1975 New York

Marschner I, Erhardt FW, Scriba PC (1976) Ringversuch zur radioimmunologischen Thyreotropinbestimmung (hTSH) im Serum. J Clin Chem Clin Biochem 14:345

Marschner I, Wood WG, Thiel D van, Habermann J, König A, Scriba PC (1983) Vergleich dreier Ringversuche zur radioimmunologischen Thyreotropin-Bestimmung nach dem "Münchner Modell". J Clin Chem Clin Biochem 21:301

Martinek RG (1978) Quality control based on patient's data. J Am Med Tech 40:55

Marymont JH III, Marymont JH Jr, Gavan TL (1978) Performance of Enterobacteriaceae identification systems. An analysis of College of American Pathologists survey data. Am J Clin Pathol 70(Suppl)539

Massarat S (1965) Studien über die in vitro-Alterung der Transaminasen im Serum und im Gewebsextrakt. Enzymol biol clin 5,200

Massarat S, Herbert V (1977) Haltbarkeit der Serumenzyme beim Versand Dtsch Ärztebl p 1909

Massion CG, Frankenfeld JK (1972) Alkaline phosphatase: Lability in fresh and frozen human serum and in lyophilized control material. Clin Chem 18:366

Mathy KA, Koepke JA (1974) The clinical usefulness of segmented versus stab neutrophil criteria for differential leukocyte counts. Am J Clin Pathol 61(Suppl)947

Mattews F (1982) A mandatory clinical year - let's correct a mistake.
Pathologist 36:527

McClellan EK, Nakamura RM, Haas W, et al (1964) Effect of pneumatic
tube transport system on the validity of determinations in blood
chemistry. Am J Clin Pathol 42:152

McDonald NF, Williams PZ, Burton JI, Batsakis JG (1981) Sodium and
potassium measurements. Direct potentiometry and flame photometry.
Am J Clin Pathol 76:575

McNair P, Nielsen SL, Christiansen C, Axelsson C (1979) Gross errors
made by routine blood sampling from two sites using a Tourniquet
applied at different positions. Clin Chim Acta 98:113

McNeely MDD (1983) Computerized interpretation of laboratory tests:
an overview of systems, basic principles and logic techniques.
Clin Biochem 16:141

McPhedran P, Clyne LP, Ortoli NA, Gagon PG, Sanders FJ (1974) Prolon-
gation of the activated partial thromboplastin time associated
with poor venipuncture technic. Am J Clin Pathol 62:16

McPherson K (1982) On chosing the number of interim analysis in clinical trials. Statistics in Medicine 1:25

McSweeney FM, Bullock DG, Gregory A, Whitehead TP (1979) An interlaboratory survey of hydrogen ion and blood gas determination. Ann
Clin Biochem 17,249

Meites S (1977) Whole blood or plasma glucose - reminder of a creep-
ing fallacy. Clin Chem 23:913 letter

Meites S, Levitt MJ (1979) Skin-puncture and blood-collecting techniques for infants. Clin Chem 25:183

Merritt BR, McHugh RB, Kimball AC et al (1965) A two year study of
clinical chemistry determination in Minnesota hospitals.The effect
of survey participation and laboratory consultation upon accuracy
and reliability. Minn Med 48,939

Merten R (1971) Qualitätskontrolle und Ringversuch. Ärztl Lab 17:30

Merten R (1974) Ringversuche zur externen Qualitätssicherung von Laboratoriumswerten. Kassenarzt 10:628

Merten R (1979) Der Wert standardisierter Meßmethoden für die Qualität von Meßdaten. Workshop auf dem Kongreß der Deutschen Gesellschaft für Laboratoriumsmedizin 1979

Merten R (1981) Bewertungsmaßstäbe und ihre Auswirkungen:
a) Die Effektivität von Ringversuchen als externe Qualitätssicherung im medizinischen Laboratorium. Lab Med 5 A+B:6
b) Beurteilung von Qualitätskontrollmaßnahmen mit Hilfe der relativen Standardabweichung in INSTAND-Ringversuchen. Lab Med 5 A+B:68
c) Sollwert und Sollbereich.Lab Med 5 A+B:197
d) Schlußfolgerungen Lab Med 5 A+B:257

Merten R (1981) Probleme interner und externer Qualitätssicherung in der klinischen Chemie. In:Merten UP (ed) Qualitätssicherung in der Laboratoriumsmedizin. Tagungsvorlage der gemeinsamen Tagung von INSTAND und der Deutschen Gesellschaft für Laboratoriumsmedizin 1981

Merten R, Stamm D (1972) Zuverlässigkeitskontrolle im ärztlichen Laboratorium und Normierung klinisch-chemischer Methoden. Ärztl Lab 13:438 u 451

Merten R, Boroviczény KG von (1972) Zufällige und systematische Fehler im Laboratorium. Diagnostik 5:325

Merten R, Boroviczény KG von (1976) Qualitätssicherung im ärztlichen Labor mit einem Fragenkatalog zur Fehlererkennung, Fehlersuche und Fehlervermeidung. Helferin des Arztes. Heft 2 bis 8

Merten R, Merten UP (1976) Target values for evaluating results in collaborative surveys. p 252 In:" Proceedings of the IX World Congress of Anatomic and Clinical Pathology", Sidney 1975. Excerpta Medica, Amsterdam, Oxford

Merten UP (1981) Qualitätssicherung in der Virusimmunologie. In: Merten UP (ed) Qualitätssicherung in der LaboratoriumsmedizinD Tagungsvorlage der gemeinsamen Tagung von INSTAND und der Deutschen Gesellschaft für Laboratoriumsmedizin. Düsseldorf 1981

Merten UP (1982) Über die intra- und extrakorporale Beeinflussung biochemischer und hämatologischer Ergebnisse durch die Art der Probengewinnung. Gruppenpraxis 1:6

Merten UP (1983) In: Proceedings of the 5th International Symposium on Quality Control. Tokyo, Japan (in press)

Meyers Lexikon: Technik und exakte Wissenschaften BI Mannheim (1969)

Miale JB, LaFond DJ (1967) 1963 prothrombin time test survey. Am J Clin Pathol 47:40

Michotte Y (1978) Evaluation of precision and accuracy, comparison of two procedures, In: Massart DL, Dijkstra A, Kaufmann L (eds) Evaluation and optimization of laboratory methods and analytical procedures, Elsevier, Amsterdam Oxford New York

Midgley ARjr, Niswender GD, Rebar RW (1969) Principles of the assessment of the reliability of radioimmunoassay methods. Acta endocrin 63 (Suppl): 163

Moinuddin M, Witter RF, Quist KD (1972) Bovine blood serum as a substitute for human serum for quality control of the determination of cholesterol and tryglyzeride. Clin Chim Acta 37:123

Mollen DL, Huffbrand AV, Ward PG, Lewis SM (1980) Interlaboratory comparison of serum vitamin B-12 assay. J Clin Pathol 33:243

Monaghan JC (1978) New lab standards cover blood collection, storage and transport. Med Lab Observ p 105

Moore JJ, Sax SM, Narayanan S (1978) Efficiency of iodo-acetate as a glycolytic inhibitor and its utility in clinical chemistry procedures. Clin Chem 24:998, Abstract no. 048

Morin LG (1973) Stated values for commercial sera may be unreliable from data of manufacturer. Clin Chem 19:1228

Morin LG (1977) Creatine kinase. Stability, inactivation, reactivation. Clin Chem 23:646

Morrison B, Shenkin A, McLelland A, Robertson DA, Barrowman M, Graham S, Wuga G, Cunningham KJM (1979) Intra-individual variation in commonly analyzed serum constituents. Clin Chem 25:1799

Mortensen N, Howell HO (1966): The use of formalin-preserved erythrocytes in quantity control. Am J Clin Pathol 45:122

Mosteller F, Tukey JW (1949) The uses and usefulness of binomial probability paper. Am Statist Assoc J, p 174/212

Mühlfellner O, Mühlfellner G, Zöpfel P, Kaffarnik H (1972) Über die Haltbarkeit von Plasmalipiden unter verschiedenen Lagerungsbedingungen. Z Klin Chem Klin Biochem 10:37

Müller MM (1977) Externe Qualitätskontrolle der klinisch-chemischen Laboratorien in Österreich. Mitteilungen der Ärztekammer für Niederösterreich 1977/4:8

Müller MM (1978) Nationale Rundversuche. Berichte der ÖGKL 1/3:143

Müller PH, Schmülling RM, Liebich HM, Eggstein M, Stähler F, Stinshoff K (1977) Vollenzymatische Triglyzeridbestimmung: Präzision, Richtigkeit, Methodenvergleich. J Clin Chem Clin Biochem 15:457

Müller-Plathe O (1979) Qualitätssicherung in der Blutgasanalytik. Internist 20:407

Müller-Plathe O (1981) Maßnahmen zur Qualitätsverbesserung von Blutgasanalysen. Med Lab 34:177

Müller-Plathe O, Halpaap I (1982) Evaluation eines neuartigen Kontrollmaterials für die Blutgasanalytik: Gasäquilibrierte Pufferlösungen in Druckbehältern ohne Gasphase. Ärztl Lab 28:9

Münster A (1969): Chemische Thermodynamik. Verlag Chemie

Müting D (1981) Früherkennung und Verhütung des Leberkomas. Dtsch Ärztbl, p 491

Myhre BA (1974) Quality control in blood banking. J Wiley & Sons. NY

Myhre BA, Koepke JA (1975) The College of American Pathologists comprehensive blood bank survey program, 1973. Am J Clin Pathol 63(Suppl)995

Myhre BA, Koepke JA, Polesky HF (1976) The comprehensive blood bank survey program of the College of American Pathologists, 1974. Am J Clin Pathol 66:248

Myhre BA, Koepke JA, Polesky HF, Walker R, Schoonhoven P van (1977) The CAP blood bank comprehensive survey program - 1975. Am J Clin Pathol 68(Suppl)175

Myhre BA, Koepke JA, Polesky HF, Schoonhoven P van, Walker R (1978) The comprehensive blood bank survey program of the College of American Pathologists - 1976. Am J Clin Pathol 70(Suppl)548

Myhre BA, Mullen S, Polesky HF, Schoonhoven P van, Walker R (1979) The comprehensive blood bank survey program of the College of American Pathologists - 1977. Am J Clin Pathol 72:352

Nakatsui T, Sesaki T, Yosshikuni T, Tsubokura T (1970) A standard platelet suspension. Am J Clin Pathol 53:659

National survey of hospital clinical laboratories (1976) Lab Management 14:17

Natrella MG (1963) Experimental statistics. In: National Bureau of Standards Handbook 91, US Government Print Off, Washington DC, Tb A-1, cumulative normal distribution values of P, p T2

Nealon DA, Henderson AR (1977) Stability of commonly used thiols and of human creatin kinase isoenzymes during storage and various temperatures in various media. Clin Chem 23,816

Nealon DA, Pettit SM, Henderson AR (1980) Effect of serum pH on storage stability and reaction lag phase of human creatinin kinase enzymes. Clin Chem 26:1165

Neeley WF, Zettner A (1983) Reflectance digital matrix photometry. Clin Chem 29:1038

Neider RJA (1979) International cooperation in the field of reference materials. Fresenius Z Anal Chem 297:4

Neter J, Wasserman W (1974) Applied linear statistical models. Homewood, Ill. RD Irwin Inc. p 506, 523

Netheler N (1977) Absorptionsphotometrie. In: Bergmeyer HU, Gawehn K (eds) Grundlagen der enzymatischen Analyse. Verlag Chemie Weinheim New York, p 145

Neumann E (1980) Probleme der automatischen Blutbilddifferenzierung mit den auf dem Markt befindlichen Systemen. MTA Zschr Dvta 11:483

Nicholson GA, Griffiths LR (1983) A sensitive assay for creatine kinase in serum samples dried on paper: enhanced thermal stability of the dried enzyme. Pathology 15:21

Nicklin EH, Paulson AS (1981) The robust analysis of a certain class of designed experiments and identification of potential outliers. Apl. Stat.

Nimmo IA, Atkins GL (1979) A nonparametric method for fitting a single exponential to biological data. Analyt Biochem 94:270

Noonan DC, Burnett RW (1974) Quality control system for blood pH and gas measurements with use of a tonometered bicarbonate chlorid solution and duplicate samples of whole blood. Clin Chem 20:660

Norberg B, Söderström S (1967) "Radial segmentation" of the nuclei in lymphocytes and other blood cells, induced by some anticoagulants. Scand J Haemat 4:68

Nosanchuk JS (1977) Automated transport of clinical laboratory specimens by a new air-transport tube system. Am J Clin Pathol 67:204

Nosanchuk JS, Gottmann AW (1974) CUMS and Delta checks. Am J Clin Pathol 62:707

Nosanchuk JS, Dawes P, Kelly A et al (1980) An automated blood smear analysis system. Am J Clin Pathol 73:165

Nourbakhsh M, Atwood JG, Raccio J, Seligson D (1978) An evaluation of blood smears made by a new method using an spinner and diluted blood. Am J Clin Pathol 69:885

Oepen I (1964) Fehlbestimmung der Faktoren MNSs, Fy(a) sowie der Rhesusfaktoren CcDEe an gealterten Blutproben. Dtsch Z ges gerichtl Med 66,130

O'Donnell NJ, Lott JA (1981) Intralaboratory survey of alkaline phosphatases methods. Am J Clin Pathol 76(Suppl)567

O'Donnell MD, McGeeney KF (1983) Suitability of control material in the differential inhibition assay for human pancreatic ans salivary amylase. Clin Chem 29:510

O'Neill TJ, Tierney LM, Prouix RJ (1974) Heparin lock-induced alterations in the activated partial thromboplastin time JAMA 227:1297

Ong ST, David D, et al (1983) Effect of variations in room temperature on measured values of blood gas quality-control materials. Clin Chem 29:502

Oxley DK, Haven GT, Wittliff JL, Gilbo D (1982) Precision in estrogen and progesterone receptor assays. Results of the first CAP pilot survey. Am J Clin Pathol 78(Suppl)587

Paar D (1981) Qualitätssicherung im Gerinnungslabor unter besonderer Berücksichtigung der konventionellen Methoden zur Kontrolle der oralen Anticoagulantientherapie. Med Lab 34:83

Palmer DF, Casey HL, Olsen JR, Eller VH, Fuller JM (1974) A guide to to the performance of the standardized diagnostic complement fixation method and adaptation to micro test. US Department of Public Health Service, Center for Disease Control, Atlanta, GA

Palmer DF, Cavallaro JJ (1976) Some concepts of quality control in immunoserology. p 906 In: Rose NR, Friedman H (eds) Manual of Clinical Immunology. American Society for Microbiology, Washington DC

Panek E, Young DS, Bento J (1978) Analytical interferences of drugs in clinical chemistry. Am J Med Technol 44:217

Panitz N, Sokolowski G (1983) Einfache und wirksame Qualitätssicherung bei Radioimmunoassays. diagnostik & intensivtherapie 16:1

Passey RB, Gillum RL, Fuller JB, Urry FM, Baron ML (1974) Evaluation and comparison of 10 glucose methods and the reference method recommended in the proposed product class standard. Clin Chem 23:131

Passey RB, Gillum RL, Fuller JB, Urry FM, Baron ML (1980) Evaluation of three methods for the measurement of urea nitrogen in serum as used on six instruments. Am J Clin Pathol 73:362

Passing H (1981) The inadequacy of normal distribution models for the establishment of assigned values in control sera. The establishment of assigned values in control sera, II. J Clin Chem Clin Biochem 19:1145

Passing H (1981) Comparison of three distribution-free procedures in the establishment of assigned values in control sera. The establishment of assigned values in control sera III. J Clin Chem Clin Biochem 19,1153

Passing H, Glocke M, Brettschneider H, Müller B (1980) Ein optimiertes verteilungsfreies Sollwertermittlungsmodell für Kontrollseren. Lab Med 4 A+B:154

Passing H, Müller-Wiegand B, Brettschneider H (1981) The importance of a blind control in the establishment of assigned values in control sera I. J Clin Chem Clin Biochem 19:1137

Passing H, Bablok W, Glocke M (1981) An optimized design for the established of assigned. values in control sera. The establishment of assigned values in control sera, IV. J Clin Chem Clin Biochem 19:1167

Passing H, Bablok W (1983) A new biometrical procedure for testing the equality of measurements from two different analytical methods Application of linear regression procedures for method comparison studies. J Clin Chem Clin Biochem 21:709

Patterson J, Hussi E. Jänne J (1980) Stability of human plasma catecholamines. Scand J Clin Lab Invest 40:297

Paule RC, Mandel J (1978) Statistical evaluation of CAP survey for calcium, potassium and blood urea nitrogen. Am J Clin Pathol 70(Suppl)471

Paulev PE, Solgaard P, Tjell JC (1978) Interlaboratory comparison of lead and cadmium in blood, urine and aqueous solutions. Clin Chem 24,1797

Pearl F (1982) Erfahrungen mit dem Vacutainer-Blutentnahmesystem aus amerikanischer Sicht. Gruppenpraxis 1:26

Pearson RW, Triplett DA (1982) Factor XI assay results in the CAP survey 1981. Am J Clin Pathol 78(Suppl)615

Peddecord KM, Cada RL (1980) Clinical laboratory proficiency test performance. Its relationship to structural, process and environmental variables. Am J Clin Pathol 73:380

Pegg JD, Miner EM (1982) The effect of data reduction technic on ligand assay proficiency survey results. Am J Clin Pathol 77:334

Pelletier O, Pryce FH, Logan JE (1980) Production of low glucose serum for quality control and evaluation of yeast treatment, lyophilization and storage conditions in serum constituents. Clin Biochem 13:41

Pen-Rey (1962) Low pressure mercury ... for ultraviolett calibration. In: Firmendruckschriften der Ultraviolet Products Inc. San Gabriel CA, Deutsche Vertretung Hormuth-Vetter, Wiesloch. Appl Optics 1: 711

Pennock CA, Jones KW (1966) Effect of ethylene-diamine-tetra-acetic acid (dipotassium salt) and heparin on the estimation of packed cell volume. J Clin Pathol 19:196

Perkins FT, Sheffield As, Outschoorn AS, Hemsöey DA (1973) An international collaborative study on the measurement of the opacity of bacterial suspensions. J Biol Stand 1:1

Perry B, Doumas B, Jendrzejczak B: Effect of light and temperature on the stability of creatine in human sera and controls. Clin Chem 25:625

Petterson JH, Hussi E, Jänne J (1980) Stability of human plasma chatecholamines. Scand J Clin Lab Invest 40:297

Pfanzagl J (1966/1967) Allgemeine Methodenlehre der Statistik. Walter de Gruyter, Berlin

Pichel W (1965) Physical chemical processes during freeze-drying of proteins. Am Soc Heat Refrig Aircond Eng J 7:68

Pier JE, Bartola J, Friedman H (1975) Quality control in microbiology University Park Press Baltimore, MD

Pike RM (1978) Past and present hazards of working with infectious agents. Arch Pathol Lab Med 102,333 (Lit)

Pipkin FM, Ritter RC (1983) Precision measurements and fundamental constants. Science 219:913

Pippenger CE, Penry IK, White BG et al (1976) Interlaboratory variability in determination of plasma antilepticad drug concentrations Arch Neurol 33:351

Pippenger CE, Paris-Kult H (1978) Reappraisal of interlaboratory variability in antiepileptic drug determinations. Clin Chem 24:1050

Plant D, Silberman J (1983) Quality control in the automated clinical laboratory. Med Technology 49:213

Platt R, Batsakis JG (1981) Intralaboratory analytic precision as estimated from two distinct programs from the College of American Pathologists. Am J Clin Pathol 76:578

Plum CM (1972) Bestimmung von Hämoglobin, Erythrozyten und Leukozyten. Ärztl Lab 18:20

Pöge AW, Hannes J, Köhler H (1983) Der Einfluß von Dextranen, Aminosäuren, Lipiden, Bilirubin, Hämoglobin, Penicillin, Heparin und EDTA auf die Bestimmung des Serumalbumins mittels Bromkresolgrün. Zschr Med Lab Diagn 24:220

Polesky HF, Taswell HF (1975) Evaluation of HBsAg detection methods from AABB-CAP survey data. Am J Clin Pathol 63:1002

Polesky HF, Hanson MR (1977) Results of HB_sAg testing on AABB-CAP survey samples. Am J Clin Pathol 68(Suppl)210

Polesky HF, Taswell HF (1978) Evaluation of HBsAg detection methods from AABB-CAP survey data. Am J Clin Pathol 69(Suppl)1002

Polesky HF, Hanson MR (1978) Evaluation of tests for antibody to hepatitis B surface antigen (Anti-HB_s). Am J Clin Pathol 70(Suppl)554

Polesky HF, Hanson MR (1980) A ABB-CAP survey data on hepatitis - Incidence, surveillance, and prevention. Am J Clin Pathol 74(Suppl)565

Polesky HF, Hanson MR (1981) Comparison of viral hepatitis marker test methods based on AABB-CAP survey data. Am J Clin Path 76:521

Poller L (1980) Quality control in blood coagulation. p 311 In:Thomson JM (ed) Blood coagulations and hemostasis. Churchill Livingstone Edinburgh

Poller L, Thomson JM, Yee KF (1979) Quality control trials of prothrombin time: An assessment of the performance in series studies. J Clin Pathol 32,251

Pope WT, Caragher TE, Grannis GF (1979) An evaluation of ethylene glycol-based liquid specimens for use in quality control. Clin Chem 25:413

Porter WH, Carroll JR, Roberts RE (1977) Hemoglobin interference with the Dupont automatic clinical analyzer for calcium. Clin Chem 23: 2145

Pragay DA, Howard SF, Chilcote ME (1971) Inorganic ion contamination in vacutainer tubes and micropipets used for blood collection. Clin Chem 17:350

Pragay DA, Edwards L, Toppin RR, et al (1974) Evaluation of an improved pneumatic tube system suitable for transportation of blood specimens. Clin Chem 20:57

Price D (1983) Quality control charting in a large automated laboratory. Med Technol 49:229

Prier JE, Bartola J, Friedman H (1975) Quality control in microbiology. University Park Press, Baltimore London Tokyo

Priest JB, Moorehead WR (1980) High-density lipoprotein cholesterol - a significant bias between methods. Am J Clin Pathol 73:147

Priest HB, Oei TO, Moorehead WR (1982) Exercise-induced changes in common laboratory tests. Am J Clin Pathol 77:285

Proksch GJ, Bonderman DP (1976) Preparation of optically clear lyophilized human serum for use in preparing control material. Clin Chem 22,456

Proksch GF, Bonderman DP (1979) Development of a stable lipoprotein diluent for use of reconstituting lyophilized human serum for the preparation of clear hyperlipidemic quality-control materials. Clin Chem 25,1377

Rajamäki A (1980) External quality control in haematological morphology: a method to assess the performance of an individual laboratory and changes in it. Scand J Clin Lab Invest 40:79

Rajamäki A, Pirkkola A (1980) External quality control in blood transfusion serology: results from the finnish proficiency testing programms in immunhaematology, 1976-1978. Scand J Clin Lab Invest 40:249

Rand RN, Eilers RJ; Lawson NS, Broughton A (1980) Quality assurance in health care. A critical appraisal of clinical chemistry. Proc. of a conference: Nov 14-16, 1979. Twin Bridges Marriott, Washington DC

Rappaport S (1947) Dimensional, osmotic, and chemical changes of erythrocytes in stored blood. 1. Blood preserved in sodium citrate, neutral, and acid-citrate-glucose (ACD) mixtures. J Clin Invest 26:591

Rappoport AE (1971) Quality control in clinical chemistry. Transactions of the IVth international symposium, Geneva, May 12-14. Hans Huber Publ. Bern Stuttgart Vienna

Rappoport AE (1979) The laboratory's orbit in a hospital information solar system (HISS) In: Biologie Prospective. 4th Colloquium de Pont a Mousson. Masson, Paris

Rappoport AE (1981) Integrating a computerized clinical laboratory information system into a global hospital information system. Presented at the XI International Congress of Clinical Chemistry, Vienna Austria, August 30

Rappoport AE, Gennaro WD, Berquist RE (1975) A first transatlantic live demonstration of a computerized audio-response communication system of an auto-clinical laboratory. p 353 in: Anido G (ed) Quality control in clinical chemistry. Transactions of the VIth Int. Symposium, Geneva April 23-25. Walter de Gruyter, Berlin

Rappoport AE, Gennaro WD, Berquist RE (1976) A centralized, automated and computerized clinical laboratory, served by a touch-tone audio response telephone system for order entry and result retrieval. In: Henry JB and Giel JL (eds) Quality control in laboratory Medicine Masson Publ. USA, Inc.

Rappoport AE, Gennaro WD, Berquist RE, Tom YD (1977) Computerization in the service of the clinical laboratory of the Youngstown hospital Assn. J Clin Computing 7:75

Rappoport AE, Gennaro WD, Berquist RE (1979) An automated and computerized clinical laboratory triage system (LTS) to achieve quality assurance and maximum reliability. In: Race EG (ed) Laboratory Medicine. Harper and Row, Publ. Inc. Hagerstown

Rash JM, Jerkunica I, Sgoutas DS (1981) Lipid interference in steroid radioimmunoassay. Clin Chem 26:84

Ratke D, Wisser H (1983) Präanalytik und Analytik der Katecholamine. Ärztl Lab 29:209

Raue F (1982) Interlaboratory comparison of radioimmunological calcitonin determination. J Clin Chem Clin Biochem 20:157

Rebentisch G, Berg W (1983) Brauchbarkeitskriterien der standardisierten röntgendiffraktometrischen Harnsteinanalyse. Qualitätsverbesserung durch Schaffung einheitlicher methodischer Voraussetzungen in den Harnsteinanalyselaboratorien. 1. Teil J Clin Chem Clin Biochem 21,665

Rebentisch G, Berg W (1983) Nachweis der Qualitätssteigerung von Harnsteinanalysen anhand von Ergebnissen aus 7 Ringversuchen zur externen Qualitätskontrolle. Qualitätsverbesserung von Harnsteinanalysen durch Schaffung einheitlicher methodischer Voraussetzungen in den Harnsteinanalyse-Laboratorien, 2. Teil. J Clin Chem Clin Biochem 21:673

Rehpenning W, Harm K, Domesle A, Voigt KD (1979) Falsch positive Werte bei der Vielfachanalyse: Die Abschätzung ihrer Häufigkeit mit der Sylvesterschen Formel und ihre Reduktion durch eine multivariate Testgröße. J Clin Chem Clin Biochem 17:565

Reimer CB, Maddison SE (1976) Standardization of human immunoglobulin quantitation: a review of current status and problems. Clin Chem 22:577

Reinauer H (1981) Probleme der externen Qualitätskontrolle und Perspektiven. p 81 und 165, In: Merten UP (Hrsg) Qualitätssicherung in der Laboratoriumsmedizin. Tagungsvorlage der gemeinsamen Tagung von INSTAND und Deutschen Gesellschaft für Laboratoriumsmedizin, Düsseldorf 1981

Reinhard S (1980) Qualitätskontrollen im Rahmen der Eichpflichtausnahmeverordnung.Erfahrungen der Eichaufsichtsbehörden.PTB-Mitt 90:278

Rej R, Vanderlinde RE (1973) Proficiency testing in acid base analysis. An interlaboratory survey. Clin Chem 19:16

Rej R, Fasce CF Jr, Vanderlinde RE (1972) Interlaboratory proficiency, intermethod comparison, and calibrator suitable in assay of serum aspartate aminotransferase activity. Clin Chem 18:374

Renoe BW, McDonald JM, Ladenson JH (1979) Influence of posture on free calcium and related variables. Clin Chem 25:1766

Reynoso G, Keane M, Konopka S (1977) Proficiency testing for the radioimmunoassay of carcinoembryonic antigen. A one-year report. Am J Clin Pathol 68(Suppl)170

Richtlinien der Bundesärztekammer zur Durchführung von Maßnahmen der statistischen Qualitätskontrolle und von Ringversuchungen im Bereich der Heilkunde (1971) Dtsch Ärztebl 68:2228 Ausführungsbestimmungen und Erläuterungen zu den Richtlinien der Bundesärztekammer zur Durchführung der statistischen Qualitätskontrolle und von Ringversuchen im Bereich der Heilkunde (1974).Dtsch Ärztebl 74:961

Richtlinien der Kassenärztlichen Vereinigung Nordrhein über die Auswahl, den Inhalt und die Durchführung der Qualitätssicherung von medizinischen Laboratoriumsuntersuchungen gemäß Beschluß des Vorstandes vom 19. Mai 1976 i.d.F. vom 14.9.1977

Ricos C, Casals A, et al (1983) Acceptable limits for precision and accuracy in a long-term quality control procedure. Clin Chem 29: 572

Rinsler RG, Mitchell FL (1974) Reference materials and methods in clinical chemistry. Z Klin Chem Klin Biochem 12:558

Rippey JH (1980) Rheumatoid factor test performance on CAP survey specimens. Am J Clin Pathol 74(Suppl)589

Rippey JH (1983) Quality control in the diagnostic immunology laboratory. Pathologist 252

Rippey JH, Bowman HE (1979) Infectious mononucleosis test performance on CAP survey specimens. Am J Clin Pathol 72(Suppl)363

Rippey JH, Biesecker JL (1983) Results of tests for rheumatoid factor on CAP survey specimens. Am J Clin Pathol 80(Suppl)599

Ritchie RF, Rippey JH (1982) Performance of immunoglobulin IgG, IgA, and IgM tests in CAP survey specimens. Am J Clin Pathol 78(Suppl)644

Robertson EA, Zweig MH, Steirteghem AC van (1983) Evaluating the clinical efficacy of laboratory tests. Am J Clin Pathol 79:78

Rodbard D (1974) Statistical quality control and routine data processing for radioimmunoassay and immunoradiometric assays. Clin Chem 20:1255

Rodbard D (1978) Statistical estimation of the minimal detectable concentration (sensitivity) for radioligand assays. Ann Biochem 90:1

Rodbard D, Rayford PL, Cooper JA, Ross GT (1968) Statistical quality control of radioimmunoassays. J Clin Endocrinol Metab 28:1412

Rodgerson DO, Tietz NW (1975) Selection of "Recommended methods" for use in a clinical laboratory - some urgent considerations and a suggested approach. Clin Chem 21:1057

Röcker L, Schmidt HM, Motz W (1977) Der Einfluß körperlicher Leistungen auf Laboratoriumsbefunde im Blut. Ärztl Lab 23:351

Röhle G, Oberhoffer G, Breuer H (1976) Ergebnisse aus Ringversuchen. Mitt Dt Klin Chem 2:32

Röhle G, Breuer H (1978) External quality control for hormone determination in the Federal Republic of Germany. Horm Res 9:450

Röhle G, Breuer H (1982) Uber die Notwendigkeit und die Problematik von Ringversuchen in der Endokrinologie. Act Endokr Stoffw 3:33

Röhle G, Voigt U, Hesse A, Breuer H (1982) Ergebnisse aus Ringversuchen für Harnsteinanalysen. J Clin Chem Clin Biochem 20:851

Röhle G, Voigt U, Siekmann L, Breuer H (1983) Ringversuche für Steroidbestimmungen: Richtigkeit und Präzision der Analysenergebnisse. J Clin Chem Clin Biochem 21:157

Roehle G, Voigt U, Kruse R, Torresani (1983) Results of quality control surveys of radioimmunological determinations of ɔthyrotropin in newborns. J Clin Chem Clin Biochem 21,813

Rösler-Englhardt A (1981) Ärztliche und technische Leistungen im medizinischen Laboratorium. Kontrollsysteme des medizinischen Laboratoriums. Lab Med 5 A+B:59

Rollo JL, Davis JE, Ladenson JH et al (1978) Effects of β-mercaptoethanol and chelating agents on the stability and activation of creatine kinase in serum. Clin Chim Acta 87,189

Romig HG (1979) 50-100 Binomial Tables. Wiley & S, New York, p 1953

Rommel K (1978) Einflußgrößen auf klinisch-chemische Parameter. Med Welt 29:1

Rommel K, Koch CD, Spilker D (1978) Einfluß der Materialgewinnung auf klinisch-chemische Parameter im Blut, Plasma und Serum bei Patienten mit stabilem und zentralisiertem Kreislauf. J Clin Chem Clin Biochem 16:373

Rosa U, Malvano R, Rolleri E (1974) Critical factors in the standardization of steroid radioimmunoassays. p 27 in:Crossignani PG (ed) Recent progress in reproductive endocrinology. Academic press,Ldn.

Rosenbaum JM (1978) Accuracy comparisons in Q.A.S programs. Pathologist 32:672

Ross JW (1981) Precision performance standards: medical care and peer review criteria. Pathologist 35:193

Ross JW (1982) Regulation of quality in the clinical laboratory. Pathogist 39:185

Ross JW (1983) Control materials and calibration standards. In: Werner M (ed) Handbook series in clinical laboratory science, section G, clinical chemistry, Vol 1. CRC Press, Boca Raton, Fl

Ross JW, Fraser MD (1976) The effect of analyte and analyte concentration upon precision estimates in clinical chemistry. Am J Clin Pathol 66:193

Ross JW, Fraser MD (1977) Analytical clinical chemistry precision: state of the art for fourteen analytes. Am J Clin Pathol 68(Suppl)130

Ross JW, Fraser MD (1979) Analytical clinical laboratory precision: state of the art for twenty-nine analytes. Am J Clin Pathol 72:265

Ross JW, Fraser MD, Moore TO (1980) Analytical clinical laboratory precision - State of art for thirty-one analytes. Am J Clin Pathol 74(Suppl)521

Ross JW, Fraser MD (1982) Clinical laboratory precision: The state of the art and medical usefulness based internal quality control. Am J Clin Pathol 78:578

Rossing RG, Hatcher WE (1979) Percentiles as reference values for laboratory data. Am J Clin Pathol 72:94

Rossing RG, Hatcher III WF (1979) A computer program for estimation of reference percentile values in laboratory data.

Rossing RG, Foster DM (1980) The stability of clinical chemistry specimens during refrigerated storage for 24 hours. Am J Clin Pathol 73:91

Rosvoll RV, Mengason AP, Smith L, Patel HJ, Maynard J, Connor F (1979) Visual and automated differential leukocyte counts. Am J Clin Pathol 71:695

Rotzler A (1974) Vorschläge für eine praktikablere Qualitätssicherung im Labor. Prakt Arzt 19:2

Rotzler A (1974) Die Qualitätssicherung im Labor. Internist 15:17

Rotzler A, Ludewigs M (1976) Qualitätssicherung: Einflüsse auf die Präzision der Ergebnisse. Diagnostik 9:432

Rotzler A, Völker E, Ludewigs M (1980) Ärztliche und technische Leistungen im medizinischen Laboratorium. Einflüsse auf Laborwerte. Lab Med 4,A+B:117

Roulston JE, Sanger B, Wathen CG (1983)The stability of angiotensin I formed at room temperature in the presence of ethylenediaminetetraacetate to subsequent incubation at 37°C.J Clin Chem Clin Biochem

Rowlands RJ, Wilson DW, Nix ABJ, et al (1980) Advantages of cusum techniques for quality control in clinical chemistry. Clin Chim Acta 108:393

Rümke CL (1960) Variability of results in differential counts on blood smears. Triangle 4:154

Rush RL, Vlastelica DL (1974) Turbidity reduction in serum and plasma samples using polyoxyethylated lauric acid compounds. US Patent No 3, 853.456

Russel RL; Yoshimori RS, Rodes IF et al (1969) A quality control program for clinical microbiology.Technol Bull Reg Med Technol 39:489

Russell RL (1974) Quality control in the microbiology laboratory. p 862 In: Lennette EH, Spaulding EH, Truant JP (eds) Manual of clinical microbiology, 2nd ed American Society for Microbiology, Washington DC,

Russell CD, LeBlanc H, Wagner H (1974) Components of variance in laboratory quality control. Johns Hopkins Med J 135:344

Rutten WPF, Scholtis RJH, Schmidt NA, Oers RJM van (1975) Quality control in hematology by means of values from patients. J.Klin Chem Klin Biochem 13:395

Ruyder KW, Munsick RA, Oei TO, Young P, Blackford HF (1983) An evaluation of four serum tests for pregnancy. Clin Chem 29:561

Ryan WL, Curtis GL, Sornson H (1980) Aging changes in platelets contro's. J Amer Med Technol 42:215

Sachs L (1978) Angewandte Statistik. 5. Aufl., Springer, Berlin Heidelberg New York

Sacker LS (1975) Specimen collection. p 211 in: Lewis SM, Coster JF (eds) Quality control in haematology. Academic Press, London, New York, San Francisco

Sampson EJ, Whitner VS, Burtis CA, McKneally SS, Fast DM, Bayse DD (1980) An interlaboratory evaluation of the IFCC method for aspartate aminotransferase with use of purified enzyme materials. Clin Chem 26:1156

Sappenfield RW, Beeler MF, Catrou PG, Boudreau DA (1981) Nine cell diagnostic decision matrix. Am J Clin Pathol 75:769

Saracci RS (1974) The power (sensitivity) of quality control plans in clinical chemistry. Am J Clin Pathol 62:398

Saris NE (1980) Approved recommendations 1980 on quality control in clinical chemistry. Part 1. General principles and terminology. J Clin Chem Clin Biochem 18:69

Sasse U (1972) Alkalische Phosphatase - Kinetische Bestimmung. Probleme der Qualitätskontrolle. Ärztl Lab 18:272

Sator H, Neumeier D, Knedel M (1981) Optimierung der Probenverteilung in einem zentralisierten klinisch-chemischen Institut. Clin Chem Clin Biochem 19:1107

Satz JE (1975) Quality control in the manual serological tests for syphillis. p 105 In: Prier JE, Bartola JT, Friedman H (eds) Quality control in microbiology. University Park Press, Baltimore MD

Savage RA (1983) Evidence for hyperglycemic osmotic matrix effects on the comprehensive hematology survey 1981-1982. Am J Clin Pathol 80(Suppl)626

Sax SM, Dorman L, Libenson DD, et al (1976) Design and operation of an expanded system of quality control. Clin Chem 13:825

Schaal KP (1976) Entnahme und Transport von Untersuchungsmaterial zur mikrobiologischen, parasitologischen und serologischen Diagnostik von Infektionskrankheiten. Krankenhausarzt 49:395, 446, 531, 599, 689, 781, 841

Schaffer R, Velapoldi RA, Paule RC, Mandel J, Bowers GN Jr, Copeland BE, Rodgerson DO, White JC (1981) A multilaboratory-evaluated reference method for the determination of serum sodium. Clin Chem 27:1824

Schläpfer P, Hänni F (1981) Ein einfaches Modell zur Haltbarkeitsberechnung. J Clin Chem Clin Biochem 19:351

Schmidt E, Schmidt FW (1963) Untersuchungen über die Alterung von Enzymen in vitro. Enzymol biol clin 3,80

Schmidt PJ, Kevy SV (1963) Sources of error in a hospital blood bank. Transfusion 3,198

Schneider W (1983) Einfluß der präanalytischen Phase auf hämatologische Untersuchungsergebnisse (Patientenvorbereitung, Probennahme, Probentransport, Probenverwahrung) Lab Med 7 A+B:136

Schoen IM, Praphai M, Veiss A (1962) Storage stability and quality control of prothrombin time by means of the Quick method. Am J Clin Pathol 37:374

Schoen IM, Fisher C, Winter S, Barnett R (1974) Patient preparation and specimen collection and handling including storage stability. College of American Pathologists, Skokie Ill

Scholda G, Gergely T, Wider G, Unger W, Aberham R, Bayer PM (1979) Zur Bestimmung von Elektrolyten in lipämischen Serumproben. Med Lab 32:281

Schork MA, Greenhouse JB, Williams GW (1977) Normality and other statistical considerations as they relate to selected quantitative measures in the CAP survey. Am J Clin Pathol 68(Suppl)112

Schreiner RL, Glick MR (1982) Interlaboratory bilirubin variability. Pediatrics 69:277

Schubert RHW, Schleidt G (1975) Untersuchungen zur Standardisierung bei in mikrobiologischen Prüfverfahren verwendeter polytroper Substanzen. Zentralbl Bakt, Abtl 1, Originale B 160:173

Schulten HR, Lehmann WD (1980) Quality control of radiolabelled biochemicals by field desorption mass spectrometry. Biomed Mass Spectrometry 7:468

Schultz AL, Gates L (1978) III. Preparation of an HBsAg negative serum standard for the use with the SMA 6/60. Lab Med 9,19

Schulz W, Böttger K, Meder B, Grallath E (1981) Systematische Fehler durch Phosphat- und Sulfatgehalte in Human- und Kontrollseren bei der atomabsorptionsspektrometrischen Calcium-Bestimmung. J Clin Chem Clin Biochem 19:1063

Schumacher RBF (1980) Systematic measurement errors. J Qual Technol 13:10

Schumann V (1976) Statistische Modelle zur Erstellung von Sollwerten und Sollbereichen in Kontrollproben. Med Lab 29:271

Schwabl HD (1982): Ergebnisbericht der Kleinkonferenz über "Zielwert, Zielbereich und Verfahren zu deren Ermittlung am 15.5.82 in Freiburg/Br. Unveröffentlichtes Manuskript

Schwartz MK (1973) Interferences in diagnostic biochemical procedures. Adv Clin Chem 16:1

Schwarz S (1978)Standardized protocol for radioimmunoassay evaluation and quality control. Wien Klin Wschr 90:781

Schwarz S (1979) A concept for internal quality control of radioimmunological analyses. Ber Österr Ges Klin Chem 2:6

Schwarz S (1980) Radioimmunoassay evaluation and quality control by use of a simple computer program for a low cost desk-top calculator. J Clin Chem Clin Biochem 18:215

Schwarz S (1982) Strategy and organisation of intralaboratory radioimmunoassay quality control. p 477 In: Radioimmunoassay and related procedures in medicine. IAEA, Vienna

Schwerd W, Buchmann F (1981) Untersuchung von Blutmerkmalen an gelagerten Blutproben. Ärztl Lab 27:205

Searle SR (1971): Linear Models , New York, Wiley

Seber GAF (1977) Linaer regression analysis. John Wiley and Sons, New York

Seckinger DL, Vazquez et al (1982) Evaluation of a new serum separator. Clin Chem 28:157

Seiffert UB, Janson D (1981) Zur optischen Qualität von Photometerküvetten aus Plastik. J Clin Chem Clin Biochem 19:41

Seiler D, Fiehn W (1980) Die Beeinflussung klinisch-chemischer Kenngrößen durch Patientenvorbereitung und Probenentnahme. Ärztl Lab 26:296

Selbmann HK, Schwartz FW, Eimeren W van (1981) Qualitätssicherung in der Medizin. Probleme und Lösungsansätze. GMDS-Frühjahrstagung Tübingen 1981. In: Koller S, Reichertz PL, Uberla K (Hrsg) Medizinische Informatik und Statistik. Springer Berlin Heidelberg New York

Shang-Qiang J, Evenson MA (1983) Effects of contaminants in blood-collection devices on measurements of therapeutic drug. Clin Chem 29:456

Shapiro GA, Hutzinger SW, Wilson JC (1977) Variation among commercial activated partial thromboplastin time reagents in response to heparin. Am J Clin Pathol 67:477

Sharp P (1972) Interference in glucose oxidase-peroxidase blood glucose methods. Clin Chim Acta 40:115

Sharp P, Riley C, Cook JG, Pink PJ (1972) Effect of two sulphonylareas on glucose determinations by enzymic methods. Clin Chim Acta 36:93

Sheiko MC, Burkhardt CT, Batsakis JG (1979) Glucose measurements. A 1977 CAP survey analysis. Am J Clin Pathol 72(Suppl)337

Shepard MDS, et al (1982) An inter-laboratory survey of qualitative urinanalyis. Pathology 14:327

Shrout JB (1982) Controlling the quality of blood gas results. Med Technol 48:347

Siekmann L (1978) Isotope dilution mass spectrometry, a definitive method in clinical chemistry. In: Quantitative mass spectrometry in life sciences, Vol II, 3-16, Elsevier-North Holland, Amsterdam

Siest G, Anido G, Kampen EJ van, Rosalki SB, Rubin M (1975) Materials and methods for health testing. p 473 In:Quality control in clinical chemistry. W de Gruyter Berlin

Siest G, et al (1978) Drug interference in clinical chemistry. Studies on ascorbic acid. J Clin Chem Clin Biochem 16:103

Siest G, Young DS (eds) (1980) Drug measurement and drug effects in laboratory health science. S. Karger Basel

Simmons A, Wiseman JD, Fay AF et al (1978) The stability of hematological parameters when tested by the coulter model S FPS 371-056. Presented at the Intern Society of Haematology Meeting. Paris

Sims GW (1975) The dilemmas of enzyme quality control. Cadence p 26

Sinard EE (1982) The pathologist as a consultant in a rural area. Pathologist 36:523

Singh G, Griffin M (1983) B-lymphocyte typing (HLA-DR, MT, MB) Interlaboratory reproducibility. Am J Clin Pathol 79:569

Sizaret P, Anderson SG (1976) The international reference preparation for alpha-fetoprotein. J Biol Stand 4:149

Skendzel LP (1972) World surveys: A report on the 1971 world survey and recommendations for the format of survey programs. Proceedings of the VIII World Congress of Anatomic and Clinical Pathology. Munich,12-16 September. Excerpta Medica, Amsterdam

Skendzel LP (1981) Current status of rubella testing - A report based on data from the CAP Surveys 1978-1980. Am J Clin Pathol 76:547

Skendzel LP, Copeland BE (1965) Hemoglobin measurements in hospital laboratories - a report of the 1962, 1963, and 1964 surveys conducted by Standards Committee, College of American Pathologists. Am J Clin Pathol 44:245

Skendzel LP, Muelling RJ (1967) Report on small hospital laboratories 1966. Survey of the College of American Pathologists. N Engl J Med 277·180

Skendzel LP, Youden WJ (1969) Graphic display of interlaboratory test results. Am J Clin Pathol 51:161

Skendzel LP, Copeland BE (1975) An international laboratory survey.Am J Clin Pathol 63(Suppl)1007

Skendzel LP, Wilcox KR, Edson DC (1983) Evaluation of assays for the detection of antibodies to rubella. A report based on data from the CAP Surveys of 1982. Am J Clin Pathol 80(Suppl)494

Slockbower JM (1982) Blood collection problems: factors in specimen collection that contribute to laboratory error. Therapeutic drug monitoring continuing education and quality program. Washington DC American Association for Clinical Chemistry.

Smith AF, Fogg BA (1972) Possible mechanisms for the increase in alkaline phosphatase activity of lyophilized control material. Clin Chem 18: 1518

Smith JP, Sandlin C (1969) Quality control in bacteriology. Am J Med Technol 35:531

Smith JW (1974) Parasitology proficiency testing in the quality evaluation programs of the College of American Pathologists. Am J Clin Pathol 61(Suppl)994

Snedecor GW, Cochran WG (1967) Statistical methods. 6th ed Iowa State University Presss, Ames

Snell J, Gardner PS, DeMello J (1981) The United Kingdom national microbiological external quality assessment scheme: description of the scheme and results of general bacteriological distributions. J Clin Pathol 34:82

Sohn D, Baden M (1978) The first year of the toxicology program. Am J Clin Pathol (Suppl) 69:1012

Sokal RR (1969) Biometry, the principles and practice of statistics in biological research. Freeman and Co., San Francisco CA, pp 143

Soloway HB (1975) Seven fallacies about quality control. Med Lab Observ pp 41

Soloway HB, Belliveau RR, Grayson JW, et al (1972) The in-vitro effect of heparin on the activated thromboplastin time. Am J Clin Pathol 58:405

Sommer R (1979) Externe Qualitätskontrolle - Effektivität von Ringversuchen. Lab Med 3:172

Sommer R, Hohenwallner W, Wimmer E (1978) Auswertung von nationalen Rundversuchen auf regionaler Ebene. Berichte der OGKC 1/3:176

Sommers HM (1974) Mycobacterial proficiency testing in the quality evaluation programs of the College of American Pathologists, 1972. Am J Clin Pathol (Suppl) 61:980

Sommers HM (1976) Results of the American Pathologists mycobacterial surveys. 1973. Am J Clin Pathol 66(Suppl)255

Somerville PN (1958) Tables for obtaining non-parametric tolerance limits. Ann Math Stat 29:559

Sonntag O (1981) Kontrollmaterialien in der klinischen Chemie. mta-J 11,448

Späthe R, Tenger F, Lampart A (1981) Artifical control materials haematology. In: Rosalki SB (ed) New approaches to laboratory medicine. GIT Verlag E. Giebeler, Darmstadt, p 19

Späthe R, Lampart A, Tenger F, Vavra S (1982) Künstliche Kontrollmaterialien - Hämatologie. Medizintechnik 102:101

Speicher CE (1983) Pathologists are consultants. Pathologist 37:31

Spencer WW, Nelson GH, Konicke KA (1976) Evaluation of a new system: ("Corvac") for separating serum from blood for routine laboratory procedures. Clin Chem 22:1012

Staber G, Busch EW, Koller PU (1982) Systematische Prüfung von Pharmakaeinflüssen auf neu entwickelte Testkits. Med Lab 35:10

Stamm D, Büttner H (1969) Ringversuch zur Qualitätskontrolle 1968. Z Klin Chem Klin Biochem 7,393

Stamm D (1971) Ringversuche in der Klinischen Chemie. Schweiz Med Wochenschr 101:429

Stamm D (1974) Calibration and quality control materials. Z Klin Chem Klin Biochem 12:137

Stamm D (1979) Recommendations for the description of a selected method in clinical chemistry. J Clin Chem Clin Biochem 17:280

Stamm D (1979) Reference materials and reference methods in clinical chemistry. J Clin Chem Clin Biochem 17:283

Stamm D (1980) Die Meßsicherheit bei quantitativen klinisch-chemischen Untersuchungen. PTB-Mitt 90:134

Stamm D (1982) A new concept for quality control of clinical laboratory investigation in the light of clinical requirement and based on reference method values. J Clin Chem Clin Biochem 20:817

Stamm D, Büttner H (1969) Ringversuche zur Qualitätskontrolle 1968. Z Klin Chem Klin Biochem 7:393

Stange K (1970) Angewandte Statistik, 1 Teil. Eindimensionale Probleme. Springer, Berlin Heidelberg New York

Stange K (1975) Kontrollkarten für meßbare Merkmale. Springer, Berlin Heidelberg New York

Statland BE, Winkel P, Bokelund H (1973) Serum alkaline phosphatase after fatty meals: The effect of substrate on the assay procedure. Clin Chim Acta 49:299

Statland BE, Winkel P (1976) Problems of precision and accuracy related to specimen collecting and handling. Techn Improv Serv 24:60

Steele BW, Schauble MK, Becktel JM, Bearman JE (1977) Evaluation of clinical chemistry laboratory performance in twenty veterans administration hospitals. Am J Clin Pathol 67:594

Steige H, Jones JD (1971) Evaluation of pneumatic tube system for delivery of blood specimens. Clin Chem 17:1160

Steiner MC, Shapiro BA, Kavanaugh J, Walton JR, Johnson W (1978) A stable blood product for ph-blood-gas quality control. Clin Chem 24:793

Sternberg JC (1972) Factors influencing precision and accuracy of glucose values obtained on control sera by the o-toluidine and oxygen rate glucose oxidase methods. Clin Chem 18:694

Stevens JF (1973) Control materials for clinical biochemistry. Tech Bull No 29, Ann Clin Biochem 10:133

Stier AR, Miller LK, Smith RJ (1972) Reagents water specifications and methods of quality control. College of American Pathologists: p 3

Stokes EJ (1979) Quality control in microbiology.p 193 In: Reeves D, Geddes A (eds) Recent advances in infection. Churchill Livingstone Edinburgh

Stolley P, Dreyer G, Günther K (1983) Rechnerische Korrektion des methodischen Fehlers einer Coulter-Kapillare bei der Messung von Zellvolumenverteilungen. Z med Lab Diagn 24:287

Strässle R, Diergardt P (1980) Vergleich verschiedener Methoden der Gerinnungszeit-Bestimmung. Ärztl Lab 26:150

Strauchen JA, Alston W, Anderson J, Gustafson Z, Fajardo LF (1981) Inaccuracy in automated measurement of hematocrit and corpuscular indice in the presence of severe hypoglycemia. Blood 57:1065

Strömme JH, Sommerfelt SC, Eldjarn L (1969) Improved performance of clinical laboratories as demonstrated by inter-hospital surveys in Norway from 1963 to 1969. Am Clin Biochem 6:134

Strömme JH, Eldjarn L (1970) Surveys of the routine work of clinical chemical laboratories in 116 scandinavian hospitals. Scand J Clin Lab Invest 25:213

Stumpf HH (1983) The pathologist as clinical consultant: Mirage or reality. Pathologist 37:29

Suggs MT (1975) Product class standards (specifications) and evaluation of microbiological in vitro diagnostic reagents.p 87 In: Prier JE, Bartola JT, Friedman H (eds) Quality control in microbiology, University Park Press, Baltimore, MD

Sunderman FW (1970) Drug interference in clinical biochemistry. Crit Rev Clin Lab Sci 1:427

Svensson L (1982) A possible model for accuracy control of determination of serum cholesterol with use of reference methods. A NORDKEM project. Scand J Clin Lab Invest 42:99

Szasz G, et al (1974) Einfluß von Pharmaka auf eine einfache enzymatische Harnsäurebestimmung. Chem Rundschau 39:21

Szasz G, Börner U, Busch EW, Bablok W (1979) Enzymatische Kreatinin-Bestimmung im Serum: Vergleich mit Jaffé-Methoden. J Clin Chem Clin Biochem 17:683

Taswell HF, Smith AM, Sweatt MA, Kenneth JP (1974) Quality control in the blood bank - a new approach. Am J Clin Pathol 62:491

Taylor RN (1974) Derivation of evaluation survey data from proficiency testing for infectious mononucleosis. Ph D Thesis. Univ Utah

Taylor RN, Fulford KM (1975) Rheumatoid factor survey IV proficiency testing October 1974. Public Health Service. Center for Disease Control. Atlanta, Georgia

Taylor RN (1980) Proficiency testing summary analysis. Immunchem 1980 I (corrected) Centers for Disease Control, Atlanta GA

Taylor RN, Huong AY, Fulford KM (1975) Measurement of variation in serologic tests. Center for Disease Control, Atlanta, GA.

Taylor RN, Ehrhard H, Marcus S (1976) Evaluation of tests for infectious mononucleosis through proficiency testing. Health Lab Sci 13: 34

Taylor RN, Fulford KM, Huong AY (1977) Results of a nationwide proficiency test for carcinoembryonic antigen. J Clin Micro 5:433

Taylor RN, Fulford KM, Jones WL (1977) Reduction of variation in results of rheumatoid factor tests by use of a serum reference preparation. J Clin Micro 5:42

Taylor RN, Fulford KM, Przybyszewski VA, Pope V (1977) Center for Disease Control diagnostic immunology proficiency testing program results for 1976. J Clin Micro 6:224

Taylor RN, Fulford KM, Przybyszewski VA, Pope V (1978) Center for Disease Control immunology proficiency testing program results for 1977. J Clin Micro 8:388

Taylor RN, Fulford KM, Przybyszewski VA, Pope V (1979) Immunology proficiency testing program results for 1978. J Clin Microbiol 10:805

Taylor RN, Huong AY, Fulford KM, Przybyszewski VA, Hearn TL (1979) Quality control for immunologic tests. US Department of Health Service for Disease Control, Atlanta, GA. HHS Publication (CDC) 82

Teears RJ, Barnes BA, Batsakis JG, Bloch DM (1977) Serum magnesium. A CAP survey - 1975. Am J Clin Pathol 68(Suppl)159

Terplan G, Zaadhof KJ (1982) Quality control in bacteriology - present status and evolving problems. In: Corry JEL (ed) Quality assurance and quality control of microbiological culture media. GIT Verlag E Giebeler, Darmstadt

Thiers RE, Wu GT, Reed AH, Oliver LK (1976) Sample stability: a suggested definition and method of determination. Clin Chem 22:176

Thiessen MM, Batsakis JG, Neuhoff J, Thomas BP (1978) Indirect method of assessing thyroid function. Protein-bound iodine and thyroxine by column chromatography, a 1976 CAP survey. Am J Clin Pathol 70(Suppl)511

Thom R (1971) Persönliche Mitteilung

Thom R (1978) Die Erythrozyten-Quotienten: Ihre Bedeutung für die Diagnostik und Qualitätskontrolle. In: Autoanalyzer, Innovationen, Problemlösungen in Medizin, Forschung und Industrie. Technicon Symposium Frankfurt 1978

Thom R (1979) In: Haeckel R (Hrsg) Rationalisierung des medizinischen Labors, GIT-Verlag Darmstadt, p 222

Thom R (1981) Calibration in haematology, p 3 In: Rosalki SB (ed) New approaches to laboratory medicine. GIT Verlag E Giebeler Darmstadt

Thompson CB (1983) The role of anticoagulation in the measurement of platelet volumes. Am J Clin Pathol 80:327

Thompson KS, O'Kell RT (1981) Comparison of fresh-frozen plasmas thawed in a microwave oven and in a 37,5°C water bath. Am J Clin Pathol 75:851

Thompson M. Regression methods in the comparison of accuracy. Analyt 107:1169

Thompson RQ, Patton JC, et al (1983) Minimization of catalase interference in glucose determinations with immobilized glucose oxidase Ann Letters 16:219

Thompson WHS (1969) An investigation of physical factors influencing the behaviour in vitro of serum creatine phosphokinase and other enzymes. Clin Chim Acta 23,105

Thornsberry C, Anhalt JP, Washington JA II, et al (1980) Clinical laboratory evaluation of the Abbott MS-2 automated antimicrobial susceptibility testing system: report of a collaborative study. J Clin Microbiol 12:375

Thornsberry C, Gavan TL, Sherris JC, et al (1975) Laboratory evaluation of rapid, automated susceptibility testing system: report of a collaborating study. Antimicrob Agents Chemother 7:466

Thornsberry C, Gavan TL, Gerlach EH (1977) New developments in antimicrobial agent susceptibility testing. Cumitech 6. Washington DC American Society of Microbiology

Tietz NW (1976) Fundamentals of clinical chemistry.2nd ed WB Saunders Philadelphia

Tietz NW (1979) A model for a comprehensive measurement system in Clinical Chemistry. Clin Chem 25:833

Tonks DB (1972) Quality control in clinical laboratories. Warner-Chilcott Laboratories Co, Ltd, Scarborough, Ont.

Tonks DB (1982) Some faults with external and internal quality control programs. Clin Biochem 15:67

Toothill C (1969) A regional quality control scheme. In: Broughton PMG, Raine DN (eds) Quality control in clinical biochemistry. Ann Clin Biochem 6:138

Travis JC, Dungy CI, Huxtable RF, Valenta LJ (1979) Methods of quality control and clinical evaluation of a commercial thyroxine and thyrotropin assay for use in neonates. Clin Chem 25:735

Triplett DA, Harms CS, Koepke JA (1978) The effect of Heparin on the activated partial thromboplastin time. Am J Clin Pathol 70(Suppl)556

Triplett DA, Kocoshis TA, Harms CS (1981) Factor assay (VIII and IX) Results in the College of American Pathologists survey program (1976-1979). Scand J Haematol 25(Suppl)116

Trobisch H, Gebhardt D (1981) Untersuchungen von Qualitätskontroll-plasmen für Blutgerinnungsanalysen. Med Lab 12:322

Try K (1980) Tubidimetry as a cause of error in the L-alanine transferase (ALAT) method. Scand J Clin Lab Invest 40:305

Tryding N (1981) Drug effects in clinical chemistry. Apoteksbolaget Stockholm

Uldal F. (1979) Preparation of control serum from outdated bank-blood and its application. Nordkem Pookers (ed) Nordkem Helsingfors

Urdal P, Stromme JH (1979) Effects of Ca, Mg, and EDTA on creatine kinase activity in cerebrospinal fluid. Clin Chem 1:147

Vera HD (1971) Quality control in diagnostic microbiology. Health Lab Sci 8:176

Verdier CH de, Groth T, Westgard JO (1981) What is the quality of quality control procedures? Scand J Clin Lab Invest 41:1

Vernet-Nyssen (1983) Is commercial serum suitable for quality control of serum total iron-binding capacity. Clin Chem 29:573 (1)

Vinet B, Letellier G (1977) The in vitro effect of drugs on biochemical parameters determined by a SMAC system. Clin Biochem 10:47

Voigt HW (1977) Klärung lipämischer Seren durch ein neues Verfahren. Laboratoriumsblätter 27:168

Wagener C, Schwonzen M, Breuer H (1982) Binding of carcinoembryonic antigen (CEA) to an Anti-CEA immunabsorbent in the presence of detergents. J Clin Chem Clin Biochem 20:787

Wahrig (1968): Deutsches Wörterbuch. Verlag Bertelsmann, Gütersloh

Wakkers PJM, Hellendoorn HBA, Op De Weegh GJ, et al (1975) Applications of statistics in clinical chemistry. A critical evaluation of regression lines. Clin Chim Acta 64:173

Walker RH, Mullen SA, Myhre BA, Polesky HF, Hoeven LH van der, Schoonhoven PV van (1980) The comprehensive blood bank survey of the College of American Pathologists - 1978. Am J Clin Pathol 74(Suppl)560

Walker RH, Kuban DJ, Polesky HF, van der Hoeven LH (1981) The result of the 1979 comprehensive blood bank survey of the College of American Pathologists. Am J Clin Pathol 76:514

Walker RH, Bachorik PS, Kwiterovich PQ (1982) Evaluation of five enzymic kits for determination of trigyceride concentrations in plasma. Clin Chem 28:2299

Walker RH, Kuban DJ, Polesky HF, van der Hoeven LH (1982) The 1980 comprehensive blood bank survey of the College of American Pathologists. Am J Clin Pathol 78:610

Walker RH, Kuban DJ, Polesky HF, van der Hoeven LH (1983) The comprehensive blood bank survey of the CAP 1981. Am J Clin Pathol 80(Suppl)585

Walter E (1970) Statistische Methoden. I. Grundlagen und Planung. Springer, Berlin Heidelberg New York

Walter E (1970) Statistische Methoden. II. Mehrvariable Methoden und Datenverarbeitung. Springer, Berlin Heidelberg New York

Walters MI (1983) Quality control and therapeutic drug monitoring. Pathologist p 247

Warnick GR, Mayfield C, Albers JJ (1981) Evaluation of quality-control materials for high-density lipoprotein cholesterol quantitation. Clin Chem 27:116

Warnick GR, Benderson JM, Albers JJ (1983) Interlaboratory proficiency survey of high-density lipoprotein cholesterol measurement. Clin Chem 29:516

Watson D (1960) A note on the haemoglobin error in some nonprecipitated diazomethods for bilirubin determinations.Clin Chem Acta 5,613

Watters C (1978) A one-step biuret assay for protein in the presence of detergent. Analyt Biochem 2:695

Weaver DK, Miller D, Leventhal EA, Tropeano V (1978) Evaluation of a computer-directed pneumatic-tube system for pneumatic transport of blood specimens. Am J Clin Pathol 70:400

Weber E (1972) Grundriß der biologischen Statistik 7 Aufl. VBE Gustav Fischer, Jena

Weidemann G, Schmid RD, Reichold L (1979) Lichtempfindlichkeit der Kreatinkinase in Kontrollseren. J Clin Chem Clin Biochem 17:721

Weindling H, Henry JB (1975) Beeinflußung von Laboratoriumsergebnissen durch Arzneimittel. Aus dem Englischen übersetzt von Keller H Med Lab 28:119

Weinbert MS, Barnett RN (1968) Absence of analytic bias in a quality control program. Am J Clin Pathol 38:468

Weisbrot IM, Kambli VB, Gorton L (1974) An evaluation of clinical laboratory performance of pH-blood gas analyses using whole-blood tonometer specimens. Am J Clin Pathol 61(Suppl)923

Weise J (1968) Untersuchungen über Standardsuspensionen für die Erythrozytenzählung. Dissertation Freiburg/Br

Welch BL (1947) The generalisation of 'student's problem' when several differentes population variances are involved. Biometrica 34: 28

Wepler R, Rommel K (1973) Arzneimittel und Parameter der Laboratoriumsmedizin. Dtsch Med Wochenschr 98:307

Wertz RK, Koepke JA (1977) A critical analysis of platelet counting methods. Am J Clin Pathol 68(Suppl)195

Wertz RK, Triplett D (1980) A Review of platelet counting performance in the United States. Am J Clin Pathol 74(Suppl)575

Western Electric (1969) Statistische Qualitätskontrolle. Verlag Berliner Union, Stuttgart

Westgard, JO (1977) The development of performance standards and criteria for testing the precision and accuracy of laboratory methods, p 105. In: Elevitch FR (ed) Proceedings of the 1976 Aspen Conference on analytical goals in clinical chemistry. College of American Pathologists, Chicago

Westgard JO (1981) Precision and accuracy: concepts and assessment by method evaluation testing. CRC Crit Rev Clin Lab Sci 13:283

Westgard JO, Hunt MR (1973) Use and interpretation of common statistical tests in method comparison studies. Clin Chem 19:49

Westgard JO, Carey RN, Wold S (1974) Criteria for judging precision and accuracy in method development and evaluation.Clin Chem 20:825

Westgard JD, Groth T, Aronsson T, Falks H, Verdier CH de (1977): Performance characteristics of rules for internal quality control: Probabilities for false rejection and error detection. Clin Chem 23:1867

Westgard JO, Vos DJ de, Hunt MR, et al (1978) Concepts and practices in the evaluation of clinical chemistry methods. Part III. Statistics. Part IV. Decisions on acceptability. Am J Med Technol 44: 552, 727

Westgard JO, Falks H, Groth T (1979) Influence of a between-run component of variation, choice of control limits, and shape of error distribution on the performance characteristics of rules for internal quality control. Clin Chem 25:394

Westgard JO, Groth T (1979) Power functions for statistical control rules. Clin Chem 25:863

Westgard JO, Groth T (1981) Design of statistical control procedures utilizing quality specifications and power functions of control rules. Proceedings of the VIIIth Tenuvus workshop. Quality control in clinical endocrinology.In: Wilson DW, Gashell SJ, Keag KG (eds) Alpha Omega Pub. Cardiff.

Westgard JO, Barry PL, Hunt M and Groth T (1981) A multirule Shewhart chart for quality control in clinical chemistry. Clin Chem 27,493

Westgard JO, Groth T (1981) Design and evaluation of statistical control procedures: applications of a computer "quality control stimulator" program. Clin Chem 27:1536

Westphal RG (1982) Rapid thawing of fresh frozen plasma. Am J Clin Pathol 78:220

Whitby LG, Mitchell FL, Moss DW (1967) Quality control in routine clinical chemistry. Adv Clin Chem 10,65 (Lit)

Whitby LG (1969) Medical implications of quality control in clinical biochemistry. Ann Clin Biochem 6:104

Whitehead TP (1974) Quality control techniques in laboratory services Br Med Bull 30:237

Whitehead TP (1977) Quality control in clinical chemistry. John Wiley and Sons, New York NY

Whitehead TP, Browning DM, Gregory A (1973) A comparative survey of the results of analyses of blood serum in clinical chemistry laboratories in the United Kingdom. J Clin Pathol 26:435

Whitehead TP, Woodford FP (1981) External quality assessment of clinical laboratories in the United Kingdom. J Clin Pathol 34:947

WHO (1979) Guidelines for antimicrobial susceptibility testing. Lab 79:3

WHO Regional Office for Europe (1982) External quality assessment of health laboratories.

WHO (1983) External quality assessment of health laboratories.
  Med Lab Sciences 40, 211

Wiedecke L (1980) Grundsätze einer Neufassung des Eichgesetzes für
  den Bereich der Heilkunde. PTB-Mitt 90:285

Wieland H, Niazi M, Bartholome M, Seidel D (1980) Eine neue Methode
  zur Messung von Plasmalipoproteinen, Prüfung der Richtigkeit und
  Präzision. Ärztl Lab 26:257

Wieland H, Seidel D (1982) Improved assessment of plasma lipoprotein
  patterns: IV. Simple preparation of a lyophilized control serum
  containing intact human plasma lipoproteins. Clin Chem 28:1335

Wilcox KR Jr, Baynes TE Jr, Crable JV, Duckworth JK, Huffaker RH,
  Martin RE, Scott WL, Stevens MV, Winstead M (1978) Materials Management. In: Inhorn SL (ed) Quality assurance practices for
  health laboratories. Part one. Am Publ Health Assoc, Washington DC
  p 49

Wilcoxon F, Wilcox RA (1964) Some rapid approximate procedures. Le-
  derle Laboratories, Pearl River, NY

Wilding P, Zalva JF, Wilde CE (1977) Transport of specimens for clinical chemistry analysis. Ann Clin Biochem 14:301

Wiles PG, Watkins PJ (1983) Capillary blood collection system for
  glucose determination. Postgrad Med J 59:288

Williams J, Kuchmak M, Witter RF (1970) Preparation of hypercholeste-
  rolemic and/or hypertriglyceridemic sera for lipid determinations.
  Clin Chim Acta 28,247

Williams GW, Schork MA (1976) Some statistical implications of round-
  ing in the College of American Pathologists survey. Am J Clin Pathol 66:162

Williams GW, Schork MA, Anderson RJ (1976) An evaluation of statistical procedures designed to detect outliers resulting from a light
  degree of contamination in random samples of moderate size. Am J
  Clin Pathol 66:167

Williams GW, Bowman HE (1980) Reproducibility of syphilis serology
  results. Am J Clin Pathol 74(Suppl)586

Williams GW, Burns TL, Schork MA (1980) The distribution of selected
  hematology measurements in the CAP survey. Am J Clin Pathol
  74(Suppl)595

Williams GE, et al (1982) Basic statistics for quality control in the
  clinical laboratory. CRC Crit Rev Clin Lab Sci 17:171

Wilson DW, Gaskell SJ, Fahmy DR, Joyce BG, Groom GV, Griffith, K, Kemp KW, Nix ABJ, Rowlands RJ (1979) Development of statistical and statistical analytical techniques for use in national quality control schemes for steroid hormones. p 281 In: Bizollon CA (ed) Radioimmunology, Elsevier-North Holland, Amsterdam

Winkel P, Statland BE, Bokelund H (1975) The effects of time of venipuncture on variation of serum constituents: Consideration of within-day to day-to-day changes in a group of healthy young men. Am J Clin Pathol 64:433

Winkel P, Statland BE, Harris SC, Burdsall MJ, Lintrup J, Saunders AM (1976) A study of variation of concentration values of leukocyte types. 2. Analytical considerations - manual vs automated cell counting. Advances in automated analysis 1:317

Winkel P, Statland BE (1977) Using the subject as his own referent in assessing day-to-day changes of laboratory test results. Cont Top Anal Clin Chem 1:287

Winston S (1965) Collection and preservation of specimens. Stand Meth Clin Chem 5:1

Wissenschaftliche Tabellen Geigy, 8 Aufl. 1979, Ciba Geigy AG, Basel

Wisser H (1978) Der kontrollierte klinisch-chemische Befund. Krankenhausarzt 51:875

Witting H, Nölle G (1970) Angewandte mathematische Statistik, B. G. Teubner, Stuttgart

Woerd de Lange JA van der, Guder WG, Schleicher E, Paetzke I, Schleithoff M, Wieland OH (1983) Studien zur Störung der Bilirubinbestimmung durch Hämoglobin. J Clin Chem Clin Biochem 21:437

Wong ET, Cobb C, Umehara MK, Wolff GA, Hayworod LJ (1983) Am J Clin Pathol 79,582

Wood PS, Bachorik PS, Albers JJ, et al (1980) Effect of samples aging on total cholesterol values determined by the automated ferric chlorid sulfuric acid and Liebermann-Burchard procedures. Clin Chem 26:592

Wood WG (1981) A comparison on eleven commercial kits for the determination of serum ferritin levels. J Clin Chem Clin Biochem 19:947

Wood WG (1983) Zur Qualitätskontrolle radioimmunologischer Methoden. Habilitationsschrift Lübeck

Wood WG, Bauer M, Marschner I, Scriba PC (1980) An external quality control survey (EQCS) for serum cortisol. J Clin Chem Clin Biochem 18:183

360

Wood WG, Bauer M, Horn K, Marschner I, Thiel D van, Wachter C, Scriba PC (1980) A second external quality control survey (EQCS) for serum triiodothyronine (T3) and thyroxine (T4) assays using the "Munich model" J Clin Chem Clin Biochem 18:511

Woodward RH, Goldsmith PL (1964) Cumulative Sum Techniques. ICI Monograph NO 3, Oliver and Boyd, Edinburgh

Wootton IDP (1956) International Biochemical Trial 1954, Clin Chem 2: 296

World Association of Societies of Pathology (1979) Proceedings of the subcommittee on analytical goals in clinical chemistry. Analytical goals in clinical chemistry: their relationship to medical care. Am J Clin Pathol 71:624

Wu GT, Twomey SL, Thiers RE (1975) Statistical evaluation of method-comparison data. Clin Chem 21:315

Wu GT (1983) Interference of heparin in carcinoembryonic antigen radioimmunoassays. Clin Chim Acta 130:49

Youden WJ (1967) Statistical techniques for collaborative tests. Handbook, Association of Official Analytical Chemists, Washington DC

Young DS, Panek E (1976) Effects of drugs on the analytical procedures of a multitest analyzer. p 10 In: Siest G, Young Ds (eds) Drug interference and drug measurement in vlinical chemistry. Karger Basel

Young DS, Pestaner LC, Gribberman V (1975) Effects of drugs on clinical laboratory tests. Clin Chem 21: 1D-432D

Zender R (1971) On the use of variance analysis for statistical evaluation of quality. p 110 In: Rappoport A (ed) Quality control in clinical chemistry. Hans Huber Publ Bern Stuttgart Vienna 1972

Zender R, Linder A (1976) Interlaboratory comparison of both accuracy and precision by a two-sample method. p 85 In: Anida GA,Kampen AJ van, Rosalki SB, Rubin M (eds) Quality control in clinical chemistry. De Gruyter Verlag Berlin 1975

Zucker MB, Borelli J (1954) Reversible alterations in platelet morphology produced by anticoagulants and by cold. Blood 9:602

Zucker S, Brosius E (1970) Preparation of quality control specimens for erythrocyte counting hematocrit and hemoglobin determinations. Am J Clin Pathol 53,474

Zweig MH, Robertson EA (1982) Why we need better test evaluations. Clin Chem 28:1272

VIII ANHANG

INTERNATIONALE RICHTLINIEN FÜR DIE ZIELWERTERMITTLUNG (ISO GUIDE 35)

Vor Drucklegung dieses Bandes ist uns der Entwurf einer ISO-Richtlinie, der ISO-GUIDE 35: "Certification of Reference Materials -
General and Stasticial Principles" - zugänglich geworden. Dieser ist
vom "Council Committee on Reference Materials" erarbeitet und den
Mitgliedern dieses Komitees zugesandt worden. Der Entwurf beschäftigt sich im wesentlichen mit der Normung der Zielwertermittlung.
Der Inhalt wird mit Zustimmung des Vorsitzenden des Komitees, Herrn
George A. Uriano, Gaithersburg/MA, und des zuständigen ISO-Sekreta-
riats in Genf auszugsweise in einer deutschen Übersetzung wiederge-
geben. Die endgültige Fassung wird voraussichtlich bis Ende dieses
Jahres publiziert werden. Die Fassung des ISO GUIDE 35 in englischer
Sprache kann nach Erscheinen über den Beuth-Verlag Berlin - Köln bezogen werden.

VORWORT

Die ISO (Internationale Standardisierungskommission) ist ein weltwei-
ter Zusammenschluß nationaler Normungorganisationen (ISO-Mitglie-
der). Die internationale Normungsarbeit erfolgt in den technischen
Komitees der ISO. Jede Mitgliederorganisation, die an der Arbeit
dieses Komitees Interesse hat, kann sich vertreten lassen.
Internationale staatliche und nicht staatliche Organisationen, die
mit der ISO in Verbindung stehen, nehmen ebenfalls an dieser Arbeit
teil. ISO-Richtlinien sind für die interne Arbeit der ISO-Komitees
gedacht und gelten als Richtschnur für die ISO-Mitgliedsorganisatio-
nen bei Aufgaben, für die keine internationale Normung vorhanden
ist.

Die vorliegende Richtlinie ist vom "ISO Council Committee on Reference Materials" (REMCO) erarbeitet worden und bezieht sich auf Richtlinien zur Anfertigung, Zertifizierung und zum Gebrauch von Referenzmaterialien. Diese sollen als allgemeine und statistische Grundlagen
für die Zertifizierung von Referenzmaterialien dienen.

O EINLEITUNG

Frühere Richtlinien[1,2,3] des ISO "Council Committee on Reference Materials" (REMCO) befassen sich mit folgenden Eigenschaften der Referenzmaterialien: Benennung von Referenzmaterialien in internationalen Normen; Begriffe und Benennungen im Zusammenhang mit Referenzmaterialien; Inhalt von Zertifikaten für Referenzmaterialien. Die vorliegenden Richtlinien enthalten eine grundlegende Einführung zum Konzept und den praktischen Aspekten im Zusammenhang mit der Zertifizierung von Referenzmaterialien. Eine weitere Richtlinie wird sich mit der Benutzung von Referenzmaterialien befassen.

Definitionen der grundlegenden Begriffe von Referenzmaterialien und zertifizierten Referenzmaterialien sind am 1. Mai 1977 veröffentlicht und 1981 geringfügig überarbeitet worden [4].

Referenzmaterial (RM) ist ein Material oder eine Substanz, deren Eigenschaften ausreichend genau feststehen, um zur Kalibrierung von Geräten, Bewertung von Meßmethoden oder zur Bestimmung von Werten anderer Materialien benutzt zu werden.

Anmerkung: Ein Referenzmaterial kann ein reines Gas oder ein Gasgemisch, eine Flüssigkeit oder feste Substanz oder auch nur ein Firmenprodukt sein. Einige Referenzmaterialien werden je Charge zertifiziert, wobei die Eigenschaften eines kleinen Teils der Charge für die Eigenschaften der Gesamtcharge innerhalb angegebener Unsicherheitsgrenzen gelten. Andere, einzeln angefertigte Referenzmaterialien werden einzeln zertifiziert. Zahlreiche Referenzmaterialien weisen Eigenschaften auf, die nicht oder mit einer bekannten Struktur korrelieren oder aus anderen Gründen nicht als Masse oder Substanz mit exakt definierten physikalischen und chemischen Meßmethoden bestimmt werden können. Solche Referenzmaterialien sind unter anderem biologische Referenzmaterialien (z.B. Vakzine, deren internationale Einheiten von der Weltgesundheitsorganisation definiert worden sind) und bestimmte technologische Referenzmaterialien (z.B. Gummiblöcke zur Bestimmung des Abriebs oder Stahlplatten zur Bestimmung der Härte).

<u>Zertifiziertes Referenzmaterial</u> (CRM) ist ein Referenzmaterial, dessen eine oder mehrere Eigenschaften aufgrund einer technisch einwandfreien Methode zertifiziert und von den bescheinigenden Instituten mit einem Zertifikat oder einem anderen Dokument nachweislich versehen worden sind.
Anmerkung: Ein zertifiziertes Referenzmaterial kann aus individuell zertifizierten Einheiten bestehen oder aus Einheiten, die aufgrund der Untersuchung einer repräsentativen Stichprobe der Charge gewonnen worden sind.

1. DIE ROLLE VON REFERENZMATERIAL IN DER METROLOGIE

Metrologie befaßt sich mit der Meßtechnik. Sie umfaßt alle theoretischen und praktischen Aspekte von Messungen, unabhängig von deren Genauigkeit, und bezieht sich auf alle Gebiete der Wissenschaft und Technik. Dieser Abschnitt beschreibt die Rolle der Referenzmaterialien bei quantitativen Messungen.
Der Inhalt dieser Abschnitte soll hier nur anhand der Überschriften angedeutet werden:

1.1   Rolle von Referenzmaterialien bei der Speicherung und Übermittlung von Informationen oder Meßwerten[5]

1.2   Rolle von Referenzmaterialien im internationalen Einheitensystem (SI)

1.2.1 Abhängigkeit der SI-Basiseinheiten von Substanzen und Materialien[6,7,8]

1.2.2 Die Realisation abgeleiteter SI-Einheiten mit Hilfe von Referenzmaterialien[9,10,11,12]

1.2.3 Zusammenhang zwischen der analytischen Chemie und dem internationalen Einheitensystem[8,13]

1.2.4 Bedeutung von Referenzmaterialien bei der Realisierung von Größen außerhalb des SI

1.3   Benutzung von Referenzmaterialien

2. MESSUNSICHERHEIT

Gewöhnlich werden in der Diskussion von Meßungenauigkeiten die Ausdrücke 'Präzision' (precision), 'systematischer Fehler' (systematic error), 'Verfälschung' (bias) sowie 'Richtigkeit' (accuracy) verwendet. Die Bedeutung dieser Ausdrücke ist nicht genau festgelegt, sondern hängt größtenteils von der Interpretation und Verwendung von Meßdaten ab[14,15].

2.1 EIN BEISPIEL ZUR ILLUSTRATION

Wenn 2 gleich geübte Untersucher, A und B, jeder 4 mal eine Messung an einem homogenen Material jeden Tag 4 Tage lang am selben Gerät sowie 4 weitere Tage an einem ähnlichen Gerät vornehmen, dann können sich je 16 Gruppen von 4 Werten ergeben, wie Abb. 1 zeigt. Man erkennt:

1. Die Streuungen innerhalb jeder Gruppe von 4 Werten sind vergleichbar, vielleicht bei Gerät 2 etwas geringer als bei Gerät 1.
2. Zwischen den Tagen scheint eine größere Variabilität als innerhalb der Tage zu bestehen, besonders bei Gerät 1.
3. Der Untersucher B liefert niedrigere Werte als der Untersucher A.
4. Gerät 1 gibt niedrigere Werte als Gerät 2.

Abb. 1 dient nur zu Demonstrationszwecken. Tatsächliche Meßergebnisse können besser oder schlechter sein. Die Abbildung macht aber 4 Typen von Einflußfaktoren auf die Gesamtvariabilität dieser Werte deutlich: (1) Einflüsse innerhalb der Tage (2) Einflüsse zwischen den Tagen (3) Einflüsse durch Geräteunterschiede (4) Einflüsse durch Untersucher.

Es existieren geeignete Auswerttechniken, die Einflüsse dieser 4 Faktoren getrennt zu erfassen. Man kann Standardabweichungen für jeden dieser Faktoren berechnen. In der Praxis verhindert aber die begrenzte Zahl von Untersuchern und Geräten eine genügend verlässliche Berechnung der Standardabweichungen von (3) und (4) und genauso von (1) und (2). Der Zeit- und Arbeitsaufwand setzt Grenzen, diese Einflüsse zu ermitteln.

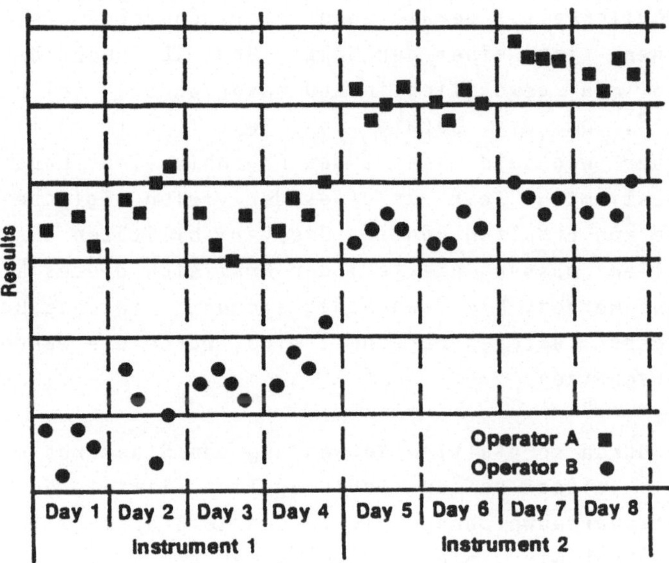

<u>Abb. 1</u>: Ein Beispiel der Meßergebnisse von 2 Untersuchern ,
wobei 2 Geräte an 8 verschiedenen Tagen verwendet
worden sind

Die Unmöglichkeit, geräte- und untersucherbedingte Einflüsse zu untersuchen, ist einer der Hauptgründe für ungeklärte Differenzen, die man gewöhnlich in Laboratorien oder bei Ringversuchen antrifft[16]. Da die Geräte von Zeit zu Zeit variieren und die Untersucher wechseln, stellt das Ergebnis eines Laboratoriums zu einer bestimmten Zeit nur eines der vielen möglichen Ergebnisse dar, die man erhalten könnte. Die Variabilitäten aus diesen beiden Quellen müssen als Teil der Präzision dieses Laboratoriums angesehen werden. Die Standardabweichung, die ohne Berücksichtigung dieser Faktoren berechnet wird, würde die wahre Variabilität unterschätzen.

Wenn man durch sorgfältige Verwendung von Standards und Referenzmethoden[17] diese beiden Fehlerquellen eliminieren könnte, würde die Standardabweichung, die zu den 16 Gruppen mit je 4 Meßwerten berechnet wird, ein geeignetes Maß der Präzision darstellen. Man würde dann den Gesamt-Mittelwert der 16 Mittelwerte angeben.

Der Mittelwert dieser Einzelwerte ist stabiler als die einzelnen Werte. Eliminiert man Fehlerquellen, die auf Geräte- und Untersuchereinflüssen beruhen, so kann man die Beziehung zwischen der Standardabweichung der Einzelwerte und der Standardabweichung des Mittelwertes von n Einzelwerten ausdrücken als

$$\sigma(\bar{X}_n) = \frac{\sigma\,(X)}{\sqrt{n}} \; . \tag{1}$$

Mit anderen Worten, die Standardabweichung des Mittelwertes ist um den Faktor $1/\sqrt{n}$ kleiner als die Standardabweichung der einzelnen Messungen. Eine wichtige Voraussetzung für diese Beziehung ist, daß die n Einzelwerte voneinander unabhängig sein müssen. "Unabhängigkeit" kann wahrscheinlichkeitstheoretisch definiert werden. Für unsere Zwecke möge es jedoch genügen, anzunehmen, daß die Meßwerte keinen Trend und kein bestimmtes Muster zeigen. Dies gilt sicher nicht für Abb. 1, und zu behaupten, daß hier die Standardabweichung des Gesamt-Mittels aus den 64 Werten gleich 1/8 (=1 $\sqrt{64}$) der Standardabweichung der Einzelwerte sei, würde die wahre Variabilität deutlich unterschätzen.

Die Verwendung der Standardabweichung, die aus den Tagesmittel-
werten anstatt aus den Einzelwerten berechnet wird, ist vorzuziehen, weil sie die Varianzkomponenten zwischen den Tagen bzw.
über die Zeit, die gewöhnlich bei Präzisionsbestimmungen eine
Rolle spielt, richtiger wiedergibt.

2.2 EINIGE STATISTISCHE GRUNDLAGEN

Die Basisinformation über Meßfehler wird zusammengefaßt durch

(a) die Anzahl unabhängiger Bestimmungen bzw. die Anzahl der
Werte, aus denen der Mittelwert berechnet und angegeben wird

(b) einen Schätzwert der Standardabweichung s, definiert als

$$s = \left(\sum_{i=1}^{n} (x_2 - \bar{x})^2 / (n-1) \right)^{\frac{1}{2}},$$

wobei die n Meßwerte als $x_1, x_2, \ldots x_n$ und ihre Mittelwerte
$\bar{x} = \sum_{i=1}^{n} x_i / n$ bezeichnet werden. Aus (a) und (b) können wichtige
statistische Größen abgeleitet werden, (z.B. die Standard
abweichung des Mittelwertes).

(c) Standardabweichung des Mittelwertes von n Messungen

Anmerkung: Wenn n groß wird, nimmt der Wert von $s(\bar{x}_n)$ ab, was
die Annäherung des Mittelwertes einer großen Zahl von Meßwerten
an die Konstante 'μ' zeigt, die gewöhnlich mit der Meßmethode
bestimmt werden soll.

(d) Das Vertrauensintervall für den Mittelwert (bei Normalverteilung): Jedes Mal, wenn n Messungen durchgeführt werden, kann
man einen Mittelwert anführen. Diese Mittelwerte werden
innerhalb gewisser Grenzen voneinander abweichen. Unter der
Voraussetzung der Normalverteilung kann man einen Bereich um
den Mittelwert konstruieren[18], so daß der Bereich von $\bar{x}-\delta$
bis $\bar{x}+\delta$ den gewünschten Wert in etwa einschließt. Der Bereich wird berechnet als

$$\delta = t \frac{s}{\sqrt{n}} \quad ,$$

(2)

wobei "t" der Tabellenwert von Student's t-Verteilung ist.

(e) 2-sigma (oder 2s) und 3-sigma (oder 3s) Grenzen:
Diese beschreiben die Verteilung des Meßfehlers. Wenn ein Meßwert von einem Laboratorium stammt, das eine zertifizierte Referenzmethode von gleicher Präzision wie die des Referenzlaboratoriums anwendet, sollten seine Meßwerte innerhalb dieser Grenzen fallen, wenn sigma ausreichend festliegt. Andernfalls besteht eine systematische Abweichung.

2.3 GERÄTE- UND UNTERSUCHERFEHLER

Fehlerarten durch Geräte und Untersucher sind bisher nicht behandelt worden. Idealerweise würde man sie aus dem Meßprozeß eliminieren oder mehr Geräte und Untersucher einsetzen und dann die daraus resultierende Standardabweichung bestimmen. Wenn weder das eine noch das andere praktikabel ist, sollte man wenigstens 2 Geräte und/oder Untersucher einsetzen. Überlappen sich die Vertrauensbereiche für die beiden Geräte nicht, dann ist dies ein deutlicher Hinweis auf Geräteunterschiede. Der Unterschied zwischen diesen beiden Geräten ist wahrscheinlich eine untere Grenze von gerätebedingten Unterschieden, weil die Hinzunahme eines dritten Gerätes diesen Abweichungsbereich meist noch größer macht.

Die Entdeckung von Fehlerquellen und die Trennung der gesamten Variabilität in Einzelkomponenten kann durch sorgfältige Planung in der Form eines statistischen Versuchplans erleichtert werden.

2.4 DIFFERENZ ZWISCHEN MESSMETHODEN

Jede Meßmethode nimmt für sich in Anspruch, den gewünschten Bestandteil des Materials zu bestimmen; aber selten bestimmt das Verfahren diesen Bestandteil direkt. In den meisten Fällen mißt die Methode eine andere Eigenschaft, die zu der gewünschten Eigenschaft nur theoretisch oder aus der praktischen Erfahrung korreliert ist, und rechnet sie dann aufgrund dieser Bestimmung in die Meßwerte des Bestandteils um.

Abweichungen zwischen Ergebnissen verschiedener Methoden sind alltäglich, selbst für Messungen, die zur Bestimmung physikalischer Grundkonstanten führen[19].

Bei der Herstellung eines zertifizierten Referenzmaterials werden gewöhnlich 2 oder mehr Methoden für jeden Bestandteil verwendet. Wenn diese Methoden aufgrund vorausgehender Erfahrungen als bewährt gelten, stimmen die Ergebnisse, die mit dieser Methode erhalten werden, in einem Maß überein, das der Ungenauigkeit jeder Methode entspricht. Wenn 2 verschiedene Methoden dagegen erhebliche Abweichungen zeigen, würde die Angabe des Mittelwertes der beiden Methoden irreführend sein.

Die Meßgenauigkeit im absoluten Sinn wird sich nie realisieren lassen. In der Praxis werden zertifizierte Werte von Referenzmaterialien definiert, indem man eine Referenzmethode benutzt oder einen Wert mit einer gut definierten Methode bestimmt, so daß zumindest jeder Untersucher in diesem Bereich denselben Bezugswert verwendet. Die Bedeutung der Referenzmethoden, solche Meßstandards zu ergänzen, ist hier besonders zu betonen[17]. Ein gutes Beispiel ist die Referenzmethode für Hämoglobin, bei der der Wert, der als Bezugswert für das Referenzmaterial gilt, durch den Wert festgelegt wird, den das "Internationale Komitee für Standardisierung in der Hämatologie" (ICSH)[20] herausgegeben hat.

2.5 UNGENAUIGKEITEN ZERTIFIZIERTER WERTE

Die Ungenauigkeit des Wertes eines zertifizierten Referenzmaterials setzt sich gewöhnlich aus mehreren Komponenten zusammen, die z.T. aus Daten ableitbar sind, z.T. nicht, und zwar durch:
(1) eine Toleranzgrenze zur Begrenzung der Materialinhomogenität aufgrund der Daten und statistischen Berechnungen
(2) einen Vertrauensbereich für den Mittelwert zur Begrenzung des Meßfehlers aufgrund von Daten und statistischen Berechnungen
(3) Komponenten der Meßungenauigkeit aufgrund der Unterschiede zwischen Laboratorien und/oder Untersuchern und der Meßmethoden

(4) eine Kombination der ermittelten Begrenzungen aller "bekannten", erfahrungsbedingten Ursachen möglicher systematischer
Fehler,

mit anderen Worten, es existieren keine oder nicht genug Daten,
um statistische Berechnungen durchzuführen.

"Bekannt" steht im Gegensatz zu systematischen Fehlern, die "unbekannt" oder "unerwartet" sind. Diese unerwarteten Fehler können auf verschiedene Weise entstehen: als Komponente im physikalischen Meßsystem, als kleiner Fehler in der theoretischen Betrachtung oder durch einen Rundungsfehler in der Berechnung. Je
mehr homogene Materialien verfügbar werden und je mehr präzisere
Meßmethoden entwickelt werden, desto eher werden diese Fehlerarten durch Planung oder zufällig entdeckt und hoffentlich auch
eliminiert werden. Verbesserte Genauigkeit bei der Bestimmung
eines Bestandteils ist grundsätzlich ein aufwendiger iterativer
Prozeß. Ungerechtfertigte Genauigkeitsanforderungen können auch
einen überflüssigen Aufwand bedeuten.

2.6 ANGABEN ÜBER DIE UNGENAUIGKEITEN IN ZERTIFIKATEN VON ZERTIFIZIERTEM REFERENZMATERIAL

Verschiedene Angaben der Ungenauigkeit finden sich in früheren
und gegenwärtigen Zertifikaten, die für zertifiziertes Referenzmaterial weltweit herausgegeben worden sind. Einige dieser Angaben sind klar formuliert und gehen auf Daten zurück, andere
nicht. Einige dieser Angaben enthalten sehr viele Informationen,
die für anspruchsvolle Untersuchungen sehr nützlich sind, aber
andere überfordern. Einige Angaben mit entsprechendem Informa-
tionsverlust sind sehr vereinfacht.
Da der Hersteller von zertifiziertem Referenzmaterial alle Arten
von Benutzern berücksichtigen muß, ist die Verwendung einer einzigen Art von Angaben gewöhnlich unmöglich. Es besteht die Absicht, alle diese Daten unzweideutig, sinnvoll und mit allen
Informationen für mögliche potentielle Benutzer zu versehen[21].

3. HOMOGENITÄT VON REFERENZMATERIALIEN

Die meisten Referenzmaterialien werden einem Herstellungsvorgang unterworfen, der am Schluß eine Unterteilung in Einzeleinheiten für den Gebrauch einschließt. Eine Teilmenge solcher Einheiten einer Charge wird zur Bestimmung nach einem statistisch gültigen Stichprobenplan ausgewählt. Man erhält eine Meßunsicherheit, die sowohl auf Meßinhomogenität als auch auf andere Faktoren zurückzuführen ist (s. Teil 2). Andere Arten von Referenzmaterialien werden einzeln gefertigt, und die Zertifizierung beruht auf einer getrennten Messung einer solchen Einheit anstelle einer statistischen Stichprobe einer ganzen Charge. Anders geht man vor, wenn das Referenzmaterial bei der Untersuchung nicht zerstört wird.

3.1 MATERIALIEN

Referenzmaterialien, die als Lösung oder Reinsubstanz hergestellt werden, sind aufgrund physikalischer (thermodynamischer) Ursachen als homogen anzusehen. Das Ziel des Tests auf Homogenität liegt hauptsächlich darin, Verunreinigungen, Interferenzen und Irregularitäten zu entdecken.
Mischungen von Pulvern, Metallen, Legierungen usw. sind von Natur aus heterogen in der Zusammensetzung; Referenzmaterialien, die aus solchem Material hergestellt werden, müssen deshalb auf den Grad der Homogenität geprüft werden.

3.2 DER BEGRIFF DER HOMOGENITÄT

Theoretisch ist ein Material vollkommen homogen bezüglich einer bestimmten Eigenschaft, wenn keine Unterschiede zwischen den Werten dieser Eigenschaft in den verschiedenen Teilen (Einheiten) bestehen. In der Praxis jedoch wird ein Material als homogen bezüglich einer bestimmten Eigenschaft akzeptiert, wenn experimentell keine Differenz zwischen dem Wert dieser Eigenschaft in verschiedenen Teilen (Einheiten) nachweisbar ist. Der praktische Begriff Homogenität schließt deshalb sowohl eine Eigenschaft des Materials als auch einen Kennwert des Verfahrens der benutzten Meßmethode (im allgemeinen die Standardabweichung) sowie den Stichprobenumfang der Testproben ein.

3.2.1 INTERESSIERENDE EIGENSCHAFT (BESTANDTEIL)

Ein Material kann hinreichend homogen bezüglich einer interessierenden Eigenschaft (bzw. eines Bestandteils) sein, um als Referenzmaterial dienen zu können, auch dann, wenn es inhomogen bezüglich anderer Eigenschaften ist, jedoch vorausgesetzt, daß diese Inhomogenität keinen erkennbaren Einfluß auf die Genauigkeit und Präzision der am häufigsten benutzten Bestimmungsmethoden der interessierenden Eigenschaft hat.

3.2.2 METHODE ZUR HOMOGENITÄTSMESSUNG

Der Grad der Homogenität, die ein Material als Referenzmaterial haben muß, hängt größenordnungsmäßig von der Präzision ab, die mit den verfügbaren Testmethoden zur Bestimmung der Eigenschaft, für das es Referenzmaterial sein soll, erreichbar ist. Deshalb gilt, je größer die Präzision der Meßmethode für die Homogenität ist, desto höher ist der Grad der geforderten Homogenität.

Die Präzision, die mit der Homogenitätsmeßmethode erreichbar ist, variiert sowohl mit der gemessenen Eigenschaft als auch mit ihrem Meßwert im Referenzmaterial. Ein Referenzmaterial für mehr als eine Eigenschaft wird durch eine entsprechende Anzahl von Angaben der Homogenität beschrieben. Jede dieser Homogenitätsangaben sollte auf eine experimentelle Präzisionsbestimmung zurück verfolgt werden können. Die Größenordnung der Präzision kann in weiten Grenzen schwanken.

Oft wird die mit der Meßmethode zu erhaltende Präzision von der Größe der Stichprobe aus dem Referenzmaterial beeinflußt. Der Grad der Homogenität eines Referenzmaterials wird deshalb für einen Mindeststichprobenumfang definiert.

3.2.3 PRAXIS

Idealerweise sollte ein Referenzmaterial in Bezug auf den Homogenitätsgrad jeder interessierenden Eigenschaft charakterisiert werden. Für Referenzmaterialien mit einer relativ großen Zahl von Eigenschaften ist eine Feststellung des Homogenitätsgrades für alle diese Eigenschaften kosten- und arbeitsaufwendig, manchmal undurchführbar. Daher stellt man in praxi den Homogenitätsgrad solcher Referenzmaterialien nur für ausgewählte Eigenschaften fest. Es wird empfohlen, diese Eigenschaften passend auf der Basis bekannten chemischen und physikalischen Verhaltens auszuwählen.

3.3   VERSUCHSPLAN

3.3.1 ZIELVORSTELLUNG

Bei Referenzmaterialien, von denen man physikalische Homogenität erwartet, ist das Hauptziel der Homogenitätstestung, unerwartete Problemfälle zu entdecken.

Ein Beispiel hierzu: Unterschiedliche Verunreinigung während des letzten Abfüllungsprozesses in einzelnen Einheiten oder unvollständige Auflösung oder Verteilung eines Bestandteils in einem Lösungsmittel (dies kann zu sich stetig ändernden Konzentrationen von der ersten bis zur letzten Probe führen). Eine statistische Trendanalyse würde im letztgenannten Fall nützlich sein. Wenn das Material in mehr als einer Charge produziert wird, ist es notwendig, die Gleichheit der Chargen zu testen oder die Chargen getrennt zu zertifizieren.

Wenn die Art des Referenzmaterials Inhomogenität erwarten läßt, ist das Ziel des Untersuchungsprogramms nicht nur einfach die Entdeckung einer Inhomogenität, sondern insbesondere die Feststellung ihrer Größe. Dies kann ein umfangreicheres Untersuchungsprogramm als die bloße Entdeckung der Inhomogenität erfordern.

Inhomogenität kann in mindestens zwei Arten auftreten:

(1) Verschiedene Teilchargen einer Referenzmaterialeinheit können sich bezüglich der interessierenden Eigenschaft unterscheiden

(2) Unterschiede zwischen einzelnen Einheiten des Referenzmaterials können bestehen. Unterschiede zwischen Teilchargen können vermindert oder auf annehmbare Höhe gebracht werden, indem man die Teilchargen genügend groß macht. Häufig führt man eine Studie zur Bestimmung der zweckmäßigen Teilchargengröße durch, bevor man mit der Untersuchung der Zertifizierung beginnt. Die Differenzen zwischen einzelnen Einheiten des zu zertifizierenden Referenzmaterials müssen im Zertifikat in den Angaben über Unsicherheiten enthalten sein.

Aus statistischer Sicht muß der Versuchsplan folgenden Anforderungen genügen:

(a) Er muß entdecken, ob die Streuung innerhalb der Einheiten, verglichen mit der bekannten Streuung der Meßmethode, statistisch signifikant ist

(b) Er muß entdecken, ob die Streuung zwischen den Einheiten im Vergleich mit der Streuung innerhalb der Einheiten statistisch signifikant ist

(c) Er muß den Schluß zulassen, ob eine entdeckte statistische Signifikanz für eine oder beide Streuungen innerhalb der Einheiten und zwischen den Einheiten eine entsprechende materielle Bedeutung von ausreichendem Maße aufweist, um ein zur Zertifizierung vorgesehenes Referenzmaterial abzulehnen

Der Grad der Inhomogenität für ein Referenzmaterial in seiner endgültigen Form soll bekannt sein. Die Aufgabe, die Homogenität zu bestimmen, kann in mehreren Stufen erfolgen.

3.3.2 VORLÄUFIGER HOMOGENITÄTSTEST

Eine vorläufige Beurteilung der Homogenität eines zu prüfenden Referenzmaterials kann nach der Homogenisierung als integrierender Teil des Herstellungsprozesses durchgeführt werden. Die physikalischen Eigenschaften des Referenzmaterials, die eine Entmischung erzeugen können, z.B. der Typ des Mischvorgangs, beeinflußen stark die Art der Stichprobennahme. Die Stichproben sollten aus Bereichen entnommen werden, in denen physikalische Unterschiede zu erwarten sind. Zufallsstichproben sollten nur zugelassen werden, wenn die Ursachen physikalischer Unterschiede unbekannt sind, oder wenn man keine Unterschiede erwartet.

Die Anzahl der Stichproben und die Anzahl der Wiederholungsuntersuchungen an diesen sollte so groß sein, daß der zugehörige statistische Test in der Lage ist, eine mögliche Homogenität auf einer vorher festgelegten Größenordnung zu entdecken (s. ASTM E826-81[26], Standardpraxis zur Testung der Homogenität von Materialien zur Entwicklung von Referenzmaterialien).

3.3.3 HAUPTUNTERSUCHUNG AUF HOMOGENITÄT

Diese Untersuchung muß für das zu prüfende Referenzmaterial durchgeführt werden, nachdem es in seine endgültige Form abgefüllt ist, unabhängig davon, ob ein vorläufiger Test auf Homogenität durchgeführt wird oder nicht. Der Zweck der Untersuchung ist die Bestätigung, daß die Streuung zwischen den Chargen statistisch und praktisch bedeutungslos ist.
Die Einheiten sollten von dem gesamten Vorrat zufällig ausgewählt werden, um jeder Einheit die gleiche Chance der Auswahl zu geben. Es sollte ein Plan für eine Einfach-Klassifikation verwendet werden, in dem k Einheiten des Materials ausgewählt und n Wiederholungsmessungen an jeder Einheit durchgeführt werden. Es empfiehlt sich, die Bestimmungen in zufälliger Reihenfolge durchzuführen, um systematische, zeitlich bedingte Änderungen zu vermeiden. k und n sollten genügend groß sein, um eine mögliche Inhomogenität in einer vorbestimmten Größe zu entdecken.

Für gewisse Referenzmaterialien sind Wiederholungsuntersuchungen innerhalb einer Einheit nicht möglich, weil nach Herstellervorschrift die ganze Einheit zur Bestimmung verwendet werden muß. In diesem Fall muß die Streuung zwischen den

Einheiten mit der Präzision der Meßmethode verglichen werden, um den Homogenitätsgrad des Referenzmaterials zu beurteilen.

3.4 MÖGLICHE ERGEBNISSE DER HOMOGENITÄTSUNTERSUCHUNG

Die Auswahl der Stichproben und die Analyse der Daten erfolgt im allgemeinen unter Beratung eines Statistikers. Abhängig von der Art des Materials wird das Schwergewicht der Untersuchung auf der Entdeckung von Trends und Mustern liegen (z.B. von dem oberen zum unteren Teil eines Behälters), oder es wird auf der Prüfung der Variabilität des Materials zwischen Ampullen bzw. Fläschchen liegen. Eine sorgfältige, statistisch geplante Untersuchung sichert gültige Schlüsse und minimiert die Zahl der Untersuchungen, um solche Schlüsse zu ziehen. Die möglichen Ergebnisse der Homogenitätsuntersuchung werden im einzelnen beschrieben.

(a) Sehr homogenes Material

Homogenität wirft kein Problem auf, oder die Variabilität des Materials ist vernachlässigbar im Verhältnis zu den Meßfehlern oder zur Verwendung des zertifizierten Referenzmaterials. In diesem Fall ist der zertifizierte Wert die beste Schätzung des mittleren Wertes eines Bestandteils für die Gesamtcharge, und seine Unsicherheit wird durch den möglichen Meßfehler vollkommen beschrieben

(b) Sehr inhomogenes Material

Die Variabilität des Materials ist ein Hauptfaktor in der gesamten Unsicherheit. In diesem Fall wird das Material zurückgewiesen oder aufgearbeitet, oder jedes Specimen einzeln untersucht und zertifiziert.

Die Wiederaufarbeitung ist eine sinnvolle Maßnahme, wenn dazu Anlaß besteht, daß die Ursache der Inhomogenität durch die Herstellung einer neuen Charge unter Anwendung verbesserter Herstellungsverfahren eliminiert werden kann. Dies ist jedoch nicht immer möglich, und manchmal muß man eine geringgradige Inhomogenität zwischen den Einheiten tolerieren, wenn das Material praktisch nicht verbessert werden kann

(c) <u>Material von mäßiger Homogenität</u>
Die Variabilität des Materials ist von derselben Größenordnung wie der Meßfehler und muß als Teil der Unsicherheit angesehen werden.

In 3.5 folgen einige <u>BEISPIELE DER HOMOGENITÄTSTESTUNG</u>

4. <u>GRUNDSÄTZE DER ZERTIFIZIERUNG</u>

Es gibt viele technisch begründete oder annehmbare Wege, um ein Referenzmaterial zu zertifizieren. Es können Messungen mit einer oder mehreren Methoden in einem oder in vielen Laboratorien durchgeführt werden. Je nach Art des Referenzmaterials, den Anforderungen des Endbenutzers, der Qualifikation der Referenzlaboratorien und der Qualität der Methode oder Methoden kann der entsprechende Weg gewählt werden. Zwei wichtige Aspekte des Bescheinigungsprozesses betreffen die "Richtigkeit" und die "Unsicherheit" des bestimmten Wertes der zertifizierten Eigenschaft.

4.1 <u>ZERTIFIZIERUNG AUFGRUND DER RICHTIGKEIT</u>

Wenn technisch möglich, werden Referenzmaterialien im allgemeinen aufgrund der Richtigkeit zertifiziert[22]. Dies bedeutet, daß der bescheinigte Wert im allgemeinen die beste Schätzung des wahren Wertes ist. In einigen Fällen kann ein wahrer Wert nicht gemessen werden. Dann gilt der angegebene Wert nur für eine bestimmte, spezifizierte Methode. In solchen Fällen kann die umsichtige Planung der Meßserie unterbleiben und nur der festgestellte Wert und die Besonderheiten der Meßtechnik mitgeteilt werden, für die das zertifizierte Referenzmaterial ein Kalibrator ist.

Es darf angenommen werden, daß zertifizierte Werte nicht stärker vom "wahren" Wert abweichen als die mitgeteilte Meßunsicherheit. Die mitgeteilte Unsicherheit des Wertes einer Eigenschaft muß die der Meßmethode anhaftenden systematischen und zufälligen Fehler sowie die Variabilität des Materials in Rechnung stellen.

Es gibt verschiedene meßtechnische Wege, die bei der Zertifizierung üblicherweise benutzt werden, unter anderem:

1) Messung mit einer einzigen definitiven Methode in einem einzigen Laboratorium. Die Messung erfolgt meistens von 2 oder mehr voneinander unabhängig arbeitenden Untersuchern. Oft wird eine exakt charakterisierte Hilfsmethode angewandt, um die Korrektheit der Ergebnisse besser abzusichern.

2) Messung mit zwei oder mehr unabhängigen Referenzmethoden in einem Laboratorium. Die feststellbare Unrichtigkeit dieser Methoden muß klein sein im Vergleich zu den Anforderungen des Endbenutzers.

3) Messung in einem Netz qualifizierter Laboratorien, die eine oder mehrere Methoden mit bekannter Richtigkeit anwenden.

Anmerkung des Übersetzers: Das unter 1) und 2) beschriebene Vorgehen ist innerhalb des REMCO heftig umstritten gewesen. Man hat die Meinung vertreten, daß an einer Zertifizierung, wie unter 3) beschrieben, unbedingt mehrere Laboratorien teilnehmen sollten. Tatsächlich gibt es aber Fälle, in denen nur ein einziges Laboratorium die Messung vornehmen kann (z.B. können Vergleiche mit dem Urkilogramm nur in Paris vorgenommen werden), weshalb in die Richtlinien diese Fälle aufgenommen worden sind.

In vielen Fällen werden verschiedene Kombinationen dieser Wege für die Zertifizierung benutzt. An jeder Vorgehensweise zur Zertifizierung haften Vor- und Nachteile. Die wichtige Voraussetzung für alle Wege ist, daß die den benutzten Methoden inhärenten systematischen Fehler genau charakterisiert und soweit wie möglich minimiert sind. Systematische Fehler, Präzision der Methode, Variabilität des Materials und Stabilität des Materials müssen genau bekannt sein und in Rechnung gestellt werden, wenn daraus Angaben über die Unsicherheit der bescheinigten Eigenschaft des Referenzmaterials abgeleitet werden sollen.

4.2 BESCHEINIGTE WERTE UND DEREN BEDEUTUNG - UNSICHERHEITEN

Bei der Entwicklung jedes zertifizierten Referenzmaterials muß sichergestellt sein, daß das benutzte Material einheitlich und dauerhaft ist, daß die Meßmethoden wiederholbare und konsistente Ergebnisse erbringen und die Umstände, unter denen das Material benutzt werden soll, sorgfältig beschrieben werden. Unter Umständen müssen diese qualitativen Angaben in quantitative überführt werden, und zwar aufgrund der bei Messungen gewonnenen und in eine Bescheinigung zusammengefaßten Daten, die für den Benutzer verständlich und nützlich sein müssen.

Diese Zusammenfassung der Information ist keine leichte Aufgabe! Im Idealfall werden alle experimentellen Versuchsbedingungen im Detail beschrieben und alle numerischen Ergebnisse der Einzelbestimmungen mitgeteilt, so daß der Benutzer entscheiden kann, wie er diese Ergebnisse verwenden will.

Im allgemeinen sind die Kosten und der Aufwand für eine detaillierte Mitteilung, verglichen mit der Anzahl der Gelegenheiten, bei denen sie nutzbringend angewandt werden können, nicht gerechtfertigt. In den meisten Fällen werden deshalb die Meßdaten verarbeitet und für die Bescheinigung zusammengefaßt. Die numerischen Werte werden üblicherweise in den bescheinigten Wert der Eigenschaft und die Unsicherheit des Wertes unterteilt.

Die Unsicherheit des bescheinigten Wertes zeigt, wie gut dieser Wert bekannt ist. Es werden verschiedene Arten zur Kennzeichnung dieser Unsicherheit benutzt: nach der Entwicklung des zertifizierten Referenzmaterials, nach der Gruppe der mitwirkenden Wissenschaftler und nach der angestrebten Benutzung.

In vielen Fällen stützen sich die Angaben über die Meßunsicherheit stärker auf die subjektiven Urteile der beteiligten Wissenschaftler als auf eine restriktive Interpretation der Daten. Die Beschaffung von Daten ist teuer, manchmal unerschwinglich, und diese Faktoren müssen mit der beabsichtigten Benutzung des zertifizierten Referenzmaterials in Einklang gebracht werden.

Die ISO-Richtlinie[3] 31 soll den Herstellern zertifizierter Referenzmaterialien zur Erstellung klarer und knapper Zertifikate Hilfe geben. Die Zertifikate sollen die wesentlichen Informationen über das Referenzmaterial vom Hersteller zum Benutzer bringen, vor allem über die zertifizierten Eigenschaften, deren Bedeutung und deren Unsicherheitsgrenzen. Den Rest dieser Informationen bilden die Randbedingungen der zentralen Aussage. Diese haben die Aufgabe, Art und Benutzung des Materials zu beschreiben und dem Benutzer die Unversehrtheit zu bescheinigen.

Die ISO-Richtlinie empfiehlt für das Zertifikat folgenden Informationsangaben:

1. Name und Anschrift der bescheinigenden Organisation
2. Titel der Bescheinigung
3. Rechtsfähigkeit des Zertifikates
4. Benennung des untersuchten Materials
5. Nummer der Probe und/oder Charge
6. Datum der Bescheinigung
7. Verfügbarkeit von anderen Formen/Mengen des Referenzmaterials
8. Ursprung des Referenzmaterials
9. Lieferanten des Referenzmaterials
10. Hersteller des Referenzmaterials
11. Beschreibung des Referenzmaterials
12. Angaben über die beabsichtigte Anwendung
13. Stabilität, Transport- und Lagerungsvorschriften
14. spezielle Vorschriften für die korrekte Anwendung
15. Herstellungsverfahren
16. Bescheinigung der Homogenität
17. bescheinigte Werte und Eigenschaften und deren Meßunsicherheit
18. sekundäre, aber nicht bescheinigte Werte von Eigenschaften zur Information
19. Ergebnisse von Einzellaboratorien oder Methoden
20. Bedeutung der statistischen Unsicherheit
21. zur Bescheinigung benutzte Meßtechniken
22. Name der Untersucher und der teilnehmenden Laboratorien
23. gesetzliche Angaben
24. Literaturhinweise (einschl. Begleitbericht falls vorhanden)
25. Unterschrift oder Namen der bescheinigenden Personen

Weitere Einzelheiten über diese Punkte sind in der ISO-Richtlinie 31, weitere nützliche Angaben über die Zertifizierung von
Referenzmaterialien in der NBS Spezialpublikation 408[23], und
in den Verhandlungen des Internationalen Symposions über die Herstellung und Benutzung von Referenzmaterial[24] enthalten.

5. ZERTIFIZIERUNG DURCH EINE DEFINITIVE METHODE

5.1 BEGRIFFE DER DEFINITIVEN METHODE ANGEWANDT AUF REFERENZMATERIAL

Die Zertifizierung von Referenzmaterial durch eine Meßmethode
verlangt, daß die Methode einen wissenschaftlich hohen Stand
aufweist und die Laboratorien von hoher Qualität sind. Die Methode muß genau genug sein, um allein für die Bestimmung der interessierenden Eigenschaft gültig zu sein. Die Genauigkeit dieser Methode sollte, wenn irgend möglich, durch internationale
Vergleiche validiert sein. Solch eine Methode wird eine gültige, wohldefinierte theoretische Grundlage haben, so daß die Meßergebnisse im Verhältnis zu den Anforderungen des Endverbrau-
chers vernachlässigbare systematische Fehler aufweisen. Die zu
untersuchende Eigenschaft wird entweder direkt in Basiseinheiten gemessen, oder sie ist auf die Basiseinheiten durch eine
physikalische Theorie in exakten mathematischen Gleichungen bezogen. Wenn möglich, sollten die Laboratorien, welche Zertifikate ausstellen, sich vergewissern, daß die Basiseinheiten der
Messungen auf nationale oder internationale Standards zurückgehen.

In diesen Empfehlungen werden Methoden, die diese Merkmale aufweisen, "definitive Methoden" genannt. Diese Definition von
"definitiv" weicht von der im internationalen "Vocabulary of
Basic and General Terms in Metrology"[5] etwas ab. Sie trifft
jedoch für die Zertifizierung von Referenzmaterial besser zu.
Definitive Methoden sind allgemein nicht für die Routine
praktikabel, weil sie zeitraubend und kostspielig sind, oft
Spezialapparaturen und gewöhnlich hochqualifiziertes Personal
erfordern. So gesehen hängt die Akzeptanz der Zertifizierung
freien Referenzmaterials davon ab, welches Vertrauen die das

Referenzmaterial benutzenden Laboratorien in die Fähigkeit der zertifizierenden Laboratorien, diese definitive Methode zu verwenden, haben. Normalerweise muß man bei nur einem einzigen zertifizierenden Laboratorium oder einer Organisation fordern, daß die definitive Methode von zwei oder mehr unabhängig arbeitenden Untersuchern, vorzugsweise an verschiedenen Arbeitsplätzen durchgeführt wird. Das Ziel der Angabe der Meßunsicherheit ist es, eine klare, knappe und objektive Übersicht über alle aus dem Untersuchungsprogramm hervorgehenden Kenntnisse zu geben. Die genaue Form dieser Angabe wird von der Beschaffenheit des Materials, den Bedürfnissen der Laboratorien in Bezug auf das zu zertifizierende Referenzmaterial und den Ergebnissen des Untersuchungprogramms abhängen. Das Ergebnis der Homogenitätsbeurteilung ist besonders wichtig für die Form der Angaben. Es gibt zwei wichtige Möglichkeiten:

(a) Die Inhomogenität des Materials ist gegenüber dem Analysenfehler vernachlässigbar

(b) Die Inhomogenität ist die Hauptursache für die Meßunsicherheit

5.2 VERTRAUENSINTERVALLE (HOMOGENES MATERIAL)

5.2.1 BEGRIFF

Wenn die Ergebnisse der Homogenitäts-Beurteilung darauf hinweisen, daß die Materialinhomogenität vernachlässigbar ist, können alle Einheiten des zertifizierten Referenzmaterials so behandelt werden, als hätten sie dieselben Werte für die zertifizierten Eigenschaften. Der Mittelwert jeder Einheit ist mit dem Mittelwert aller Einheiten identisch und man benötigt nur die Meßunsicherheit dieses Mittelwerts. Die einzige Ursache der Unsicherheit ist der Meßfehler, und eine geeignete und weit verbreitete Methode, diese Unsicherheit auszudrücken, ist das Vertrauensintervall für den Mittelwert.

5.2.2 STATISTISCHES MODELL

X_1, X_2, ..., X_n seien unabhängige Meßwerte der interessierenden Eigenschaft. Das mathematische Modell lautet:

$$X_i = \mu + \varepsilon_i, \quad i = 1,2, \ldots n,$$

wobei

μ den wahren Mittelwert der gemessenen Eigenschaft

und

ε_i den Meßfehler bei der i-ten Messung

bedeuten.

In dieser Analyse werden die ε_i's als unabhängige normalverteilte Zufallsvariablen mit Erwartungswert null und einheitlicher (unbekannter) Varianz aufgefaßt.

5.2.3 Transformation der Meßwerte

5.2.4 Beschreibung des 95%-Vertrauensbereichs

5.2.5 Beispiel zum Vertrauensintervall

5.3 STATISTISCHES TOLERANZINTERVALL (BEI VORLIEGEN INHOMOGENEN MATERIALS)

In manchen Materialien kann unmöglich oder undurchführbar
sein, die Variation zwischen den Einheiten in einer Größenordnung zu halten, die gegenüber der Meßunsicherheit vernachlässigbar ist. Es kann sogar umgekehrt die Meßunsicherheit,
verglichen mit der Variation zwischen den Einheiten, vernachlässigbar sein. In diesem Fall bilden die einzelnen Einheiten
des zertifizierten Referenzmaterials eine Gesamtheit, in der
die interessierende Eigenschaft von einer Einheit zur anderen
variiert. Die Angabe über die Unsicherheit im Zertifikat muß
dann das Ausmaß der Variation zwischen den Einheiten in der
Gesamtheit so beschreiben, daß ein Anwender darauf vertrauen

kann, daß eine Einheit, die er erhalten könnte, einen Wert in einem bestimmten angegebenen Bereich hat. Der Hersteller (bzw. Herausgeber) eines zertifizierten Referenzmaterials muß entscheiden, ob die zwischen den Einheiten bestehende Variabilität klein genug ist, um das Material für den vorgesehenen Zweck verwenden zu können; denn, wenn dies nicht zutrifft, besteht keine Veranlassung mehr, mit der Zertifizierung fortzufahren.

5.3.1 BERECHNUNG

Um ein statistisches Toleranzintervall festzulegen, das in geeigneter Weise die Variabilität von Einheit zu Einheit wiedergibt, sollten die Meßwerte X_1, X_2, ..., X_n aus n unabhängigen Werten bestehen - genau ein Wert für jede der n unterschiedlichen Einheiten. Das mathematische Modell lautet

$$X_i = \mu + \beta_i, \; i = 1,2,...,n,$$

wobei

μ den Mittelwert der Eigenschaft, gemittelt über alle Einheiten der Gesamtheit

und

β_i die Differenz zwischen dem Wert der Eigenschaft für die i-te Einheit und dem Mittelwert der Gesamtheit

bedeuten.

Die Größe β_i wird immer auch einen gewissen unvermeidlichen Anteil der Meßunsicherheit, die bei der Bestimmung der i-ten Einheit auftritt, beinhalten. Die β_i's werden als unabhängige normalverteilte Variablen mit Erwartungswert null und einheitlicher (unbekannter) Varianz aufgefaßt.

6. ZERTIFIZIERUNG NACH UNTERSUCHUNG IN MEHREREN LABORATORIEN

6.1 GRUNDKONZEPT UND PRAXIS

Das Konzept der Zertifizierung eines Referenzmaterials durch Untersuchung in mehreren Laboratorien beruht auf mindestens zwei Annahmen.

(a) Existenz einer Reihe von Laboratorien, die in gleicher Weise fähig sind, Charakteristika des Referenzmaterials so zu bestimmen, daß Ergebnisse mit einer annehmbaren Richtigkeit zu erwarten sind,

(b) Die Annahme (a) beinhaltet die Auffassung, daß die Unterschiede zwischen den Einzelwerten eines Laboratoriums und zwischen den verschiedenen Laboratorien, gleich aus welchen Ursachen, nach den Gesetzen der Statistik verteilt sind (z.B. Streuungen durch Meßmethoden, Untersucher, Meßgerät usw.).

Jeder Labormittelwert wird als unverzerrte Schätzung der Charakteristik des Materials betrachtet. Üblicherweise wird der Gesamtmittelwert der Labormittelwerte als die beste Schätzung dieser Eigenschaft angesehen; allerdings dürfte in Fällen einer sehr unregelmäßigen Verteilung, wie sie z.B. bei der Analyse von Spurenelementen gefunden werden kann, die Anwendung robusterer statistischer Methoden wie des Medianwertes, Gastwirth-Medianwertes oder Modalwertes angebracht sein.

Die Anzahl der einsetzbaren Referenzlaboratorien wird praktisch begrenzt sein. Darum wird in den meisten Fällen ein Zufallsmodell nicht voll anwendbar sein.

6.1.1 VORGEHENSWEISE

Die Vorgehensweise für die Zertifizierung von Referenzmaterialien mittels Konsenswert mehrerer Referenzlaboratorien ist in Abb. 3 schematisch wiedergegeben. Jeder Schritt muß getrennt für sich betrachtet werden und die Kriterien aufweisen, die vor dem nächsten Schritt erfüllt sein müssen.

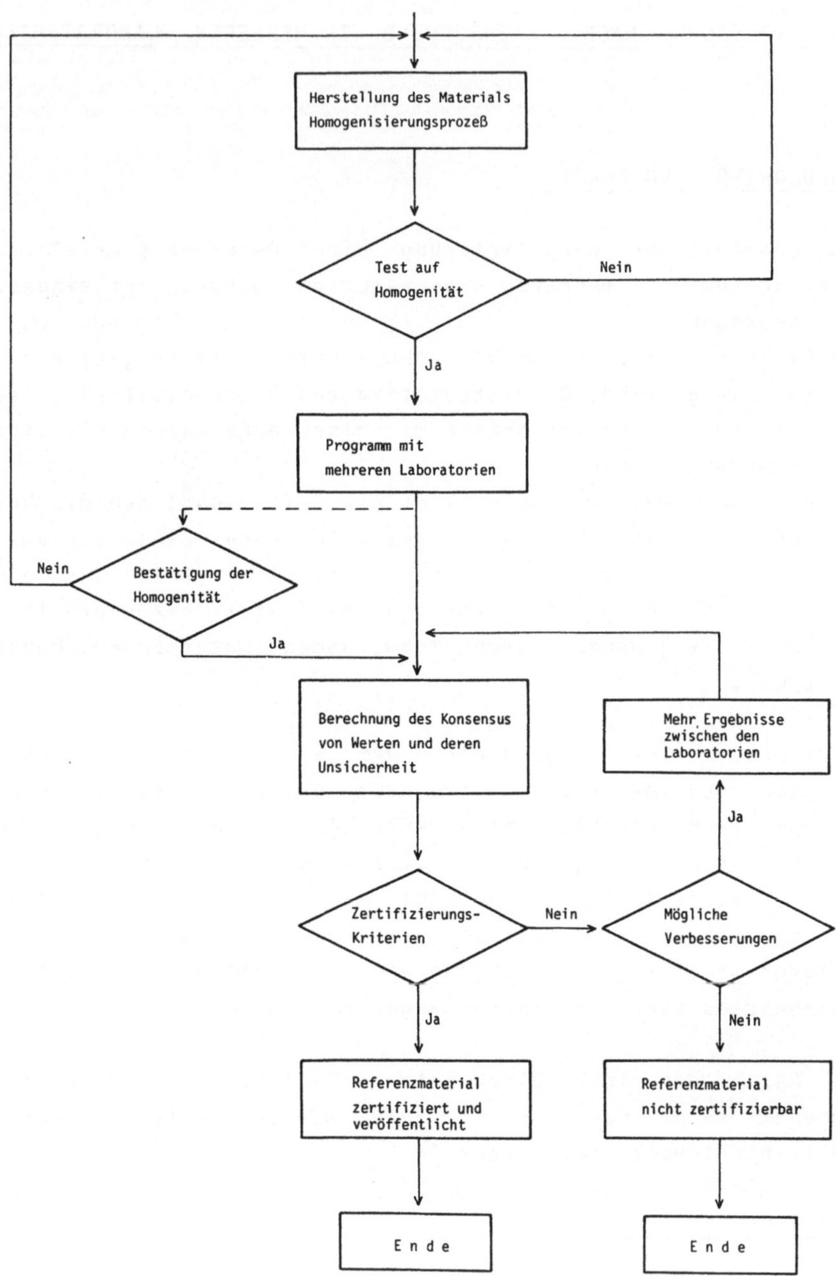

Abb. 2: Schema für den Vorgang der Präparation und der Zertifizierung von Referenzmaterial in Übereinstimmung mit einem Konsensus-Wert mehrer Laboratorien

6.1.2   HOMOGENITÄTSNACHWEIS ALS TEIL DES REFERENZLABORPROGRAMMS

Das Ergebnis der Untersuchung mit Referenzlaboratorien kann auch die Homogenität des Referenzmaterials zertifizieren, vorausgesetzt, daß eine zweistufige Varianzanalyse durchgeführt wird, wenn p Laboratorien q Einheiten mit n Wiederholuntersuchungen je Einheit auf eine Eigenschaft hin untersuchen. Wichtig ist es, daß die Laboratorien nicht vom Versuchsplan abweichen.

6.2   ORGANISATION DES REFERENZLABORPROGRAMMS

Um erfolgreich zu sein, muß die Zielwertermittlung durch mehrere Referenzlaboratorien ein klar definiertes Ziel haben. Es muß effektiv geplant und mit klaren, knapp gefaßten Richtlinien, die die teilnehmenden Laboratorien ohne weiteres erfüllen können, effizient organisiert sein. Die Teilnahme an einem solchen Programm setzt die Zustimmung der Einhaltung dieser Richtlinien voraus. Die Richtlinien müssen enthalten:

Zeitvorgaben, Anzahl der ausgesandten Proben, Anzahl der Wiederholuntersuchungen je Probeneinheit, anzuwendende Meßmethoden, Probenumfang, soweit anzugeben, usw..

6.2.1   Zeitvorgaben

Der Versuchsleiter muß einen Zeitplan aufstellen mit Angaben, wann die Proben versandt werden und wann die Ergebnisse eingehen müssen.

6.2.2   Anzahl der teilnehmenden Laboratorien

Die Anzahl der an einem Zielwertermittlungsprogramm teilnehmenden Referenzlaboratorien hängt von der Komplexität der zur Charakterisierung der Referenzmaberialeigenschaft notwendigen Meßarten ab. Je komplexer die Meßmethoden sind, eine umso größere Variation der Werte zwischen den Laboratorien muß erwartet werden, und das bedeutet, daß eine größere

Zahl teilnehmender Referenzlaboratorien benötigt wird, um einen Konsenswert mit einer vorbestimmten Genauigkeit erhalten zu können. Unglücklicherweise ist es aber so, daß, umso komplexer eine Untersuchung ist, umso weniger Laboratorien in der Lage sind, diese durchzuführen. In besonderen Fällen kann die zertifizierende Institution dazu gezwungen sein, ein besonderes Programm für gewisse zu zertifizierende Materialien aufzustellen. Es besteht Einvernehmen zwischen den Laboratorien, die in solchen Zielwertermittlungsprogrammen erfahren sind, daß die wünschenswerte Anzahl der teilnehmenden Laboratorien 15 oder mehr sein sollte.

6.2.3 Anzahl der Probeneinheiten und der Wiederholbestimmungen

Wenn das Ergebnis der Zielwertermittlung auch die Homogenität des Referenzmaterials nachweisen soll, muß jedes Laboratorium mindestens zwei Probeneinheiten des Referenzlaboratoriums auf die zu zertifizierenden Eigenschaften untersuchen. In anderen Fällen kann eine Probeneinheit je Referenzlaboratorium ausreichen.

Die Mindestzahl der Analysen unter Wiederholbedingungen sind je 2 Probeneinheiten des Referenzmaterials. Alle Bestimmungen unter Wiederholbedingungen sollen aus unterschiedlichen Portionen des Untersuchungsmaterials durchgeführt werden.

6.2.4 Meßmethoden

Der Versuchsleiter eines Zielwertermittlungsprogramms kann die Benutzung einer bestimmten Methode den teilnehmenden Referenzlaboratorien dann vorschreiben, wenn dazu eine gut eingeführte "Standard"-Methode vorhanden ist. In anderen Fällen sollte der Versuchsleiter jedem Laboratorium die Benutzung der Methode seiner Wahl zugestehen, vorausgesetzt, daß er die Vergleichbarkeit dieser Methoden kennt.

6.2.5 Ergebnismitteilung

Die teilnehmenden Laboratorien sollen Einzelergebnisse
(nicht Mittelwerte) angeben. Die Anzahl der mitgeteilten Vor-
und Nachkommastellen bestimmen die Vorschriften des Zielwert-
ermittlungsprogrammes. Es wird empfohlen, die benutzte Meßmethode detailliert zu beschreiben, so daß alle Schritte des
Meßprozesses enthalten sind, z.B. bei chemischen Analysen
die Aufbereitung der Proben und die Abtrennung der zu untersuchenden Analyte. Wo notwendig, sollten Literaturangaben
mitgeteilt werden.

6.3 VERARBEITUNG DER ERGEBNISSE

Die von den teilnehmenden Referenzlaboratorien eingereichten
Ergebnisse werden nach dem in Abb. 1 entsprechendem Schema
untersucht.

6.3.1 Mitteilung der Ergebnisse

Aus praktischen Gründen und zwecks späterer Verfügbarkeit
sollen die Ergebnisse eines Zielwertprogramms systematisch
nach den untersuchten Charakteristika gruppiert und tabel-
liert werden. Diese Tabelle soll die Identifikation des
Laboratoriums und der Methode, die Einzelergebnisse, die La-
boratoriumsmittelwerte und die zugehörigen Standardabweichungen beinhalten. Wenn allerdings die teilnehmenden Laboratorien mehr als eine Probeneinheit des Referenzlaboratoriums
untersuchen, wird empfohlen, daß die Mittelwerte je Probeneinheit und die Gesamtmittelwerte zusammen mit den zugehörigen Standardabweichungen in einer anderen Tabelle als der
Tabelle mit den Einzelergebnissen zusammengestellt werden.
Wenn ein Referenzlaboratorium mehrere Ergebnisse mitteilt,
die mit verschiedenen Methoden gewonnen worden sind, soll
jeder Ergebnissatz unabhängig, also wie von einem anderen
Laboratorium stammend, behandelt werden.
Es wird empfohlen, die Ergebnisse auch graphisch darzustellen.

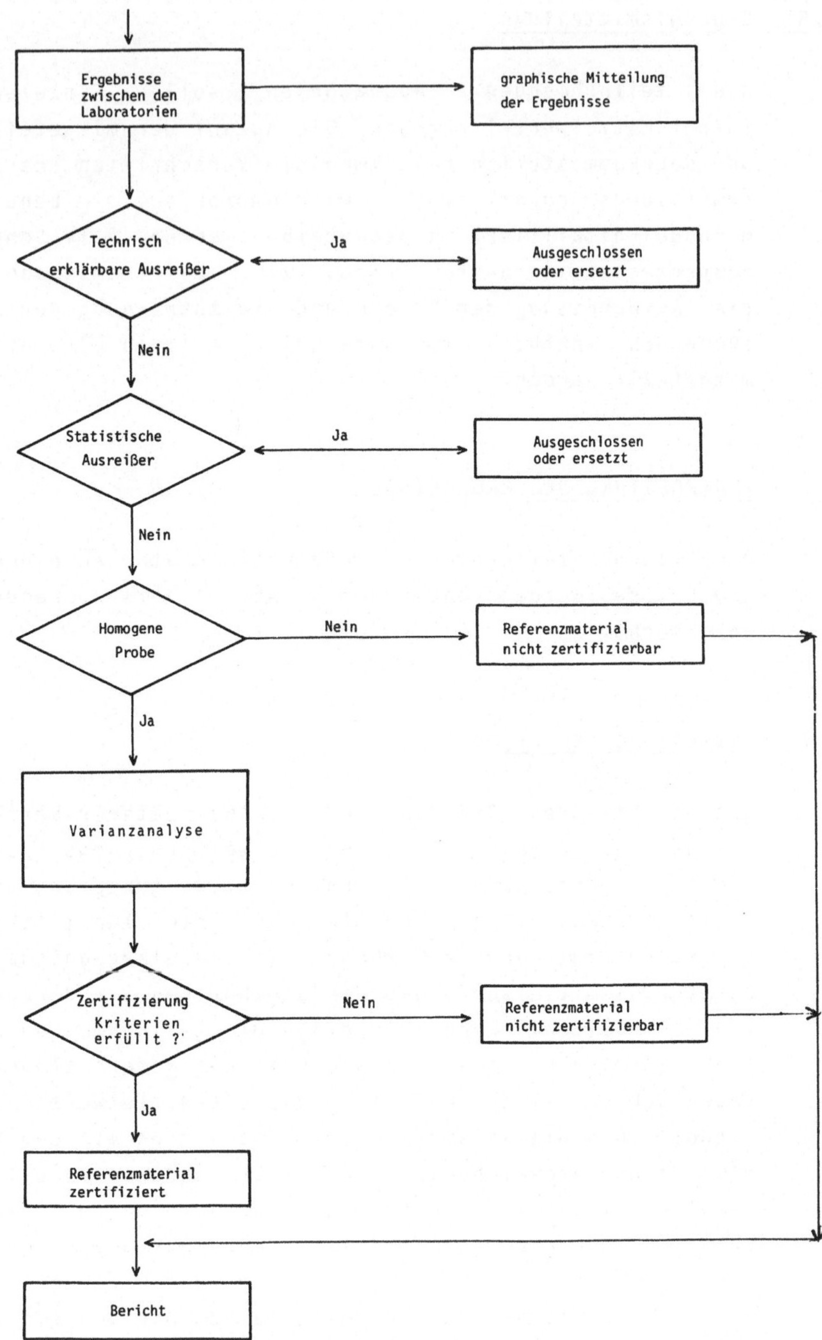

Abb. 3: Schema für die statistische Bewertung von Ergebnissen mehrerer Laboratorien zur Zertifizierung von Referenzmaterial

6.3.2 Technisch erklärbare Ausreißer

Es muß untersucht werden, ob es technisch erklärbare Ausreißer gibt, die vor der statistischen Auswertung zu eliminieren sind. Wenn möglich, wird empfohlen, das betroffene Referenzlabor in seinem Interesse zu informieren und zur Ein-
reichung von Ersatzwerten einzuladen.

6.3.3 Minimalzahl der Referenzlaboratorien

Nach Ausschluß der Ausreißer muß die Anzahl der übrigblei-
benden Ergebnisse der für die Zielwertermittlung geforderten
Minimalzahl der Laboratorien entsprechen.

6.3.4 Häufigkeitsverteilung der Ergebnisse

Die Art der Verteilung der Ergebnisse muß unbedingt bekannt
sein. In vielen Fällen kann die Verteilung anhand einer
Graphik beurteilt werden.

6.3.4.1 Multimodale Verteilung

Wenn die Ergebnisse zwei oder mehrere Gruppen bilden, kann
kein Konsenswert gebildet werden. Dabei sollten die folgenden Möglichkeiten erwogen werden:

(a) Wenn zwischen den Gruppen und den genannten Meßmethoden
    ein Zusammenhang besteht und der Unterschied zwischen
    diesen Gruppen statistisch wie auch physikalisch signi-
    fikant ist, ergibt sich kein Konsenswert.
    In diesem Fall muß die Meßmethode weiter entwickelt wer-
    den, um das Problem zu lösen.

(b) Wenn zwischen den Meßwertgruppen und den angewandten Meß-
    methoden kein Zusammenhang besteht und die Unterschiede
    zwischen den Gruppen weder statistisch noch physikalisch

signifikant sind, dürfte eine größere Anzahl von Meßwerten notwendig sein, um die Schwächen der angewandten
Meßmethode zu kompensieren.

6.3.4.2 Unimodale Verteilung

Wenn die Mehrzahl der mitgeteilten Ergebnisse eine Gruppe
bilden, kann ein Konsenswert angenommen werden.

Wenn eine unimodale Verteilung vorliegt, sollte entschieden
werden, ob die Annahme einer Normalverteilung vertretbar
ist. Diese Entscheidung kann getroffen werden:
    durch Betrachtung des Histogramms
    aufgrund bisheriger Erfahrungen über die Art der Unter-
    suchungen.

Um eine Normalverteilung zu erhalten, ist es in bestimmten
Fällen notwendig, wie bereits in Abschnitt 5.2.3 besprochen,
die Ergebnisse zu transformieren. Eine häufig benutzte Trans-
formierung ist die Logarithmierung.

6.3.5   Statistische Ausreißer

Ein Einzelergebnis oder eine ganze Gruppe von Ergebnissen
ist vom statistischen Gesichtspunkt aus als Ausreißer verdächtig, wenn die Abweichung von der Richtigkeit oder Präzision gegenüber anderen Werten des gleichen Ergebnissatzes
oder gegenüber anderen Ergebnissätzen größer ist als dies
durch Zufallsabweichungen bei dem gegebenen Umfang zu erwarten sein würde. Dementspechend hängt die Effektivität der
Ausreißererkennung von der Validität der Annahme der Häufigkeitsverteilung ab. Die Untersuchung auf Ausreißer sollte
das Vorrecht des Statistikers sein. Beim Zielwertermittlungsprogramm können als Ausreißer Einzelergebnisse, Ergebnisse
für eine Probeneinheit oder die Gesamtheit der Ergebnisse
eines Laboratoriums bezeichnet werden.

6.4   STATISTIK

Für eine zweistufige Varianzanalyse (6.4.1 und 6.4.3) und für eine einstufige Varianzanalyse (6.4.2 und 6.4.4) wird das Vorgehen mit allen notwendigen Einzelheiten beschrieben.

Die bei der Zielwertermittlung durchzuführende Varianzanalyse entspricht dem in der Standardliteratur beschriebenen Verfahren[27,28].

6.4.1   Zweistufiger hierarchischer Plan

6.4.2   Einstufiger hierarchischer Plan

6.4.3   Analyse des zweistufigen hierarchischen Plans

6.4.4   Analyse des einstufigen hierarchischen Plans

(siehe hierzu Abb. 5)

394

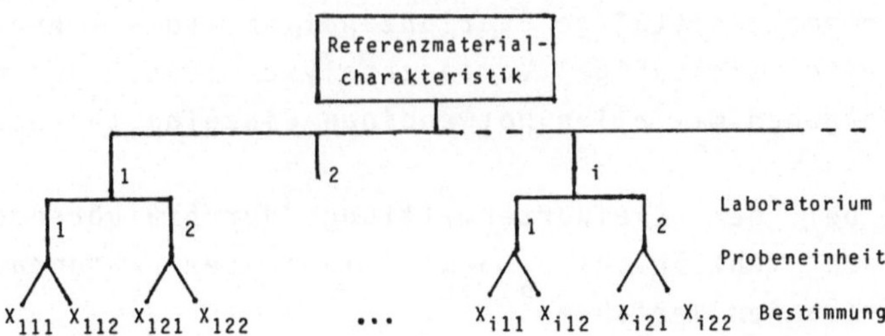

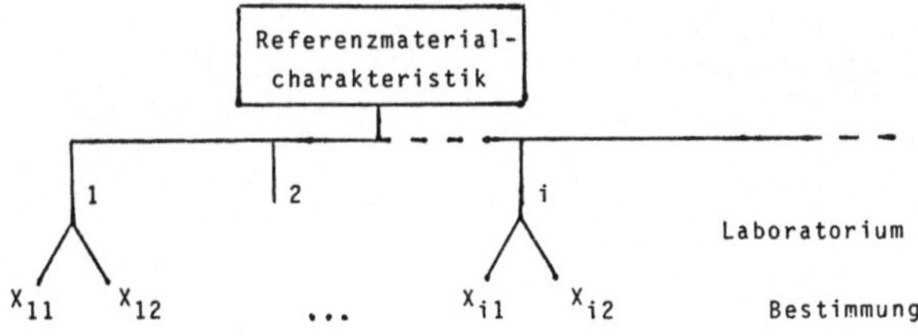

Abb.4: Untersuchungsschema für ein Programm mit mehreren Laboratorien

<u>LITERATURVERZEICHNIS ZU ISO GUIDE 35</u>

REFERENCES

1. ISO Guide 6, Mention of reference materials in international standards, Geneva, International Organization for Standardization, 1977.

2. ISO Guide 30, Terms and definitions used in connection with reference materials, Geneva, International Organization for Standardization, 1981.

3. ISO Guide 31, The contents of certificates of reference materials, Geneva, International Organization for Standardization, 1981.

4. ISO Directory of certified reference materials, Geneva, International Organization for Standardization, 1982.

5. Vocabulary of general and basic terms in metrology, Paris, International Organization for Legal Metrology, 1971. A revised document is under preparation by the Joint Working Group of ISO, IEC, OIML, and BIPM.

6. The international system of units, London, Her Majesty's Stationery Office, 1977. This text is an exact translation of "Le Système International d'Unites", Paris, OFFILIB, 1977.

7. It should be noted that some modifications to the International System of Units were promulgated 1979, Computes rendus des séances de la 16e Conférence Génerale des Poids et Mesures, Paris, OFFILIB, 1979.

8. Marschal, A. (1980), La mole: de la définition a l'utilisateur, Bulletin BNM (Paris), 39, 33-39.

9. Plebanski, T. (1980), Recommended reference materials for realization of physicochemical properties. Section: viscosity. Pure App. Chem. 52, 2393-2904.

10. Ditmars, D.A., Ishihara, S., Chang, S.S., Bernstein, G. and West, E.D. (1982), Enthalpy- and heat-capacity standard reference material: synthetic sapphire (-Al_2O_3 from 10 to 2250 K) J. Res. Nat. Bur. Stand. 87, 159-163

11. Holden, N.E. (1980), Atomic weights of the elements 1979. Pure App. Chem. 52, 2349-2384.

12. L'Échelle international pratique de temperature. Compt. rend. des séances de la Quizieme Conférence Génerale des Poids et Mesures, 1975.

13. Diehl, H. (1979), Anal. Chem. 51, 318A-330A.

14. Cali, J.P. et al., (1975), NBS Monograph 148, "The role of standard reference materials in measurement systems", National Bureau of Standards, Washington, D.C.

15. Marschal, A., Matériaux de réference, Bureau National de Métrologie, Laboratoire National d'Essais, Paris.

16. Ku, H.H., Editor, (1970), Precision measurement and calibration - statistical concepts and procedures, Spec. Publication 300, Vol. 1, p. 346, National Bureau of Standards, Washington, D.C.

17. Cali, J.P. et al., (1972), "A referee method for the determination of calcium in serum", Spec. Publ. 260-36, p. 136, National Bureau of Standards, Washington, D.C.

18. Natrella, M.G. (1966), "Experimental statistics", NBS Handbook 91, National Bureau of Standards, Washington, D.C.

19. Eisenhart, C.E. (1970), Contribution to panel discussion on adjustment of fundamental constants, Spec. Publ. 343 National Bureau of Standards, Washington D.C.

20. Boroviczény, G. de, (ed) (1964) Erythrocytometric methods and their standardization, pp. 74-76, 108-116, Bibl. Haemat. Fasc. 18, Karger, Basel.

21. Catanzaro, E.J., et al., (1969), Absolute isotopic abundance
    ratio and atomic weight of terrestrial rubidium. J. Res. Nat.
    Bur. Standards, 73A, No. 5, 511

22. Uriano, G.A., Gravatt, C.C., (1977), The role of reference
    materials and reference methods in chemical analysis. Crit.
    Revs. in Anal. chem. 6, 361.

23. Seward, R.W. (ed), (1975), "Standard reference materials and
    meaningful measurements", Proceedings of the 6th Materials
    Research Symposium U.S. Govt. Printing Office, Washington, D.C.

24. Schmitt, B.F. (ed) (1980) "Production and use of reference
    materials", Proceedings of the International Symposium held at
    Bundesanstalt für Materialprüfung, Berlin

25. Gross, A.M. (1976), Confidence-interval robustness with
    long-tailed symmetric distributions, J. Am. Stat. Assoc. 71, 409

26. ASTM E826-81, Standard practice for testing homogeneity of
    materials for the development of reference materials, American
    Society for Testing and Materials, Philadelphia, PA.

27. John, P.W.M., (1971), "Statistical design and analysis of
    experiments", p. 76, MacMillan, Inc., New York, N.Y.

28. Searle, S.R. (1971), "Linear models", John Wiley and Sons, Inc.,
    New York, N.Y.

Weitere Bände der
INSTAND-
Schriftenreihe
(in Vorbereitung)

Band 1

Personalbedarf und Kosten im Medizinischen Laboratorium

Anleitung zur Ermittlung
(2. Auflage)
Herausgeber: **K. Osburg**, Hamburg

Dieser Band erscheint in einer zweiten vollständig überarbeiteten Auflage, und gibt dem Verwaltungs- und Laborleiter im Bereich der Labororganisation für die Personalbedarfsberechnung, die Kostenrechnungserstellung und Kosten-Nutzen Beurteilung wertvolle Hilfestellung und Anregungen.

Band 2

Medizin und Einheitengesetz

Eine Neuauflage dieses Bandes ist für 1985 geplant

Band 4

Geräte-, Methoden- und Reagenzien-Evaluation

Herausgeber: **R. Merten**, Düsseldorf; **R. Haeckel**, Bremen; **K.-G. v. Boroviczény**, Berlin

Dieser Band – mit Vorträgen und Diskussionen in- und ausländischer Referenten, sowie einer ausführlichen Bibliografie – wird in Kürze erscheinen. Die erörterten Probleme verdienen ein besonderes Interesse aller im medizinischen Laboratorium tätigen Ärzte, Naturwissenschaftler und Techniker im Hinblick auf gesetzliche und behördliche Maßnahmen zu Bauartzulassungen, von Herstellern und Klinikern vorgenommene Prototypenprüfungen, sowie von Experten in Europa und Übersee bereits durchgeführte bzw. geplante Multi-Center-Evaluationen, sowie auf Standardisierungsbestrebungen bei Methoden und Fortschritten in der Reagenzienentwicklung und -fertigung.

Band 5

Qualitätssicherung in der Laboratoriumsmedizin

Herausgeber: **K.-G. v. Boroviczény**, Berlin; **R. Merten**, Düsseldorf; **U. P. Merten**, Köln

Dieser Band gibt eine detaillierte Darstellung notwendiger Kontrollmaßnahmen in der präanalytischen, analytischen und postanalytischen Phase, sowie der Möglichkeiten einer Computerunterstützung, der Kosten-Nutzen Betrachtungen, staatlicher Auflagen und Normen auf den Gebieten der Klinischen Chemie (einschließlich Hormon-, Pharmaka-und toxikologischen Analysen), Hämatologie und Hämostaseologie, Immunologie und Mikrobiologie (einschließlich Mykologie und Parasitologie) sowie in der Virologie.

Springer-Verlag
Berlin
Heidelberg
New York
Tokyo

Laboratoriumsdiagnose hämatologischer Erkrankungen

Teil 1
H. Huber, D. Pastner, F. Gabl

Hämatologie und Immunhämatologie

Unter Mitarbeit von zahlreichen Fachwissenschaftlern
Mit einem Beitrag „Immunfluoreszenzuntersuchungen" von
G. Wick und K. Schauenstein
1983. 80 Abbildungen, 186 Tabellen. XXI, 553 Seiten
DM 148,–. ISBN 3-540-11742-3

Basierend auf langjähriger Erfahrung der Autoren in eigenen
Laboratorien in der Klinik werden in diesem Buch in über-
sichtlicher Form die wichtigsten Laboratoriumsuntersuchungen bei hämatologischen und immunhämatologischen
Erkrankungen dargestellt.
Der interessierte Arzt erhält damit eine ausführliche metho-
dische Anleitung, in der die Technik detailliert besprochen
und ihre Fehlermöglichkeiten und Grenzen diskutiert
werden sowie einen umfassenden Überblick über die zur
Verfügung stehenden Untersuchungen, so daß er bei
unklaren Krankheitsbildern eine gezielte Auswahl treffen
und die Ergebnisse kritisch interpretieren kann.

Teil 2
K. Lechner

Blutgerinnungsstörungen

1982. 22 Abbildungen. XII, 268 Seiten
DM 86,–. ISBN 3-540-11530-7

In diesem Buch werden in kurzer und einprägsamer Form
die Physiologie der Blutgerinnungsstörungen, die Pathoge-
nese der verschiedenen Hämostasestörungen sowie der
Störungen, die mit einer erhöhten Gerinnbarkeit des Blutes
einhergehen, abgehandelt. Basierend auf den umfassenden
eigenen Erfahrungen des Autors wird der Diagnosegang bei
der Abklärung von Hämostasestörungen dargestellt.
Aussagekraft, Interpretation und technische Fehlermöglich-
keit bei den einzelnen Labor-Methoden werden ausführlich
diskutiert, so daß auch Nichthämatologen aus den gelie-
ferten Labordaten klinisch relevante Ergebnisse erhalten.
Das Buch bietet dem Anfänger eine hervorragende Einführung in das große Gebiet der Hämostaseologie und dem
erfahrenen Hämatologen eine Möglichkeit, sich auch über
seltene und komplizierte Störungen zu informieren.

Springer-Verlag
Berlin
Heidelberg
New York
Tokyo